Dörken/Dehne
Grundbau in Beispielen
Teil 2

Werner-Ingenieur-Texte WIT

Grundbau in Beispielen
Teil 2

Kippen, Gleiten, Grundbruch
Setzungen, Fundamente
Stützwände, Neues Sicherheitskonzept
Anhang: Risse im Bauwerk

von

Prof. Dr.-Ing. Wolfram Dörken
Prof. Dipl.-Ing. Erhard Dehne

2., überarbeitete und erweiterte Auflage 2000

Werner Verlag

1. Auflage 1995
2. Auflage 2000

Die Deutsche Bibliothek – CIP-Einheitsaufnahme

Dörken, Wolfram:
Grundbau in Beispielen Teil 2: Kippen, Gleiten, Grundbruch, Setzungen, Fundamente, Stützwände, Neues Sicherheitskonzept, Anhang: Risse im Bauwerk / Wolfram Dörken ; Erhard Dehne. – 2. Aufl. – Düsseldorf : Werner, 2000
ISBN 3-8041-5082-9

Druck und buchbinderische Verarbeitung: Druckerei Runge GmbH, Cloppenburg
Archiv-Nr.: 971/2-9.2000
Bestell-Nr.: 3-8041-5082-9

Vorwort zur 2. Auflage

Die Umstellung auf die europäische Normung nimmt langsam Gestalt an: Im April 1996 ist die deutsche Fassung der ENV 1997-1 "Entwurf, Berechnung und Bemessung in der Geotechnik; Teil 1: Allgemeine Regeln" erschienen. Inzwischen haben Weißenbach u. a. hierzu und zu dem so genannten Nationalen Anwendungsdokument (NAD) eine Stellungnahme erarbeitet, welche die vorhandenen Schwachpunkte der genannten Normfassungen in überzeugender Weise auszuräumen bemüht ist. Der vollkommen neu gefaßte Abschnitt 8 stellt diese Vorgehensweise an Hand von Beispielen dar und auf diesem Wege zur Diskussion. Dabei zeigt sich, daß die seit vielen Jahrzehnten in der Praxis bewährten Berechnungsverfahren, die in den anderen Abschnitten dieses Buches behandelt werden, keineswegs ausgedient haben - wie teilweise schon vermutet wurde -, sondern weiterhin die Grundlage aller Standsicherheitsnachweise darstellen.

Die Neuauflage enthält weitere Beispiele in den Abschnitten 7 und 8.

Die Zahl der Beispiele in Abschnitt 9 wurde verdoppelt. Für diese Erweiterung hat uns auch wieder Herr Dipl.- Ing. Wolf Ackermann, 63579 Freigericht, Unterlagen zur Verfügung gestellt. Dies erkennt man sofort an seinen markanten Handskizzen, die auch schon in der ersten Auflage enthalten waren. Für seine Mitarbeit danken wir Herrn Ackermann recht herzlich.

Auffällig an dieser Neuauflage ist, daß die Rechenbeispiele nicht mehr handschriftlich, sondern in kursiver Computerschrift abgefaßt wurden. Das hat einmal zu einer Vereinheitlichung des Layouts und auch dazu geführt, daß viel Platz gewonnen wurde. Auf diese Weise konnten wesentliche Erweiterungen vorgenommen werden, ohne daß der Umfang des Buchs zunahm. Die neue Computerfassung von Teil 2 wurde in hervorragender Weise und in kürzester Zeit von Herrn Dipl.-Ing. Oliver Klarmann vorgenommen, dem wir hierfür ebenfalls recht herzlich danken.

Für die gute Zusammenarbeit bei der Neuauflage sind wir dem Werner Verlag wiederum sehr dankbar.

Wir danken auch für die zahlreichen Anregungen und Verbesserungsvorschläge unserer Leser. Wir freuen uns wie bisher über jeden Hinweis - auch auf evtl. Fehler.

Frankfurt/Main, Juni 2000 Prof. Dr.-Ing. Wolfram Dörken, Prof. Dipl.-Ing. Erhard Dehne

Vorwort zur 1. Auflage (Auszug)

Die erfreulich vielen positiven Kritiken und Ermunterungen nach dem Erscheinen von Teil 1 haben uns ermutigt, in gleicher Form Teil 2 von "Grundbau in Beispielen" vorzulegen.

Wie bereits im Vorwort von Teil 1 gesagt, vertreten wir seit den 60er Jahren die Fachgebiete Bodenmechanik, Erd- und Grundbau an der Fachhochschule Frankfurt am Main und deren Vorgängerschulen. Daneben stehen wir als Gutachter mit der Bauwirtschaft, mit Behörden und Gerichten in Verbindung.

Aufgrund dieser Tätigkeiten sind wir ständig damit beschäftigt, aus der Fülle des sich schnell erweiternden Wissensstoffs unserer Fachgebiete den Teil herauszufiltern, der für unser Lehrangebot und unsere praktische Tätigkeit am wichtigsten ist.

Vor allem aber waren wir stets auf der Suche nach praxisbezogenen Beispielen, nach Aufgaben und Anwendungen, nach Fragen und Antworten zur Veranschaulichung des Lehrstoffs und für Klausuren, Übungen und Diplomarbeiten, aber auch als Grundlage für unsere Beratungen und grundbaustatischen Berechnungen für die Praxis. Denn wir stellten immer wieder fest, daß nur die durch Beispiele untermauerten Erfahrungen wirksam weitergegeben werden können. ("Ein gutes Beispiel ist besser als die beste Predigt.")

In der unübersehbaren Fülle von Literatur und in den vorhandenen Lehrbüchern fanden wir nur eine sehr begrenzte Zahl von Beispielen, die schon nach wenigen Klausuren und Übungen "verbraucht" waren. Der Wunsch nach weiteren Berechnungsvorlagen wurde immer wieder an uns herangetragen. Daher haben wir uns vorgenommen, die wichtigsten Beispiele aus unserer inzwischen umfangreichen Sammlung in einer Buchreihe zu veröffentlichen.

Auch der vorliegende 2. Teil der Beispielsammlung, der sich mit den wichtigsten grundbaustatischen Berechnungsverfahren befaßt, kann kein Lehrbuch im üblichen Sinne sein: Um möglichst viele Beispiele, Kontrollfragen, Lückentexte und Aufgaben zu bringen, mußte der erläuternde Text ziemlich knapp gehalten bleiben und konnte auch nicht überall didaktisch folgerichtig aufgebaut werden. Die Erarbeitung zusätzlicher Literatur, vor allem der wichtigsten Grundbaunormen, ist daher für den Leser notwendig. Ein Anspruch auf Vollständigkeit besteht nicht: Teilgebiete des Grundbaus, die nur wenige Rechenbeispiele enthalten können, wurden stark gekürzt oder mußten ganz entfallen.

Zur besseren Übersicht wurden im fortlaufenden Text nur Beispiele geringeren Umfangs aufgenommen. Größere zusammenhängende, evtl. abschnittsübergreifende Beispiele werden jeweils in einem besonderen Abschnitt "Weitere Beispiele" gebracht.

Am Ende eines jeden Abschnitts kann der Kenntnisstand mit Hilfe von "Kontrollfragen" überprüft werden. Diese Fragen sollen das Verständnis für Zusammenhänge fördern und dazu anregen, ein ständig parates Grundwissen zu erwerben. Sie sollen nicht dazu verleiten, stereotype Antworten auswendig zu lernen. Ein Abschnitt "Aufgaben" enthält Fragen, die sich nicht direkt mit Hilfe des Textes beantworten lassen. Die zugehörigen "Lösungen" sind am Ende des Buchs zu finden.

Unser Plan, bereits jetzt umfassend das Neue Sicherheitskonzept in der Geotechnik vorzustellen und durch Beispiele zu erläutern, konnte wegen großer Verzögerungen bei der Veröffentlichung der DIN 1054, T. 100 zunächst nur ansatzweise verwirklicht werden.

Frankfurt, Mai 1995 — Prof. Dr.-Ing. Wolfram Dörken, Prof. Dipl.-Ing. Erhard Dehne

Benutzerhinweise

☐ bedeutet: "Box", eingerahmter Bereich für Abbildungen, Tabellen, Beispiele

⇒ bedeutet: weitere Einzelheiten siehe z.B.

Inhaltsverzeichnis

1 Kippen, Gleiten

1.1 Grundlagen

Standsicherheitsnachweise

Bauwerke müssen als Ganzes und in ihren Teilen eine ausreichende Festigkeit besitzen. Aus diesem Grund wird der Nachweis der "inneren Standsicherheit" (in den Fachgebieten Statik, Massivbau, Stahlbau, Holzbau usw.) erbracht. Außerdem ist es notwendig, ihre Lasten einwandfrei in den Baugrund zu übertragen. Deshalb müssen im Fachgebiet Grundbau die Nachweise der "äußeren Standsicherheit" und der auftretenden Baugrundverformungen (Setzungen) geführt werden.

Folgende "direkte" Nachweise der äußeren Standsicherheit und der Setzungen werden geführt:

- **Nachweis der Sicherheit gegen Kippen:** Wird die Horizontalkraft gegenüber der Vertikalkraft zu groß, kippt das Bauwerk (□ 1.01 a, siehe Abschnitt 1.2).
- **Nachweis der Sicherheit gegen Gleiten:** Ein Bauwerk gleitet, wenn die Horizontalkraft größer wird als die Reibungskraft in seiner Sohlfläche (□ 1.01 b, siehe Abschnitt 1.3).
- **Nachweis der Sicherheit gegen Grundbruch:** Ein Grundbruch tritt ein, wenn durch die angreifende Kraft die Scherfestigkeit des Baugrunds überschritten wird und sich Gleitflächen bilden (□ 1.01 c, siehe Abschnitt 2).
- **Nachweis der Setzungen:** Infolge der angreifenden Kraft setzt sich das Bauwerk gleichmäßig oder stellt sich schief (□ 1.01 d, siehe Abschnitt 3).
- **Nachweis der Sicherheit gegen Auftrieb:** Steht das Bauwerk im Grundwasser, tritt Sohlwasserdruck auf (□ 1.01 e, siehe Dörken/Dehne 1993, Teil 1).
- **Nachweis der Sicherheit gegen Böschungs- und Geländebruch:** In Böschungen oder um ein Stützbauwerk herum können sich durch Überschreiten der Scherfestigkeit des Baugrunds Gleitflächen bilden, wenn die Böschung zu steil ist oder der Geländesprung, in dem das Stützbauwerk steht, zu hoch ist (□ 1.01 f, g, ⇒ DIN 4084).

In der Regelfallbemessung von Streifen- und Einzelfundamenten (siehe Abschnitt 5.2) sind die genannten Nachweise bis auf die Nachweise der Sicherheit gegen Auftrieb und Geländebruch enthalten. Direkte Standsicherheits- und Setzungsnachweise liefern aber i. allg. wirtschaftlichere Fundamentabmessungen als die Regelfallbemessung, die "auf der sicheren Seite" liegt.

□ 1.01: Beispiele: Direkte Standsicherheitsnachweise

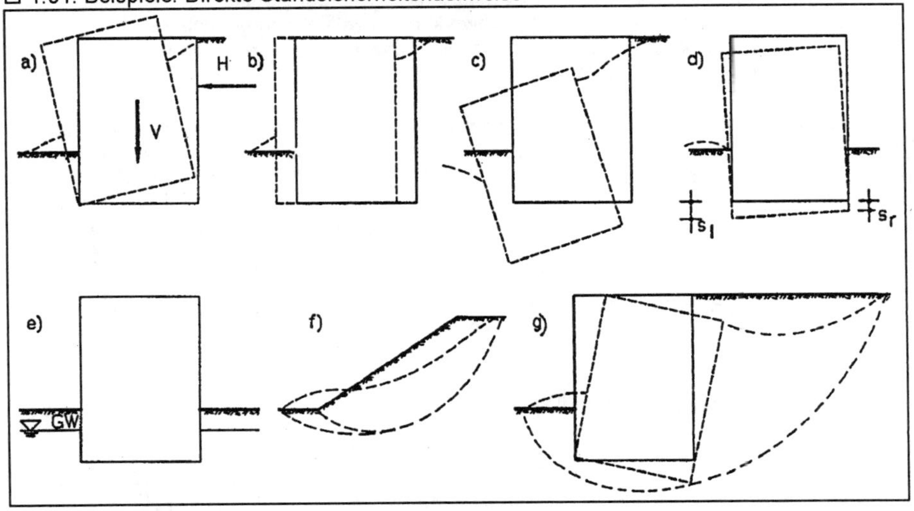

Ständige Lasten Summe der unveränderlichen Lasten, also das Gewicht der tragenden oder stützenden Bauteile und der unveränderlichen, von den tragenden Bauteilen dauernd aufzunehmenden Lasten, z.B. Auffüllungen, Fußbodenbeläge, Putz, ständig wirksame Erd- und Wasserdrücke (nach DIN 1055, Bl. 3).

Verkehrslasten Veränderliche oder bewegliche Belastung des Bauteils (z.B. Personen, Einrichtungsstücke, unbelastete leichte Trennwände, Lagerstoffe, Maschinen, Fahrzeuge, Kranlasten, Wind, Schnee, Brückenlasten, wechselnde Erd- und Wasserdrücke, Eisdruck) (nach DIN 1055).

Gesamtlast Ständige Lasten und Verkehrslasten.

Lastfälle Für grundbaustatische Berechnungen gelten folgende Lastfälle (DIN 1054):

- **Lastfall 1:** Ständige Lasten und regelmäßig auftretende Verkehrslasten (auch Wind).
- **Lastfall 2:** Neben den Lasten des Lastfalls 1 gleichzeitig, aber nicht regelmäßig auftretende große Verkehrslasten; Belastungen während der Bauzeit.

- **Lastfall 3:** Neben den Lasten des Lastfalls 2 gleichzeitig mögliche außerplanmäßige Lasten (z.B. durch Ausfall von Betriebs- und Sicherheitseinrichtungen oder bei Belastung infolge von Unfällen); Lastansatz meist nach Vereinbarung.

Sohlspannungen Bei der Berechnung der Standsicherheit von Gründungen kann die Sohlnormalspannungsverteilung (SNSV) näherungsweise geradlinig begrenzt angenommen werden ("einfache Annahme", siehe Abschnitt 4.1).

1.2 Kippen

Sohlfuge Eine ausreichende Sicherheit des Gründungskörpers gegen Kippen wird nach DIN 1054, Abschnitt 4.1.3.1, durch Begrenzung der Ausmittigkeit in der Sohlfuge erreicht: Die Resultierende der ständigen Lasten des Lastfalls 1 muß innerhalb der 1. Kernweite ($e \leq b/6$, d.h. keine "klaffende Fuge"), die Resultierende der Gesamtlast innerhalb der zweiten Kernweite ($e \leq b/3$, d.h. "klaffende Fuge" maximal bis zur Fundamentmitte) liegen (□ 1.02). Hierdurch soll eine Plastifizierung des Bodens unter Dauerlast verhindert werden.

Der Kernbereich ist für die tatsächlichen Fundamentabmessungen zu bestimmen. Durch diesen Sicherheitsnachweis ist gewährleistet, daß das Bauwerk auf einem kippsicheren Gründungskörper steht. Darüber hinaus muß die Standsicherheit des gesamten Bauwerks oder Bauteils gesondert nachgewiesen werden. Besonders sorgfältig ist die Kippsicherheit von Fundamenten unter Bauwerken mit weit auskragenden Teilen zu bestimmen, bei denen kleine Änderungen der Horizontalkräfte eine rasche Vergrößerung der Ausmittigkeit bewirken. ⇒ Dehne 1982.

Arbeitsfuge Der früher gebräuchliche Nachweis der Sicherheit gegen Kippen aus der Festkörpermechanik nach der Gleichung

$$\eta_k = \frac{M_S}{M_K} \geq 1{,}5 \qquad (1.01)$$

mit dem "Standmoment"

$$M_s = G \cdot a \qquad (1.02)$$

und dem "Kippmoment"

$$M_K = E_{ah} \cdot y - E_{av} \cdot x \qquad (1.03)$$

wird nur noch in Arbeitsfugen geführt (□ 1.03). Hierbei ist zu beachten, daß beide Komponenten der angreifenden Erddrucklast zum Kippmoment gehören.

□ 1.02: Beispiel: Nachweis der Sicherheit gegen Kippen in der Arbeitsfuge

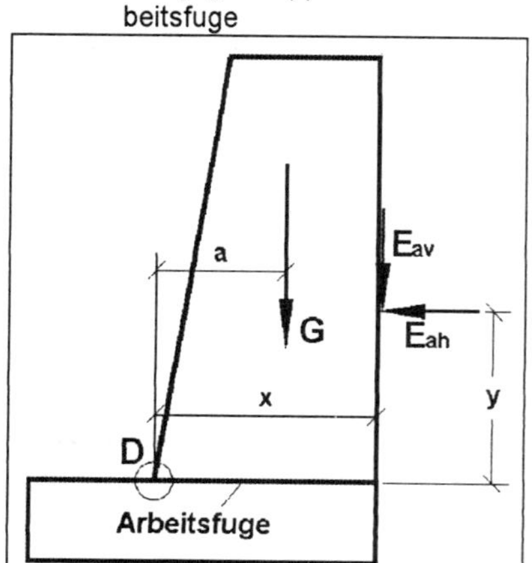

☐ 1.03: Beispiel: Nachweis der Sicherheit gegen Kippen

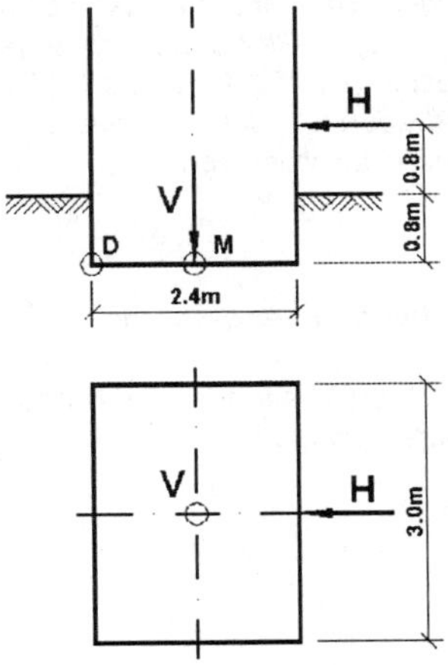

Für den dargestellten Gründungskörper ist die Sicherheit gegen Kippen bei folgenden Belastungen zu überprüfen:

Fall a):	*ständige Lasten:*	$V^g = 2{,}0$ MN
		$H^g = 0{,}2$ MN
	Verkehrslasten:	$V^p = 0{,}4$ MN
		$H^p = 0{,}2$ MN
Fall b):	*ständige Lasten:*	$V^g = 2{,}0$ MN
		$H^g = 0{,}2$ MN
	Verkehrslasten:	$V^p = 0{,}4$ MN
		$H^p = 0{,}2$ MN

Hinweis: Aktiver Erddruck und Erwiderstand sollen unberücksichtigt bleiben.

Lösung: *Fall a):* *ständige Lasten (g)* — *Gesamtlast (g+p)*

$$e^g = \frac{\sum M_{(M)}}{\sum V} = \frac{200\,(0{,}8+0{,}8)}{2000} = 0{,}16\ m < \frac{b}{6} \quad \text{oder:} \quad e^{g+p} = \frac{(200+200)\,(0{,}8+0{,}8)}{2000+400} = 0{,}27 < \frac{b}{3}$$

$$c^g = \frac{\sum M_{(D)}}{\sum V} = \frac{2000\cdot 1{,}2 - 200\,(0{,}8+0{,}8)}{2000} = 1{,}04\ m$$

$$e^g = \frac{b}{2} - c^g = \frac{2{,}40}{2} - 1{,}04 = 0{,}16\ m$$

Die Sicherheit gegen Kippen reicht aus.

Fall b): *ständige Lasten (g)* — *Gesamtlast (g+p)*

$$e^g = \frac{400\,(0{,}8+0{,}8)}{2000} = 0{,}32\ m < \frac{b}{6} \qquad e^{g+p} = \frac{(400+1000)\,(0{,}8+0{,}8)}{2000+400} = 0{,}93\ m > \frac{b}{3}$$

Die Ausmittigkeit e^{g+p} ist unzulässig groß, so daß die Sicherheit gegen Kippen nicht ausreicht.

1.3 Gleiten

Horizontale Sohle

Mit den Bezeichnungen nach ☐ 1.04 und den Mindestsicherheiten nach ☐ 1.05 wird die Sicherheit gegen Gleiten nach DIN 1054 aus der Gleichung berechnet:

$$\eta_g = \frac{H_S + redE_p}{T} \qquad (1.04)$$

☐ 1.04: Mindestsicherheiten beim Nachweis der Sicherheit gegen Gleiten (DIN 1054)

Lastfall	1	2	3
η_g	1,50	1,35	1,20

☐ 1.05: Beispiel: Kräfte beim Nachweis gegen Gleiten

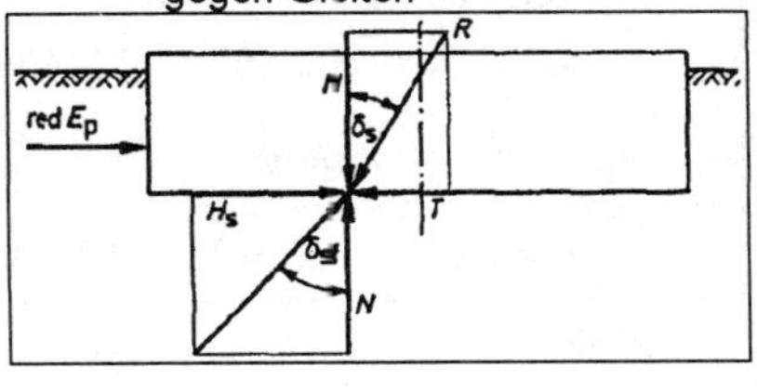

□ 1.06: Beispiel: Nachweis der Sicherheit gegen Gleiten bei horizontaler Sohle

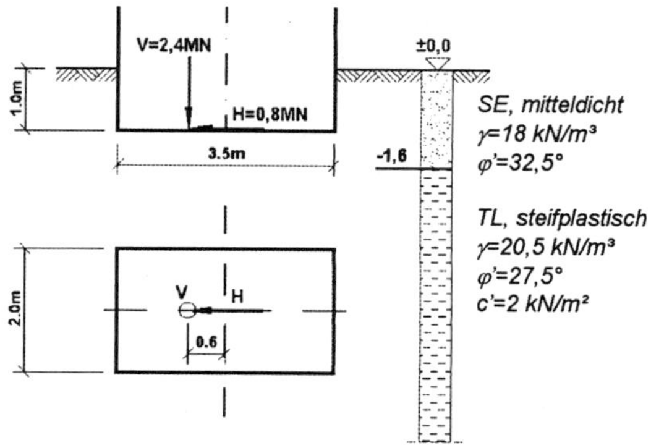

Für den dargestellten Gründungskörper ist die Sicherheit gegen Gleiten bei den angegebenen Lasten (Lastfall 1) zu überprüfen. Hinweis: Erdwiderstand kann im zulässigen Maße berücksichtigt werden.

Lösung:

a) Untersuchung in der Sohlfuge

Mit $\tan\delta_{sf} = \mu \approx 0{,}55$ ($< \tan\varphi' = 0{,}64$) *wird die Sohlwiderstandskraft*

Reduzierter Erdwiderstand

$$redE_p = 0{,}5\ E_p = 0{,}5 \cdot 0{,}5 \cdot \gamma \cdot d^2 \cdot k_p \cdot B \qquad = 0{,}5 \cdot 0{,}5 \cdot 18 \cdot 1{,}0^2 \cdot 3{,}32 \cdot 2{,}0 = 29{,}9\ kN$$

mit $k_p = 3{,}32$ ($\varphi' = 32{,}5°$; $\delta_p = 0$)

$B = \text{vorh } b = 2{,}0\ m$ *(DIN 1054, Bbl. zu Abschnitt 4.1.2: „Bei der Erdwiderstandsberechnung vor Einzelfundamenten sollte vorläufig keine mitwirkende Breite angesetzt werden, da hier zu wenige gesicherte Erfahrungen vorliegen.")*

Damit wird die Sicherheit gegen Gleiten

$$\eta_g = \frac{1320 + 29{,}9}{800} = 1{,}69 >_{erf} \eta_g = 1{,}5$$

b) Untersuchung in der Grenzschicht SE/TL

Da in unmittelbarer Nähe unter der Gründungssohle eine „schlechtere" Bodenschicht ansteht, ist die Möglichkeit des Gleitens entlang der Oberfläche dieser Schicht zu überprüfen.
Dieser Grenzbereich wird durch die Baumaßnahme nicht beeinträchtigt, so daß die Kohäsion angesetzt werden kann.

Berücksichtigung der Ausmittigkeit:
In Anlehnung an die Vorgehensweise bei der Grundbruchberechnung (siehe Abschnitt 2) und der Regelfallbemessung (siehe Abschnitt 5.2) wird hier mit einer Ersatzfläche A' gerechnet:

$$a' = 3{,}5 - 2 \cdot 0{,}6 = 2{,}3\ m$$

$$b' = b = 2{,}0\ m$$

Sohlwiderstandskraft:

$$H_s = (N + \gamma \cdot h \cdot A') \cdot \tan\delta_{sf} \qquad = (2400 + 18 \cdot 0{,}6 \cdot 2{,}3 \cdot 2{,}0) \cdot 0{,}52 = 1273{,}8\ kN$$

mit $\tan\delta_{sf} = \tan 27{,}5° = 0{,}52$ *(Abscheren auf dem Boden mit kleinerem Reibungswinkel)*

Wirksame Kohäsionskraft:

$$C \approx c' \cdot a' \cdot b' = 2 \cdot 2{,}3 \cdot 2{,}0 = 9{,}2\ kN$$

□ 1.07: Fortsetzung Beispiel: Nachweis der Sicherheit gegen Gleiten bei horizontaler Sohle

Reduzierte Erdwiderstandskraft

$$red\ E_p = 0{,}5 \cdot E_p = 0{,}5 \cdot 0{,}5 \cdot \gamma \cdot d_s^2 \cdot k_p \cdot b \quad = 0{,}5 \cdot 0{,}5 \cdot 18 \cdot 1{,}6^2 \cdot 3{,}32 \cdot 2{,}0 = 76{,}5\ kN$$

Damit wird die Sicherheit gegen Gleiten

$$\eta_g = \frac{H_s + C + red\ E_p}{T} \quad = \frac{1273{,}8 + 9{,}2 + 76{,}5}{800} = 1{,}70 >_{erf} \eta_g = 1{,}5$$

H_s = Sohlwiderstandskraft. Sie ergibt sich bei konsolidiertem Boden (d.h. ohne Porenwasserdruck) zu

$$H_s = N \cdot \tan\delta_{sf} \qquad (1.05)$$

und bei nichtkonsolidiertem Boden zu

$$H_s = N' \cdot \tan\delta_{sf} \qquad (1.06)$$

oder zu

$$H_s = A \cdot c_u \qquad (1.07)$$

Hierin ist:

N = Normalkomponente der Aktionskräfte (bei horizontaler Gleitfuge: N = V).

N' = Normalkomponente der Aktionskräfte (bei horizontaler Gleitfuge: N' = V'), die um den Anteil der Kraftresultierenden aus dem Porenwasserüberdruck vermindert ist.

δ_{sf} = Reibungswinkel an der Gleitfuge im Grenzzustand. Bei Ortbetonfundamenten kann δ_{sf} = φ', bei Fertigteilfundamenten δ_{sf} = 2/3 φ' gesetzt werden.

In der Gründungssohle sollte die Bedingung

$$\tan\varphi' \leq \mu \qquad (1.08)$$

eingehalten werden, da anderenfalls häufig zu günstige Werte in Rechnung gestellt werden. Die Reibungswerte μ (□ 1.08) sind aufgrund von Erfahrungen und Versuchen gewonnen worden.

φ' = Reibungswinkel des anstehenden Bodens nach DIN 18 137 (dränierter Versuch).

□ 1.08: Reibungswerte μ

Ortbeton oder rauhes Mauerwerk	μ
Ortbeton, rauhes Mauerwerk	0,75
Fels	0,60 ... 0,80
Schotter, kantig	0,60 ... 0,70
Kies, gerundet	0,60
Sand	0,50 ... 0,60
Lehm, steif	0,30 ... 0,40
Ton, steif	0,20 ... 0,30

Eine eventuell vorhandene Kohäsion c' darf nach DIN 1054 Bbl. zu Abschn. 4.1.3.3 nicht berücksichtigt werden, weil sie durch unvermeidliche Störungen vor dem Einbringen des Fundamentbetons gerade in dem für den Gleitvorgang maßgebenden Bereich der Baugrubensohle häufig verlorengeht.

A = für die Kraftübertragung maßgebende Fundamentfläche. Gegebenenfalls ist die Ersatzfläche A' (s. Abschnitt 2) einzusetzen.

c_u = Kohäsion des anstehenden Bodens bei vollem Porenwasserüberdruck nach DIN 18137 (undränierter Versuch).

T = Tangentialkomponente der Aktionskräfte (bei horizontaler Gleitfuge: T = H = V · $\tan\delta_s$).

δ_s = Winkel zwischen der Resultierenden und der Normalkomponente der Aktionskräfte an der Sohle.

red E_p

Der Erdwiderstand kann nach DIN 1054, Abschnitt 4.1.2, angesetzt werden, wenn
- das Bauwerk ohne Gefahr eine hinreichende Verschiebung ausführen kann,
- der beanspruchte nichtbindige Boden eine mindestens mitteldichte Lagerung bzw. ein bindiger Boden mindestens steife Konsistenz hat,
- der Boden vor dem Bauwerk weder vorübergehend noch dauernd entfernt wird.

In diesem Fall kann eine reduzierte Erdwiderstandskraft

$$E_{p'} \leq 0{,}5 \cdot E_p \qquad (1.09)$$

eingesetzt werden, wobei sicherheitshalber der Wandreibungswinkel $\delta_p = 0$ angenommen wird.

Anmerkung: Anstelle von red E_p wird manchmal auch die Bezeichnung E_p' verwendet.

Hochliegende Weichschicht

Bei einer Schicht kleinerer Scherfestigkeit in geringer Tiefe unterhalb der Gründungssohle ist zu beachten, daß das Fundament auch zusammen mit dem unterhalb der Gründungssohle liegenden Bodenkörper an der Oberkante dieser Schicht (□ 1.09 b) und nicht nur direkt in der Sohlfuge (□ 1.09 a) gleiten kann (□ 1.06 bis □ 1.07). ⇒ Dehne 1982.

Nicht ausreichende Sicherheit

Reicht die Sicherheit gegen Gleiten nicht aus, so lassen sich aus Gleichung 1.04 folgende Maßnahmen ableiten:
- Vergrößerung von N (z.B. Verbreiterung des Gründungskörpers bzw. der Stützwand),
- Vergrößerung von δ_{sf} bzw. μ (z. B. durch Bodenaustausch),
- Vergrößerung von red E_p (z.B. durch Vergrößerung der Einbindetiefe),
- Verkleinerung von T (z. B. durch Schräglegen der Gründungssohle).

□ 1.09: Beispiele: Weitere Maßnahmen zur Erhöhung der Sicherheit gegen Gleiten

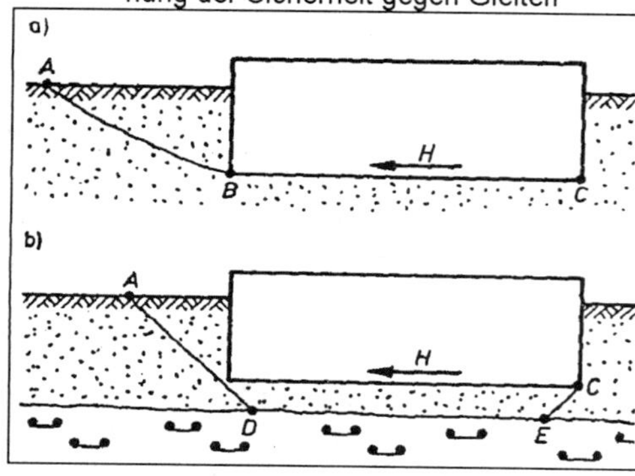

Weitere Maßnahmen sind eine vorgerammte Spundwand oder eine Sohlabtreppung (□ 1.10). Bei Stützwänden werden Neigung und Abtreppung so vorgenommen, daß die Wandrückseite tiefer reicht als die Luftseite (□ 1.10), weil anderenfalls die Frostsicherheit nicht mehr ausreicht.

□ 1.10: Beispiele: Weitere Maßnahmen zur Erhöhung der Sicherheit gegen Gleiten

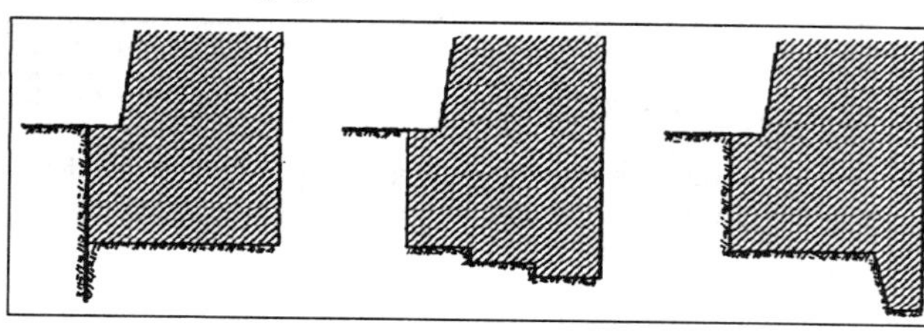

Schräge Sohle

Insbesondere durch geringfügiges Schräglegen der Gründungssohle (□ 1.11) kann in vielen Fällen (z. B. bei Stützwänden) eine ausreichende Sicherheit gegen Gleiten erreicht werden (⇒ Dehne 1982).

Die erforderliche Sohlneigung wird aus der Gleichung (1.10) berechnet.

□ 1.11: Beispiele: Gleiten auf a) horizontaler, b) schräger Sohle

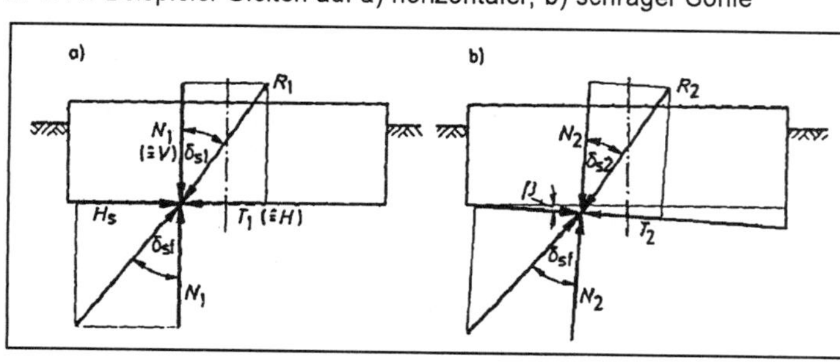

$$\tan(\text{erf }\beta) = \frac{\eta_G \cdot \tan\delta_S - \tan\delta_{Sf}}{\eta_G + \tan\delta_S \cdot \tan\delta_{Sf}} \qquad (1.10)$$

Ersatz-Scherfuge Die Wirkung einer geneigten Sohle ist dadurch begrenzt, daß das Bauwerk auch auf einer horizontalen Gleitfuge im Boden unter der Sohle gleiten kann. Zusätzlich muß also die Sicherheit gegen Gleiten in der horizontalen Ersatzscherfuge nachgewiesen werden (☐ 1.12, ☐ 1.13). Dabei kann der Erdwiderstand im Tiefenbereich Δd (☐ 1.14) auch dann berücksichtigt werden, wenn er im Bereich der Einbindetiefe d nicht angesetzt wurde. Die Sohlwiderstandskraft H_s wird hier stets mit dem Reibungswinkel φ' berechnet, weil in der Ersatzscherfuge Boden auf Boden gleitet.

☐ 1.12: Beispiel: Nachweis der Sicherheit gegen Gleiten bei schräger Sohle

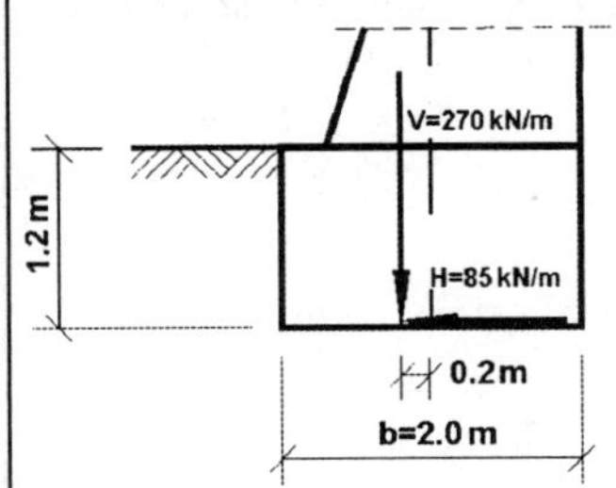

UM, steifplastisch
γ = 19,5 kN/m³
φ' = 25°
c' = 3 kN/m²

Für die dargestellte Stützwand ist die Sicherheit gegen Gleiten zu überprüfen (Lastfall 1).
Hinweis: Der Erdwiderstand wird hier aus Sicherheitsgründen nicht angesetzt.

Lösung :

Sohlwiderstandskraft:

$$H_s = N \cdot \tan\delta_{sf} \quad = 270 \cdot 0{,}40 = 108{,}0 \ kN \qquad \textit{mit} \quad \tan\delta_{sf} = \mu \approx 0{,}40 \ < \tan\varphi' = 0{,}47$$

Damit wird die Sicherheit gegen Gleiten

$$\eta_g = \frac{108{,}0 + 0}{85{,}0} = 1{,}27 \ < \ {}_{erf}\eta_g = 1{,}5$$

Die erforderliche Sicherheit soll durch Schräglegen der Sohle erreicht werden:

$$\tan\left({}_{erf}\beta\right) = \frac{\eta_g \cdot \tan\delta_s - \tan\delta_{sf}}{\eta_g + \tan\delta_s \cdot \tan\delta_{sf}} \quad = \frac{1{,}5 \cdot \frac{85}{270} - 0{,}40}{1{,}5 + \frac{85}{270} \cdot 0{,}40} = 0{,}044\overline{4}$$

→ *Verlängerung der Rückwand um* $\Delta d = b \cdot \tan\left({}_{erf}\beta\right) = 2{,}0 \cdot 0{,}0444 = 0{,}09 \ m$

gew.: <u>*Δd = 0,10 m*</u>

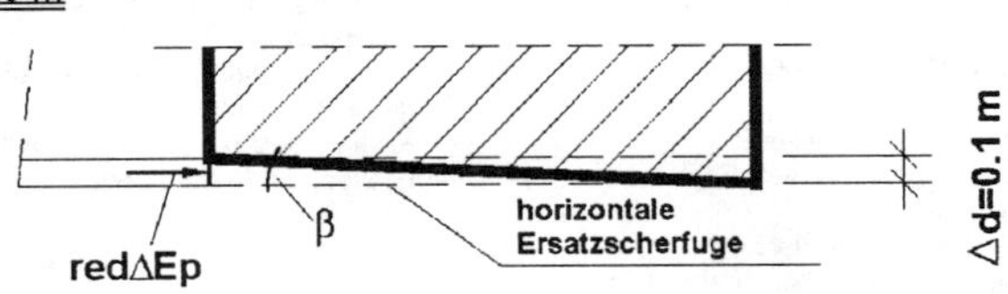

☐ 1.13: Fortsetzung Beispiel: Nachweis der Sicherheit gegen Gleiten bei schräger Sohle

Überprüfung der Sicherheit gegen Gleiten in einer fiktiven horizontalen Ersatzscherfuge

Hierbei kann der aus der Zusatztiefe Δd entstehende Erdwiderstandsanteil berücksichtigt werden:

$$red\Delta E_p = 0{,}5 \cdot \Delta E_p = 0{,}5 \cdot 0{,}5\ (19{,}5 \cdot 1{,}2 \cdot 2{,}46 + 19{,}5 \cdot 1{,}3 \cdot 2{,}46) \cdot 0{,}1 = 3{,}0\ kN/m$$

mit $k_p = 2{,}46$ ($\varphi'=25°$; $\delta_p = 0$)

Sohlwiderstandskraft:

- *Es kann $\tan\delta_{sf} = \tan\varphi'$ angesetzt werden (Schervorgang innerhalb des Bodens)*
- *Die durch das Schräglegen der Sohle hinzukommenden Anteile ΔG (aus Wandeigenlast) und ΔE_a (aus aktivem Erddruck) können unberücksichtigt bleiben, da sie sich in ihrer Wirkung in etwa eliminieren.*

$$H_s = N \cdot \tan\delta_{sf} \quad = 270 \cdot \tan 25° = 125{,}9\ kN/m$$

Damit wird die Sicherheit gegen Gleiten

$$\eta_G = \frac{125{,}9 + 3{,}0}{85{,}0} = 1{,}52 >_{erf} \eta_g = 1{,}5$$

Anmerkung: Bei nicht ausreichender Sicherheit hätte die Sohlneigung vergrößert werden müssen.

Sonderfälle Untersuchung der Sicherheit gegen Gleiten bei doppelter Ausmittigkeit und/oder Horizontalkräften in zwei Richtungen: ⇒ Dehne 1982.

☐ 1.14: Beispiel: Gleiten in der horizontalen Ersatzscherfuge

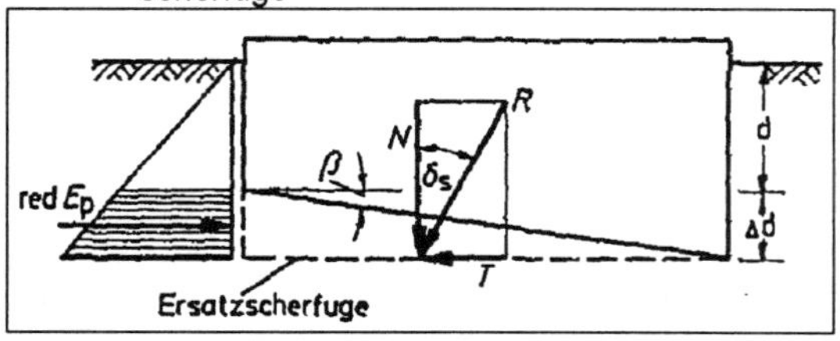

1.4 Kontrollfragen

- Direkte Standsicherheitsnachweise?
- Skizzieren Sie die Bewegungen eines Gründungs- / Bodenkörpers beim Kippen, Gleiten, Grundbruch, bei Setzungen und Schiefstellungen, bei Auftrieb, bei Böschungs- und Geländebruch!
- Innere / äußere Standsicherheit?
- Welche Standsicherheitsnachweise sind in der Regelfallbemessung nicht enthalten?
- Ständige Lasten? Verkehrslasten? Gesamtlast?
- Lastfälle nach DIN 1054?
- Sohlspannungen bei Standsicherheitsnachweisen?
- Nachweis der Sicherheit gegen Kippen in der Sohlfuge / Arbeitsfuge? Warum unterschiedlich?
- Welche Bauwerke sind besonders kippgefährdet?
- Nachweis der Sicherheit gegen Gleiten bei horizontaler Sohle? Kraftwirkungen?
- Mindestsicherheiten gegen Gleiten?
- Größe der Sohlwiderstandskraft H_s ohne / mit Porenwasserdruck?
- Ansatz des Reibungswinkels in der Gleitfuge im Grenzzustand bei Ortbetonfundamenten / bei Fertigteilfundamenten?
- Ansatz des Reibungsbeiwerts μ? Unterschied zwischen $\tan\varphi$ und μ?
- Ansatz der Kohäsion c' und c_u bei der Ermittlung der Sicherheit gegen Gleiten? Begründung?
- Ansatz des Erdwiderstandes bei der Berechnung der Sicherheit gegen Gleiten?
- Gleitmöglichkeiten bei hochliegender Schicht geringer Scherfestigkeit?
- Mögliche Maßnahmen bei nicht ausreichender Sicherheit gegen Gleiten?
- Kräfteansatz bei schräger Sohlfuge?
- Gleiten in einer angenommenen horizontalen Ersatzscherfuge?

1.5 Aufgaben

1.5.1 Für eine Stützwand soll die Sicherheit gegen Kippen überprüft werden. Der Nachweis für Gesamtlast liefert e < b/3. Welcher Nachweis ist noch erforderlich?

1.5.2 Nachweis der Sicherheit gegen Gleiten in der Sohlfuge: a) Berücksichtigung der Kohäsion c'? b) Fertigteilbauweise?

1.5.3 Wie groß sind zulässige Ausmittigkeit (zul e) und klaffende Fuge (k) beim Nachweis der Sicherheit gegen Kippen für ständige Last / Gesamtlast?

1.5.4 Warum wird die Sohlnormalspannung einer Stützwand aus Bodeneigengewicht und Auflast getrennt ermittelt?

1.5.5 Wie wird die Reibung beim Nachweis der Sicherheit gegen Gleiten berücksichtigt: a) in der Sohlfuge, b) in der Arbeitsfuge?

1.5.6 Ein Fundament muß eine Stützenlast V = 500 kN und ein Moment M = 200 kNm aufnehmen. Ges.: Welchen Abstand x vom Lastangriffspunkt muß die Fundamentmitte haben, damit in der Sohlfuge keine Ausmittigkeit entsteht?

1.5.7 Nachweis der Sicherheit gegen Kippen a) in der Arbeitsfuge, b) in der Sohlfuge?

1.5.8 Geg.: Gewichtsstützwand, Trapezquerschnitt mit lotrechter Rückseite ohne Talsporn, freie Standhöhe 3 m, Einbindetiefe 1 m, obere Wandbreite 0,4 m, Hinterfüllung Sand mit γ = 18 kN/m^3, φ' = 32,5°, δ = 0, γ_{Beton} = 23 kN/m^3. Ges.: Untere Wandbreite b, bei der die Sicherheit gegen Kippen gerade noch ausreicht (Der Erdwiderstand vor der Wand soll vernachlässigt werden).

1.5.9 Infolge einer benachbarten Baumaßnahme wird der Grundwasserspiegel unter einem Fundament gleichmäßig abgesenkt. Welche Auswirkungen hat dies auf die Sicherheit gegen a) Kippen, b) Gleiten, c) Grundbruch sowie auf d) die Setzungen?

2 Grundbruch

2.1 Grundlagen

Vorgang

Mit zunehmender Belastung nehmen die Setzungen eines Fundaments immer mehr zu, wobei der Setzungszuwachs überproportional größer wird. Schließlich "versinkt" das Fundament ohne weitere Laststeigerung im Baugrund: der Grundbruch ist eingetreten. Unter und neben dem Fundament wird die Scherfestigkeit des Bodens überschritten, so daß sich Gleitflächen bilden, auf denen der Boden in Form von Gleitschollen seitlich nach oben rutscht.

Anmerkung: Ein Grundbruch kann auch eintreten, wenn der Scherwiderstand des Bodens bei gleichbleibender Last abnimmt, wenn eine seitliche Auflast entfernt wird oder wenn der Grundwasserspiegel ansteigt.

☐ 2.01: Beispiel: Last-Setzungs-Linie:
a) nichtbindiger b) bindiger Boden

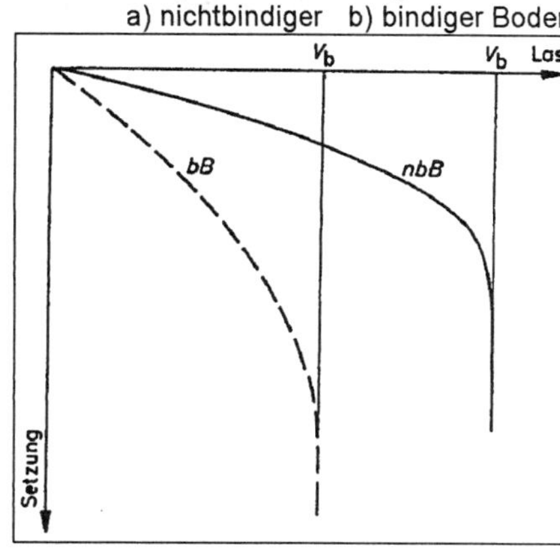

Den Eintritt des Grundbruchs erkennt man einmal daran, daß sich die Geländeoberfläche neben dem Fundament infolge des herausgedrückten Bodens aufwölbt. Zum anderen nähert sich die Last-Setzungs-Linie einer lotrechten oder steil abfallenden Tangente (☐ 2.01).

Anmerkung: Selbst bei mittiger Belastung liegen die Gleitschollen nur selten symmetrisch zum Fundament. Infolge von geringfügigen Ausmittigkeiten der Last oder Ungleichmäßigkeiten im Baugrund tritt die Gleitscholle meist nur einseitig auf, so daß sich der Baukörper zur Seite neigt, wenn der Grundbruch eingetreten ist.

Bruchfigur

Modell- und Großversuche haben gezeigt (z.B. Mitteilungen der Deutschen Forschungsgesellschaft für Bodenmechanik, H. 22, 28, 29), daß sich bei Annäherung an die Bruchlast direkt unter der Gründungssohle ein Bodenkeil ausbildet (B'BC in ☐ 2.02), der die seitlich lagernden Bodenmassen unter Überwindung der Scherfestigkeit auf gekrümmten Gleitlinien nach oben verdrängt. Bei der Berechnung der Grundbruchlast wird daher die Bruchfigur vereinfachend aus einer Geraden B'C unter dem Winkel 45° + φ/2 (aktive Zone), einer logarithmischen Spirale CD und einer Geraden DE unter dem Winkel 45° - φ/2 (passive Zone) zusammengesetzt, wobei die beiden Geraden die Kurve tangieren. Die Q-Kräfte am Bodenkeil sind gleich groß. Daher spielt es keine Rolle, ob der Grundbruch einseitig oder auf beiden Seiten des Fundaments eintritt (☐ 2.02).

☐ 2.02: Beispiel: Bruchfigur bei lotrecht mittiger Belastung

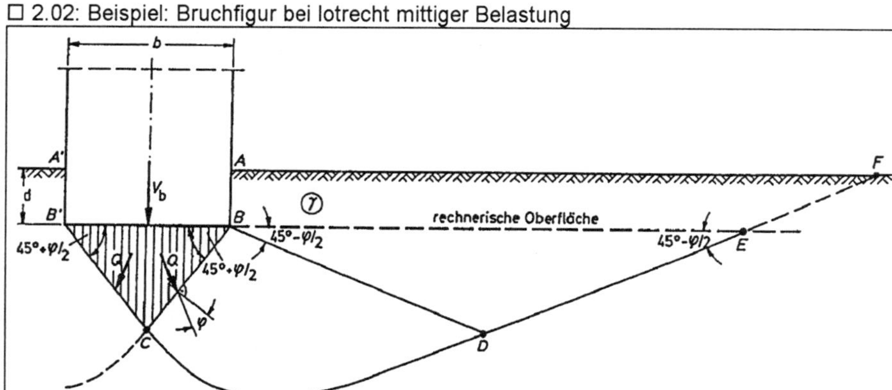

Einwirkungen

Beim Grundbruchnachweis sind zu berücksichtigen: Eigenlasten und Verkehrslasten (auch kurzfristig wirkend), seitlicher Wasserdruck und Sohlwasserdruck (auch vorübergehend wirksam), waagerechte Kräfte am Bauwerk (z.B. Erddruck und auch Wind).

Der Erddruck aus Bodeneigenlast kann unberücksichtigt bleiben, wenn er durch aussteifende Geschoßdecken aufgenommen werden kann (□ 2.03). Vor schräg belasteten Gründungskörpern darf der reduzierte Erdwiderstand red $E_p = E_p/\eta_p$ angesetzt werden, wenn die in Abschnitt 1.3 genannten Voraussetzungen erfüllt sind, jedoch nur bis zur Größe der ihn auslösenden H-Kräfte. Nach DIN 4017, T.2, Ausgabe 8.79, ist dabei als Wandreibungswinkel $\delta_p \leq -1/2\varphi$ (ebene Gleitfläche) bzw. $\delta_p \leq -2/3\varphi$ (gekrümmte Gleitfläche) zugrunde zu legen. Sicherheitswerte η_p siehe □ 2.04.

Dichte

Voraussetzung für Grundbruchuntersuchungen nach DIN 4017: Bei nichtbindigen Böden eine Lagerungsdichte von $D > 0{,}2$ (bei $U < 3$) bzw. $D > 0{,}3$ (bei $U \geq 3$).

□ 2.03: Beispiel: Vernachlässigung des Erddrucks auf ausgesteifte Wände

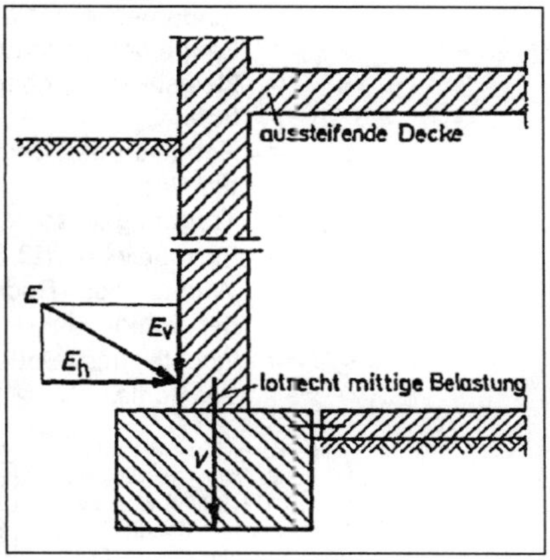

Scherfestigkeit

Bei der Ermittlung der Sicherheit gegen Grundbruch werden die Scherparameter zugrunde gelegt, welche die kleinste Bruchlast ergeben. Bei nichtbindigen Böden wird der Rechenwert cal φ' eingesetzt. Bei bindigen, einfach verdichteten, wassergesättigten Böden sind meist die Scherparameter c_u und φ_u, bei stark vorbelasteten Böden die wirksame Scherfestigkeit aus dem entwässerten Versuch (Endstandsicherheit) c' und φ' maßgebend.

Sicherheit

Nach DIN 4017 kann die zulässige Belastung zul V aus der Bruchlast V_b (siehe Abschnitt 2.2) wahlweise nach einem der beiden folgenden Verfahren ermittelt werden:

Bezugsgröße: Last: Die zulässige Belastung zul V wird bestimmt durch Division der rechnerischen Bruchlast V_b (siehe Abschnitt 2.2) durch die Globalsicherheit η_p:

$$_{\text{zul}}V = \frac{V_\text{b}}{\eta_\text{p}} \qquad (2.01)$$

Bezugsgröße: Scherbeiwerte: Die zulässige Belastung zul V wird dadurch bestimmt, daß die rechnerische Bruchlast V_b (siehe Abschnitt 2.2) mit folgenden reduzierten Scherbeiwerten ermittelt wird:

$$\tan(_{\text{zul}}\,\varphi) = \frac{\tan\varphi}{\eta_\text{r}} \qquad (2.02) \qquad\qquad _{\text{zul}}\,c = \frac{c}{\eta_\text{c}} \qquad (2.03)$$

Dabei sind η_r und η_c Teilsicherheiten (□ 2.04), welche die mit der Festlegung der Bodenkenngrößen verbundenen Unsicherheiten abdecken sollen. Die auf diese Weise berechnete Grundbruchlast entspricht dann der zulässigen Last:

$$_{\text{zul}}V = V_\text{b} \qquad (2.04)$$

□ 2.04: Mindestsicherheiten gegen Grundbruch (DIN 1054)

Lastfall	1	2	3
Sicherheit η_p	2,00	1,50	1,30
Sicherheit η_r	1,25	1,15	1,10
Sicherheit η_c	2,00	1,50	1,30

2.2 Lotrecht mittige Belastung

Bruchlast

Die dem Grundbruch zuzuordnende Last wird als Bruchlast, ihre Vertikalkomponente mit V_b bezeichnet. Sie ergibt sich nach DIN 4017, T.1, für Flächengründungen mit d < b und lotrechter mittiger Belastung zu

$$V_b = a \cdot b \cdot \sigma_{of} = a \cdot b \; (c \cdot N_c \cdot \nu_c + \gamma_1 \cdot d \cdot N_d \cdot \nu_d + \gamma_2 \cdot b \cdot N_b \cdot \nu_b) \qquad (2.05)$$

Hierin ist:

V_b = (vertikale) Grundbruchlast
σ_{0f} = mittlere Sohlnormalspannung beim Grundbruch
b = Breite des Gründungskörpers bzw. Durchmesser des Kreisfundaments, b < a
a = Länge des Gründungskörpers
d = kleinste maßgebende Einbindetiefe
c = Kohäsion des Bodens unterhalb der Sohle
$N_{c,d,b}$ = Tragfähigkeitsbeiwerte (□ 2.05)
$\nu_{c,d,b}$ = Formbeiwerte (□ 2.06)
γ_1 = Wichte des Bodens oberhalb der Sohle
γ_2 = Wichte des Bodens unterhalb der Sohle.

□ 2.05: Tragfähigkeitsbeiwerte (DIN 4017, T.1)

φ	N_c	N_d	N_b
0°	5,0	1,0	0
5°	6,5	1,5	0
10°	8,5	2,5	0,5
15°	11,0	4,0	1,0
20°	15,0	6,5	2,0
22,5°	17,5	8,0	3,0
25°	20,5	10,5	4,5
27,5°	25	14	7
30°	30	18	10
32,5°	37	25	15
35°	46	33	23
37,5°	58	46	34
40°	75	64	53
42,5°	99	92	83

□ 2.06: Formbeiwerte (DIN 4017, Teil 1)

Grundrißform	ν_c (φ ≠ 0)	ν_c (φ = 0)	ν_d	ν_b
Streifen	1,0	1,0	1,0	1,0
Rechteck	$\frac{\nu d\ Nd-1}{Nd-1}$	1+0,2·b/a	1+(b/a)sin φ	1-0,3·b/a
Quadrat/Kreis	$\frac{\nu d \cdot Nd-1}{Nd-1}$	1,2	1+sinφ	0,7

Anmerkung: Die Horizontale durch die Gründungssohle B'B (□ 2.02) wird als "rechnerische Oberfläche" betrachtet und der im Bereich der Einbindetiefe liegende Boden als Auflast γ · d betrachtet. Die Reibung in den Fugen AB und A'B' und der Scherwiderstand im Gleitflächenbereich EF bleiben unberücksichtigt (zusätzliche Sicherheit). Dies führt bei größeren Einbindetiefen jedoch zu einer unwirtschaftlichen Bemessung, so daß bei d > b mit Tiefenbeiwerten gerechnet werden kann (siehe unten).

Gleitscholle

Tiefe und Länge der Gleitscholle (Einflußbereich des Grundbruchs) werden bei lotrecht mittiger Belastung (e = 0; δ_s = 0) aus folgenden Gleichungen erhalten (□ 2.07):

$$d_s = b \cdot \sin\alpha \cdot e^{\alpha \cdot \tan\varphi} \qquad (2.06) \qquad l_s = \frac{b}{2} + b \cdot \tan\alpha \cdot e^{1{,}571 \cdot \tan\varphi} \qquad (2.07)$$

Hierin ist:

$$\alpha = 45° + \frac{\varphi}{2} \qquad (2.08) \qquad \frac{\alpha \cdot \pi}{180} = \text{Bogenmaß} \qquad (2.09)$$

□ 2.07: Beispiel: Gleitschollentiefe und -länge als Funktion des Reibungswinkels

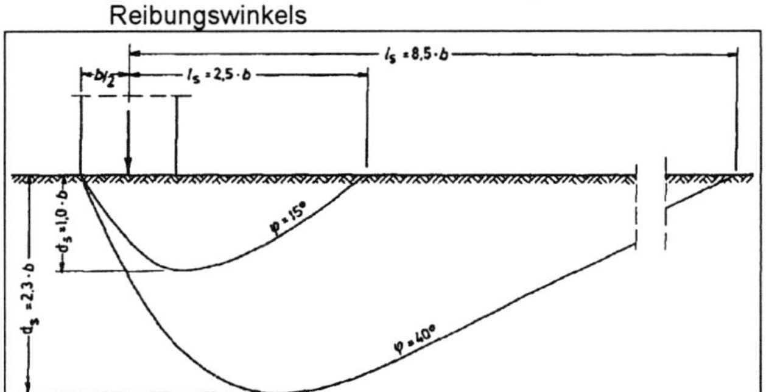

Anwendungen
□ 2.08 bis □ 2.11

☐ 2.08: Beispiel: Lotrecht mittige Belastung (homogener Baugrund)

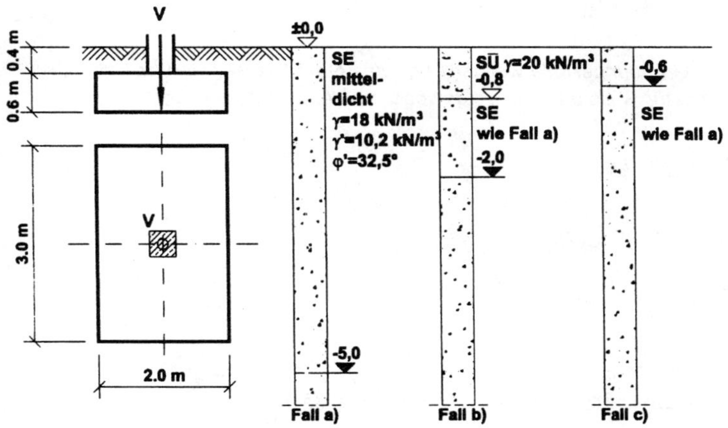

Für die dargestellten Fälle ist die zulässige mittige Belastung $_{zul}V$ (Lastfall 1) zu ermitteln.

Lösung:

1. *Sicherheit gegen Kippen e = 0*
2. *Sicherheit gegen Gleiten H = 0*
3. *Sicherheit gegen Grundbruch*

Fall a):

Zunächst muß geprüft werden, ob das Grundwasser innerhalb der Grundbruchscholle liegt:

$$d_s = b \cdot \sin\alpha \cdot e^{\alpha \cdot \tan\varphi'} \qquad = 2{,}0 \cdot \sin 61{,}25° \cdot e^{1{,}0685 \cdot \tan 32{,}5°} = 3{,}46 \;\; m$$

Das Grundwasser kann unberücksichtigt bleiben.

Berechnung nach Bezugsgröße „Last":
Vorwerte:

$$N_d = 25\,;\;\; \nu_d = 1 + \frac{2{,}0}{3{,}0} \cdot \sin 32{,}5° = 1{,}358\,;\;\; N_b = 15\,;\;\; \nu_b = 1 - 0{,}3\frac{2{,}0}{3{,}0} = 0{,}800$$

Damit ergibt sich eine Bruchlast von

$$V_b = 3{,}0 \cdot 2{,}0 \;\; (0 + 18 \cdot 1{,}0 \cdot 25 \cdot 1{,}358 + 18 \cdot 2{,}0 \cdot 15 \cdot 0{,}800) = 6259 \;\; kN$$

und mit der Sicherheit von η_p = 2,0 eine zulässige Belastung von

$$_{zul}V = \frac{V_b}{\eta_p} = \frac{6259}{2{,}0} = 3130 \;\; kN$$

Berechnung nach Bezugsgröße „Scherbeiwerte":
Mit dem Teilsicherheitsbeiwert η_p = 1,25 wird der rechnerische Reibungswinkel

$$\tan({}_{zul}\varphi') = \frac{\tan 32{,}5°}{1{,}25} = 0{,}5097 \qquad \rightarrow \qquad {}_{zul}\varphi' \approx 27°$$

Vorwerte:

$$N_d = 13{,}3\,;\;\; \nu_d = 1 + \frac{2{,}0}{3{,}0} \cdot \sin 27° = 1{,}308\,;\;\; N_b = 6{,}5\,;\;\; \nu_b = 1 - 0{,}3\frac{2{,}0}{3{,}0} = 0{,}800$$

Damit ergibt sich eine zulässige Belastung von

$$_{zul}V \mathrel{\hat{=}} V_b = 3{,}0 \cdot 2{,}0 \;\; (0 + 18 \cdot 1{,}0 \cdot 13{,}3 \cdot 1{,}303 + 18 \cdot 2{,}0 \cdot 6{,}5 \cdot 0{,}800) = 2995 \;\; kN$$

Anmerkung: Nach DIN 4017 / T.1, Abschnitt 12, kann als zulässige Belastung das Ergebnis des frei wählbaren Rechenverfahrens angesetzt werden.

☐ 2.09: Fortsetzung Beispiel: Lotrecht mittige Belastung (homogener Baugrund)

Fall b):

Da der Boden von GOK bis zur Gründungssohle wechselt und das Grundwasser innerhalb der Grundbruchscholle liegt, müssen sowohl für γ_1 als auch für γ_2 „gewogene Mittelwerte“ berechnet werden:

$$\gamma_{1m} = \frac{0{,}8 \cdot 20 + 0{,}2 \cdot 18}{0{,}8 + 0{,}2} = 19{,}60 \quad kN/m^3$$

$$\gamma_{2m} = \frac{1{,}0 \cdot 18 + 2{,}46 \cdot 10{,}2}{3{,}46} = 12{,}45 \quad kN/m^3$$

(Einflußtiefe d_s siehe Fall a).

Damit ergibt sich eine Bruchlast von

$$V_b = 3{,}0 \cdot 2{,}0 \;(0 + 19{,}6 \cdot 1{,}0 \cdot 25 \cdot 1{,}358 + 12{,}45 \cdot 2{,}0 \cdot 15 \cdot 0{,}800) = 5785 \quad kN$$

und eine zulässige Belastung von

$$_{zul}V = \frac{5785}{2{,}0} = 2893 \quad kN$$

Vergleich mit Fall a): Der Einfluß des Grundwassers verringert die Tragfähigkeit.

Fall c):

Da das Fundament 0,4 m im Grundwasser steht, wirkt eine entlastende Auftriebskraft (Sohlwasserdruckkraft):

$$D = \gamma_w \cdot h_w \cdot a \cdot b \qquad = 10 \cdot 0{,}4 \cdot 3{,}0 \cdot 2{,}0 = 24 \quad kN\,.$$

Mit der gemittelten Wichte

$$\gamma_{1m} = \frac{0{,}6 \cdot 18 + 0{,}4 \cdot 10{,}2}{1{,}0} = 14{,}88 \quad kN/m^3 \quad \textit{und}$$

$$\gamma_2 = \gamma' = 10{,}20 \quad kN/m^3$$

wird die Bruchlast

$$V_b = 3{,}0 \cdot 2{,}0 \;(0 + 14{,}88 \cdot 1{,}0 \cdot 25 \cdot 1{,}358 + 10{,}20 \cdot 2{,}0 \cdot 15 \cdot 0{,}800) = 4500 \quad kN$$

und die zulässige Belastung

$$_{zul}V = \frac{V_b}{\eta_p} + D \qquad = \frac{4500}{2{,}0} + 24 = 2274 \quad kN$$

☐ 2.10: Beispiel: Anfangs- und Endstandsicherheit

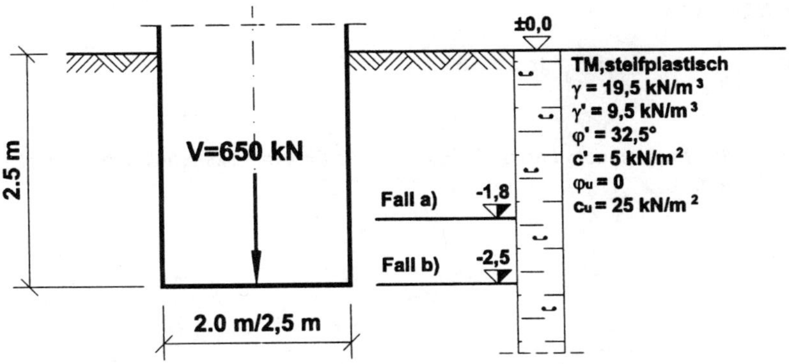

Ges.: *Anfangs- und Endstandsicherheit des dargestellten Fundaments für*
Fall a): Grundwasser auf Kote –1,8m
Fall b): Grundwasser auf Kote –2,5 m.

Lösung:

Bruchlast für die Anfangsfestigkeit (φ_u, c_u);

Beiwerte:

$$N_c = 5{,}0;\ \nu_c = 1 + 0{,}2 \cdot \frac{2{,}0}{2{,}5} = 1{,}160;\ N_d = 1{,}0;\ \nu_d = 1 + \frac{2{,}0}{2{,}5} \cdot \sin 0° = 1{,}000$$

$$N_b = 0;\quad \nu_b = \textit{nicht erforderlich}$$

Fall a):

$$V_b = 2{,}5 \cdot 5{,}0\ \left(25 \cdot 5{,}0 \cdot 1{,}160 + (1{,}8 \cdot 19{,}5 + 0{,}7 \cdot 9{,}5) \cdot 1{,}0 \cdot 1{,}0 + 0\right) = 934\ kN$$

Fall b):

$$V_b = 2{,}5 \cdot 2{,}0\ \left(25 \cdot 5{,}0 \cdot 1{,}160 + 19{,}5 \cdot 2{,}5 \cdot 1{,}0 \cdot 1{,}0 + 0\right) = 969\ kN$$

Bruchlast für die Endfestigkeit (φ', c'):

Beiwerte:

$$N_c = 17{,}5;\ \nu_c = \frac{1{,}306 \cdot 8{,}0 - 1}{8{,}0 - 1} = 1{,}350;\ N_d = 3{,}0;\ \nu_d = 1 + \frac{2{,}0}{2{,}5} \cdot \sin 22{,}5° = 1{,}306$$

$$N_b = 3{,}0;\quad \nu_b = 1 - 0{,}3 \cdot \frac{2{,}0}{2{,}5} = 0{,}760$$

Fall a):

$$V_b = 2{,}5 \cdot 2{,}0\ \left(5 \cdot 17{,}5 \cdot 1{,}350 + (1{,}8 \cdot 19{,}5 + 0{,}7 \cdot 9{,}5) \cdot 8{,}0 \cdot 1{,}306 + 9{,}5 \cdot 2{,}0 \cdot 3{,}0 \cdot 0{,}760\right) = 2988\ kN$$

Fall b):

$$V_b = 2{,}5 \cdot 2{,}0\ \left(5 \cdot 17{,}5 \cdot 1{,}350 + 19{,}5 \cdot 2{,}5 \cdot 8{,}0 \cdot 1{,}306 + 9{,}5 \cdot 2{,}0 \cdot 3{,}0 \cdot 0{,}760\right) = 3354\ kN$$

☐ 2.11: Fortsetzung Beispiel: Anfangs- und Endstandsicherheit

Sohlwasserdruckkraft im Fall a):

$$D = \gamma_w \cdot h_w \cdot a \cdot b \qquad = 10 \cdot 0{,}7 \cdot 2{,}0 \cdot 2{,}5 = 35 \ kN$$

Sicherheiten:

Die Anfangsstandsicherheiten müssen dem Lastfall 2 (η_p = 1,5), die Endstandsicherheit dem Lastfall 1 (η_p = 2,0) zugeordnet werden.

Fall a):

Anfangsstandsicherheit:

$$\eta_p = \frac{V_b}{{}_{vorh}V - D} \qquad = \frac{934}{650 - 35} = 1{,}52$$

Endstandsicherheit:

$$\eta_p = \frac{V_b}{{}_{vorh}V - D} \qquad = \frac{2988}{650 - 35} = 4{,}85$$

Fall b):

Anfangsstandsicherheit:

$$\eta_p = \frac{969}{650} \approx 1{,}5$$

Endstandsicherheit:

$$\eta_p = \frac{3354}{650} = 5{,}16$$

Die Anfangsstandsicherheit erweist sich als kritischer Zustand; jedoch mit noch ausreichender Sicherheit.

Sohlnormalspannungen Trägt man die Sohlnormalspannungen σ_{0f} über der Fundamentbreite auf, so ergibt sich die Sohlnormalspannungsfigur für ein Streifenfundament beim Erreichen der Grundbruchlast. Sie setzt sich aus einem gleichmäßig verteilten Kohäsions- und Tiefenanteil und einem zur Mitte hin anwachsenden Breitenanteil zusammen (☐ 2.12).

☐ 2.12: Beispiel: Sohlnormalspannungsfigur beim Grundbruch

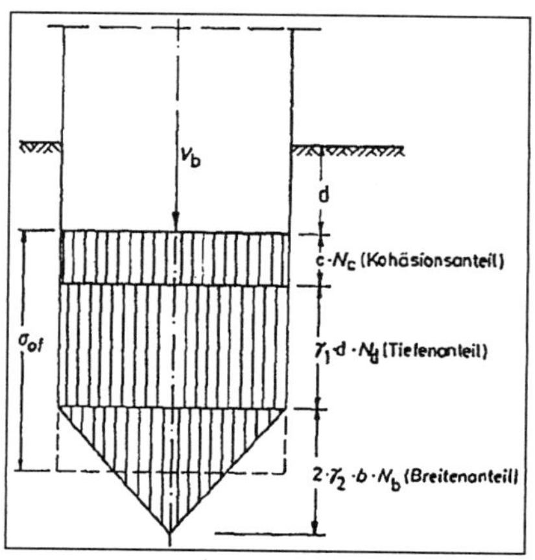

Geschichteter Baugrund Liegt die Gleitscholle im Bereich mehrerer Bodenschichten, so kann durch Iteration das gewogene Mittel der Wichten und Scherbeiwerte gebildet werden (☐ 2.13 bis ☐ 2.16).

Einbindetiefe **Gründungstiefe größer als Fundamentbreite (d > b):** Kohäsions- und Tiefenglied der Grundbruchgleichung werden mit einem Tiefenbeiwert d multipliziert (das Breitenglied bleibt unverändert):

$$d_c \approx d_d = 1 + 0{,}1 \cdot \frac{d}{b} \quad (\leq 2{,}5) \qquad (2.10)$$

Anmerkung: Besitzt der Boden oberhalb der Gründungssohle nicht mindestens die Qualität des unterhalb der Sohle lagernden Bodens, so ist bei der Berechnung der Tiefenbeiwerte die Gründungstiefe d um den Anteil des schlechteren Bodens zu reduzieren.

Kellerwände: Bei Fundamenten unter Kellerwänden ist der Abstand von der Gründungssohle bis Oberkante Kellerfußboden als (kleinste) Einbindetiefe maßgebend, wenn das Ausweichen des Fundaments nach dieser Seite nicht durch ausreichend dicke Kellerquerwände oder einen massiv ausgebildeten Kellerfußboden verhindert wird (☐ 2.17a).

Nichttragfähiger Boden: Liegt über dem tragfähigen Boden eine Bodenschicht, deren Scherfestigkeit nicht in Rechnung gestellt werden kann, so sollte als maßgebende Einbindetiefe nur die Dicke des tragfähigen Bodens angesetzt werden (☐ 2.17b).

☐ 2.13: Beispiel: Fundamentbemessung (geschichteter Baugrund)

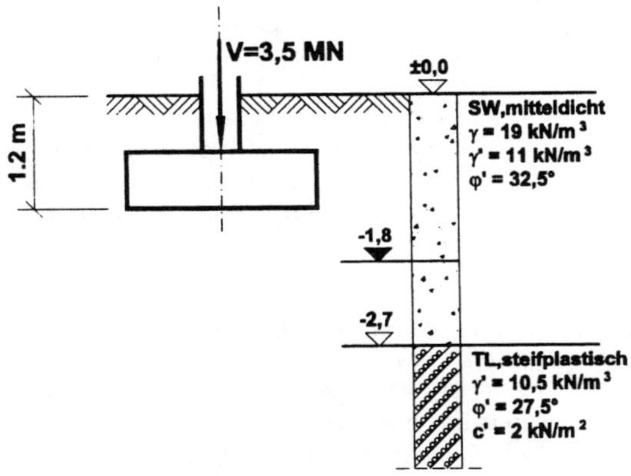

Für die Last V (Lastfall 1) einer quadratischen Stütze (0,5 m/0,5 m) sind die Fundamentabmessungen bei gegebener Einbindetiefe gesucht.

Lösung:

1. *Vorbemerkungen:*

- *Dem Stützenquerschnitt entsprechend wird ein Quadratfundament gewählt.*
- *Da die Last lotrecht und mittig angreift, entfallen die Nachweise gegen Kippen und Gleiten.*
- *Die Bemessung wird nach den Grundbruchkriterien durchgeführt:*

a) *Überschlägliche Ermittlung der zulässigen Sohlnormalspannung $_{zul}\sigma_0$ unter Berücksichtigung der beeinflußten Bodenschichten (z.B. über die Tabellenwerte des Regelfallverfahrens; siehe Abschnitt 5.2).*

Bestimmung der erforderlichen Fundamentfläche $_{erf}A = \frac{_{vorh}V}{_{zul}\sigma_0}$.

Aufteilung in die Seitenlängen a und b.
Kontrolle mit Hilfe der direkten Standsicherheitsnachweise.
Korrekturen, falls erforderlich („trial and error").

b) *Sofern nur zwei Schichten an der Lastabtragung beteiligt sind, werden die Fundamentabmessungen zweckmäßig mit Hilfe von zwei Annahmen ermittelt und anschließend zwischen diesen Grenzfällen interpoliert,*

2. *Überschlägliche Ermittlung der Fundamentabmessungen nach Verfahren b):*

- *Da die Stützenlast V (Fundamenteigenlast und eventuelle Bodenauflast bleiben zunächst unberücksichtigt) im Lastfall 1 mit einer Sicherheit von η_p = 2,0 aufzunehmen ist, muß eine Bruchlast von $V_b = \eta_p \cdot V = 2{,}0 \cdot 3500 = 7000\ kN$ erreicht werden.*
- *Vereinfachend wird (in diesem Fall) der Grundwasserspiegel in die Gründungssohle gelegt.*
- ***Annahme 1:** Unterhalb der Gründungssohle steht nur Boden SW an.*
  Mit den entsprechenden Kennwerten und Beiwerten wird dann
  $V_b = 7000 = b \cdot b\ (0 + 19{,}0 \cdot 1{,}2 \cdot 25 \cdot 1{,}537 + 11{,}0 \cdot b \cdot 15 \cdot 0{,}7)$

  Daraus ergibt sich die Gleichung $115{,}50 b^3 + 876{,}09 b^2 - 7000 = 0$ *mit der brauchbaren Lösung $b_1 \approx 2{,}5$ m.*

□ 2.14: Fortsetzung Beispiel: Fundamentbemessung (geschichteter Baugrund)

- ***Annahme 2:*** *Unterhalb der Sohle steht nur Boden TL an.*
  Wenn oberhalb der Sohle ein anderer Boden ansteht (hier SW), müssen die Beiwerte grundsätzlich für den Boden ermittelt werden, auf dem der Gründungskörper steht.

  Somit wird $V_b = 7000 = b \cdot b \; (2 \cdot 25 \cdot 1{,}497 + 19{,}0 \cdot 1{,}2 \cdot 14 \cdot 1{,}462 + 10{,}5 \cdot b \cdot 7 \cdot 0{,}700)$

  Aus der Gleichung $51{,}450 b^3 + 541{,}520 b^2 - 7000 = 0$ *erhält man nun die brauchbare Lösung* $b \approx 3{,}2$ *m.*
- *Um eine sinnvolle Interpolationsgrenze zu finden, wird die Tiefe der Grundbruchscholle für Annahme 1 bestimmt:*

  Mit $\alpha = 45° + \frac{1}{2} \cdot 32{,}5° = 61{,}25°$ *wird* $d_s = 2{,}5 \cdot \sin 61{,}25° \cdot e^{1{,}0685 \cdot \tan 32{,}5°} = 4{,}33 \; m$

  Interpretation: Wenn der Boden SW bis d_s = 4,33 m unter Gründungssohle reicht, bleibt der Boden TL ohne Einfluß. Damit läßt sich die erforderliche Fundamentbreite näherungsweise durch geradlinige Interpolation ermitteln:

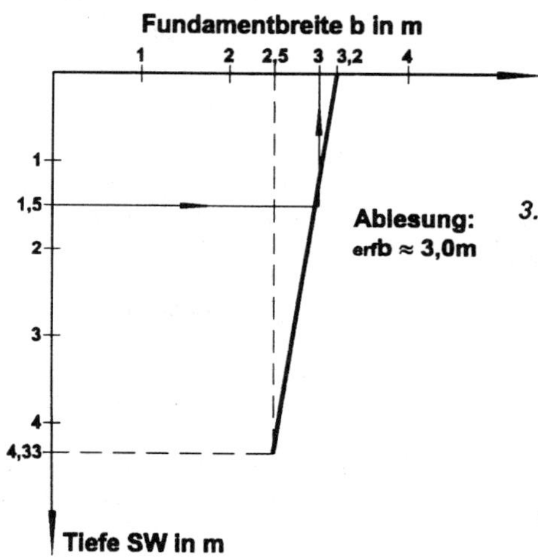

Um die bisher vernachlässigte Eigenlast des Fundamentes und die Bodenauflast zu berücksichtigen, wird b = 3,2 m gewählt.

3. ***Standsicherheitsnachweis:***
   Für die Seitenabmessungen a = b = 3,2m wird die Sicherheit gegen Grundbruch mit der „Methode des gewogenen Mittels" (DIN 4017 /T.1, Bbl., Ausgabe 11.75) bestimmt:
   - *In 1. Näherung wird die Einflußtiefe d_{s0} mit dem Reibungswinkel φ_0 des direkt unter der Gründungssohle anstehenden Bodens berechnet:*

$$d_{s0} = 3{,}2 \cdot \sin\left(45° + \frac{32{,}5°}{2}\right) \cdot e^{1{,}0685 \cdot \tan 32{,}5°} = 5{,}54 \; m$$

- *Für diese Einflußtiefe beträgt das gewogene Mittel $\overline{\varphi_0}$ aller betroffenen Schichten*

$$\overline{\varphi_0} = \frac{h_0 \cdot \varphi_0 + h_1 \cdot \varphi_1 + \ldots + h_n \cdot \varphi_n}{d_{s0}} \qquad = \frac{1{,}5 \cdot 32{,}5° + 4{,}04 \cdot 27{,}5°}{5{,}54} = 28{,}9°$$

- *Abweichung Δ_1 dieses Mittelwerts $\overline{\varphi_0}$ vom Ausgangswert φ_0:*

$$\Delta_1 = \left| \frac{\varphi_0 - \overline{\varphi_0}}{\varphi_0} \right| \cdot 100 \qquad = \frac{32{,}5° - 28{,}9°}{32{,}5°} \cdot 100 = 11{,}1\%$$

  Da dieser Wert größer ist als die zulässige Abweichung von 3%, muß eine Iteration angeschlossen werden:

- *1. Iteration:*

  Für den Mittelwert $\varphi_{M1} = \frac{\varphi_0 + \overline{\varphi_0}}{2} = \frac{32{,}5° + 28{,}9°}{2} = 30{,}7°$ *wird eine neue Einflußtiefe berechnet:* $d_{s1} = 3{,}2 \cdot \sin\left(45° + \frac{30{,}7°}{2}\right) \cdot e^{1{,}0533 \cdot \tan 30{,}7°} = 5{,}20 \; m$

☐ 2.15: Fortsetzung Beispiel: Fundamentbemessung (geschichteter Baugrund)

damit werden die vorangegangenen Rechenschritte wiederholt:

$$\overline{\varphi_1} = \frac{1{,}5 \cdot 32{,}5° + 3{,}7 \cdot 27{,}5°}{5{,}20} = 28{,}9°$$

$$\Delta_2 = \frac{30{,}7° - 28{,}9°}{2} \cdot 100 = 5{,}9\% > 3\%$$

- *2. Iteration:*

$$\varphi_{M_2} = \frac{30{,}7° + 28{,}9°}{2} = 29{,}8°$$

$$d_{s2} = 3{,}2 \cdot \sin\left(45° + \frac{29{,}8°}{2}\right) \cdot e^{1{,}0455 \cdot \tan 29{,}8°} = 5{,}04 \ m$$

$$\overline{\varphi_2} = \frac{1{,}5 \cdot 32{,}5° + 3{,}54 \cdot 27{,}5°}{5{,}04} = 29{,}0°$$

$$\Delta_3 = \frac{29{,}8° - 29{,}0°}{29{,}8°} \cdot 1{,}00 = 2{,}7\% < 3\%$$

Die Iteration kann abgebrochen werden.

- *Der für die Grundbruchberechnung maßgebende Reibungswinkel beträgt:*

$$\varphi = \frac{29{,}8° + 29{,}0°}{2} = 29{,}4°$$

Mit der Einflußtiefe $d_s = 3{,}2 \cdot \sin\left(45° + \frac{29{,}4°}{2}\right) \cdot e^{1{,}0420 \cdot \tan 29{,}4°} = 5{,}0 \ m$

werden die gewogenen Mittelwerte berechnet:

$$c = \frac{h_0 \cdot c_0 + h_1 \cdot c_1 + \ldots + h_n \cdot c_n}{d_s} = \frac{1{,}5 \cdot 0 + 3{,}5 \cdot 2}{5} = 1{,}4 \ kN/m^2$$

$$\gamma_2 = \frac{h_0 \cdot \gamma_0 + h_1 \cdot \gamma_1 + \ldots + h_n \cdot \gamma_n}{d_s} = \frac{0{,}6 \cdot 19 + 0{,}9 \cdot 11 + 3{,}5 \cdot 10{,}5}{5{,}0} = 11{,}6 \ kN/m^3$$

- *Berechnung der Bruchlast:*
  Für φ = 29,4° betragen die Beiwerte

$N_c = 28{,}8$; $\upsilon_c = \frac{1{,}491 \cdot 17{,}0 - 1}{17{,}0 - 1} = 1{,}522$

$N_d = 17{,}0$; $\upsilon_d = 1 + \sin 29{,}4° = 1{,}491$

$N_b = 9{,}3$; $\upsilon_b = 0{,}700$

Das ergibt eine Bruchlast von

$$V_b = 3{,}2^2 (1{,}4 \cdot 28{,}8 \cdot 1{,}522 + 19 \cdot 1{,}2 \cdot 17{,}0 \cdot 1{,}491 + 11{,}6 \cdot 3{,}2 \cdot 9{,}3 \cdot 0{,}700) = 9000 \ kN.$$

- *Weitere Vertikallasten:*
  Fundamenteigenlast (für eine angenommene Fundamenthöhe von 1,0 m):

$$G_F = 25 \cdot 3{,}2^2 \cdot 1{,}0 = 256 \ kN$$

Bodenauflast:

$$G_B = 19 \ (3{,}2^2 - 0{,}5^2) \cdot 0{,}2 = 38 \ kN.$$

□ 2.16: Fortsetzung Beispiel: Fundamentbemessung (geschichteter Baugrund)

- *Sicherheitsnachweis:*

$$\eta_p = \frac{V_b}{V + G_F + G_B} = \frac{9000}{3500 + 256 + 38} = 2{,}37 >_{erf} \eta_p = 2{,}0$$

Die Abmessungen des Quadratfundamentes könnten noch etwas verringert werden.

□ 2.17: Beispiele: Maßgebende Einbindetiefe bei a) Fundamenten unter Kellerwänden, b) nicht tragfähigem Boden

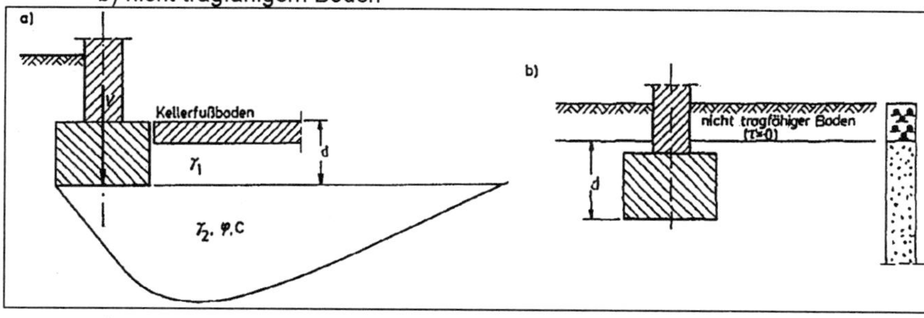

Anmerkung: Bei sehr großer Einbindetiefe (z.B. bei Brunnengründungen) braucht die Grundbruchsicherheit nicht nachgewiesen zu werden.

2.3 Schräge und/oder ausmittige Belastung

Gleitscholle

Bei schräger und/oder ausmittiger Belastung bildet sich die Gleitscholle vor der Fundamentseite, auf der die Ausmittigkeit liegt bzw. auf welche die Last hinweist. Mit zunehmender Ausmittigkeit und Neigung der Last verschiebt sich der Bruchkörper immer mehr nach dieser Seite. Die Gleitscholle wird flacher, und ein (unsymmetrischer) Bodenkeil bildet sich nur noch unter einem Teil des Fundaments aus (□ 2.18).

Tiefe und Länge der Gleitscholle (Einflußbereich des Grundbruchs) werden bei ausmittiger Belastung aus folgenden Gleichungen erhalten:

Lotrechte, ausmittige Belastung
($e \neq 0$; $\delta_s = 0$)

$$d_s = b' \cdot \sin\alpha \cdot e^{\alpha \cdot \tan\varphi} \quad (2.11)$$

$$l_s = \frac{b'}{2} + b' \cdot \tan\alpha \cdot e^{1{,}571 \cdot \tan\varphi} \quad (2.12)$$

Schräge, ausmittige Belastung
($e \neq 0$; $0 < \delta_s < \varphi$)

$$d_s = b' \cdot \sin\vartheta_2 \cdot e^{\alpha_1 \cdot \tan\varphi} \quad (2.13)$$

$$l_s = \frac{b'}{2} + \frac{b' \cdot 2 \cdot \cos\vartheta_1 \cdot \sin\vartheta_2}{\sin(90° - \varphi)} \cdot e^{\alpha_2 \cdot \tan\varphi} \quad (2.14)$$

□ 2.18: Beispiel: Grundbruch unter einem schräg und ausmittig belasteten Fundament

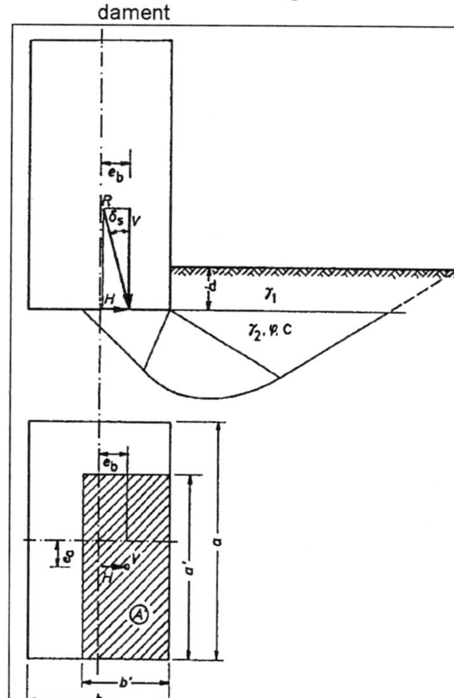

Hierin ist:

α s. (2.08), (2.09)

$$\vartheta_1 = 45° - \frac{\varphi}{2} \qquad (2.15)$$

$$a = \frac{1 - \tan^2 \vartheta_1}{2 \cdot \tan \delta_s} \qquad (2.16)$$

$$\tan \alpha_2 = a + \sqrt{a^2 - \tan^2 \vartheta_1} \qquad (2.17)$$

$$\vartheta_2 = \alpha_2 - \vartheta_1 \mathrel{\hat{=}} \alpha_1 \qquad (2.18)$$

Ausmittigkeit Die Ausmittigkeit der Last wird rechnerisch dadurch erfaßt, daß die tatsächliche Fundamentfläche durch eine reduzierte Fläche (Ersatzfläche) nach der Gleichung

$$A' = a' \cdot b' \qquad (2.19)$$

ersetzt wird, die symmetrisch zur Last liegt (b' < a') (□ 2.18):

$$a' = a - 2 \cdot e_a \qquad (2.20)$$

$$b' = b - 2 \cdot e_b \qquad (2.21)$$

Groß- und Modellversuche haben ergeben, daß dieser Ansatz beträchtlich auf der sicheren Seite liegt (Dörken 1969).

Lastneigung Zur Berücksichtigung der Neigung der Last dienen Neigungsbeiwerte, die hauptsächlich von der Neigung der Resultierenden der Lasten zur Lotrechten auf der Sohlfuge $\tan \delta_s = H/V$ und von der Richtung von H abhängen. Sie werden wie folgt berechnet:

Horizontallast parallel zur kleineren Seite b' (□ 2.18):

a) Fall $\varphi_u = 0$, $c_u \neq 0$ (nichtkonsolidierter bindiger Boden):

$$\kappa_d = 1 \qquad (2.22)$$

$$\kappa_c = 0{,}5 + 0{,}5 \sqrt{1 - \frac{H_b}{A' \cdot c_u}} \qquad (2.23)$$

Damit ausreichende Sicherheit vorliegt, muß A' bei der Bemessung von Fundamenten für gegebene Lasten und Bodenkennzahlen von vornherein so gewählt werden, daß

$$\frac{H_b}{A' \cdot c_u} \leq 1 \qquad (2.24)$$

ist.

b) Fall φ ≠ 0, c ≠ 0 (konsolidierter bindiger Boden):

$$\kappa_d = \left(1 - 0{,}7 \frac{H_b}{V_b + A' \cdot c \cdot \cot\varphi}\right)^3 \quad (2.25)$$

Hierin ist:
$H_b = \eta_p \cdot H$ (horizontale Bruchlast)
$V_b = \eta_p \cdot V$ (vertikale Bruchlast)

$$\kappa_c = \kappa_d - \frac{1-\kappa_d}{N_d - 1} \quad (2.26)$$

$$\kappa_b = \left(1 - \frac{H_b}{V_b + A' \cdot c \cdot \cot\varphi}\right)^3 \quad (2.27)$$

□ 2.19: Beispiel: Ausmittigkeit und H-Komponente in Richtung der längeren Fundamentseite

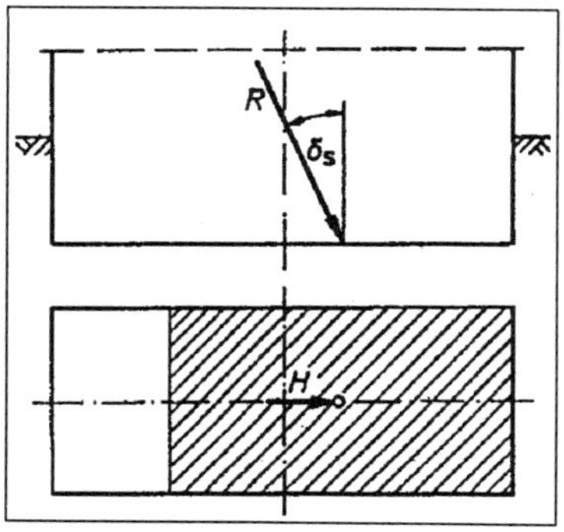

Anmerkung: Soweit η von der Bruchlast abhängt, muß die Sicherheit bei der "Bezugsgröße: Last" (siehe Abschnitt 2.1) zunächst geschätzt und die Bruchlast durch Probieren bestimmt werden. Bei der "Bezugsgröße: Scherbeiwerte" (siehe Abschnitt 2.1) wird sie zunächst gleich 1 gesetzt.

c) Fall φ ≠ 0, c = 0 (nichtbindiger Boden):

$$\kappa_d = (1 - 0{,}7 \cdot \tan\delta_s)^3 \quad (2.28)$$

$$\kappa_b = (1 - \tan\delta_s)^3 \quad (2.29)$$

Horizontallast parallel zur größeren Seite a' (□ 2.19):

Anwendung: □ 2.23 bis □ 2.25

Bruchlast

Damit ergibt sich die Grundbruchlast bei schräg und/oder ausmittig belasteten Fundamenten für d ≤ b nach DIN 4017, T.2, zu

$$V_b = a' \cdot b' \cdot \sigma_{0f} = a' \cdot b' \left(c \cdot N_c \cdot \nu_c' \cdot \kappa_c + \gamma_1 \cdot d \cdot N_d \cdot \nu_d' + \gamma_2 \cdot b' \cdot N_b \cdot \nu_b' \cdot \kappa_b\right) \quad (2.30)$$

Die Formbeiwerte $\nu'_{c,d,b}$ für b'/a' ≤ 1 sind aus □ 2.06 zu entnehmen, wobei die Werte a' und b' einzusetzen sind.

Der Einfluß einer Einbindetiefe d > b kann entsprechend (2.10) berücksichtigt werden.

Auch bei ausmittiger Last lassen sich die zulässige Last zul V und die zulässige Sohlnormalspannung zul σ_0 entweder nach der Bezugsgröße Last oder nach der Bezugsgröße Scherbeiwerte bestimmen.

Anwendungen: □ 2.20 bis □ 2.26

☐ 2.20: Beispiel 1: Schräge und ausmittige Belastung (homogener Baugrund)

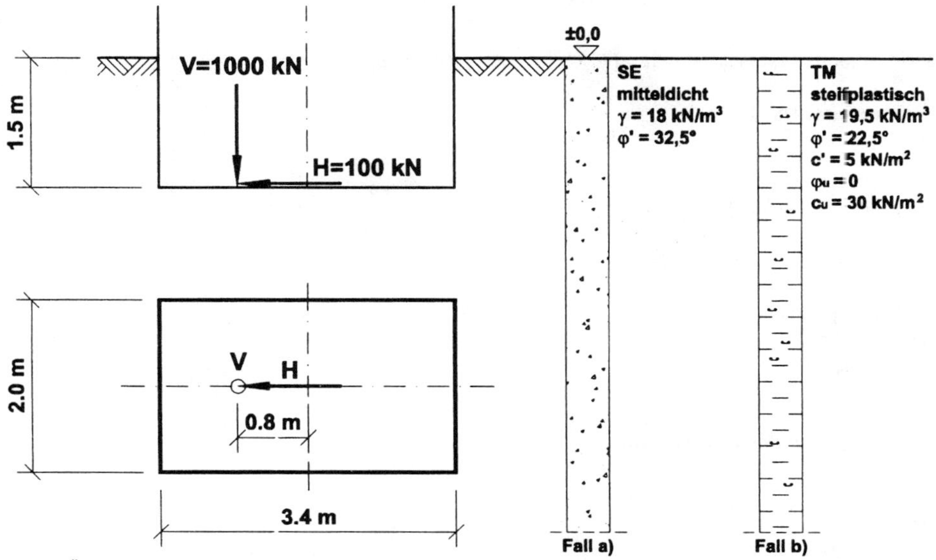

Ges.: Überprüfung der Sicherheit gegen Grundbruch.

Lösung:

Ersatzfläche: $2{,}0 - 0 = 2{,}0 \ m \mathrel{\hat{=}} a'$

$3{,}4 - 2 \cdot 0{,}8 = 1{,}8 \ m \mathrel{\hat{=}} b'$

Die H-Kraft greift parallel zur kleineren Seite an. Neigung der Resultierenden R:

$$\tan\delta_s = \frac{H}{V} = \frac{100}{1000} = 0{,}100$$

Fall a):

Beiwerte:

$$Nd = 25;\ \nu'_d = 1 + \frac{1{,}8}{2{,}0} \cdot \sin 32{,}5° = 1{,}484;\ N_b = 15;\ \nu'_b = 1 - 0{,}3\frac{1{,}8}{2{,}0} = 0{,}730$$

Die Neigungsbeiwerte sind für

- *H parallel b'*
- *$\varphi' \neq 0$; c' = 0*

zu ermitteln: $\kappa_d = (1 - 0{,}7 \cdot 0{,}100)^3 = 0{,}804;\ \kappa_b = (1 - 0{,}100)^3 = 0{,}729$

Bruchlast:

$$V_b = 2{,}0 \cdot 1{,}8\ (0 + 18 \cdot 1{,}5 \cdot 25 \cdot 1{,}484 \cdot 0{,}804 + 18 \cdot 1{,}8 \cdot 15 \cdot 0{,}730 \cdot 0{,}729) = 3830\ kN$$

Sicherheit gegen Grundbruch:

$$\eta_p = \frac{3830}{1000} = 3{,}83 >_{erf} \eta_p = 2{,}0$$

☐ 2.21: Fortsetzung Beispiel 1: Schräge und ausmittige Belastung (homogener Baugrund)

Fall b):

Hier müssen Anfangsstandsicherheit und Endstandsicherheit überprüft werden.

Anfangsstandsicherheit (φ_u, c_u):

Beiwerte:

$$N_c = 5{,}0\,;\; \nu'_c = 1 + 0{,}2\,\frac{1{,}8}{2{,}0} = 1{,}180\,;\; N_d = 1{,}0\,;\; \nu'_d = 1 + \frac{1{,}8}{2{,}0}\cdot \sin 0° = 1{,}000\,;$$

$N_b = 0$; ν'_b = *nicht erforderlich.*

Die Neigungsbeiwerte sind für
- *H parallel b'*
- *$\varphi_u = 0$; $c_u \neq 0$*

zu ermitteln:
Mit η_p = 1,5 (erforderliche Sicherheit für Lastfall 2) wird

$H_b = 1{,}5 \cdot 100 = 150\ kN$ *und*

$$\frac{H_b}{A' \cdot c_u} = \frac{150}{2{,}0 \cdot 1{,}8 \cdot 30} = 1{,}4 > 1$$

Dies zeigt schon, daß das Fundament nicht ausreichend bemessen ist.

Endstandsicherheit (φ', c'):

Beiwerte:

$$N_c = 17{,}5\,;\; \nu'_c = \frac{1{,}344 \cdot 8{,}0 - 1}{8{,}0 - 1} = 1{,}393\,;\; N_d = 8{,}0\,;\; \nu'_d = 1 + \frac{1{,}8}{2{,}0}\cdot \sin 22{,}5° = 1{,}344\,;$$

$$N_b = 3{,}0\,;\; \nu'_b = 1 - 0{,}3\,\frac{1{,}8}{2{,}0} = 0{,}730$$

Die Neigungsbeiwerte sind für
- *H parallel b'*
- *$\varphi' \neq 0$; $c' \neq 0$*

zu ermitteln:
Mit η_p = 2,0 (erforderliche Sicherheit für Lastfall 1) wird

$H_b = 2{,}0 \cdot 100 = 200\ kN$

$V_b = 2{,}0 \cdot 1000 = 2000\ kN$ *und*

$$\kappa_d = \left(1 - 0{,}7\,\frac{200}{2000 + 2{,}0 \cdot 1{,}8 \cdot 5 \cdot \cot 22{,}85°}\right)^3 = 0{,}808$$

$$\kappa_b = \left(1 - \frac{200}{200 + 2{,}0 \cdot 1{,}8 \cdot 5 \cdot \cot 22{,}5°}\right)^3 = 0{,}734$$

$$\kappa_c = 0{,}808 - \frac{1 - 0{,}808}{8{,}0 - 1} = 0{,}781$$

☐ 2.22: Fortsetzung Beispiel 1: Schräge und ausmittige Belastung (homogener Baugrund)

Bruchlast:

$$V_b = 2{,}0 \cdot 1{,}8\ (5 \cdot 17{,}5 \cdot 1{,}393 \cdot 0{,}781 + 19{,}5 \cdot 1{,}5 \cdot 8{,}0 \cdot 1{,}344 \cdot 0{,}808 + 19{,}5 \cdot 1{,}8 \cdot 3{,}0 \cdot 0{,}730 \cdot 0{,}734) = 1461\ kN$$

Sicherheit:

$$\eta_p = \frac{1461}{1000} = 1{,}46\ <_{gew}\eta_p = 2{,}0$$

Die genaue Größe der Sicherheit müßte durch Iteration ermittelt werden. In diesem Fall würde man eine Neuberechnung mit η_p = 1,46 vornehmen.

Anmerkung: *Wenn $_{gew}\eta_p$ = $_{erf}\eta_p$ nicht erreicht werden kann (wie im vorliegenden Fall), so liegt keine ausreichende Sicherheit vor.*

☐ 2.23: Beispiel 2: Schräge und ausmittige Belastung (homogener Baugrund)

Geg.: *Bauwerks- und Baugrundverhältnisse wie im vorangehenden Beispiel; jedoch Ausmittigkeit e = 0,3 0m*

Ges.: *Überprüfung der Sicherheit gegen Grundbruch.*

Lösung: *Ersatzfläche:*

$$2{,}0 - 0 = 2{,}0 \mathrel{\hat{=}} b'$$

$$3{,}4 - 2 \cdot 0{,}30 = 2{,}8\ m \mathrel{\hat{=}} a'$$

Die H-Kraft greift parallel zur größeren Seite an. Neigung der Resultierenden R:

$$\tan\delta_s = \frac{H}{V} = \frac{100}{1000} = 0{,}100$$

Fall a):

Beiwerte:

$$Nd = 25;\ \nu'_d = 1 + \frac{2{,}0}{2{,}8} \cdot \sin 32{,}5° = 1{,}384;\ N_b = 15;\ \nu'_b = 1 - 0{,}3\ \frac{2{,}0}{2{,}8} = 0{,}786$$

Die Neigungsbeiwerte sind für

- *H parallel a'*
- *$\varphi' \neq 0$; c' = 0*

zu ermitteln:

- *Bei einem Seitenverhältnis von* $\frac{a'}{b'} \geq 2$: $\kappa_d = \kappa_b = 1 - \tan\delta_s$
- *Bei einem Seitenverhältnis von* $\frac{a'}{b'} = 1$: $\kappa_d = (1 - 0{,}7 \cdot \tan\delta_s)^3$, $\kappa_b = (1 - \tan\delta_s)^3$
- *Bei einem Seitenverhältnis von* $1 < \frac{a'}{b'} < 2$ *sind die Werte κ_d und κ_b durch geradlinige Interpolation zwischen den beiden zuvor genannten Grenzfällen zu ermitteln:*

$\frac{a'}{b'} = 1$: $\kappa_d = (1 - 0{,}7 \cdot 0{,}100)^3 = 0{,}804$

$\frac{a'}{b'} = 2$: $\kappa_d = 1 - 0{,}100 = 0{,}900$

$\frac{a'}{b'} = 1{,}4$: $\kappa_d = 0{,}804 + 0{,}4\ \frac{0{,}900 - 0{,}804}{2 - 1} = 0{,}842$

□ 2.24: Fortsetzung Beispiel 2: Schräge und ausmittige Belastung (homogener Baugrund)

$\frac{a'}{b'} = 1$: $\kappa_b = (1-0{,}100)^3 = 0{,}729$

$\frac{a'}{b'} = 2$: $\kappa_d = \kappa_b = 0{,}900$

$\frac{a'}{b'} = 1{,}4$: $\kappa_d = 0{,}729 + 0{,}4 \ \frac{0{,}900 - 0{,}729}{2-1} = 0{,}797$

Bruchlast:

$$V_b = 2{,}8 \cdot 2{,}0 \ (0 + 18 \cdot 1{,}5 \cdot 25 \cdot 1{,}384 \cdot 0{,}842 + 18 \cdot 2{,}0 \cdot 15 \cdot 0{,}786 \cdot 0{,}797) = 6300 \ kN$$

Sicherheit gegen Grundbruch:

$$\eta_p = \frac{6300}{1000} = 6{,}30 >_{erf} \eta_p = 2{,}0$$

Fall b):

Anfangsstandsicherheit (φ_u, c_u):

Beiwerte:

$N_c = 5{,}0$; $\nu'_c = 1 + 0{,}2 \ \frac{2{,}0}{2{,}8} = 1{,}143$

$N_d = 1{,}0$; $\nu'_d = 1 + \frac{2{,}0}{2{,}8} \cdot \sin 0° = 1{,}000$

$N_b = 0$; ν'_b *nicht erforderlich.*

Die Neigungsbeiwerte sind für

- *H parallel a'*
- *$\varphi' \neq 0$; $c' = 0$*

zu ermitteln.
In diesem Fall gelten die Neigungsbeiwerte des Zustands H parallel b'.
Mit η_p = 1,5 (erforderliche Sicherheit für Lastfall 2) wird

$H_b = 1{,}5 \cdot 100 = 150 \ kN$ *und*

$$\frac{H_b}{A' \cdot c_u} = \frac{150}{2{,}8 \cdot 2{,}0 \cdot 30} = 0{,}89 < 1,$$

so daß die Voraussetzung für eine weitere Berechnung erfüllt ist.

$\kappa_c = 0{,}5 + 0{,}5 \ \sqrt{1 - 0{,}89} = 0{,}666$

$\kappa_d = 1{,}0$

Bruchlast:

$$V_b = 2{,}8 \cdot 2{,}0 \ (30 \cdot 5{,}0 \cdot 1{,}143 \cdot 0{,}666 + 19{,}5 \cdot 1{,}5 \cdot 1{,}0 \cdot 1{,}0 \cdot 1{,}0 + 0) = 803 \ kN$$

Sicherheit gegen Grundbruch:

$$\eta_p = \frac{803}{1000} = 0{,}80 \ <_{erf} \eta_p = 1{,}5$$

☐ 2.25: Fortsetzung Beispiel 2: Schräge und ausmittige Belastung (homogener Baugrund)

Endstandsicherheit (φ', c'):

Beiwerte:

$$N_c = 17{,}5\,;\ \nu'_c = \frac{1{,}273 \cdot 8{,}0 - 1}{8{,}0 - 1} = 1{,}312\,;\ N_d = 8{,}0\,;\ \nu'_d = 1 + \frac{2{,}0}{2{,}8} \cdot \sin 22{,}5° = 1{,}273$$

$$N_b = 3{,}0\,;\ \nu'_b = 1 - 0{,}3\ \frac{2{,}0}{2{,}8} = 0{,}786\,.$$

Die Neigungsbeiwerte sind für

- *H parallel a'*
- *φ' ≠ 0; c' ≠ 0*

zu ermitteln:

- *Bei einem Seitenverhältnis von* $\frac{a'}{b'} \geq 2$: $\kappa_d = \kappa_b = 1 - \frac{H_b}{V_b + A' \cdot c' \cdot \cot\varphi'}$
- *Bei einem Seitenverhältnis von* $\frac{a'}{b'} = 1$: $\kappa_d = \left(1 - 0{,}7\frac{H_b}{V_b + A' \cdot c' \cdot \cot\varphi'}\right)^3$

$$\kappa_b = \left(1 - \frac{H_b}{V_b + A' \cdot c' \cdot \cot\varphi'}\right)^3$$

- $\kappa_c = \kappa_d - \frac{1 - \kappa_d}{N_d - 1}$

Bei einem Seitenverhältnis von $\frac{a'}{b'} = \frac{2{,}8}{2{,}0} = 1{,}4 < 2$ *sind die Neigungsbeiwerte* κ_d *und* κ_b *durch geradlinige Interpolation zwischen den beiden zuvor genannten Grenzfällen zu ermitteln:*
Mit η_p *= 2,0 (erforderliche Sicherheit für Lastfall 1) wird*

$$H_b = 2{,}0 \cdot 100 = 200\ kN$$

$$V_b = 2{,}0 \cdot 1000 = 2000\ kN$$

$$\frac{a'}{b'} = 1:\qquad \kappa_d = \left(1 - 0{,}7\frac{200}{2000 + 2{,}8 \cdot 2{,}0 \cdot 5 \cdot \cot 22{,}5°}\right)^3 = 0{,}810$$

$$\frac{a'}{b'} = 2:\qquad \kappa_d = 1 - \frac{200}{2000 + 2{,}8 \cdot 2{,}0 \cdot 5 \cdot \cot 22{,}5°} = 0{,}903$$

$$\frac{a'}{b'} = 1{,}4:\qquad \kappa_d = 0{,}810 + 0{,}4\ \frac{0{,}903 - 0{,}810}{2 - 1} = 0{,}847$$

$$\frac{a'}{b'} = 1:\qquad \kappa_b = \left(1 - \frac{200}{2000 + 2{,}8 \cdot 2{,}0 \cdot 5 \cdot \cot 22{,}5°}\right)^3 = 0{,}737$$

$$\frac{a'}{b'} = 2:\qquad \kappa_b = \kappa_d = 0{,}903$$

$$\frac{a'}{b'} = 1{,}4:\qquad \kappa_d = 0{,}737 + 0{,}4\ \frac{0{,}903 - 0{,}737}{2 - 1} = 0{,}803$$

$$\kappa_c = 0{,}847 - \frac{1 - 0{,}847}{8{,}0 - 1} = 0{,}825$$

Bruchlast:

$$V_b = 2{,}8 \cdot 2{,}0\ \left(5 \cdot 17{,}5 \cdot 1{,}312 \cdot 0{,}825 + 19{,}5 \cdot 1{,}5 \cdot 8{,}0 \cdot 1{,}273 \cdot 0{,}847 + 19{,}5 \cdot 2{,}0 \cdot 3{,}0 \cdot 0{,}786 \cdot 0{,}803\right) = 2357\ kN$$

Sicherheit gegen Grundbruch:

$$\eta_p = \frac{2357}{1000} = 2{,}36 >_{erf} \eta_p = 2{,}0$$

☐ 2.26: Fortsetzung Beispiel 2: Schräge und ausmittige Belastung (homogener Baugrund)

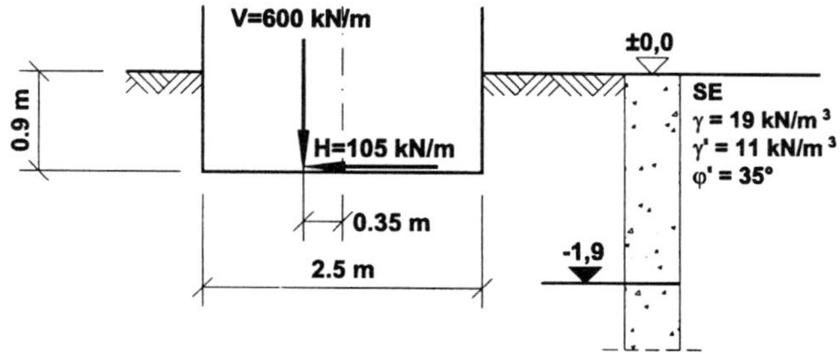

Für das dargestellte Fundament einer Stützwand ist die Sicherheit gegen Grundbruch zu überprüfen.

Lösung:

$$\tan\delta_s = \frac{105}{600} = 0{,}175\,; \qquad b' = 2{,}50 - 2\cdot 0{,}35 = 1{,}80 \;\; m$$

Beiwerte:

$$N_d = 33\,;\; \nu'_d = 1{,}0\,; \qquad N_b = 23\,;\; \nu'_b = 1{,}0$$

Die Neigungsbeiwerte sind für

- *H parallel b'*
- *$\varphi' \neq 0$; $c' = 0$*

zu ermitteln:

$$\kappa_d = (1 - 0{,}7\cdot 0{,}175)^3 = 0{,}676$$

$$\kappa_b = (1 - 0{,}175)^3 = 0{,}562$$

Um den Einfluß des Grundwassers zu erfassen, muß die Tiefe der Grundbruchscholle berechnet werden:

$$\vartheta_1 = 45° - \frac{\varphi}{2} = 45° - \frac{35°}{2} = 27{,}5°$$

$$a = \frac{1-\tan^2\vartheta_1}{2\cdot\tan\delta_s} = \frac{1-\tan^2 27{,}5°}{2\cdot 0{,}175} = 2{,}083$$

$$\tan\alpha_2 = a + \sqrt{a^2 - \tan^2\vartheta_1} = 2{,}083 + \sqrt{2{,}083^2 - \tan^2 27{,}5°} = 4{,}100 \Rightarrow \alpha_2 = 76{,}3°$$

$$\vartheta_2 = \alpha_2 - \vartheta_1 = 76{,}3° - 27{,}5° = 48{,}8° \;\hat{=}\; \alpha_1$$

Damit wird

$$d_s = b'\cdot\sin\vartheta_2\cdot e^{\alpha_1\cdot\tan\varphi'} = 1{,}80\cdot\sin 48{,}8°\cdot e^{0{,}852\cdot\tan 35°} = 2{,}46 \;\; m \;\; \textit{und}$$

$$\gamma_{2m} = \frac{1{,}00\cdot 19 + 1{,}46\cdot 11}{2{,}46} = 14{,}25 \;\; kN/m^3$$

Bruchlast:

$$V_b = 1{,}8\;\left(0 + 19\cdot 0{,}9\cdot 33\cdot 1{,}0\cdot 0{,}676 + 14{,}25\cdot 1{,}8\cdot 23\cdot 1{,}0\cdot 0{,}562\right) = 1283 \;\; kN/m$$

Sicherheit gegen Grundbruch:

$$\eta_p = \frac{1283}{600} = 2{,}14 >_{erf} \eta_p = 2{,}0$$

2.4 Sonderfälle

Geneigte Sohlfläche

Kohäsions-, Tiefen- und Breitenglied der Grundbruchgleichung werden mit einem Sohlneigungsbeiwert ξ multipliziert (DIN 4017 E, □ 2.27, □ 2.28):

$$\xi_c = \xi_d = \xi_b = e^{-0{,}045\cdot\alpha\cdot\tan\varphi'} \quad (2.31)$$

□ 2.27: Beispiel: Geneigte Sohlfuge: Bezeichnungen

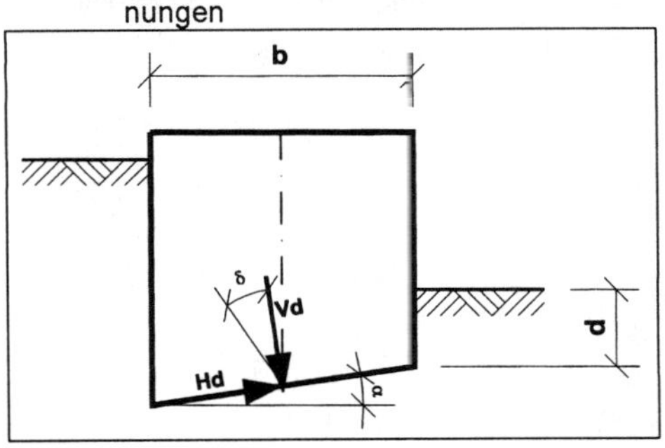

□ 2.28: Beispiel: Fundament mit geneigter Sohlfläche

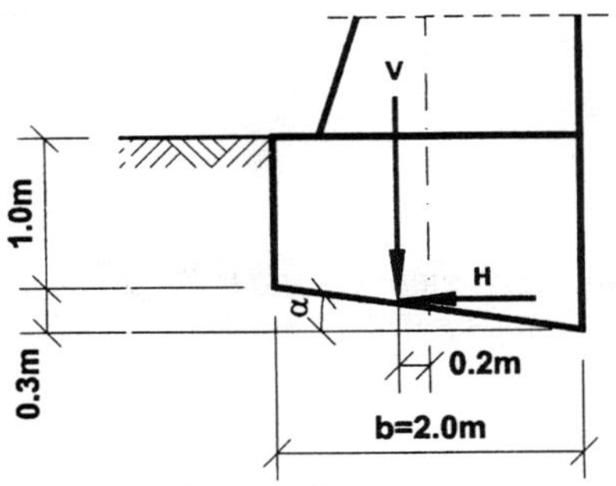

V = 220 kN/m
H = 80 kN/m

SW
γ = 18 kN/m³
φ' = 32,5°

Um ausreichende Sicherheit gegen Gleiten zu erreichen, muß die Sohle der dargestellten Stützwandgründung geneigt werden.
Hinweis: In H ist der Anteil des reduzierten Erdwiderstands bereits enthalten.

***Ges.:** Überprüfung der Sicherheit gegen Grundbruch.*

Lösung:

$$\tan\delta_s = \frac{H}{V} = \frac{80}{220} = 0{,}364$$

$$b' = 2{,}00 - 2\cdot 0{,}20 = 1{,}60 \ m$$

Beiwerte:

$$N_d = 25;\ \nu'_d = 1{,}0;\ N_b = 15;\ \nu'_b = 1{,}0$$

$$\tan\alpha = \frac{0{,}30}{2{,}00} = 0{,}1500 \Rightarrow \alpha = 8{,}53°; \qquad \hat{\alpha} = 0{,}149$$

Die Neigungsbeiwerte sind für
- *H parallel b'*
- *$\varphi' \neq 0$; c' = 0*

zu ermitteln:

$$\kappa_d = (1 - 0{,}7\cdot 0{,}364)^3 = 0{,}414$$

$$\kappa_b = (1 - 0{,}364)^3 = 0{,}257$$

Bruchlast:

$$V_b = 1{,}6\ (0 + 18\cdot 1{,}0\cdot 25\cdot 1{,}0\cdot 0{,}414\cdot 0{,}996 + 18\cdot 1{,}6\cdot 15\cdot 1{,}0\cdot 0{,}257\cdot 0{,}996) = 474 \ kN/m$$

Sicherheit gegen Grundbruch:

$$\eta_p = \frac{474}{220} = 2{,}15 >_{erf} \eta_p = 2{,}0$$

Böschung Unter der Voraussetzung, daß $\beta < \varphi'$ ist, werden bei Fundamenten, deren Längsachse etwa parallel zur Böschungskante verläuft und die senkrecht oder schräg in Richtung der Fallinie belastet werden, Kohäsions-, Tiefen- und Breitenglied der Grundbruchgleichung mit Geländeneigungsbeiwerten λ multipliziert (DIN 4017 E, ☐ 2.29):

Für $\varphi' > 0$ ist:

$$\lambda_c = \frac{N_d \cdot e^{-0{,}0349 \cdot \beta \cdot \tan\varphi'} - 1}{N_d - 1} \qquad (2.32) \quad \text{mit } \beta \text{ in } (°)$$

$$\lambda_d = (1 - \tan\beta)^{1{,}9} \qquad (2.33)$$

$$\lambda_b = (1 - 0{,}5 \cdot \tan\beta)^6 \qquad (2.34)$$

Für $\varphi_u = 0$ ist:

$$\lambda_c = 1 \qquad (2.35)$$

☐ 2.29: Beispiel: Fundament an einer Böschung

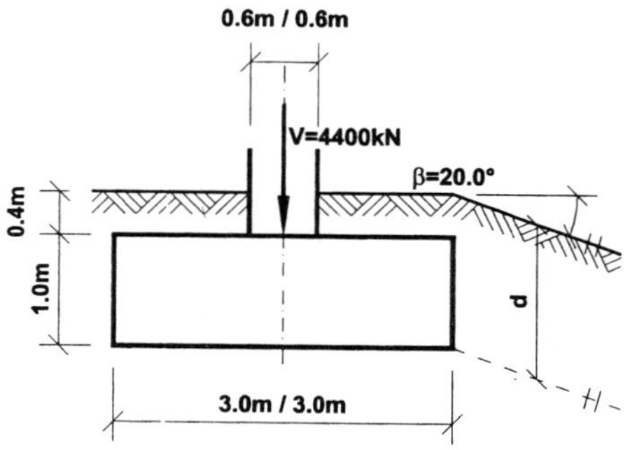

GE
mitteldicht
γ = 18 kN/m³
φ' = 35°

Ist das Fundament unter der Stütze ausreichend bemessen?

Lösung:

Vorbemerkung: Da die Stützenlast lotrecht und mittig angreift, entfallen die Nachweise gegen Kippen und Gleiten. Der Standsicherheitsnachweis erfolgt nach Grundbruch-Kriterien.

Fundamenteigenlast:

$$G_F = 25 \cdot 3{,}0^2 \cdot 1{,}0 = 225 \ kN$$

Bodenauflast:

$$G_B = 18 \ (3{,}0^2 - 0{,}6^2) \cdot 0{,}4 = 62 \ kN$$

Beiwerte:

$$N_d = 33; \ \nu_d = 1 + \sin 35° = 1{,}574; \ N_b = 23; \ \nu_b = 0{,}700$$

Geländeneigungsbeiwerte für den Fall $\varphi' > 0$:

$$\lambda_d = (1 - \tan 20°)^{1{,}9} = 0{,}423$$

$$\lambda_b = (1 - 0{,}5 \cdot \tan 20°)^6 = 0{,}300$$

Bruchlast:

Vorbemerkung: Definition der Einbindetiefe d siehe Aufgabenstellung.

$$V_b = 3{,}0^2 (0 + 18 \cdot 1{,}4 \cdot 33 \cdot 1{,}574 \cdot 0{,}423 + 18 \cdot 3{,}0 \cdot 23 \cdot 0{,}7 \cdot 0{,}300) = 7331 kN$$

Sicherheit:

$$\eta_p = \frac{7331}{440 + 225 + 62} = 1{,}56 \ <_{erf} \eta_p = 2{,}0$$

Der Einfluß der Böschung verringert die Bruchlast so stark, daß keine ausreichende Sicherheit gegeben ist.

Zur Berücksichtigung der Bermenbreite bei Fundamenten neben Böschungen wird der Tragfähigkeitsnachweis mit einer Ersatzeinbindetiefe nach der Gleichung geführt (DIN 4017 E, □ 2.30, □ 2.31):

$$d' = d + 0{,}8 \cdot s \cdot \tan\beta \qquad (2.36)$$

□ 2.30: Beispiel: Berücksichtigung der Bermenbreite: Bezeichnungen

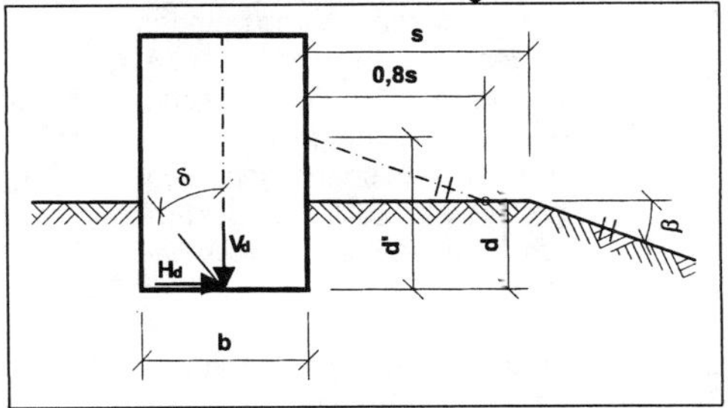

□ 2.31: Beispiel: Einzelfundament neben einer Böschung

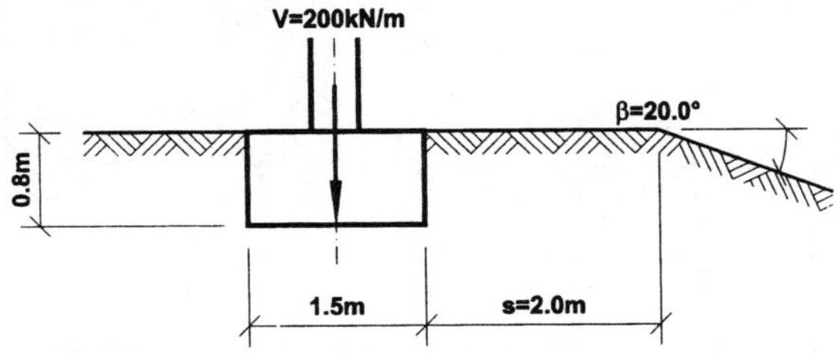

UL
steifplastisch
γ = 20,5 kN/m³
φ' = 27,5°
c' = 2 kN/m²

Für das Streifenfundament in der Nähe einer Böschung ist die Sicherheit gegen Grundbruch zu überprüfen.

Lösung:

Beiwerte:

$$N_c = 25; \qquad \nu_c = 1{,}0$$
$$N_d = 14; \qquad \nu_d = 1{,}0$$
$$N_b = 7; \qquad \nu_b = 1{,}0$$
$$\lambda_d = (1 - \tan 20°)^{1{,}9} = 0{,}423$$
$$\lambda_b = (1 - 0{,}5 \cdot \tan 20°)^6 = 0{,}300$$
$$\lambda_c = \frac{14 \cdot e^{-0{,}0349 \cdot 20{,}0 \cdot 0{,}5206} - 1}{14 - 1} = 0{,}672$$

Die s = 2,0 m breite Berme bis zur Böschung wird durch Einführen einer Ersatzeinbindetiefe d' berücksichtigt:

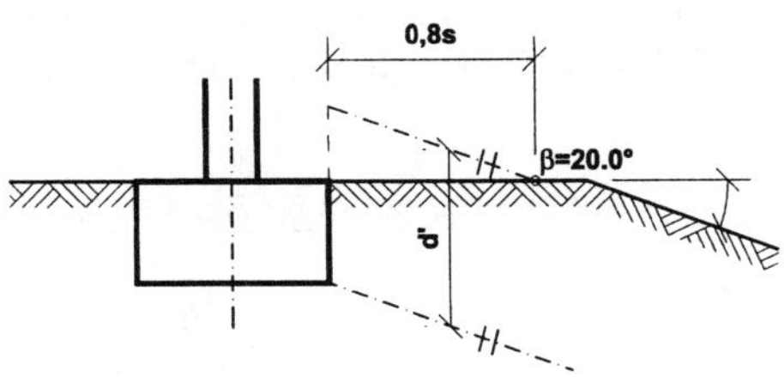

$$d' = d + 0{,}8 \cdot s \cdot \tan\beta = 0{,}80 + 0{,}8 \cdot 2{,}0 \cdot \tan 20° = 1{,}38 \ m$$

Bruchlast:

$$V_b = 1{,}5\ (2 \cdot 25 \cdot 1{,}0 \cdot 0{,}672 + 20{,}5 \cdot 1{,}38 \cdot 14 \cdot 1{,}0 \cdot 0{,}423 + 20{,}5 \cdot 1{,}5 \cdot 7 \cdot 1{,}0 \cdot 0{,}300) = 399 \ kN/m$$

Sicherheit:

$$\eta_p = \frac{399}{200} \approx 2{,}0 =_{erf} \eta_p = 2{,}0$$

Durchbrochene Sohlfläche

Bei Fundamenten mit durchbrochener Sohlfläche dürfen die äußeren Abmessungen angesetzt werden (DIN 1054, Ausgabe 11.76, Abschn. 4.1.3.2), solange die Summe der Aussparungen nicht größer als 20% der gesamten umrissenen Sohlfläche ist (□ 2.32).

□ 2.32: Beispiele: Fundamente mit durchbrochener Sohlfläche

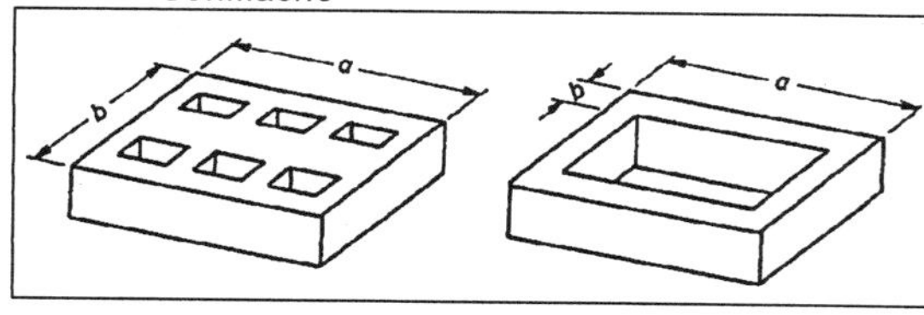

Einspringende Sohlfläche

Fundamente mit einspringender Sohlfläche A (□ 2.33) können nach Smoltczyk (1976) näherungsweise in einen rechtwinkligen Grundriß mit den rechnerischen Abmessungen a und b_r = A/a umgewandelt werden.

□ 2.33: Beispiele: Fundamente mit einspringender Sohlfläche

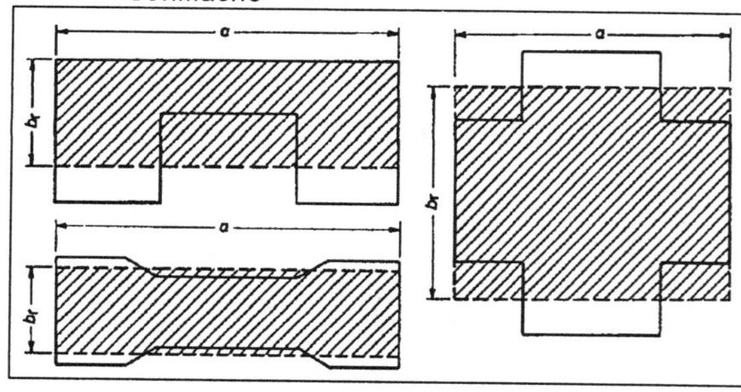

Einspringende Querschnitte

Bei Fundamenten mit einspringenden Querschnittsflächen (□ 2.34) können bei den in □ 2.34 a und □ 2.34 b dargestellten Formen als maßgebende Breite b und maßgebende Einbindetiefe d die in der Zeichnung angegebenen Abmessungen angesetzt werden. Bei der Querschnittsfläche (□ 2.34 c) ist jeweils ein Nachweis für die Kombinationen b_1 und d_1 sowie b_2 und d_2 erforderlich.

□ 2.34: Beispiele: Fundamente mit einspringenden Querschnitten

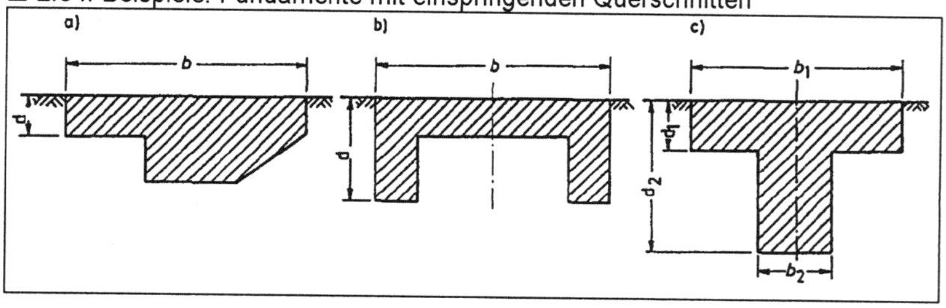

Kreisförmige Sohlfläche

Bei ausmittig belasteten kreisförmigen oder beliebig geformten Sohlflächen (□ 2.35) können die Formbeiwerte für die dargestellten Werte a' und b' berechnet werden. Bei der Ermittlung der Grundbruchlast ist als Ersatzfläche A' die schraffierte Fläche einzusetzen

□ 2.35: Beispiele: Fundamente mit kreisförmiger beliebig geformter Sohlfläche

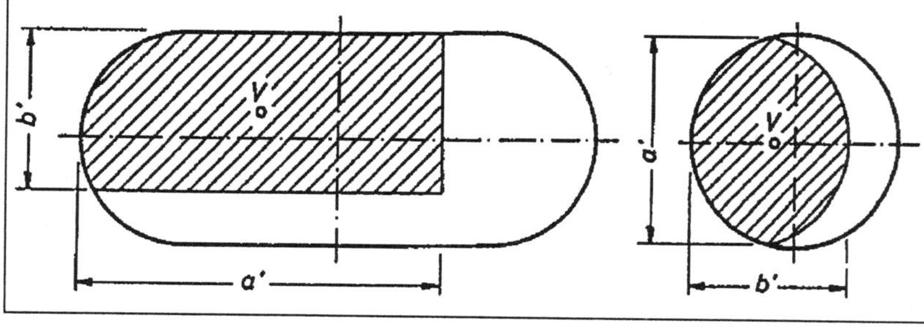

H nicht achsenparallel

In diesem Fall kann die Resultierende in zwei zu den Seiten der (Ersatz-)Fläche parallele Komponenten R_a und R_b zerlegt und der Grundbruchnachweis für beide Komponenten getrennt geführt werden (☐ 2.36 bis ☐ 2.38).

Schlanke Baukörper

Bei schlanken Baukörpern mit weit über die Sohlfläche auskragenden Bauteilen oder mit überwiegend waagerechter Beanspruchung kann - durch die Schwerpunktverlagerung infolge ungleichmäßiger Setzung - außer der Sicherheit gegen Kippen (siehe Abschnitt 1) auch die Sicherheit gegen Grundbruch empfindlich beeinflußt werden. Daher ist für ein solches Bauwerk bei vorgegebener Schiefstellung von

$$\tan\alpha = \frac{W}{h_s \cdot A} \qquad (2.37)$$

eine Mindestsicherheit von η_p = 1,5 (Lastfall 1) bzw. η_p = 1,3 (Lastfall 2) nachzuweisen (DIN 1054, Abschnitt 4.1.3.2).

Hierin ist:
W = Widerstandsmoment der Sohlfläche
h_s = Höhe des Bauwerksschwerpunkts über der Sohle
A = Sohlfläche.

☐ 2.36: Beispiel: Nicht achsenparallele Belastung: Nachweis der Sicherheit gegen Grundbruch

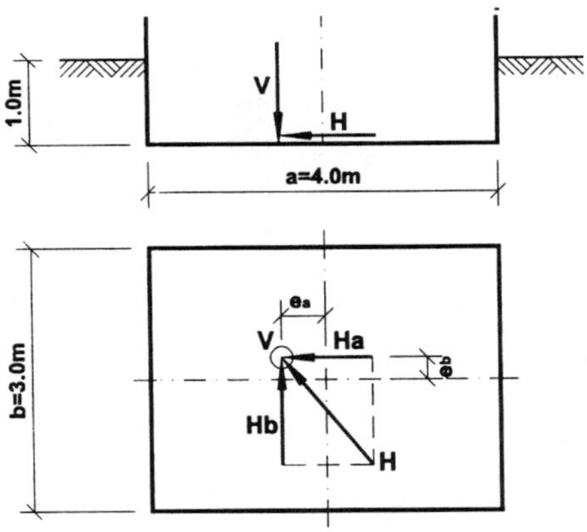

SW
dicht
γ = 19kN/m³
φ' =35°

V = 3000kN
H_a = 210kN
H_b = 250kN
e_a = 0,50m
e_b = 0,25m

Im Bauzustand ergibt sich für einen Gründungskörper die dargestellte Belastungssituation. Die Sicherheit gegen Grundbruch ist zu überprüfen.

Lösung:

Vorbemerkung: Die Grundbruchgleichung nach DIN 4017 kann im vorliegenden Fall nicht direkt angewendet werden. Die Sicherheit wird deshalb mit Hilfe eines Näherungsverfahrens berechnet. ⇒ Dehne (1982)

Ersatzfläche: $4{,}00 - 2 \cdot 0{,}50 = 3{,}00 \;\; m \mathrel{\hat{=}} a'$

$3{,}00 - 2 \cdot 0{,}25 = 2{,}50 \;\; m \mathrel{\hat{=}} b'$

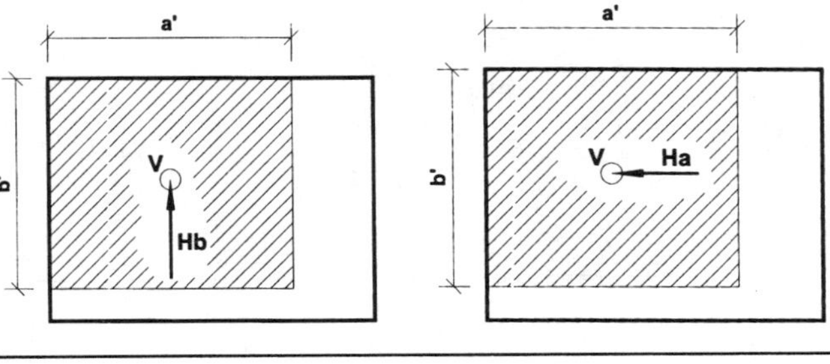

☐ 2.37: Fortsetzung Beispiel: Nicht achsenparallele Belastung: Nachweis der Sicherheit gegen Grundbruch

- ***Untersuchung für die achsenparallele Lastkomponente R_b:***

Wirksame Lasten:
V = 3000 kN; H (≙ H_b) = 250 kN

Beiwerte:

$$N_d = 33\,;\ \nu'_d = 1 + \frac{2{,}5}{3{,}0} \cdot \sin 35° = 1{,}478$$

$$N_b = 23\,;\ \nu'_b = 1 - 0{,}3\ \frac{2{,}5}{3{,}0} = 0{,}750$$

Die Neigungsbeiwerte sind für

- *H parallel b'*
- *$\varphi' \neq 0$; c' = 0*

zu ermitteln:

$$\kappa_d = \left(1 - 0{,}7 \cdot \frac{250}{3000}\right)^3 = 0{,}835$$

$$\kappa_b = \left(1 - \frac{250}{3000}\right)^3 = 0{,}770$$

Bruchlast:

$$V_b = 3{,}0 \cdot 2{,}5\ \left(0 + 19 \cdot 33 \cdot 1{,}478 \cdot 0{,}835 + 19 \cdot 2{,}5 \cdot 23 \cdot 0{,}750 \cdot 0{,}770\right) = 10535\ kN$$

Sicherheit gegen Grundbruch:

$$\eta_p = \frac{10535}{3000} = 3{,}51 >_{erf} \eta_p = 1{,}5$$

- ***Untersuchung für die achsenparallele Lastkomponente R_a:***

Wirksame Lasten:
V = 3000 kN; H (≙ H_a) = 210 kN

Beiwerte:

$$N_d = 33\,;\ \nu'_d = 1{,}478$$

$$N_b = 23\,;\ \nu'_b = 0{,}750$$

Die Neigungsbeiwerte sind für

- *H parallel a'*
- *$\varphi' \neq 0$; c' = 0*

zu ermitteln:

$$\frac{a'}{b'} = 1: \qquad \kappa_d = \left(1 - 0{,}7 \cdot \frac{210}{3000}\right)^3 = 0{,}860$$

$$\frac{a'}{b'} = 2: \qquad \kappa_d = 1 - \frac{210}{3000} = 0{,}930$$

$$\frac{a'}{b'} = \frac{3{,}0}{2{,}5} = 1{,}20: \quad \kappa_d = 0{,}860 + \frac{0{,}930 - 0{,}860}{2 - 1} \cdot 0{,}20 = 0{,}874$$

☐ 2.38: Fortsetzung Beispiel: Nicht achsenparallele Belastung: Nachweis der Sicherheit gegen Grundbruch

$$\frac{a'}{b'} = 1: \qquad \kappa_b = \left(1 - \frac{210}{3000}\right)^3 = 0{,}804$$

$$\frac{a'}{b'} = 2: \qquad \kappa_b = \kappa_d = 0{,}930$$

$$\frac{a'}{b'} = 1{,}20: \qquad \kappa_b = 0{,}804 + \frac{0{,}930 - 0{,}804}{2-1} \cdot 0{,}20 = 0{,}829$$

Bruchlast:

$$V_b = 3{,}0 \cdot 2{,}5\ \left(0 + 19 \cdot 33 \cdot 1{,}478 \cdot 0{,}874 + 19 \cdot 2{,}5 \cdot 23 \cdot 0{,}750 \cdot 0{,}829\right) = 11169\ kN$$

Sicherheit gegen Grundbruch:

$$\eta_p = \frac{11169}{3000} = 3{,}72 >_{erf} \eta_p = 1{,}5$$

Nachbarlasten

Der stabilisierende Einfluß von ständig wirkenden Nachbarlasten V_N innerhalb des Einflußbereichs der Gleitscholle (☐ 2.39) kann rechnerisch näherungsweise durch Vergrößerung der Einbindetiefe berücksichtigt werden. In die Grundbruchgleichung wird statt der vorhandenen Einbindetiefe d eine Ersatzeinbindetiefe d' eingeführt (Dehne 1982):

☐ 2.39: Beispiel: Einfluß von Nachbarlasten

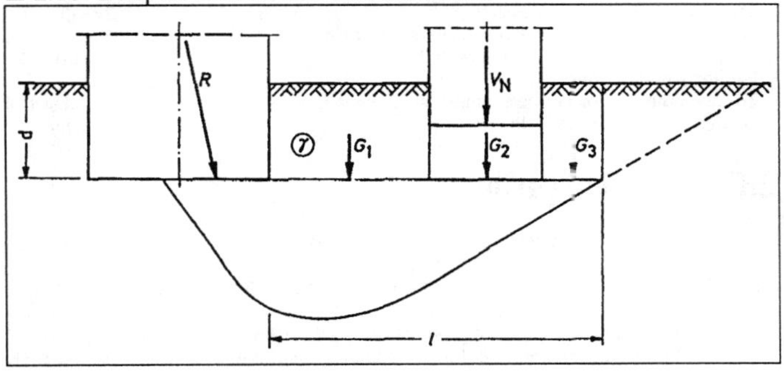

$$d' = \frac{G_1 + G_2 + G_3 + V_N}{l \cdot \gamma} \qquad (2.38)$$

Anmerkung: Die Möglichkeit eines Grundbruchs auf der gegenüberliegenden Fundamentseite ist zu überprüfen (z.B. bei allseitig gleicher Einbindetiefe). Bei schräger und/oder ausmittiger Belastung dürfen nur Nachbarlasten in Richtung der Lastneigung bzw. der Ausmittigkeit berücksichtigt werden.

⇒: Smoltczyk (1976)

Einschnitte

Bei Geländeeinschnitten im Bereich der Gleitscholle kann anstelle der vorhandenen Einbindetiefe d eine reduzierte Einbindetiefe d' in die Grundbruchgleichung eingesetzt werden (Dehne 1982) (☐ 2.40):

☐ 2.40: Beispiel: Einfluß von Geländeeinschnitten

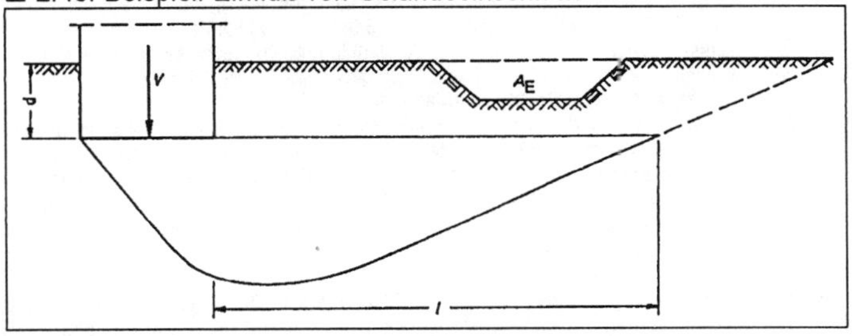

$$d' = d - \frac{A_E}{l} \qquad (2.39)$$

mit A_E = Einschnittsfläche in m²

2.5 Kontrollfragen

- Erläutern Sie den Verlauf der Belastung eines Fundaments bis zum Bruch des Bodens!
- In welchen Normen wird die Grundbruchberechnung behandelt?
- Gleitflächen, Gleitschollen?
- In welchen Fällen kann ein Grundbruch auch dann eintreten, wenn sich die Belastung nicht ändert?
- Wie erkennt man an der Geländeoberfläche / an der Last-Setzungslinie, daß der Grundbruch eingetreten ist?
- Wo liegen die Gleitschollen?
- Zeichnen Sie die Bruchfigur bei lotrecht mittiger Belastung!
- Welche Einwirkungen spielen beim Nachweis der Grundbruchsicherheit eine Rolle?
- Berücksichtigung des Erddrucks aus Bodeneigenlast / des Erdwiderstands?
- Welche Lagerungsdichte muß mindestens vorhanden sein, damit eine Grundbruchberechnung nach DIN 4017 durchgeführt werden kann?
- Welche Scherparameter werden beim Grundbruchnachweis zugrunde gelegt?
- Was ist ein einfach verdichteter / ein vorbelasteter Boden?
- Welche Möglichkeiten gibt es für den Ansatz der Sicherheit bei der Grundbruchberechnung?
- Aus welchen Anteilen setzt sich die Gleichung zur Berechnung der Grundbruchlast bei lotrecht mittiger Belastung zusammen? Erläuterung im einzelnen!
- Von welchen Einflußfaktoren hängt die Grundbruchlast ab?
- Tragfähigkeitsbeiwerte? Formbeiwerte?
- Rechnerische Oberfläche?
- Zeichnen Sie die Sohlnormalspannungsfigur beim Grundbruch mit den einzelnen Anteilen!
- Wie erhält man das gewogene Mittel der Wichten von zwei Bodenschichten?
- Wie berechnet man die Grundbruchsicherheit bei geschichtetem Baugrund durch Iteration mit Hilfe des gewogenen Mittels der Bodenkenngrößen?
- Wie kann man bei Einbindetiefen d > b verfahren?
- Einbindetiefe bei Fundamenten unter Kellerwänden?
- Einbindetiefe bei nichttragfähigem Boden über der tragfähigen Schicht?
- Grundbruchnachweis bei sehr großer Einbindetiefe (z.B. bei Brunnengründungen)?
- Wo kommen ausmittig belastete Gründungskörper in der Praxis vor?
- Wie sieht die Gleitscholle bei schräger und/oder ausmittiger Belastung aus?
- Wie wird die Ausmittigkeit / die Lastneigung rechnerisch berücksichtigt?
- Ansatz der Formbeiwerte / der Sicherheit bei ausmittiger Belastung?
- Berücksichtigung einer geneigten Sohlfläche?
- Fundament in / neben einer Böschung?
- Berücksichtigung einer durchbrochenen / einer einspringenden Sohlfäche?
- Ersatzfläche bei einspringenden / bei kreisförmigen Querschnitten?
- Grundbruchberechnung bei nicht seitenparalleler H-Last?
- Was ist bei der Berechnung der Grundbruchsicherheit schlanker Baukörper mit auskragenden Bauteilen zu beachten?
- Berücksichtigung des Einflusses von Nachbarlasten / von Einschnitten im Gleitschollenbereich?

2.6 Aufgaben

2.6.1 Geg.: Streifenfundament, b = 1,5 m, d = 1,0 m; vorh V = 238 kN/m (mittig, einschließlich Fundamenteigenlast). Baugrund: Sand, schluffig, φ' = 30°, γ = 18,5 kN/m³. Ges.: Zusätzlich mögliche Belastung ΔV im Lastfall 1.

2.6.2 Geg.: Rechteckfundament, a = 3,0 m, b = 2,0 m; Gründungstiefe bei - 1,0 m; vorh. V = 2 MN (mittig, einschließlich Fundamenteigenlast). Baugrund: ± 0,0 bis - 8,5 m: Sand, γ = 18,0 kN/m³, γ' = 11,0 kN/m³, φ' = 31°. Grundwasserspiegel bei - 7,0 m. Ges.: Änderung der Sicherheit gegen Grundbruch, wenn der Grundwasserspiegel auf - 4,4 m ansteigt.

2.6.3 Streifenfundament, b = 1,5 m; Gründungstiefe bei -1,8 m; vorh V = 820 kN/m (mittig, einschließlich Fundamenteigenlast). Baugrund: Sand, φ' = 35°, γ = 18,0 kN/m³. Ges.: Wie tief könnte eine Baugrube neben dem Fundament ausgehoben werden, damit im Bauzustand noch ausreichende Sicherheit gegen Grundbruch gegeben ist?

2.6.4 Geg.: a) Quadratfundament, a = b = 2,0 m; Gründungstiefe bei - 1,0 m; b) Rechteckfundament, a = 4,0 m, b = 1,0 m; Gründungstiefe bei - 1,0 m. Baugrund: SE, φ' = 30°, γ = 18,0 kN/m³. Ges.: Welches Fundament kann eine größere mittige Last V aufnehmen? (Logische und rechnerische Begründung!)

2.6.5 Geg.: Quadratfundament, a = b = 3,0 m; Gründungstiefe bei - 1,7 m; vorh V = 3,35 MN (mittig, einschließlich Fundamenteigenlast). Baugrund: UL, γ = 22,0 kN/m³, γ' = 12,0 kN/m³, φ' = 25°, c' = 1 kN/m². Ges.: Bis auf welche Kote darf das Grundwasser ansteigen, damit noch ausreichende Sicherheit gegen Grundbruch gegeben ist?

2.6.6 Maßgebende Scherfestigkeit bei der Berechnung der Grundbruchsicherheit von Fundamenten auf bindigem Baugrund?

2.6.7 Geg.: Streifenfundament und Quadratfundament. Breite, Einbindetiefe und Baugrund gleich. Welches Fundament hat die größere Grundbruchsicherheit?

2.6.8 Geg.: Streifenfundament, mittig mit V = 180 kN/m belastet (einschließlich Fundamenteigenlast), Gründungstiefe 1 m unter Geländeoberfläche, Grundwasserspiegel 0,5 m oberhalb der Gründungssohle. Baugrund: einfach verdichteter Lehm: γ = 20,5 kN/m³, γ' = 10,5 kN/m³, φ' = 22,5°, c' = 5 kN/m², c_u = 25 kN/m². Ges.: Fundamentbreite b für ausreichende Grundbruchsicherheit.

2.6.9 Geg.: Stützenquerschnitt b = 0,4 m, a = 0,6 m mit V = 5,24 MN. Baugrund: bis - 0,8 m: Auffüllung (γ = 16,0 kN/m³, φ' = 30°); bis - 1,4 m: Schluff (γ = 19,0 kN/m³, φ' = 25,0°, c' = 1,5 kN/m²); darunter Kies (γ = 17,5 kN/m³, γ' = 10,5 kN/m³, φ' = 30,0°). Grundwasserspiegel bei - 6,5 m. Unter der Stütze soll ein Rechteckfundament mit dem gleichen Seitenverhältnis wie die Stütze und ausreichender Sicherheit gegen Grundbruch im Lastfall 1 hergestellt werden (Gründungssohle auf - 1,4 m). Ges.: Seitenabmessungen des Rechteckfundaments.

2.6.10 Geg.: Streifenfundament ohne Einbindetiefe, b = 1 m. Grundwasserspiegel in Höhe der Geländeoberfläche. Weicher bindiger Baugrund: γ' = 10,0 kN/m³, c_u = 50 kN/m², $\varphi_u \approx 0$. Ges.: Grundbruchlast bei plötzlicher Belastung?

2.6.11 Geg.: Streifenfundament, b = 1,3 m, V = 180 kN/m (einschließlich Fundamenteigenlast), Einbindetiefe 0,4 m. Baugrund: Lehm (γ= 22,0 kN/m³, φ' = 27,5°, c' = 10,0 kN/m²). Ges.: Zulässige Ausmittigkeit bei Grundbruchsicherheit nach Lastfall 1.

2.6.12 Geg.: Streifenfundament, b = 3,0 m, Einbindetiefe 2,5 m, Moment um den Sohlenmittelpunkt M = 374 kN/m, H = 205 kN/m, V = 518 kN/m. Baugrund: mS, n = 0,35, w = 0,05, φ' = 35,0°, c = 0. Ges.: Zulässige Vertikalbelastung (Bezugsgröße für die Sicherheit: Scherbeiwerte).

2.6.13 Geg.: Streifenfundament, b = 2,5 m, Einbindetiefe 2,5 m, Ausmittigkeit 0,35 m, Lastneigung 10°. Baugrund: a) Ton, steif, normal konsolidiert γ/γ' = 18/8 kN/m³, φ_u = 0, c_u = 45 kN/m², Grundwasserspiegel in Fundamentsohle; b) Lehm, weich, normal konsolidiert, γ = 19,0 kN/m³, φ_u = 15,0°, c_u = 20,0 kN/m², kein Grundwasser; c) Sand, γ/γ' = 19,0/11 kN/m³, φ' = 34,0°, Grundwasserspiegel 1 m unter Fundamentsohle. Ges.: Lotrechte Komponente V_b der Bruchlast.

2.6.14 Geg.: Quadratfundament, b = 2,5 m, Einbindetiefe 1,5 m, Belastung (Lastfall 1): V = 300 kN, $H_{(a)}$ = 6 kN (in Richtung der Seite a), $H_{(b)}$ = 55 kN (in Richtung der Seite b), e_a = 0,25 m, e_b = 0,4 m. Baugrund: Ton (normal konsolidiert) γ = 19,0 kN/m³, φ_u = 17,0°, c_u = 8,0 kN/m², kein Grundwasser. Ges.: zul V a) Bezugsgröße Last, b) Bezugsgröße Scherbeiwerte.

2.7 Weitere Beispiele

☐ 2.41: Beispiel: Anfangsstandsicherheit eines Fertigbauteils

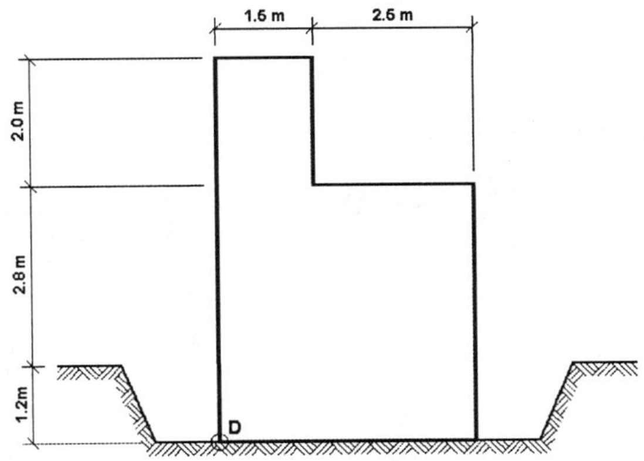

TA
γ = 20 kN/m³
φ' = 17,5°
c' = 10kN/m²
φ_u = 5°
c_u = 20kN/m²

Das dargestellte Fertigteil aus Stahlbeton (Länge 5,0 m; γ =25 kN/m³) soll in die vorbereitete Baugrube gesetzt werden.

***Ges.:** Anfangsstandsicherheit.*

Lösung:

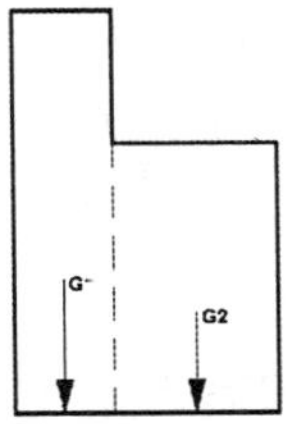

Eigenlast:

$$G_1 = 25 \cdot 1{,}5 \cdot 6{,}0 \cdot 5{,}0 = 1125{,}0 \ kN$$
$$G_2 = 25 \cdot 2{,}5 \cdot 4{,}0 \cdot 5{,}0 = 1250{,}0 \ kN$$

Angriffspunkt der Resultierenden (bezogen auf die Kante D):

$$c = \frac{M_{(D)}}{\sum V} = \frac{1125{,}0 \cdot \frac{1{,}5}{2} + 1250{,}0\left(1{,}5 + \frac{2{,}5}{2}\right)}{1125{,}0 + 1250{,}0} = \frac{4281{,}3}{2375{,}0} = 1{,}80 \ m$$

$$\Rightarrow \qquad e = \frac{4{,}0}{2} - 1{,}80 = 0{,}20 \ m$$

Ersatzfläche:

$$5{,}0 - 0 = 5{,}0 \mathrel{\hat{=}} a'$$
$$4{,}0 - 2 \cdot 0{,}20 = 3{,}6 \mathrel{\hat{=}} b'$$

Beiwerte (für φ_u, c_u):

$$N_c = 6{,}5; \qquad \nu'_c = 1 + 0{,}2\,\frac{3{,}6}{5{,}0} = 1{,}144 \quad (\varphi \approx 0)$$
$$N_d = 1{,}5; \qquad \nu'_d = 1 + \frac{3{,}6}{5{,}0} \cdot \sin 5° = 1{,}063$$
$$N_b = 0; \qquad \nu'_b \text{ nicht erforderlich}$$

Bruchlast:

Da das Fertigteil in die offene Baugrube gesetzt wird, kann die Einbindetiefe nur anteilig in Rechnung gestellt werden:

gew.: $d \approx \frac{1{,}2}{2} = 0{,}6 \ m$ *(genauere Berechnung ⇒ Dehne 1982)*

$$V_b = 5{,}0 \cdot 3{,}6(20 \cdot 6{,}5 \cdot 1{,}144 + 20 \cdot 0{,}6 \cdot 1{,}5 \cdot 1{,}063) = 3021 \ kN$$

Sicherheit gegen Grundbruch:

$$\eta_p = \frac{3021}{1125 + 1250} = 1{,}27 \ <_{erf}\eta_p = 1{,}5 \quad \text{(Bauzustand} \mathrel{\hat{=}} \text{Lastfall 2)}$$

Anmerkung: *Da die erforderliche Sicherheit auch bei Ansatz der vollen Einbindetiefe nicht erreicht werden kann (η_p = 1,42), müßten besondere Sicherungsmaßnahmen eingeplant werden.*

□ 2.42: Beispiel: Zulässige Ausmittigkeit (bezüglich des Grundbruchs)

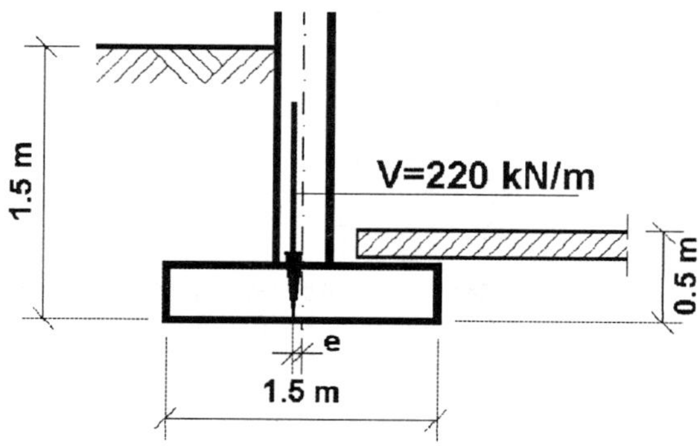

Bodenkennwerte:
γ = 22 kN/m³
φ' = 25°
c' = 20 kN/m²

Ges.: *Wie groß darf die Ausmittigkeit der Last V bei den gegebenen Verhältnissen werden?*

Lösung:

Beiwerte:

$N_c = 20{,}5;\quad \nu'_c = 1{,}0$

$N_d = 10{,}5;\quad \nu'_d = 1{,}0$

$N_b = 4{,}5;\quad \nu'_b = 1{,}0$

Bruchlast:

$$V_b \stackrel{!}{=} 2{,}0 \cdot 220 = b'\left(20 \cdot 20{,}5 \cdot 1{,}0 + 22 \cdot 1{,}5 \cdot 10{,}5 \cdot 1{,}0 + 22b' \cdot 4{,}5 \cdot 1{,}0\right)$$

Hieraus berechnet sich die Gleichung

$$b'^2 + 7{,}641\ b' - 4{,}444 = 0$$

mit der brauchbaren Lösung:

$$b' = 0{,}54\ m$$

Mit $b' = b - 2 \cdot e$ *wird*

$$_{zul}e = \frac{b - b'}{2} = \frac{1{,}50 - 0{,}54}{2} = 0{,}48 < \frac{b}{3} = 0{,}5\ m$$

(Für Gesamtlast zulässig; bei ständiger Last: $e = \frac{b}{6} = 0{,}25\ m$*)*

□ 2.43: Beispiel: Abhängigkeit der Grundbruchlast von der Ausmittigkeit

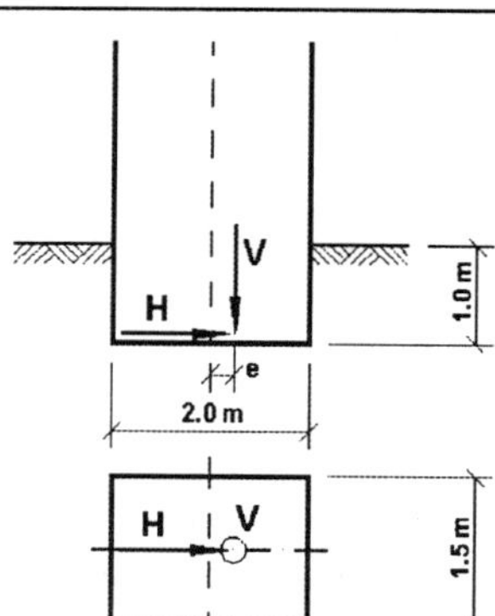

SE
mitteldicht
γ = 20 kN/m³
φ' = 32,5°

Für das dargestellte Fundament ist die Bruchlast für die Fälle

a) e = 0
b) e = 0,125 m
c) e = 0,250 m
d) e = 0,375 m
e) e = 0,500 m

mit $\frac{H}{V} = 0{,}268$ *zu ermitteln.*

□ 2.44: Fortsetzung Beispiel: Abhängigkeit der Grundbruchlast von der Ausmittigkeit

Lösung:

Beispielhafte Berechnung der Bruchlast für den Fall b):

Ersatzfläche: $2{,}00 - 2 \cdot 0{,}125 = 1{,}75 \ m \mathrel{\hat{=}} a'$

$1{,}50 - 0 = 1{,}50 \mathrel{\hat{=}} b'$

Beiwerte: $N_d = 25;$ $\nu'_d = 1 + \frac{1{,}50}{1{,}75} \cdot \sin 32{,}5° = 1{,}461$

$N_b = 15;$ $\nu'_b = 1 - 0{,}3 \ \frac{1{,}50}{1{,}75} = 0{,}743$

Die Neigungsbeiwerte sind für

- *H parallel a'*
- *φ' ≠ 0; c' = 0*

zu ermitteln:

$\frac{a'}{b'} = 1:$ $\kappa_d = (1 - 0{,}7 \cdot 0{,}268)^3 = 0{,}536$

$\frac{a'}{b'} = 2:$ $\kappa_d = 1 - 0{,}268 = 0{,}732$

$\frac{a'}{b'} = \frac{1{,}75}{1{,}50} = 1{,}167:$ $\kappa_d = 0{,}536 + \frac{0{,}732 - 0{,}536}{2 - 1} \cdot 0{,}167 = 0{,}569$

$\frac{a'}{b'} = 1:$ $\kappa_b = (1 - 0{,}268)^3 = 0{,}392$

$\frac{a'}{b'} = 2:$ $\kappa_b = \kappa_d = 0{,}732$

$\frac{a'}{b'} = 1{,}167:$ $\kappa_b = 0{,}392 + \frac{0{,}732 - 0{,}392}{2 - 1} \cdot 0{,}167 = 0{,}449$

Bruchlast: $V_b = 1{,}50 \cdot 1{,}75 \ (0 + 20 \cdot 1{,}0 \cdot 25 \cdot 1{,}461 \cdot 0{,}569 + 20 \cdot 1{,}5 \cdot 15 \cdot 0{,}743 \cdot 0{,}449) = 1485 \ kN$

Beispielhafte Berechnung der Bruchlast für den Fall d):

Ersatzfläche: $2{,}00 - 2 \cdot 0{,}375 = 1{,}25 \ m \mathrel{\hat{=}} b'$

$1{,}50 - 0 = 1{,}50 \mathrel{\hat{=}} a'$

Beiwerte: $N_d = 25;$ $\nu'_d = 1 + \frac{1{,}25}{1{,}50} \cdot \sin 32{,}5° = 1{,}448$

$N_b = 15;$ $\nu'_b = 1 - 0{,}3 \ \frac{1{,}25}{1{,}50} = 0{,}750$

Die Neigungsbeiwerte sind für

- *H parallel b'*
- *φ' ≠ 0; c' = 0*

zu ermitteln:

$\kappa_d = (1 - 0{,}7 \cdot 0{,}268)^3 = 0{,}536$

$\kappa_b = (1 - 0{,}268)^3 = 0{,}392$

Bruchlast: $V_b = 1{,}25 \cdot 1{,}50 \ (0 + 20 \cdot 1{,}0 \cdot 25 \cdot 1{,}448 \cdot 0{,}536 + 20 \cdot 1{,}5 \cdot 15 \cdot 0{,}750 \cdot 0{,}392) = 976 \ kN$

☐ 2.45: Fortsetzung Beispiel: Abhängigkeit der Grundbruchlast von der Ausmittigkeit

Zusammenstellung:

Fall	*a*	*b*	*c*	*d*	*e*
e in m	*0*	*0,125*	*0,250*	*0,375*	*0,500*
V_b in kN	*1793*	*1485*	*1205*	*976*	*758*

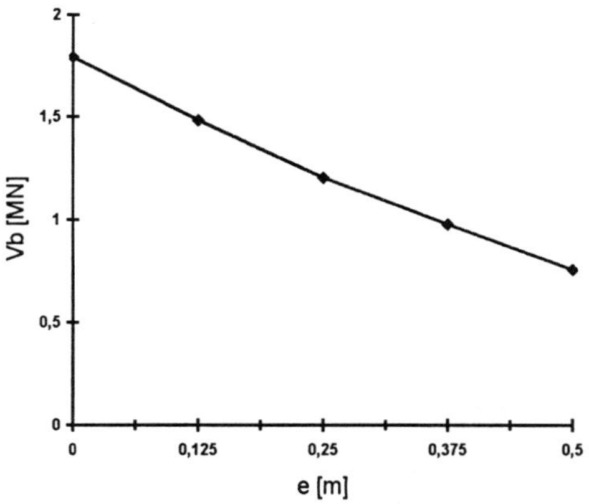

Die grafische Darstellung zeigt eine kontinuierliche Abnahme der rechnerischen Bruchlast.

3 Setzungen

3.1 Grundlagen

Konsolidation

Zusammendrückung des Baugrunds unter Eigen- oder Bauwerkslast, wobei das überschüssige Porenwasser entweicht.

Vertikale Bewegung eines Bauwerks durch Zusammendrückung oder Gestaltänderung des Baugrunds. Sie setzt sich zusammen aus dem

- Setzungsanteil aus primärer Konsolidation des Bodens ("Konsolidationssetzung"),
- Anteil der Sofortsetzungen (volumenbeständige Gestaltänderung wassergesättigter bindiger Böden) und
- sekundären Setzungsanteil (u.a. Kriecherscheinungen im Boden).

Anmerkung: Nur die Konsolidationssetzung kann durch die im folgenden beschriebenen Verfahren näherungsweise erfaßt werden. Die beiden anderen Setzungsanteile können nur zum Teil erfaßt werden, z.B. die Sofortsetzungen durch den Korrekturbeiwert κ (□ 3.05).

Norm

DIN 4019, Teil 1 und Teil 2

Ursachen

a) Zusammendrückung (Konsolidierung) des Baugrundes unter statischer Last.
b) Seitliches Ausweichen des Baugrunds infolge Grundbruchs (siehe Abschnitt 2).
c) Dynamische Einwirkungen (Verkehr, Maschinen, Sprengungen), vor allem bei nichtbindigen Böden.
d) Horizontale Bewegungen von Bauwerken (z. B. von Baugrubenwänden).
e) Austrocknen des Baugrunds (Schrumpfen bindiger Böden).
f) Grundwasserabsenkung (Eigenlaständerung durch wegfallenden Auftrieb).
g) Frost- und Tauwirkungen.
h) Zusammenbruch unterirdischer Hohlräume (Bergbau, Auslaugung von Salzstöcken).

Anmerkung: Durch Setzungsberechnungen können nur die Einflüsse a) und f) erfaßt werden.

Böden

Nichtbindige Böden setzen sich bei Belastung oder dynamischen Einwirkungen durch Kornumlagerungen. Porenwasser kann wegen der großen Durchlässigkeit schnell entweichen. Ihre Setzungen liegen wegen ihrer großen Steifigkeit im Millimeterbereich (Ausnahme: sehr lockere Lagerung) und treten praktisch unmittelbar nach Lastaufbringung ein.

Die Setzungen bindiger Böden können dagegen wegen ihres Wabengefüges im Zentimeter- oder sogar Dezimeterbereich liegen. Die Dauer der Setzungen kann bei ihnen wegen der geringen Durchlässigkeit Monate und Jahre betragen (⇒ Dörken / Dehne 1993). Bei Entlastung können die Setzungen teilweise wieder zurückgehen (Hebung), wenn entsprechend Wasser nachgesogen werden kann.

Lasten

Wegen der Sofortsetzungen nichtbindiger Böden sind bei Setzungsberechnungen neben den ständigen Lasten auch vorübergehend auftretende Lasten zu berücksichtigen. Bei bindigen Böden werden dagegen nur die langfristig wirkenden Verkehrslasten angesetzt.

Gleichmäßige Setzungen

Gleichmäßige Gebäudesetzungen sind unschädlich, solange sie keine Funktionsstörungen (Leitungsanschlüsse, Dichtungen) hervorrufen. Allerdings wächst mit ihnen auch die Gefahr ungleichmäßiger Setzungen und daraus resultierender Schäden. Daher werden von Skempton/Mc Donald (Smoltczyk 1990) für gewöhnliche Hochbauten bei 1,5facher Sicherheit folgende zulässige Setzungen genannt: Einzelfundament: 6 cm (auf Ton) bis 4 cm (auf Sand). Gründungsplatte: 6...10 cm (auf Ton) bis 4...6 cm (auf Sand).

Ungleichmäßige Setzungen

Ungleichmäßige Setzungen können je nach Größe der Setzungsunterschiede, nach statischer Konstruktion und Baustoff zu Schäden führen: Risse, Durchbiegungen, Schiefstellungen, Bruch von Bauteilen.

Ursachen ungleichmäßiger Setzungen:

a) Unregelmäßigkeiten im Baugrund (□ 3.01a, b)
b) Gegenseitige Beeinflussung benachbarter Bauwerke (□ 3.01c)
c) Ungleiche Tiefenlage benachbarter Fundamente (□ 3.01d)
d) Ungleiche Größe benachbarter Fundamente (□ 3.01e)
e) Unterschiedliche Gründungssysteme unter einem Bauwerk (□ 3.01f)
f) Schräge Belastung eines Fundaments (□ 3.01g)
g) Ausmittige Belastung eines Fundaments (□ 3.01h)
h) Überlagerung der Baugrundspannungen unter einem langgestreckten Fundament (□ 3.01i)
i) Asymmetrie des Fundaments (□ 3.01k).

□ 3.01: Beispiel: Ursachen ungleichmäßiger Setzung

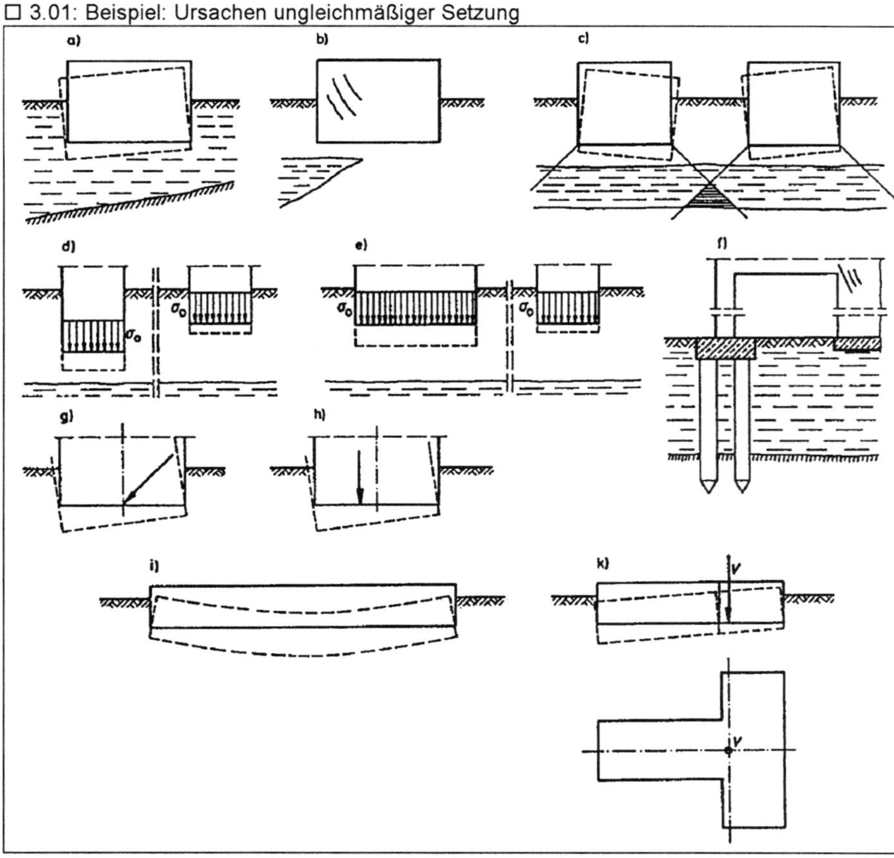

Zulässige Setzungsunterschiede

Unterschiedliche Anforderungen an das Bauwerk (z.B. die Forderung nach völliger Rissefreiheit in Hinblick auf Dichtigkeit einerseits bzw. bewußter Zulassung von "Schönheitsrissen" in Hinblick auf Wirtschaftlichkeit der Gründung andererseits) erfordern unterschiedliche Kriterien für zulässige Setzungsunterschiede. Statisch bestimmte Konstruktionen können wesentlich größere Setzungsunterschiede schadlos überstehen als statisch unbestimmte. Die verwendeten Baustoffe sind unterschiedlich setzungsempfindlich: Holz- und Stahlbauten wesentlich weniger als Stahlbeton- oder sogar Spannbetonbauwerke, Mauerwerksbauten aus kleinen Steinen weniger als aus großen Blöcken.

Einen Anhalt für zulässige Setzungsunterschiede von benachbarten Fundamenten unter einem gemeinsamen Bauwerk können daher nur Erfahrungswerte geben (□ 3.02). Aus Wirtschaftlichkeitsgründen wird das Kriterium $s/L \leq 1/300$ in Hinblick auf die relativ geringfügige Zahl der dabei möglichen architektonischen Schäden in der Praxis am meisten verwendet.

□ 3.02: Beispiel: Zulässige Setzungsunterschiede benachbarter Fundamente

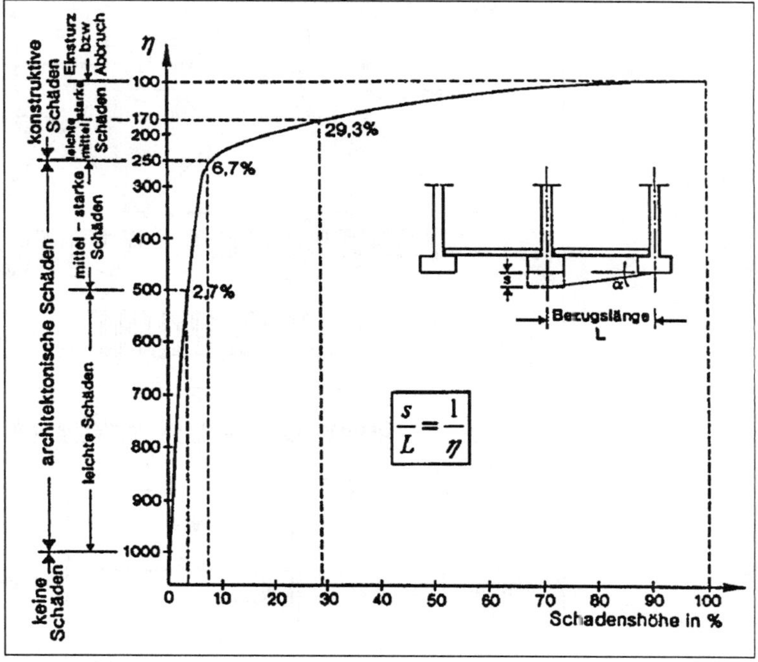

⇒ Smoltczyk (1990)

Zulässige Schiefstellung

Unterschiedliche Setzungen der Gründung können zu Schiefstellungen des Gesamtbauwerks führen. Sie werden für die Standsicherheit von üblichen Bauwerken bis zu etwa 0,3 % der Höhe (Stiegler 1979) bzw. von hohen starren Bauwerken, z.B. Schornsteine, Türme und Silos, bis zu etwa 0,4% der Gründungsbreite (Smoltczyk 1990) für unbedenklich gehalten, wenn dafür gesorgt wird, daß Anschlußleitungen (z.B. Entwässerung) hierdurch nicht beschädigt werden.

Anmerkung: Auch eine lotrecht mittige Belastung kann zu einer Schiefstellung führen, wenn die setzungsempfindliche Schicht ungleichmäßig mächtig ansteht (□ 3.01a) oder wenn die Gründungsfläche nicht mindestens zweiachsig symmetrisch ist (□ 3.01k).

Gegenseitige Beeinflussung

Benachbarte Fundamente und Bauwerke beeinflussen sich gegenseitig (□ 3.03, hier wurde vereinfachend eine Lastausbreitung unter 45° und eine dreieckförmige Sohlnormalspannung angenommen). Diese Beeinflussung ist erfahrungsgemäß erst von Bedeutung, wenn der Fundamentabstand geringer ist als die dreifache Fundamentbreite.

In der Praxis spielt die gegenseitige Beeinflussung häufig bei der Gründung eines Neubaus neben einem Altbau eine Rolle. Im Grenzbereich zwischen beiden Bauwerken überlagern sich die Baugrundspannungen (□ 3.04). In den meisten Fällen wird der Baugrund unter dem Altbau durch die zusätzlichen Spannungen aus dem Neubau ungleichmäßig zusammengedrückt: der Altbau zeigt Risse auf der Seite des Neubaus (□ 3.04a). In selteneren Fällen läßt sich der Baugrund unter dem Altbau durch die Zusatzspannungen aus dem Neubau nicht mehr maßgeblich zusammendrücken: der Neubau neigt sich vom Altbau weg (□ 3.04b).

E_s, E_m

Für Setzungsberechnungen wird der Steifemodul E_s - oder besser der Zusammendrückungsmodul E_m - der von den Bauwerksspannungen beeinflußten Baugrundschichten benötigt.

Der Steifemodul E_s wird aus der Druck-Setzungs-Linie (Zusammendrückungsversuch im Labor mit Sonderproben aus den setzungsempfindlichen Schichten) bestimmt (siehe Dörken/Dehne 1993, Teil 1). Die auf diese Weise berechneten Setzungen weichen jedoch oft erheblich von den tatsächlich gemessenen ab, weil nur stichprobenhaft ein sehr geringes Bodenvolumen erfaßt werden kann und Störungen der Proben sowie versuchstechnische Vereinfachungen (behinderte Seitendehnung) unvermeidlich sind.

☐ 3.03: Beispiel: Gegenseitige Beeinflussung von Nachbarfundamenten

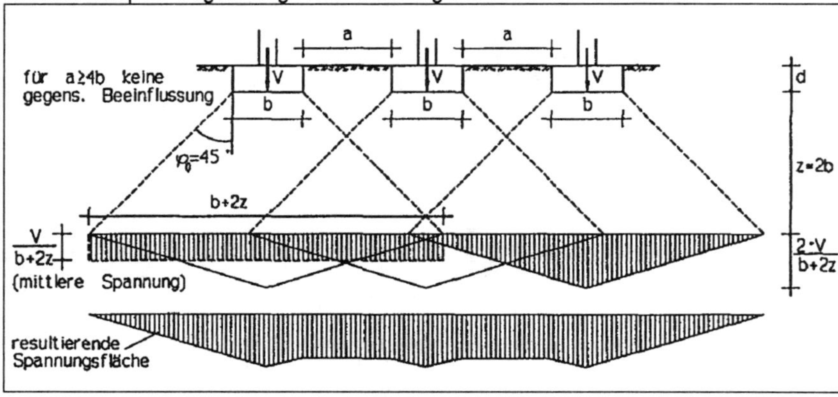

☐ 3.04: Beispiel: Gegenseitige Beeinflussung Neubau / Altbau

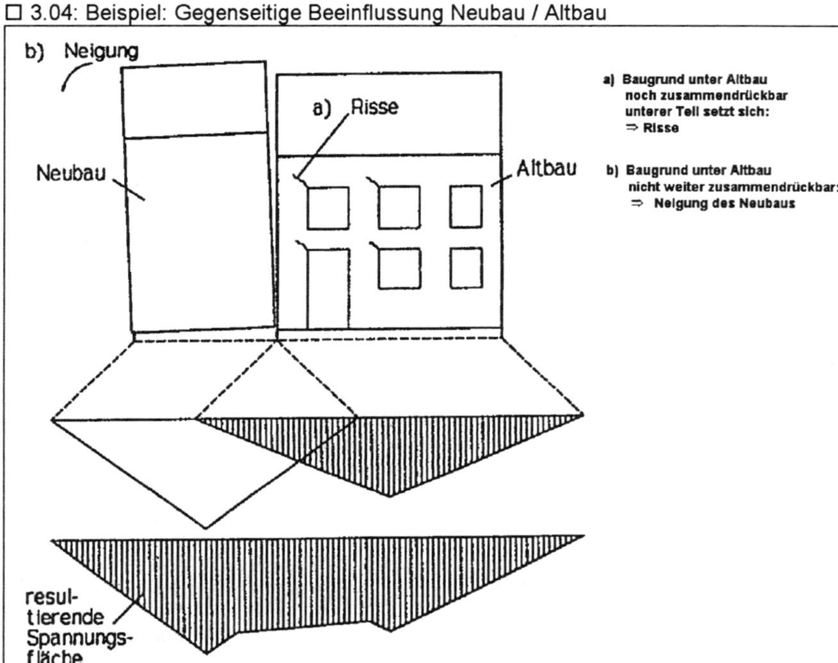

Anmerkung: Hinzu kommt, daß der Steifemodul E_s keine Bodenkonstante für die jeweilige Schicht ist. Er hängt nicht nur von der Lastgröße, sondern auch von der Fundamentfläche ab: je größer die Fläche, desto größer ist auch der Steifemodul.

Daher sollte möglichst mit dem Zusammendrückungsmodul E_m gerechnet werden, der aus Setzungsmessungen mit in etwa gleich großen Fundamenten auf demselben Baugrund zurückgerechnet worden ist (☐ 3.29). Nur wenn keine Setzungsmessungen vorliegen, kann man sich damit behelfen, den Zusammendrückungsmodul E_m aus dem Steifemodul E_s mit Hilfe des Korrekturbeiwerts κ (☐ 3.05) nach der Gleichung

☐ 3.05: Korrekturbeiwerte κ (DIN 4019)

Bodenart	κ ≈
Sand und Schluff	0,67
Ton, einfach verdichtet oder leicht überverdichtet	1
Ton, stark überverdichtet	0,5 ... 1

$$E_m = \frac{E_s}{\kappa} \qquad (3.01)$$

zu bestimmen. Auf diese Weise werden die Unzulänglichkeiten des Steifemoduls E_s wenigstens zum Teil ausgeglichen.
Um den Schwankungsbereich der Setzungen eingrenzen zu können, wird zweckmäßig mit einem für die setzungsempfindliche Schicht möglichen oberen und unteren Grenzwert für E_m gerechnet.

Grenztiefe

Die praktische Erfahrung zeigt, daß die setzungserzeugenden Spannungen nur bis zur "Grenztiefe" berücksichtigt werden sollten, da sich andernfalls zu große rechnerische Setzungswerte ergeben.

Für den Fall, daß die mittlere Sohlnormalspannung σ_0 beträchtlich größer ist als die Aushubentlastung $\gamma \cdot d$ (siehe Abschnitt 3.2), kann die Grenze der setzungsempfindlichen Schicht nach DIN 4019, T. 1, in der Tiefe (Grenztiefe d_s) unter Gründungssohle angenommen werden, in der die Spannungen aus der setzungserzeugenden Bauwerkslast ($\sigma_0 - \gamma \cdot d$) kleiner sind als 20% der Überlagerungsspannungen $\sigma_ü$. Dies ist etwa zwischen $d_s = b$ (bei Gründungsplatten) bis $d_s = 2\,b$ (bei Streifen- und Einzelfundamenten) der Fall.

□ 3.06: Beispiel: Abschnitte der Druck-Setzungs-Linie

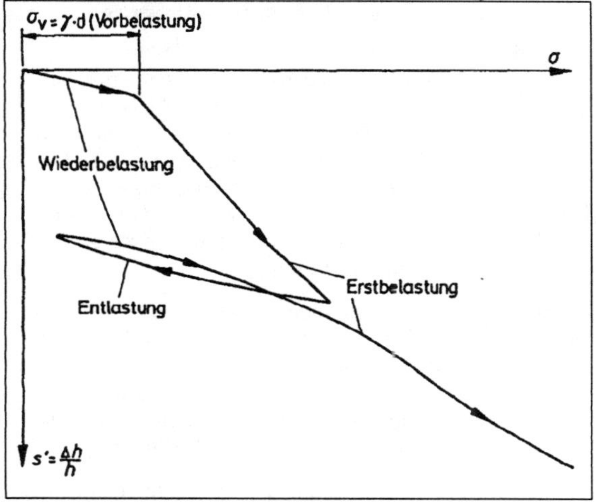

Anmerkung: Bei ausgedehnten Gründungsplatten mit geringer Sohlnormalspannung kann die Grenztiefe auch kleiner als b, bei hoch belasteten Streifen- und Einzelfundamenten auch größer als $2 \cdot b$ werden. Auch ein unter Auftrieb stehender Baugrund bewirkt eine Vergrößerung der Grenztiefe. Beginnt in der Nähe der rechnerisch ermittelten Grenztiefe eine weiche Schicht, so sollte die Grenztiefe vergrößert werden.

Unterscheiden sich mittlere Sohlnormalspannung σ_0 und Aushubentlastung $\gamma \cdot d$ nicht wesentlich, so wird mit der vollen Sohlnormalspannung σ_0 (ohne Abzug von $\gamma \cdot d$) gerechnet. Bei der Setzungsberechnung ist in diesem Fall der Wiederbelastungsast der Druck-Setzungs-Linie maßgebend (□ 3.06).

Fundamentbreite

Da die Einflußtiefe eines Fundaments von seiner Breite abhängt (siehe oben) und bis in eine Tiefe von $z = 3\,b$ unter Gründungssohle reichen kann (□ 3.08, hier dargestellt durch die 5%-Isobare, siehe Abschnitt 3.2), beansprucht ein breites Fundament ein größeres Bodenvolumen als ein schmales und setzt sich daher - bei gleicher Sohlnormalspannung - auch mehr.

Das Verhältnis der Setzungen von zwei Fundamenten verschiedener Fläche, Belastung und Form kann durch folgendes Modellgesetz näherungsweise beschrieben werden:

□ 3.07: Formbeiwerte c

Seitenverhältnis a/b	1,0	1,5	4,0	10	100
Formbeiwert c ≈	1,0	1,0	0,9	0,7	0,4

$$\frac{s_1}{s_2} = \frac{c_1 \cdot \sigma_{01} \cdot \sqrt{A_1}}{c_2 \cdot \sigma_{02} \cdot \sqrt{A_2}} \qquad (3.02)$$

Hierin ist:
$s_{1,2}$ = Setzungen
$\sigma_{1,2}$ = Sohlnormalspannungen
$A_{1,2}$ = Fundamentflächen
$c_{1,2}$ = Formbeiwerte (□ 3.07)

Häufig wird die vereinfachte Form des Modellgesetzes für den Fall benötigt, daß die Setzungen zweier Fundamente gleicher Form gleich groß sein sollen (☐ 3.52, ☐ 3.53):

$$\sigma_{01} \cdot \sqrt{A_1} = \sigma_{02} \cdot \sqrt{A_2} \qquad (3.03)$$

Anmerkung: Das Ergebnis dieser Näherungsberechnung sollte durch eine Setzungsberechnung überprüft werden, da das Modellgesetz die Grenztiefe (siehe oben) nicht berücksichtigt und den Tiefeneinfluß breiter Fundamente überbewertet.

☐ 3.08: Beispiel: Einflußtiefe von Fundamenten (5%-Isobare)

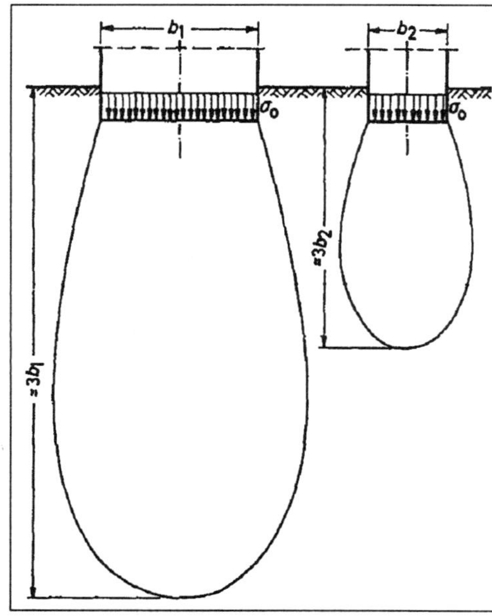

Genauigkeit

Wegen vereinfachter Annahmen, vielfältiger Einflüsse und notwendiger Mittelbildungen (⇒ Dehne 1982) können Setzungsberechnungen zu Ergebnissen führen, die bis zu ca. 50 % von den tatsächlich eintretenden Setzungen abweichen (DIN 4019, Teil 1). Sie liefern also nur die Größenordnung der zu erwartenden Setzungen.

Biegesteifigkeit

Zur Beurteilung des Setzungsverhaltens muß die Steifigkeit des Bauwerks bzw. seiner Gründung abgeschätzt (siehe Abschnitt 4) und danach entschieden werden, ob bei der Setzungsberechnung eher der schlaffe oder der starre Grenzfall der Steifigkeit anzunehmen ist.

Für den Grenzfall "schlaffes (biegeweiches) Fundament" werden die Setzungen verschiedener Fundamentpunkte ermittelt und aufgetragen. Die Verbindungslinie der Setzungsordinaten liefert die Setzungsmulde, die erhebliche Setzungsunterschiede zwischen der größeren Mittensetzung und den kleineren Randsetzungen zeigt (☐ 3.09 a).

Mit zunehmender Steifigkeit der Gründung nimmt diese die Biegemomente und Scherkräfte auf: die Setzungsunterschiede werden entsprechend geringer.

Ein vollkommen starrer Baukörper kann sich nicht verformen, so daß die Setzungen bei mittiger Last und gleichmäßigem Baugrund überall gleich groß sind (☐ 3.09).

☐ 3.09: Beispiel: Setzungsmulde unter einer a) schlaffen, b) starren Lastfläche und kennzeichnende Punkte C

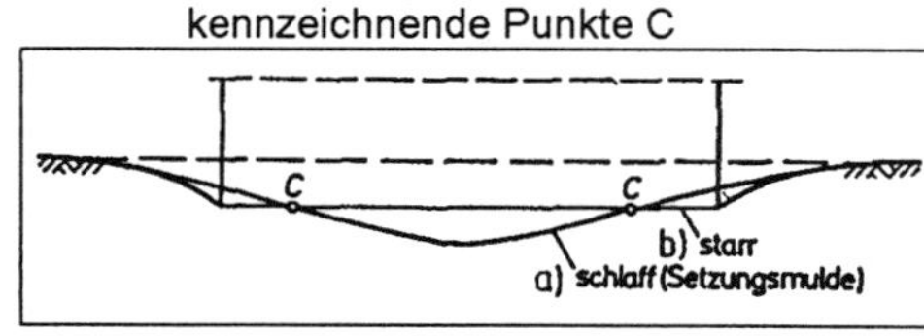

Aus der Überlagerung der Setzungsmulden für schlaffe und starre Lastflächen geht hervor, daß die Setzungen in bestimmten Punkten der Fundamentfläche gleich groß sind (Punkte C in ☐ 3.09). Diese "kennzeichnenden Punkte" liegen beim Rechteckfundament 0,74 · b/2 bzw. 0,74 · a/2 von den Fundamentachsen entfernt.

Starre Fundamente

Die gleichmäßige Setzung eines gedrungenen, mittig belasteten, starren Fundaments läßt sich nach DIN 4019, T. 1 annähernd nach einer der folgenden Möglichkeiten näherungsweise berechnen:

- als der 0,75fache Wert der Setzung des Flächenmittelpunktes eines schlaffen Fundaments
- als Setzung im kennzeichnenden Punkt des Fundaments
- aus Tabellen für starre Fundamente.

Bei langgestreckten Fundamenten (a > 2 b) ist es zweckmäßig, als Maß der gleichmäßigen Fundamentsetzung den Mittelwert aus den Setzungen für die End-, Mittel- und Viertelpunkte der großen Hauptachse des schlaff angenommenen Fundaments zu betrachten. Je größer das Verhältnis a : b wird, desto weniger unterscheiden sich die Setzungen der Mittel- und Viertelpunkte.

3.2 Baugrundspannungen

Zweck

Für die Setzungsberechnung (siehe Abschnitte 3.3 bis 3.6) müssen die lotrechten Baugrundspannungen (Spannungen in verschiedenen Tiefen des Baugrunds) bekannt sein, denn sie bewirken Zusammendrückungen des Baugrunds und damit die Setzungen der Fundamente.

Arten

Überlagerungsspannungen ($\sigma_ü$). Baugrundspannungen infolge Eigenlast des Bodens, die bereits vor dem Aufbringen der Bauwerkslast vorhanden waren und unter denen der Baugrund in der Regel bereits konsolidiert ist. Die Überlagerungsspannungen entsprechen dem über der betrachteten Tiefe lastenden Gewicht des Bodens bis zur Geländeoberfläche. Sie sind unter Berücksichtigung des Grundwasserstands zu ermitteln:

$$\sigma_ü = \sum_{i=0}^{i=d} \gamma_i \cdot d_i \qquad (3.04)$$

Hierin ist:
γ = Wichte des Bodens
d = Gründungstiefe (Aushubtiefe)
z = betrachtete Tiefe unter der Gründungssohle

Spannungen infolge Baugrubenaushubs (σ_a). Die (meist kurzfristige) Entlastung des Baugrunds durch den Baugrubenaushub beträgt:

$$\sigma_a = \sum_{i=0}^{i=d} \gamma_i \cdot d_i \qquad (3.05)$$

Spannungen infolge Bauwerkslast (σ_z). Die Erstellung des Bauwerks bewirkt Baugrundspannungen und damit eine Zusammendrückung des Baugrunds: das Bauwerk setzt sich. Da ein Teil der Bauwerkslast jedoch den Eigenlastzustand des Baugrunds, der durch den Baugrubenaushub kurzfristig gestört wurde, wieder herstellen muß, kann bei einfach verdichteten Böden (das sind Böden, die lediglich durch ihre Eigenlast konsolidiert wurden) nur der Differenzbetrag

$$\sigma_1 = \sigma_z - \sigma_a \qquad (3.06)$$

eine Setzung hervorrufen (setzungserzeugende Spannung σ_1).

Anmerkung: Zur Berechnung der Baugrundspannungen aus der Bauwerkslast können die in der Gründungssohle wirkenden Sohlnormalspannungen infolge lotrechter Belastung gleichmäßig verteilt angenommen werden (siehe Abschnitt 4.1).

Ausbreitung

Die Ausbreitung der Baugrundspannungen infolge Bauwerkslast kann stark vereinfacht an einem Walzenmodell veranschaulicht werden (☐ 3.10). Hiernach breiten sich die Spannungen mit zunehmender Tiefe seitlich aus, konzentrieren sich unter der Last und nehmen mit der Tiefe ab.

☐ 3.10: Beispiel: Ausbreitung der Baugrundspannungen infolge Bauwerkslast (Walzenmodell)

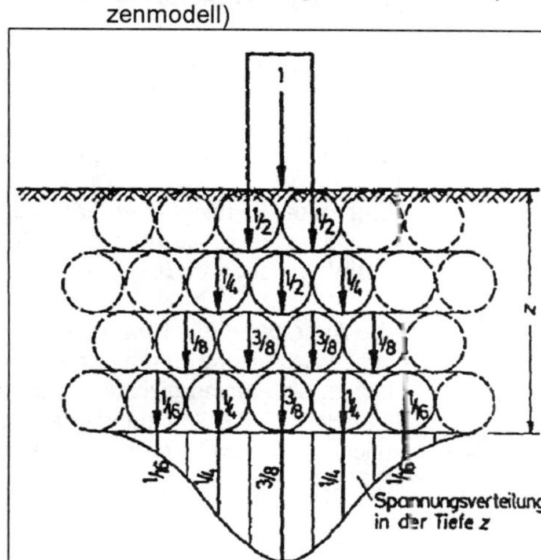

Berechnungsgrundlagen

Die heute üblichen Setzungsberechnungen gehen auf die Ansätze von Boussinesq (1885) zurück, der den Baugrund vereinfachend als elastisch-isotropen Halbraum auffaßte. Das ist ein dreidimensionaler Raum, der durch eine unendlich ausgedehnte, waagerechte Ebene (in Höhe der Gründungssohle) halbiert wird. Die obere Hälfte ist leer, die untere ist ein homogener, gewichtsloser, elastischer Körper mit einheitlichem Elastizitätsmodul.

Anmerkung: Durch Einführung eines Konzentrationsfaktors ν (Fröhlich 1934) kann dabei das tatsächlich anisotrope Verhalten des Baugrunds berücksichtigt werden: ν = 2: kreisförmige Isobaren (Linien gleicher Vertikalspannungen), ν = 3: elastisch-isotroper Halbraum, ν = 4: Der E-Modul nimmt geradlinig mit der Tiefe zu,
ν = 3...4: kommt dem tatsächlichen Baugrund am nächsten (□ 3.11).

□ 3.11: Beispiel: Isobaren für verschiedene Konzentrationsfaktoren (nach Fröhlich)

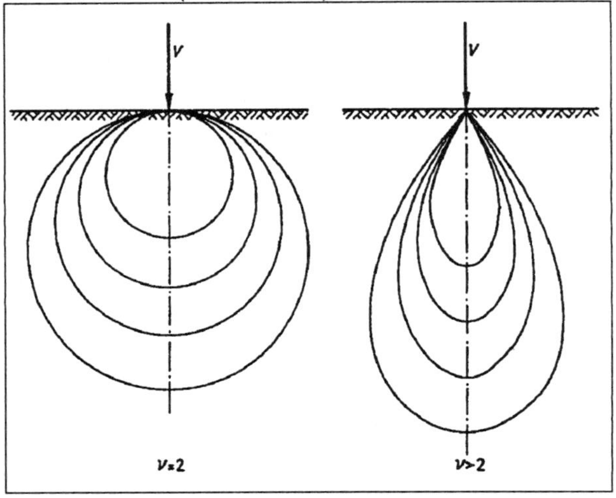

Punktlast

Die lotrechte Baugrundspannung unter einer Punktlast P (in kN) kann in einem beliebigen Punkt in der Tiefe z (in m) im Abstand r (in m) von der Last (□ 3.12) nach dem Rechenansatz von Boussinesq für den elastisch-isotropen Halbraum mit Hilfe von Einflußwerten i (□ 3.13) nach der Gleichung berechnet werden:

$$\sigma_z = i \cdot \frac{P}{z^2} \qquad (3.07)$$

□ 3.12: Beispiel: Baugrundspannung infolge Punktlast P (Linienlast P)

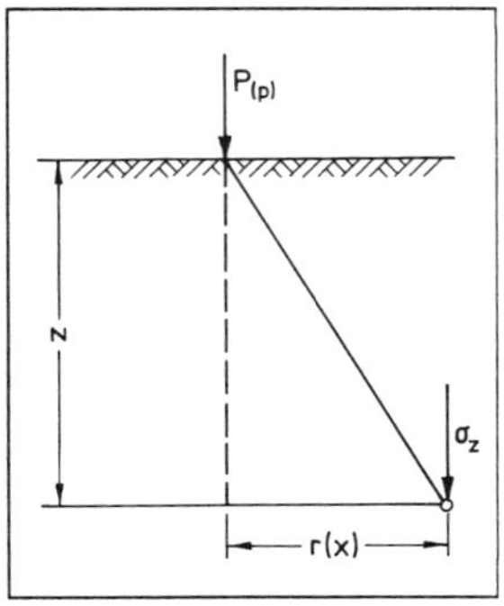

□ 3.13: Einflußwerte i für die lotrechten Baugrundspannungen infolge einer Punktlast P

r/z	0	0,1	0,2	0,4	0,6	0,8	1,0	1,2	1,4	1,6	1,8	2,0
i	0,4775	0,4657	0,4329	0,3295	0,2214	0,1386	0,0844	0,0513	0,0312	0,0200	0,0129	0,0085

Anmerkung: Mit der Gleichung für die Punktlast kann näherungsweise der Einfluß von Einzelfundamenten auf benachbarte Baukörper bestimmt werden, wenn der Abstand zwischen beiden nicht zu gering ist.

Eine gute Übersicht über Größe und Verteilung der Baugrundspannungen - z.B. infolge einer Punktlast P - erhält man durch Auftragung in horizontalen oder vertikalen Schnitten oder in Form von Isobaren (□ 3.14).

Die Auftragung in horizontalen Schnitten liefert "Glockenkurven", die mit der Tiefe immer flacher werden und deren "Spannungsinhalt" immer gleich groß ist. Aus den Glockenkurven lassen sich Linien gleicher Baugrundspannungen (Isobaren) ermitteln, aus denen ersichtlich ist, wie weit die Spannungen aus dem Bauwerk den Baugrund beeinflussen. Die 5%-Isobare reicht beispielsweise bis in eine Tiefe, die etwa der dreifachen Fundamentbreite entspricht (□ 3.08).

Die Auftragung der Baugrundspannungen in Vertikalschnitten ("Lastkurven") wird bei Setzungsberechnungen (siehe Abschnitt 3.3) benötigt.

□ 3.14: Beispiel: Baugrundspannungen infolge einer Punktlast P in horizontalen a) und vertikalen c) Schnitten, Isobaren b)

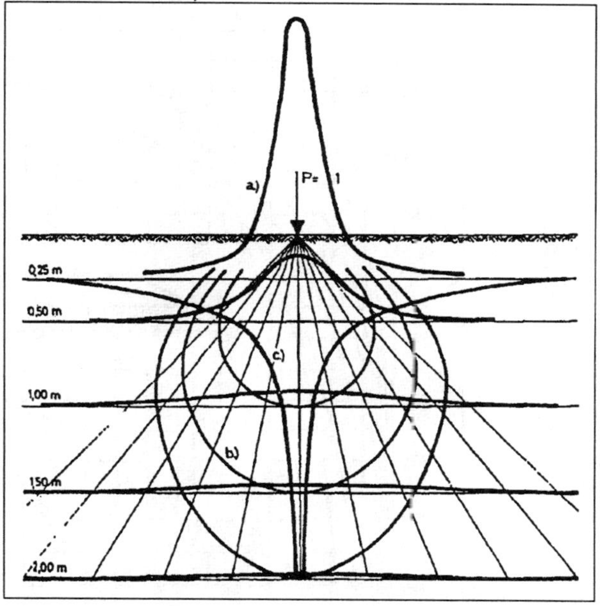

Linienlast

Die lotrechten Baugrundspannungen unter einer Linienlast p (in kN/m) können für einen beliebigen Punkt in der Tiefe z (in m) und im Abstand x (in m) (□ 3.12) - ebenfalls nach Boussinesq - mit Hilfe von Einflußwerten i (□ 3.15) nach der Gleichung berechnet werden:

$$\sigma_z = i \cdot \frac{p}{z} \qquad (3.08)$$

□ 3.15: Einflußwerte i für die lotrechten Baugrundspannungen infolge einer Linienlast p

x/z	0	0,1	0,2	0,4	0,6	0,8	1,0	1,2	1,4	1,6	1,8	2,0
i	0,6366	0,6241	0,5886	0,4731	0,3442	0,2367	0,1592	0,1069	0,0727	0,0502	0,0354	0,0255

Rechteckige Flächenlast

Die Baugrundspannung in der Tiefe z (in m) unter dem Eckpunkt einer schlaffen (biegeweichen) Flächenlast p (in kN/m²) erhält man nach Steinbrenner (1934) mit dem Einflußwert i (□ 3.16, □ 3.17) aus der Gleichung

$$\sigma_z = i \cdot p \qquad (3.09)$$

□ 3.16: Einflußwerte i für die lotrechten Baugrundspannungen unter dem Eckpunkt einer schlaffen Rechtecklast (nach Steinbrenner)

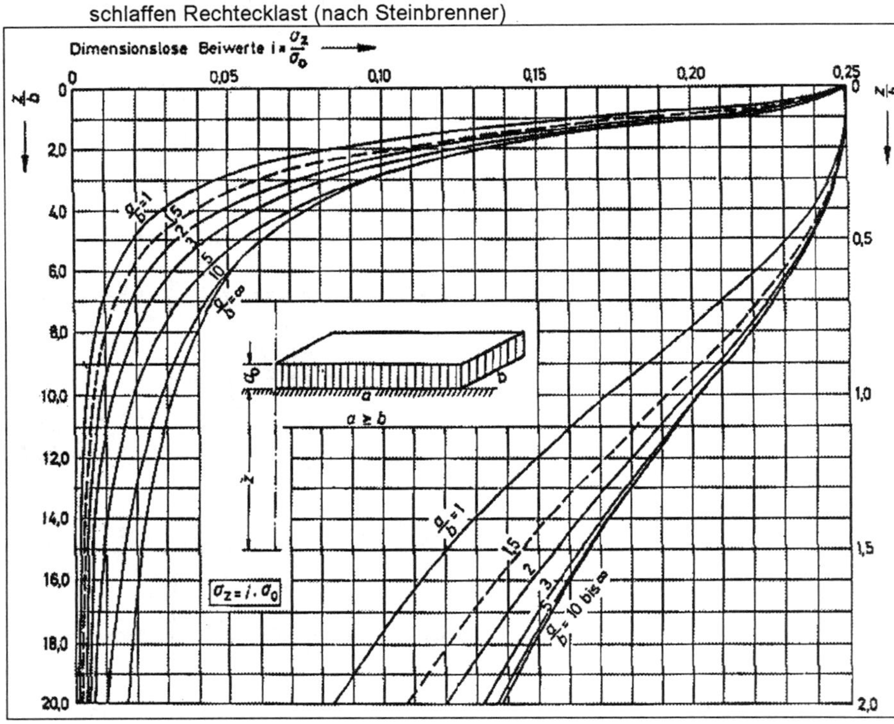

□ 3.17: Einflußwerte i für die lotrechten Baugrundspannungen unter dem Eckpunkt einer schlaffen Rechtecklast (nach Steinbrenner)

Tiefe/Breite z/b	Dimensionslose Beiwerte $i = \sigma_z / \sigma_0$						
	a/b = 1,0	a/b = 1,5	a/b = 2,0	a/b = 3,0	a/b = 5,0	a/b = 10,0	a/b = ∞
0,25	0,2473	0,2482	0,2483	0,2484	0,2485	0,2485	0,2485
0,50	0,2325	0,2378	0,2391	0,2397	0,2398	0,2399	0,2399
0,75	0,2060	0,2182	0,2217	0,2234	0,2239	0,2240	0,2240
1,00	0,1752	0,1936	0,1999	0,2034	0,2044	0,2046	0,2046
1,50	0,1210	0,1451	0,1561	0,1638	0,1665	0,1670	0,1670
2,00	0,0840	0,1071	0,1202	0,1316	0,1363	0,1374	0,1374
3,00	0,0447	0,0612	0,0732	0,0860	0,0959	0,0987	0,0990
4,00	0,0270	0,0383	0,0475	0,0604	0,0712	0,0758	0,0764
6,00	0,0127	0,0185	0,0238	0,0323	0,0431	0,0506	0,0521
8,00	0,0073	0,0107	0,0140	0,0195	0,0283	0,0367	0,0394
10,00	0,0048	0,0070	0,0092	0,0129	0,0198	0,0279	0,0316
12,00	0,0033	0,0049	0,0065	0,0094	0,0145	0,0219	0,0264
15,00	0,0021	0,0031	0,0042	0,0061	0,0097	0,0158	0,0211
18,00	0,0015	0,0022	0,0029	0,0043	0,0069	0,0118	0,0177
20,00	0,0012	0,0018	0,0024	0,0035	0,0057	0,0099	0,0159

Teilt man die Gründungsfläche in Rechtecke auf, so können die Spannungen unter jedem beliebigen Punkt P innerhalb und außerhalb dieser Fläche ermittelt werden (□ 3.20, □ 3.21).

Anmerkung: Bei der Einteilung in Rechtecke muß immer darauf geachtet werden, daß alle Rechtecke einen Eckpunkt in dem Punkt haben, unter dem die Spannung gesucht wird. Bei einem außerhalb der Gründungsfläche liegenden Punkt wird das Fundament zu einer fiktiven Fläche bis zu diesem P erweitert und der überschüssige Teil anschließend wieder abgezogen (□ 3.18).

□ 3.18: Beispiel: Einflußwerte i für beliebige Punkte: Aufteilung in Rechtecke

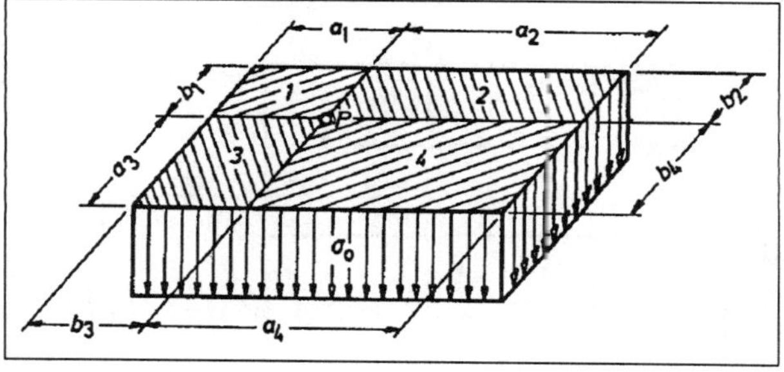

Weil die Setzung eines mittig belasteten Fundaments im kennzeichnenden Punkt für den schlaffen und starren Grenzfall gleich und damit unabhängig von der Fundamentsteifigkeit ist (siehe Abschnitt 3.1), werden die Baugrundspannungen häufig unter diesem Punkt berechnet (□ 3.19, □ 3.22).

□ 3.19: Beispiel: Einflußbeiwerte i für die lotrechten Spannungen unter dem kennzeichnenden Punkt C einer Rechtecklast (nach Kany)

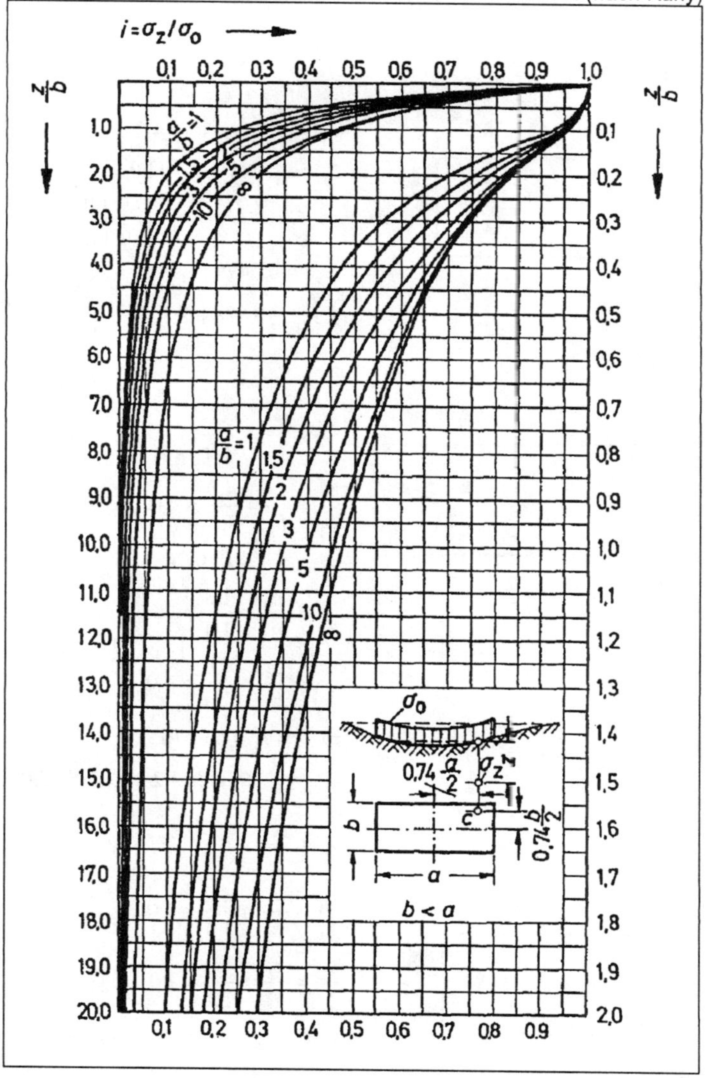

□ 3.20: Beispiel: Baugrundspannungen infolge einer Flächenlast

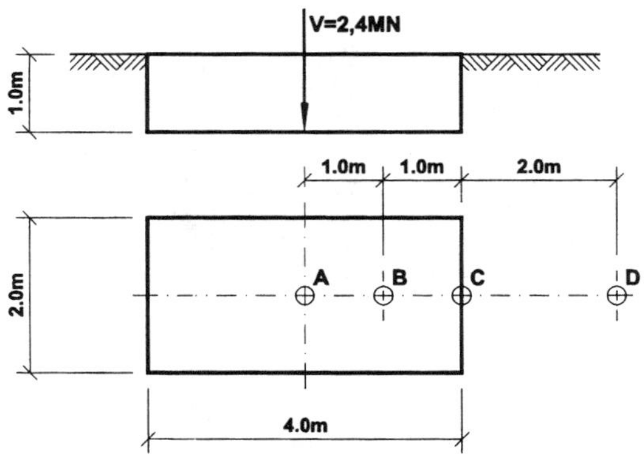

Für das lotrecht und mittig belastete Fundament sind Größe und Verteilung der Bauwerksspannungen unter den Punkten A bis D in 5,0 m Tiefe unter der Geländeoberkante zu ermitteln.

Lösung:

Die Bauwerksspannungen berechnen sich ab Gründungssohle, so daß hier gilt:

$$z = 5{,}0 - 1{,}0 = 4{,}0 \ \ m$$

Mittlere Sohlnormalspannung:

$$\sigma_{0m} = \frac{2400}{4{,}0 \cdot 2{,}0} = 300 kN / m^2$$

Punkt A:

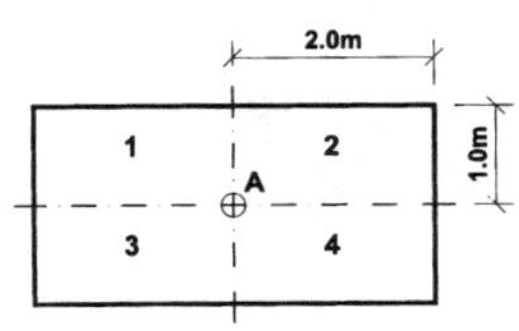

$$a_1 = a_2 = a_3 = a_4 = 2{,}0 \ \ m$$

$$b_1 = b_2 = b_3 = b_4 = 1{,}0 \ \ m$$

$$\Rightarrow \frac{a}{b} = \frac{2{,}0}{1{,}0} = 2{,}0\ ; \ \frac{z}{b} = \frac{4{,}0}{1{,}0} = 4{,}0$$

$$\Rightarrow i = 0{,}0475$$

$$\sigma_z^A = 4 \cdot i \cdot \sigma_{0m} = 4 \cdot 0{,}0475 \cdot 300 = 57{,}0 \ \ kN/m^2$$

Punkt B:

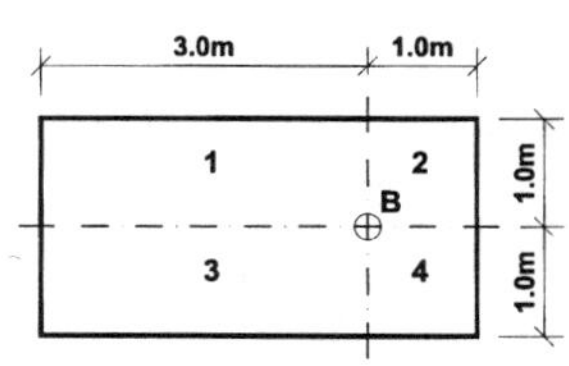

$$\frac{a_1}{b_1} = \frac{a_3}{b_3} = \frac{3{,}0}{1{,}0} = 3{,}0$$

$$\frac{z_1}{b_1} = \frac{z_3}{b_3} = \frac{4{,}0}{1{,}0} = 4{,}0$$

$$\Rightarrow i_1 = i_3 = 0{,}0604$$

$$\frac{a_2}{b_2} = \frac{a_4}{b_4} = \frac{1{,}0}{1{,}0} = 1{,}0$$

$$\frac{z_2}{b_2} = \frac{z_4}{b_4} = \frac{4{,}0}{1{,}0} = 4{,}0$$

$$\Rightarrow i_2 = i_4 = 0{,}0270$$

$$\sigma_z^B = (2 \cdot 0{,}0604 + 2 \cdot 0{,}0270) \cdot 300 = 52{,}4 \ \ kN/m^2$$

Punkt C:

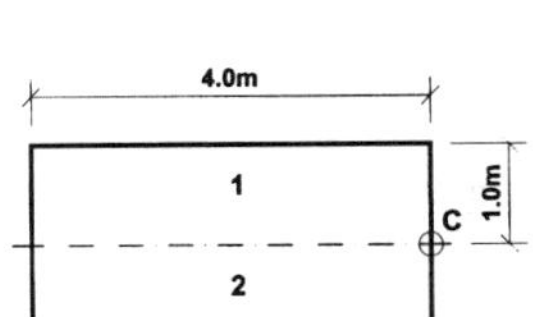

$$\frac{a_1}{b_1} = \frac{a_2}{b_2} = \frac{4{,}0}{1{,}0} = 4{,}0$$

$$\frac{z_1}{b_1} = \frac{z_2}{b_2} = \frac{4{,}0}{1{,}0} = 4{,}0$$

$$\Rightarrow i_1 = i_2 = 0{,}0658 \ \textit{(interpoliert)}$$

$$\sigma_z^C = 2 \cdot 0{,}0658 \cdot 300 = 39{,}5 \ \ kN/m^2$$

☐ 3.21: Fortsetzung Beispiel: Baugrundspannungen infolge einer Flächenlast

Punkt D:

Vorbemerkung: Das Fundament muß bis zum maßgebenden Punkt zu einem fiktiven Fundament erweitert und der überschüssige Anteil anschließend wieder abgezogen werden.

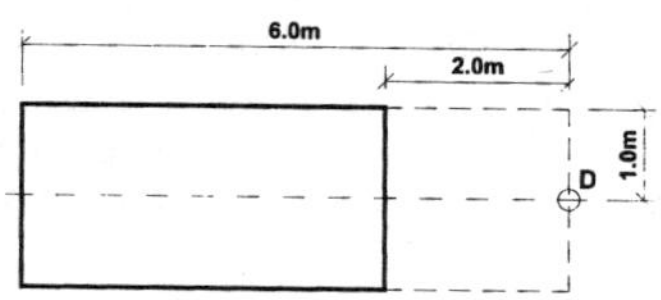

$$\frac{a}{b}=\frac{6{,}0}{1{,}0}=6{,}0$$
$$\frac{z}{b}=\frac{4{,}0}{1{,}0}=4{,}0$$
$$\Rightarrow i=0{,}0721$$
$$\frac{a}{b}=\frac{2{,}0}{1{,}0}=2{,}0$$
$$\frac{z}{b}=\frac{4{,}0}{1{,}0}=4{,}0$$
$$\Rightarrow i=0{,}0475$$
$$\sigma_z^D=(2\cdot 0{,}0721-2\cdot 0{,}0475)\cdot 300=14{,}8\ kN/m^2$$

Darstellung der Spannungsverteilung:

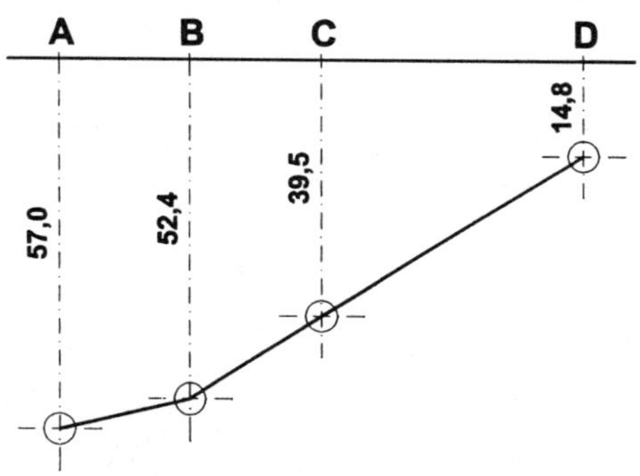

☐ 3.22: Einflußwerte i für die lotrechten Spannungen unter dem kennzeichnenden Punkt C einer Rechtecklast (nach Kany)

Tiefe/Breite z/b	Dimensionslose Beiwerte $i = \sigma_z / \sigma_0$						
	a/b = 1,0	a/b = 1,5	a/b = 2,0	a/b = 3,0	a/b = 5,0	a/b = 10,0	a/b = ∞
0,05	0,9811	0,9879	0,9884	0,9894	0,9895	0,9897	0,9896
0,10	0,8984	0,9280	0,9372	0,9425	0,9443	0,9447	0,9447
0,15	0,7898	0,8358	0,8623	0,8755	0,8824	0,8830	0,8839
0,20	0,6947	0,7570	0,7883	0,8127	0,8335	0,8262	0,8264
0,30	0,5566	0,6213	0,6628	0,7053	0,7301	0,7376	0,7387
0,50	0,4088	0,4622	0,5032	0,5550	0,6032	0,6264	0,6299
0,70	0,3249	0,3706	0,4041	0,4527	0,5066	0,5473	0,5552
1,00	0,3242	0,2786	0,3078	0,3488	0,4008	0,4504	0,4674
1,50	0,1438	0,1830	0,2098	0,2387	0,2779	0,3303	0,3604
2,00	0,0939	0,1279	0,1475	0,1749	0,2057	0,2479	0,2883
3,00	0,0473	0,0672	0,0823	0,1043	0,1280	0,1575	0,2025
5,00	0,0183	0,0268	0,0345	0,0502	0,0646	0,0838	0,1251
7,00	0,0095	0,0141	0,0185	0,0264	0,0384	0,0541	0,0905
10,00	0,0045	0,0070	0,0093	0,0135	0,0210	0,0328	0,0633
20,00	0,0012	0,0015	0,0024	0,0035	0,0058	0,0105	0,0318

Beliebige Flächenlast

Baugrundspannungen in der Tiefe z unter beliebig begrenzten Flächenlasten p (Sohlnormalspannungen σ_0 oder σ_1 in kN/m²) werden zweckmäßig nach dem halbgrafischen Verfahren von Newmark (1947) ermittelt.

Der Grundriß des Fundaments wird in beliebigem Maßstab aufgetragen. Im gleichen Maßstab wird eine Einflußkarte gezeichnet, deren Mittelpunkt auf den Punkt des Fundaments gelegt werden muß, unter dem die Baugrundspannung in der Tiefe z gesucht ist (☐ 3.23). Die einzelnen Radien r der Einflußkarte erhält man, indem die Tiefe z mit den Faktoren r/z (☐ 3.24) multipliziert wird. Die Kreise werden durch 20 Strahlen gleichmäßig unterteilt. Jede Masche des Einflußnetzes liefert einen Spannungsanteil 0,005 · p. Die Anzahl n der Maschen wird aufsummiert, die vom Fundamentgrundriß bedeckt sind, und dabei die Größe von nur teilweise bedeckten Maschen geschätzt und dazugerechnet. Die gesuchte Baugrundspannung in der Tiefe z ist dann

$$\sigma_z = n \cdot 0{,}005 \cdot p \qquad (3.10)$$

Soll die Baugrundspannung in der Tiefe z unter verschiedenen Punkten des Fundamentgrundrisses ermittelt werden, so kann die Einflußkarte auf Transparentpapier gezeichnet und auf die betreffenden Punkte gelegt werden. Werden die Spannungen in unterschiedlichen Tiefen z gesucht, so kann die vorhandene Einflußkarte beibehalten und der Fundamentmaßstab entsprechend verändert werden.

Das Newmark-Verfahren kann vor allem bei der Berechnung von Spannungsüberlagerungen von benachbarten Fundamenten zeitsparend eingesetzt werden. Bei Fundamenten mit unterschiedlichen Sohlnormalspannungen p_1, p_2, p_3, ... werden die Maschen n_1, n_2, n_3, ... für jedes Fundament getrennt aufsummiert. Die Gesamtspannung ergibt sich dann zu

$$\sigma_z = 0{,}005 \ (n_1 \cdot p_1 + n_2 \cdot p_2 + \ldots + n_n \cdot p_n) \qquad (3.11)$$

☐ 3.23: Beispiel: Fundamentgrundriß mit Einflußkarte von Newmark

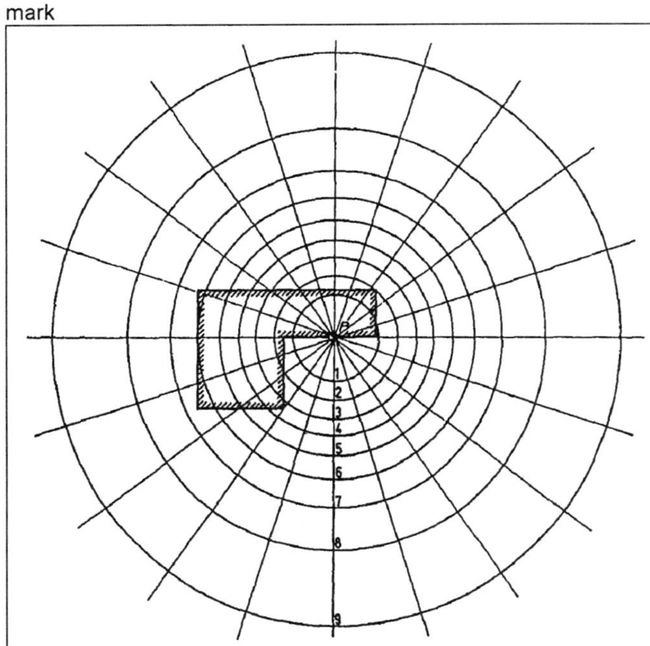

☐ 3.24: Kreisradien r für die Einflußkarte von Newmark

Kreis Nr.	0	1	2	3	4	5	6	7	8	9	10
σ_z/p	0,0	0,1	0,2	0,3	0,4	0,5	0,6	0,7	0,8	0,9	1,0
r/z	0,0	0,270	0,400	0,518	0,637	0,766	0,918	1,110	1,387	1,908	∞

Auf der Grundlage des Newmark-Verfahrens hat Metzke (1966) ein Einflußkarten-Verfahren zur direkten Setzungsberechnung entwickelt.

3.3 Lotrecht mittige Belastung

3.3.1 Setzungsberechnung mit geschlossenen Formeln

Nach DIN 4019, T.1 kann die Setzung nach der Gleichung

$$s = \frac{\sigma_0 \cdot b \cdot f}{E_m} \qquad (3.12)$$

bestimmt werden.

Hierin bedeutet:

σ_0 = mittlere Sohlnormalspannung unter dem Fundament
b = Breite des Fundaments
f = Setzungsbeiwert nach □ 3.25 bzw. □ 3.26 (für die Eckpunktsetzung eines schlaffen Fundaments) und nach □ 3.27 bzw. □ 3.28 (für die Setzung im kennzeichnenden Punkt = Setzung des starren Fundaments)
E_m = mittlerer Zusammendrückungsmodul für die maßgebende (setzungsempfindliche) Schicht (siehe Abschnitt 3.1).

Anmerkung: Die Gleichung gilt für vorbelasteten Boden. Bei einfach verdichtetem Boden wird statt σ_0 die Spannung $\sigma_1 = \sigma_0 - \gamma \cdot d$ eingesetzt.

□ 3.25: Einflußwerte f für die Setzungen des Eckpunkts einer schlaffen Rechtecklast (nach Kany)

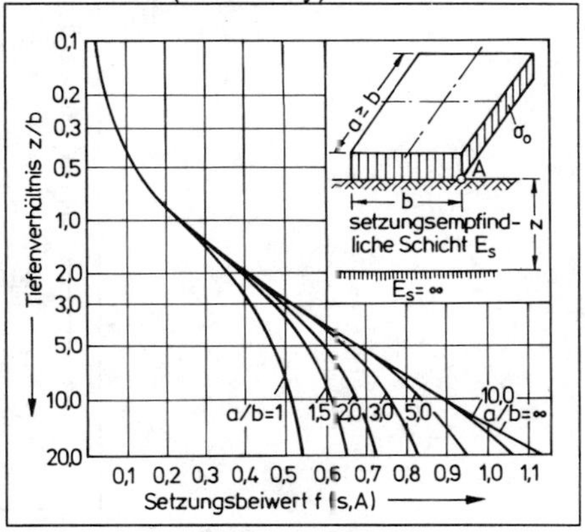

□ 3.26: Einflußwerte f für die Setzungen des Eckpunkts einer schlaffen Rechtecklast (nach Kany)

Tiefe/Breite	Setzungsbeiwerte f						
z/b	a/b = 1,0	a/b = 1,5	a/b = 2,0	a/b = 3,0	a/b = 5,0	a/b = 10,0	a/b = ∞
0,000	0,0000	0,0000	0,0000	0,0000	0,0000	0,0000	0,0000
0,125	0,0313	0,0313	0,0313	0,0313	0,0313	0,0313	0,0313
0,375	0,0931	0,0933	0,0933	0,0934	0,0934	0,0934	0,0934
0,625	0,1512	0,1528	0,1531	0,1533	0,1533	0,1534	0,1534
0,875	0,2027	0,2073	0,2085	0,2096	0,2093	0,2094	0,2094
1,250	0,2684	0,2799	0,2835	0,2859	0,2858	0,2861	0,2861
1,750	0,3289	0,3525	0,3615	0,3678	0,3691	0,3696	0,3696
2,500	0,3919	0,4328	0,4517	0,4665	0,4713	0,4726	0,4726
3,500	0,4366	0,4940	0,5249	0,5525	0,5672	0,5713	0,5716
5,000	0,4771	0,5514	0,5961	0,6431	0,6740	0,6850	0,6862
7,000	0,5025	0,5884	0,6437	0,7077	0,7602	0,7862	0,7904
9,000	0,5171	0,6098	0,6717	0,7467	0,8168	0,8596	0,8692
11,000	0,5267	0,6238	0,6901	0,7725	0,8564	0,9154	0,9324
13,500	0,5350	0,6361	0,7064	0,7960	0,8926	0,9702	0,9984
16,500	0,5413	0,6454	0,7190	0,8143	0,9217	1,0176	1,0617
19,000	0,5450	0,6509	0,7263	0,8251	0,9390	1,0471	1,1060
20,000	0,5462	0,6537	0,7286	0,8286	0,9447	1,0570	1,1219

□ 3.27: Einflußwerte f für die Setzungen des kennzeichnenden Punkts einer Rechtecklast (nach Kany)

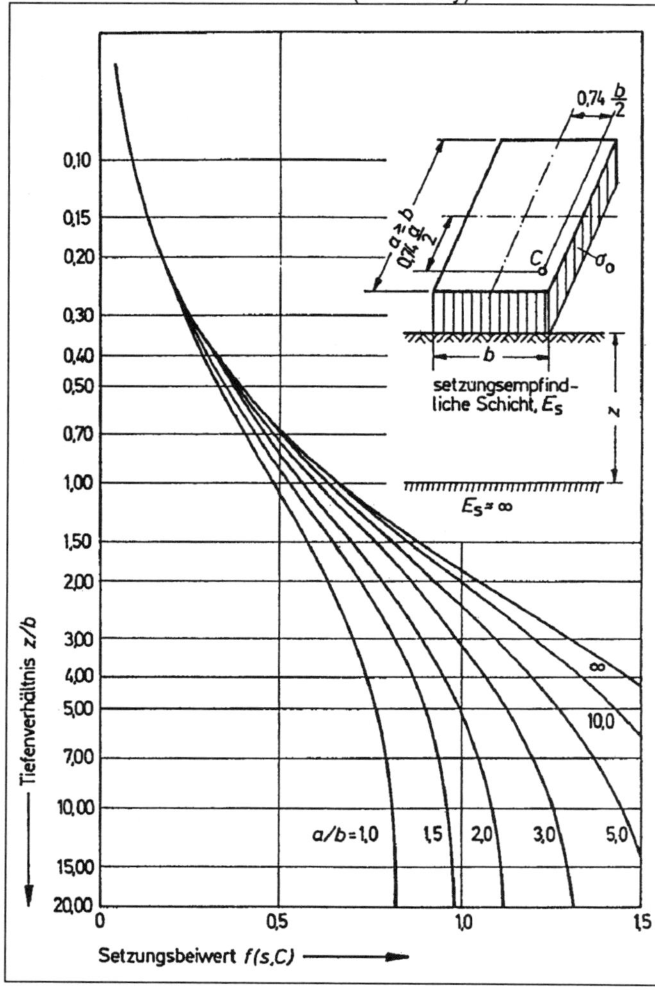

□ 3.28: Einflußwerte f für die Setzungen des kennzeichnenden Punkts einer Rechtecklast (nach Kany)

Tiefe/Breite	Setzungsbeiwerte f						
z/b	a/b = 1,0	a/b = 1,5	a/b = 2,0	a/b = 3,0	a/b = 5,0	a/b = 10,0	a/b = ∞
0,2	0,1764	0,1816	0,1842	0,1865	0,1870	0,1870	0,1870
0,4	0,2891	0,3072	0,3203	0,3288	0,3340	0,3354	0,3354
0,6	0,3711	0,3997	0,4213	0,4401	0,4545	0,4604	0,4618
0,8	0,4361	0,4737	0,5023	0,5307	0,5563	0,5696	0,5733
1,0	0,4881	0,5347	0,5693	0,6066	0,6430	0,6656	0,6723
1,5	0,5796	0,6472	0,6963	0,7505	0,8073	0,8596	0,8779
2,0	0,6381	0,7242	0,7848	0,8530	0,9280	1,0041	1,0403
3,0	0,7031	0,8192	0,8948	0,9860	1,0890	1,1971	1,2808
4,0	0,7406	0,8717	0,9573	1,0710	1,1940	1,3281	1,4553
5,0	0,7631	0,9042	0,9983	1,1305	1,2695	1,4251	1,5923
6,0	0,7791	0,9267	1,0268	1,1735	1,3255	1,5006	1,7058
8,0	0,8011	0,9547	1,0648	1,2305	1,4045	1,6086	1,8888
10,0	0,8101	0,9707	1,0908	1,2645	1,4485	1,6826	2,0348
14,0	0,8151	0,9787	1,1118	1,2935	1,5045	1,7866	2,2458
20,0	0,8151	0,9807	1,1158	1,3235	1,5705	1,8926	2,4758

Anwendungen: □ 3.29 Bis □ 3.36.

□ 3.29: Beispiel: Ermittlung des Zusammendrückungsmoduls E_m aus einer Setzungsmessung

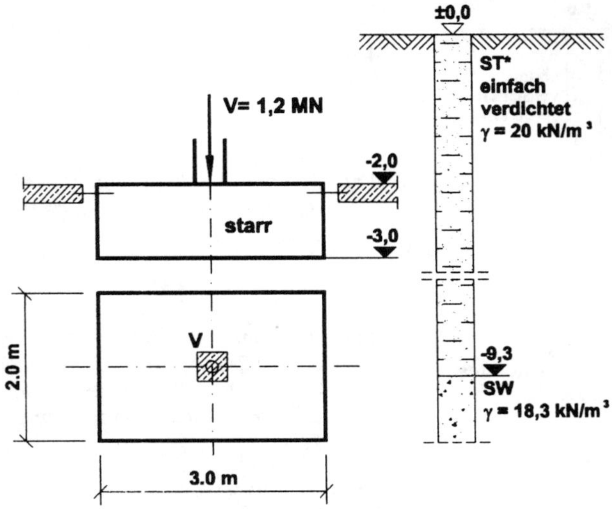

Bei dem Fundament unter der Stütze einer Tiefgarage wurde eine Endsetzung von s = 2,8 cm gemessen.

Ges.: *Für die Planung eines benachbarten Bauwerks soll der Zusammendrückungsmodul E_m unter den gegebenen Verhältnissen ermittelt werden.*

Lösung:

Vorbemerkung: Mit der gemessenen Setzung kann der Zusammendrückungsmodul durch Umstellung der geschlossenen Formel zur Setzungsermittlung berechnet werden:

$$E_m = \frac{\sigma_1 \cdot b \cdot f}{s}$$

Baugrundspannungen:

Sohlnormalspannung	σ_0 = 225 kN/m²
Aushubentlastung	σ_a = 60 kN/m²
Setzungserzeugende Spannung	σ_1 = 165 kN/m²

Grenztiefe:

$$\frac{a}{b} = \frac{3,0}{2,0} = 1,5$$

Kote	z	d+z	$\sigma_{ü}$	$0,2\sigma_{ü}$	z/b	i	$i \cdot \sigma_1$
m	m	m	kN/m²	kN/m²	1	1	kN/m²
-6,5	3,5	6,5	130,0	26,0	1,75	0,1555	25,6

Die Grenztiefe kann bei $d_s \approx 3,5$ m angenommen werden. Sie liegt somit innerhalb der Schicht ST.*

Setzungsbeiwert:

$$\frac{a}{b} = 1,5$$

$$\frac{z}{b} = \frac{d_s}{b} = \frac{3,5}{2,0} = 1,75$$

$$\Rightarrow f = 0,6857$$

Zusammendrückungsmodul:

$$E_m = \frac{165,0 \cdot 2,0 \cdot 0,6857}{0,028} = 8081 \ kN/m^2 \approx 8 \ MN/m^2$$

☐ 3.30: Beispiel: Setzungsberechnung mit Hilfe geschlossener Formeln (homogener Baugrund)

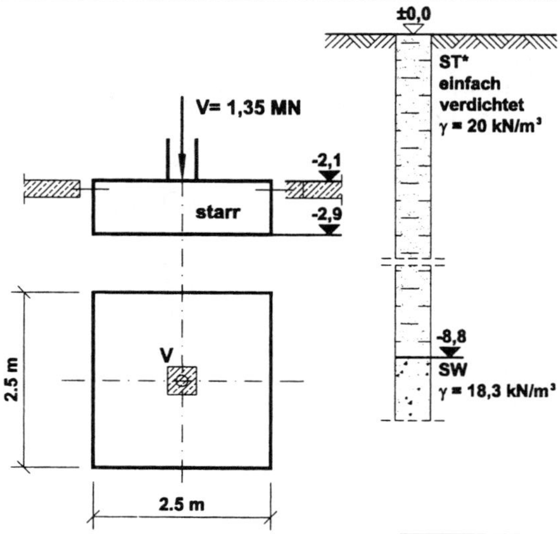

Für das dargestellte Fundament unter der Stütze einer Tiefgarage soll die Setzung ermittelt werden.

Fall a): *Es handelt sich um einen Erweiterungsbau des vorangegangenen Beispiels.*

Fall b): *Von dem Boden ST* wurde im Labor ein Zusammendrückungsversuch mit folgenden Ergebnissen durchgeführt (⇒ Dörken/Dehne, Teil 1):*

Belastung s	*kN/m²*	*50*	*100*	*200*	*300*	*400*
bezog. Setzung s'	*%*	*2,9*	*3,6*	*4,6*	*5,1*	*5,4*

Lösung:

Baugrundspannungen:

Sohlnormalspannung	σ_0 = 236,0 kN/m²
Aushubentlastung	σ_a = 58,0 kN/m²
Setzungserzeugende Spannung	σ_1 = 178,0 kN/m²

Grenztiefe: $\frac{a}{b} = 1{,}0$

Kote	z	d+z	$\sigma_ü$	$0{,}2\sigma_ü$	z/b	i	$i\cdot\sigma_1$
m	m	m	kN/m²	kN/m²	1	1	kN/m²
-6,7	3,8	6,7	134,0	26,8	1,50	0,1438	25,6

Die Grenztiefe kann bei $d_s \approx 3{,}8$ m angenommen werden.

Fall a): *Da die vorliegenden Verhältnisse mit der vorangegangenen Baumaßnahme weitgehend übereinstimmen (s. vorhergehendes Beispiel) kann mit einem repräsentativen Zusammendrückungsmodul von E_m = 8 MN/m² gerechnet werden.*

Setzungsbeiwert:

$$\frac{a}{b} = 1{,}0$$

$$\frac{z}{b} = \frac{d_s}{b} = \frac{3{,}8}{2{,}5} = 1{,}5$$

$$\Rightarrow f = 0{,}5796$$

Setzung:

$$s = \frac{178{,}0 \cdot 2{,}5 \cdot 0{,}5796}{8000} = 0{,}032\ m \mathrel{\hat=} 3{,}2\ cm$$

☐ 3.31: Fortsetzung Beispiel: Setzungsberechnung mit Hilfe geschlossener Formeln (homogener Baugrund)

Fall b): *Der Steifemodul kann aus der Druck-Setzungs-Linie als Sekantensteigung im Intervall σ_a und σ_0 ermittelt werden:*

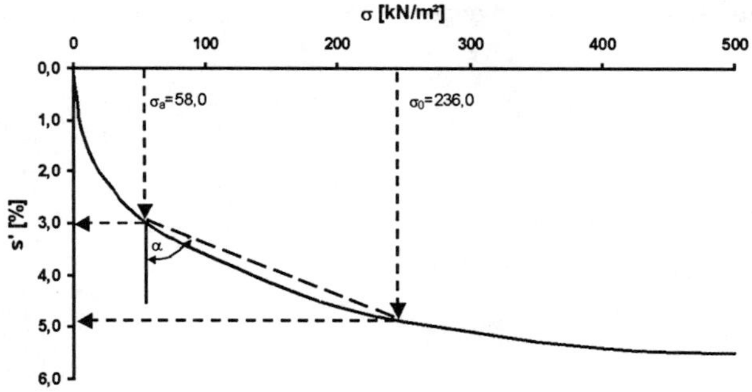

$$E_s \mathrel{\hat{=}} \tan\alpha = \frac{236{,}0-58{,}0}{(4{,}85-3{,}00)\cdot 10^{-2}} \approx 9600 \quad kN/m^2$$

Zusammendrückungsmodul:

$$E_m = \frac{E_s}{\kappa} = \frac{9600\cdot 3}{2} = 14400 \quad kN/m^2$$

Setzung:

$$s = \frac{178{,}0\cdot 2{,}5\cdot 0{,}5796}{14400} = 0{,}018 \;\; m \mathrel{\hat{=}} 1{,}8 \;\; cm$$

☐ 3.32: Beispiel: Setzungsberechnung mit Hilfe geschlossener Formeln (geschichteter Baugrund)

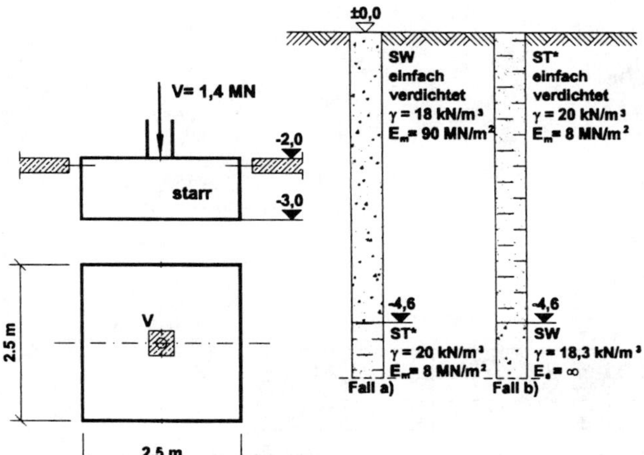

Für ein Fundament unter der Stütze einer Tiefgarage soll die Setzung ermittelt werden.

Lösung:

Fall a):

Baugrundspannungen:

$$\sigma_0 = \frac{1400}{2{,}5^2} + 25\cdot 1{,}0 = 249{,}0 \quad kN/m^2$$

$$\sigma_a = 18\cdot 3{,}0 = 54{,}0 \quad kN/m^2$$

$$\sigma_1 = 249{,}0 - 54{,}0 = 195{,}0 \quad kN/m^2$$

Grenztiefe:

$$\frac{a}{b} = 1{,}0$$

☐ 3.33: Fortsetzung Beispiel: Setzungsberechnung mit Hilfe geschlossener Formeln (geschichteter Baugrund)

Kote	z	d+z	$\sigma_ü$	$0,2\sigma_ü$	z/b	i	$i \cdot \sigma_1$
m	m	m	kN/m²	kN/m²	1	1	kN/m²
-7,0	4,0	7,0	130,8	26,2	1,60	0,1338	26,1

Die Grenztiefe kann bei $d_s \approx 4,0$ m angenommen werden. Sie reicht bis in die Schicht ST.*

Setzungsbeiwerte:

Schicht SW:

$$\frac{a}{b} = 1,0$$

$$\frac{z_1}{b} = \frac{4,6 - 3,0}{2,5} = 0,64$$

$$\Rightarrow f_1 = 0,3841$$

Schicht ST:*

$$\frac{a}{b} = 1,0$$

$$\frac{z_2}{b} = \frac{d_s}{b} = \frac{4,0}{2,5} = 1,60$$

$$\Rightarrow f_2 = 0,5913$$

Setzung:

$$s = \frac{\sigma_1 \cdot b \cdot f_1}{E_{m1}} + \frac{\sigma_1 \cdot b(f_2 - f_1)}{E_{m2}}$$

$$= \frac{195,0 \cdot 2,5 \cdot 0,3841}{90000} + \frac{195,0 \cdot 2,5\ (0,5913 - 0,3841)}{8000} = 0,002 + 0,013 = 0,015\ m \mathrel{\hat{=}} 1,5\ cm$$

Fall b):

Baugrundspannungen:

$$\sigma_0 = \frac{1400}{2,5^2} + 25 \cdot 1,0 = 249,0\ kN/m^2$$

$$\sigma_a = 20 \cdot 3,0 = 60,0\ kN/m^2$$

$$\sigma_1 = 249,0 - 60,0 = 189,0\ kN/m^2$$

Grenztiefe:

$$\frac{a}{b} = 1,0$$

Kote	z	d+z	$\sigma_ü$	$0,2\sigma_ü$	z/b	i	$i \cdot \sigma_1$
m	m	m	kN/m²	kN/m²	1	1	kN/m²
-6,8	3,8	6,8	131,6	26,3	1,52	0,1418	26,8

Die Grenztiefe kann bei $d_s \approx 3,8$ m angenommen werden. Sie reicht bis in die Schicht SW, für die vom Baugrundsachverständigen jedoch mit $E_m \approx \infty$ angegeben wurde. Ihr Einfluß kann bei der Setzungsberechnung somit vernachlässigt werden.

☐ 3.34: Fortsetzung Beispiel: Setzungsberechnung mit Hilfe geschlossener Formeln (geschichteter Baugrund)

Setzungsbeiwert:

$$\frac{a}{b} = 1{,}0$$

$$\frac{z_1}{b} = \frac{4{,}6 - 3{,}0}{2{,}5} = 0{,}64$$

$$\Rightarrow f_1 = 0{,}3841$$

Setzung:

$$s = \frac{\sigma_1 \cdot b \cdot f_1}{E_{m1}} + 0 = \frac{189{,}0 \cdot 2{,}5 \cdot 0{,}3841}{8000} = 0{,}023 \ m \mathrel{\hat{=}} 2{,}3 \ cm$$

☐ 3.35: Beispiel: Setzungsberechnung bei geneigt geschichtetem Baugrund

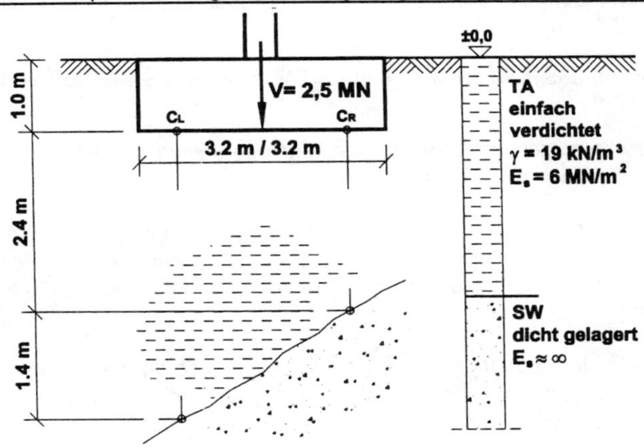

Für das mittig belastete Quadratfundament ist unter der Voraussetzung freier Beweglichkeit die Setzung / Schiefstellung zu ermitteln.
Der aus dem Boden SW resultierende Setzungsanteil kann - da geringfügig - vernachlässigt werden ($E_s \approx \infty$).

Lösung:

Baugrundspannungen:

Sohlnormalspannung $\sigma_0 = \frac{2500}{3{,}2^2} = 244{,}1 \ kN/m^2$

Aushubentlastung $\sigma_a = 19 \cdot 1{,}0 = 19{,}0 \ kN/m^2$

Setzungserzeug. Spannung $\sigma_1 = \sigma_0 - \sigma_a = 225{,}1 \ kN/m^2$

Grenztiefe:

Bei den gegebenen Verhältnissen kann der Schichtwechsel zum Boden SW als Grenztiefe angesetzt werden.

Setzungsbeiwerte:

$$\frac{a}{b} = 1{,}0 \,; \ \frac{z_L}{b} = \frac{d_{sL}}{b} = \frac{3{,}8}{3{,}2} = 1{,}19 \Rightarrow f_1 = 0{,}5229$$

$$\frac{z_R}{b} = \frac{d_{sR}}{b} = \frac{2{,}4}{3{,}2} = 0{,}75 \Rightarrow f_2 = 0{,}4199$$

Korrekturbeiwert: $\kappa = 1{,}0$

☐ 3.36: Fortsetzung Beispiel: Setzungsberechnung bei geneigt geschichtetem Baugrund

Setzungen:

$$s_L = \frac{225{,}1 \cdot 3{,}2 \cdot 0{,}5229 \cdot 1{,}0}{6000} = 0{,}0628\ m$$

$$s_R = \frac{225{,}1 \cdot 3{,}2 \cdot 0{,}4199 \cdot 1{,}0}{6000} = 0{,}0504\ m$$

Schiefstellung:

$$\tan\alpha = \frac{s_L - s_R}{0{,}74b} = \frac{0{,}0628 - 0{,}0504}{0{,}74 \cdot 3{,}2} = 0{,}0052 \Rightarrow \alpha = 0{,}30° \quad \textit{(1:191)}$$

3.3.2 Setzungsberechnung mit Hilfe der lotrechten Baugrundspannungen

DSL

Setzungen können auch mit Hilfe der lotrechten Spannungen im Boden ermittelt werden (DIN 4019, T. 1), wenn eine Druck-Setzungs-Linie (DSL) als Ergebnis eines Kompressionsversuchs (siehe Dörken / Dehne 1993, Teil 1) mit Bodenproben aus der setzungsempfindlichen Schicht vorliegt (☐ 3.37b).

Anmerkung: Maßgebend ist bei einfach verdichteten Böden der Erstbelastungsast, bei vorbelasteten Böden der Wiederbelastungsast der Drucksetzungslinie.

Sohlnormalspannungen

Für Setzungsberechnungen kann genügend genau von einer geradlinig begrenzten Sohlnormalspannungsverteilung ausgegangen werden.

Bis zur Grenztiefe (siehe Abschnitt 3.1) werden die Überlagerungsspannungen $\sigma_ü$ und die setzungserzeugenden Spannungen $i \cdot \sigma_1$ (bei einfach verdichteten Böden) bzw. $i \cdot \sigma_0$ (bei vorbelasteten Böden) z.B. für einen Fundamenteckpunkt oder für den kennzeichnenden Punkt aufgetragen (☐ 3.37a).

Die in beliebiger Tiefe z unter der Gründungssohle wirkende Spannung ist die Summe aus der Überlagerungsspannung $\sigma_ü$ und der Spannung $i \cdot \sigma_1$ bzw. $i \cdot \sigma_0$ aus dem Bauwerk. Für diese Spannungssumme läßt sich im Druck-Setzungs-Diagramm die bezogene (spezifische) Setzung s_2' ablesen. Dieser Wert ist aber zu groß, weil der Baugrund bereits unter dem Spannungsanteil $\sigma_ü$ konsolidiert ist. s_2' muß also noch um die bezogene (spezifische) Setzung $s_ü'$ infolge der in dieser Tiefe z wirksamen Überlagerungsspannung $\sigma_ü$ vermindert werden.

Anmerkung: Die Differenzbildung ist notwendig, weil die Druck-Setzungs-Linie keine Gerade ist und nur auf diese Weise der maßgebende Spannungsbereich der Druck-Setzungs-Linie getroffen wird. Aus diesem Grund wird auch die Druck-Setzungs-Linie zweckmäßig genau unter dem entsprechenden Spannungsbereich dargestellt (☐ 3.37).

☐ 3.37: Beispiel: a) Überlagerungsspannungen $\sigma_ü$ und setzungserzeugende Spannungen $i \cdot \sigma_1$; b) Druck-Setzungs-Linie

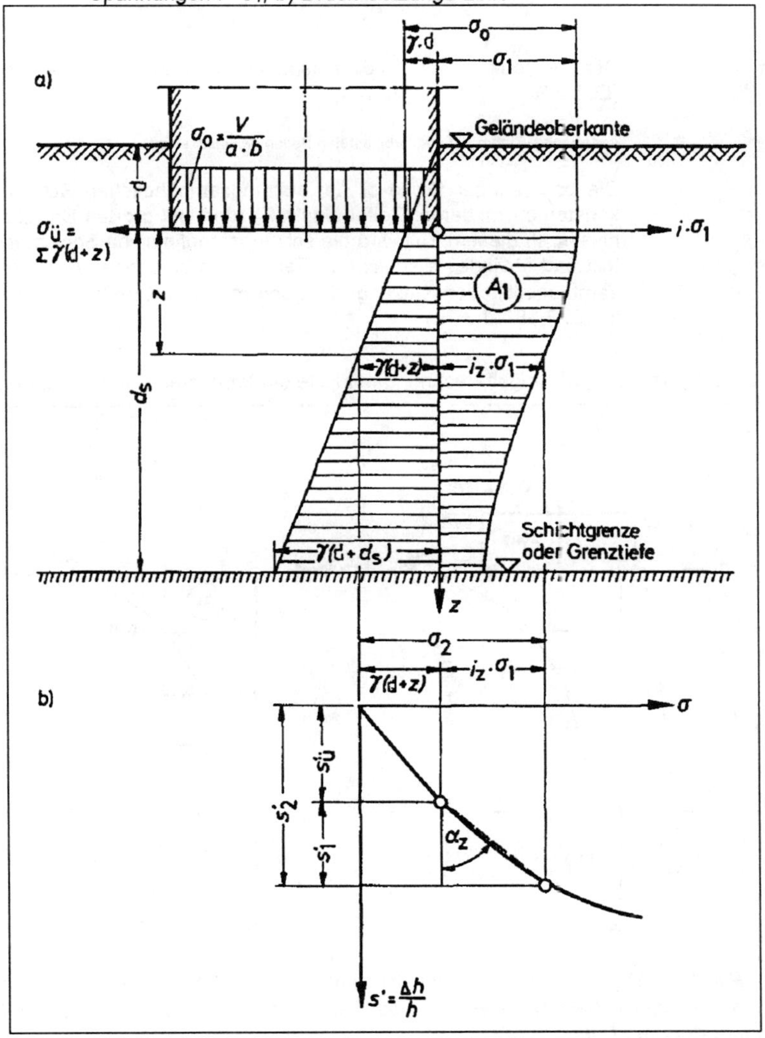

In dem maßgebenden Spannungsbereich ist der Steifemodul

$$E_{s_z} \text{ (entspricht } \tan \alpha_z\text{)} = \frac{i_z \cdot \sigma_1}{s'_1} \qquad (3.13)$$

und der entsprechende Setzungsanteil

$$\Delta s_1 = \frac{i_z \cdot \sigma_1}{E_{s_z}} \cdot d_z \qquad (3.14)$$

Durch Integration über die Schichtdicke d_s ergibt sich die gesamte Konsolidationssetzung zu

$$s_1 = \int_0^{d_s} \frac{i \cdot \sigma_1}{E_s} \cdot d_z \qquad (3.15)$$

Bei einem konstant angenommenen mittleren Steifemodul E_s erhält man daraus

$$s_1 = \frac{1}{E_s} \int_0^{d_s} i \cdot \sigma_1 \cdot d_z = \frac{i \cdot \sigma_1 \cdot d_s}{E_s} = \frac{A_1}{E_s} \qquad (3.16)$$

Dem Produkt i · σ_1 · d_s entspricht die Fläche der setzungserzeugenden Spannungen (□ 3.37).

Anmerkung: Statt σ_1 ist bei vorbelasteten Böden σ_0 einzusetzen.

Die bei geringer Dicke d_s der setzungsempfindlichen Schicht vertretbare Annahme eines konstanten mittleren Steifemoduls E_s führt bei großen Schichtdicken zu ungenauen Ergebnissen. In diesem Fall wird die setzungsempfindliche Schicht in mehrere Teilschichten unterteilt und für jede Teilschicht die Teilsetzung berechnet. Aus ihrer Summe ergibt sich die Gesamtkonsolidationssetzung, die noch mit dem Korrekturbeiwert κ (□ 3.05) zu multiplizieren ist (□ 3.38, □ 3.39).

□ 3.38: Beispiel: Setzungsberechnung mit Hilfe der lotrechten Baugrundspannungen

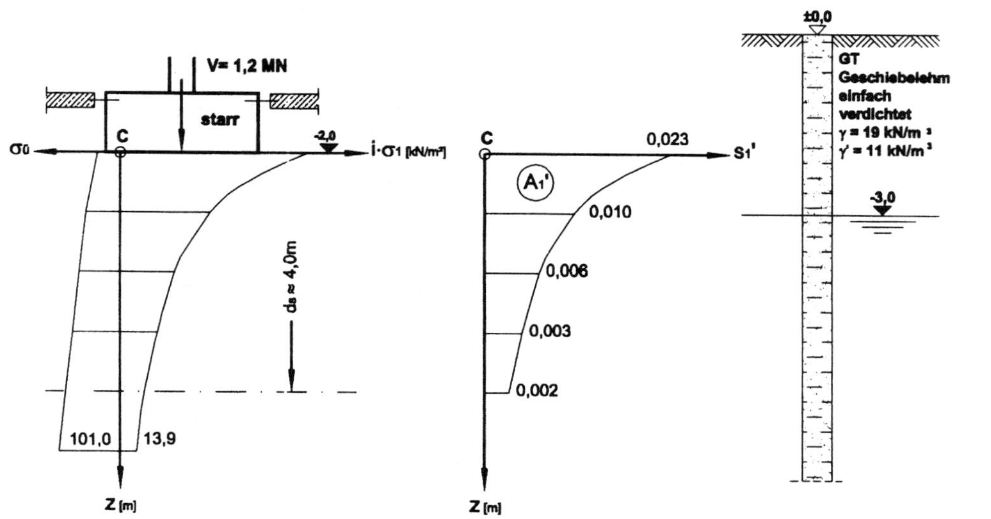

Für das mittig belastete Quadratfundament (a = b = 2,5 m) soll die Setzung berechnet werden. Von dem bis in größere Tiefe anstehenden Geschiebelehm liegt eine Druck-Setzungs-Linie vor.
(⇒ Dörken / Dehne, Teil 1):

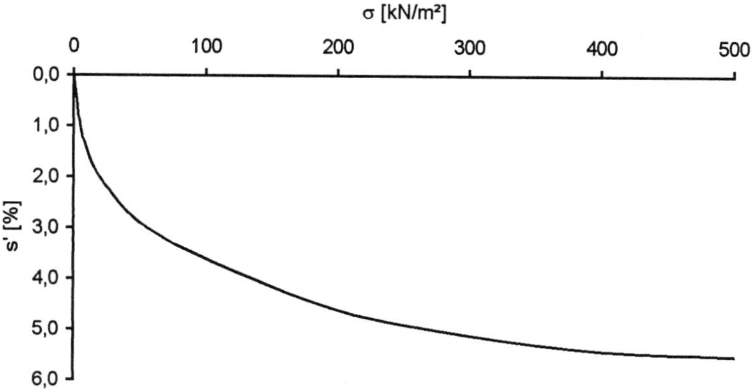

☐ 3.39: Fortsetzung Beispiel: Setzungsberechnung mit Hilfe der lotrechten Baugrundspannungen

Lösung:

Die Berechnung erfolgt zweckmäßig in Tabellenform.

1	2	3	4	5	6	7	8	9	10	11	12	13
Kote	Sohl-abst.	Überlagerungsspannungen			Setzungserzeugende Spannungen			Ges.-spg.	Spezifische Setzung			Bemerkung
	z	γ	$\sigma_ü$	$0{,}2\sigma_ü$	z/b	i	$i\cdot\sigma_1$	σ_2	s'_2	$s'_ü$	s'_1	
m	m	kN/m³	kN/m²	kN/m²	1	1	kN/m²	kN/m²	1	1	1	-
-2,0	0	19	38,0	7,6	0	1,00	154,0	192,0	0,045	0,022	0,023	= s' oben
-3,0	1,0	19	57,0	11,4	0,40	0,48	73,9	130,9	0,039	0,029	0,010	
-4,0	2,0	11	68,0	13,6	0,80	0,29	44,7	112,7	0,037	0,031	0,006	= s' mittl.
-5,0	3,0	11	79,0	15,8	1,20	0,20	30,8	109,8	0,036	0,033	0,003	
-6,0	4,0	11	90,0	18,0	1,60	0,13	20,0	110,0	0,037	0,035	0,002	= s' unten
-7,0	5,0	11	101,0	20,2	2,00	0,09	13,9					$0{,}2\sigma_ü > i\cdot\sigma_1$

Erläuterung zur Tabellenrechnung

- *Überlagerungsspannungen*
  Ab Kote –3,0 m ist $\gamma' = 11$ kN/m³ maßgebend; d.h., in der Spannungsfigur entsteht ein Knick.

- *Baugrundspannungen*

  Sohlnormalspannung $\sigma_0 = \dfrac{1200}{2{,}5^2} = 192{,}0\ kN/m^2$

  Aushubentlastung $\sigma_a = 19\cdot 2{,}0 = 38{,}0\ kN/m^2$

  Setzungserzeugende Spg. $\sigma_1 = 192{,}0 - 38{,}0 = 154{,}0\ kN/m^2$

- *Berechnung der Spannungen für den kennzeichnenden Punkt bei einem Seitenverhältnis* $\dfrac{a}{b} = 1{,}0$.

- *Grenztiefe $d_s \approx 4{,}0$ m. Der darunterliegende Baugrund bleibt unberücksichtigt.*

- *Spezifische Setzungen*
  Die dem jeweiligen Drucksetzungsbereich zuzuordnenden spezifischen Setzungen werden in der Weise ermittelt, daß die Gesamtspannungen $\sigma_2 = \sigma_ü + i\cdot\sigma_1$ berechnet (Spalte 9) und hierfür aus der Druck-Setzungs-Linie die entsprechenden spezifischen Setzungen s'_2 abgelesen werden (Spalte 10).
  Entsprechend wird mit den Überlagerungsspannungen $\sigma_ü$ verfahren (Spalte 11). Die maßgebenden spezifischen Setzungen erhält man schließlich als Differenz $s'_1 = s'_2 - s'_ü$ (Spalte 12).

Setzungsermittlung:

Die Größe der Setzung erhält man aus dem Inhalt der von den s'_1-Werten bis zur Grenztiefe beschriebenen Fläche A'_1. Hierbei ist es ausreichend genau, diese Fläche mit der „Keplerschen Faßformel" zu berechnen:

$$s_1 \mathrel{\hat=} A'_1 = \frac{d_s}{6}\left(s'_{1oben} + 4\cdot s'_{1mittl.} + s'_{1unten}\right) = \frac{4{,}0}{6}\left(0{,}023 + 4\cdot 0{,}006 + 0{,}002\right) = 0{,}033\ m \mathrel{\hat=} 3{,}3\ cm$$

Mit dem Korrekturbeiwert $\kappa = \dfrac{2}{3}$ ergibt sich eine zu erwartende Setzung von

$$s = \kappa\cdot s_1 = \frac{2}{3}\cdot 3{,}3 = 2{,}2\ cm$$

3.4 Schräge und / oder ausmittige Belastung

3.4.1 Setzungsberechnung mit geschlossenen Formeln

Anteile

Eine ausmittige Belastung bewirkt eine Setzung und eine Schiefstellung (Verkantung) eines Fundaments. Diese können näherungsweise durch Überlagerung der Setzungsanteile aus mittiger Last und aus dem Moment infolge der Ausmittigkeit bestimmt werden.

Anmerkung: Auch Horizontallasten in der Gründungssohle rufen Schiefstellungen der Fundamente hervor, und zwar in Richtung der Last zunehmend (Gedankenmodell: Wird ein schwimmendes Brett geschoben, so sinkt es im Bugbereich ein). Da Horizontallasten jedoch nur einen bemerkenswerten setzungserzeugenden Einfluß ausüben, wenn sie mehr als 20 % der Vertikallast ausmachen, bleiben sie häufig unberücksichtigt.

Rechteck

Unter der Voraussetzung, daß keine klaffende Fuge auftritt, können Setzung und Schiefstellung eines Rechteckfundaments auf homogenem Boden mit konstantem Steifemodul E_m (elastisch-isotroper Halbraum, ν = 3) nach der Gleichung

$$s = s_m + s_x + s_y \qquad (3.17)$$

bestimmt werden (DIN 4019, T. 2).
Hierin bedeuten (□ 3.40):

s = Gesamtsetzung der Eck- oder Randpunkte

s_m = Setzungsanteil infolge mittiger Last (zu berechnen nach (3.12), Abschnitt 3.3.1)

s_x = Setzungsanteil aus dem Moment $M_y = V \cdot e_x$ um die y-Achse:

$$s_x = \frac{a}{2} \cdot \tan\alpha_y = \frac{a}{2} \cdot \frac{M_y}{b^3 \cdot E_m} \cdot f_x \qquad (3.18)$$

s_y = Setzungsanteil aus dem Moment $M_x = V \cdot e_y$ um die x-Achse:

$$s_y = \frac{b}{2} \cdot \tan\alpha_y = \frac{b}{2} \cdot \frac{M_x}{b^3 \cdot E_m} \cdot f_y \qquad (3.19)$$

a = Länge der Grundfläche

b = Bezugslänge der Grundfläche, i. allg. die kürzere Fundamentseite

f_x, f_y = Einflußwerte für die Schiefstellung (□ 3.41).

□ 3.40: Beispiel: Setzung und Schiefstellung eines starren Rechteckfundaments (DIN 4019, T. 2)

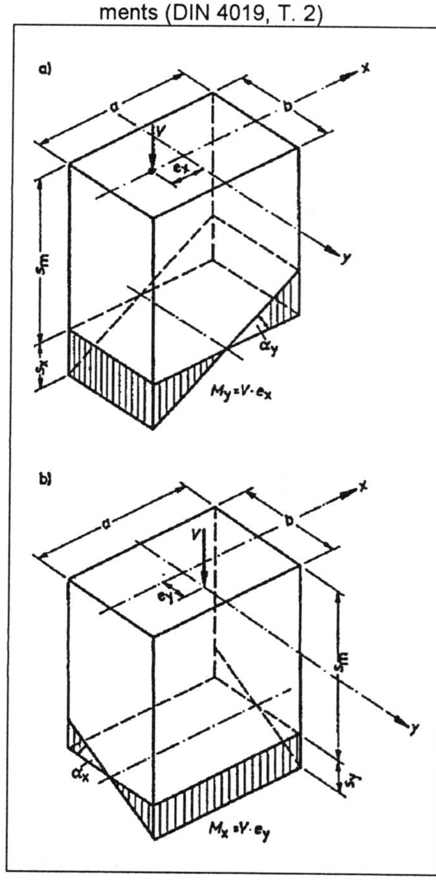

□ 3.41: Einflußwerte f_x und f_y für die Schiefstellung eines starren Rechteckfundaments (nach Dehne 1982)

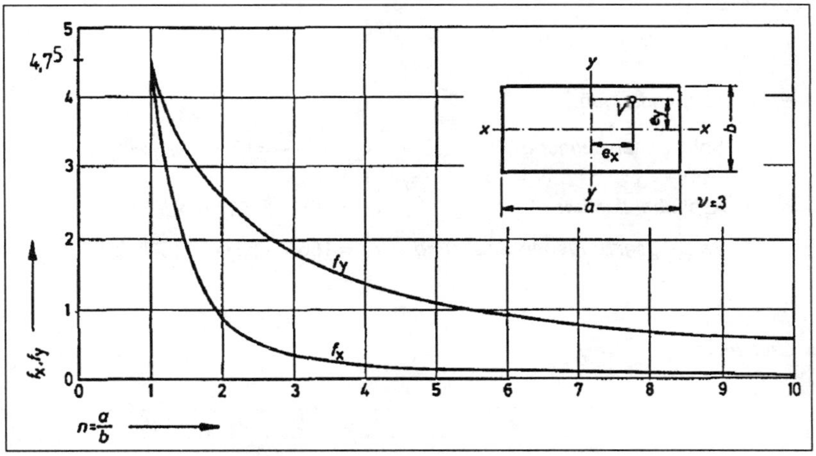

Für einen starren Gründungsstreifen der Breite b (□ 3.42) ergibt sich nach DIN 4019, T. 2, die Schiefstellung bei homogenem Boden mit konstantem Steifemodul E_m (elastisch-isotroper Halbraum, ν = 3) und unter der Voraussetzung, daß e ≤ b/4 ist, aus

$$\tan\alpha_x = \frac{12 \cdot M}{\pi \cdot b^2 \cdot E_m} \qquad (3.20)$$

Die Schiefstellung eines starren Kreisfundaments mit dem Radius r (□ 3.42) erhält man unter der Voraussetzung, daß e ≤ r/3 ist, nach DIN 4019, T. 2, aus

$$\tan\alpha = \frac{9 \cdot M}{16 \cdot r^3 \cdot E_m} \qquad (3.21)$$

□ 3.42: Beispiel: Setzung und Schiefstellung eines starren Streifen- oder Kreisfundaments

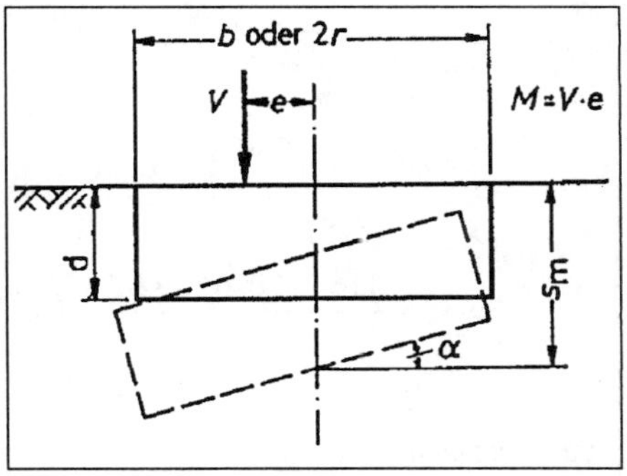

Nach dieser Gleichung kann auch die Schiefstellung eines Quadratfundaments bestimmt werden, wenn es in einen flächengleichen Kreis umgerechnet wird (□ 3.43 bis □ 3.45).

□ 3.43: Beispiel: Setzung und Schiefstellung eines einfach ausmittig belasteten Fundaments

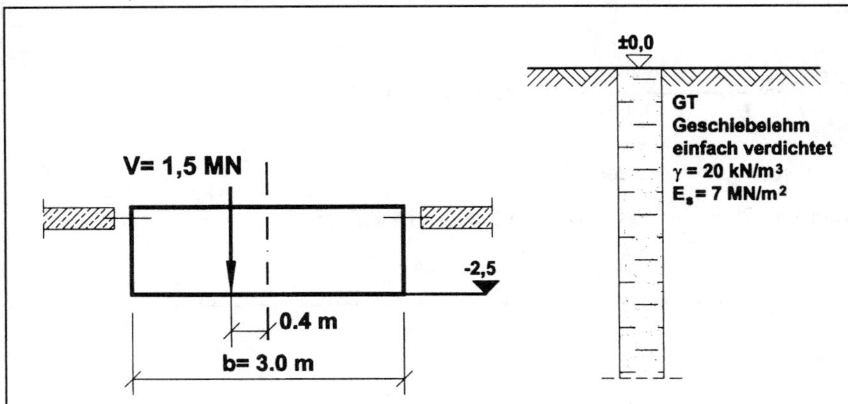

Ges.:
Setzung / Schiefstellung des einfach ausmittig belasteten Fundaments für

Fall a): *Quadratfundament, a = 3,0m*

Fall b): *Rechteckfundament, a = 4,0m*

☐ 3.44: Fortsetzung Beispiel: Setzung und Schiefstellung eines einfach ausmittig belasteten Fundaments

Lösung:

Fall a):

Baugrundspannungen:

Sohlnormalspannung $\sigma_0 = \frac{1500}{3{,}0^2} = 166{,}7 \ kN/m^2$

Aushubentlastung $\sigma_a = 20 \cdot 2{,}5 = 50{,}0 \ kN/m^2$

Setzungserzeugende Spannung $\sigma_1 = 166{,}7 - 50{,}0 = 116{,}7 \ kN/m^2$

Grenztiefe: $\frac{a}{b} = 1{,}0$

Kote	z	d+z	$\sigma_ü$	$0{,}2\sigma_ü$	z/b	i	$i \cdot \sigma_1$
m	m	m	kN/m²	kN/m²	1	1	kN/m²
-6,0	3,5	6,0	120,0	24,0	1,17	0,2035	23,7

Die Grenztiefe kann bei $d_s \approx 3{,}5$ m angenommen werden.

Gleichmäßiger Setzungsanteil:

$$\frac{z}{b} = \frac{d_s}{b} = \frac{3{,}5}{3{,}0} = 1{,}17$$

$$\frac{a}{b} = 1{,}0$$

$$\Rightarrow f = 0{,}5192$$

$$\Rightarrow s_m = \frac{116{,}7 \cdot 3{,}0 \cdot 0{,}5192 \cdot 2}{7000 \cdot 3} = 0{,}017 \ m \mathrel{\widehat{=}} 1{,}7 \ cm$$

Schiefstellung infolge $M = V \cdot e$:

Das Quadratfundament wird in eine Ersatz-Kreisfläche mit dem Radius r_E umgerechnet:

$$r_E = \frac{b}{\sqrt{\pi}} = 0{,}564 \cdot 3{,}0 = 1{,}70 \ m$$

Die Bedingung $_{vorh}e = 0{,}40 \ m < \frac{r_E}{3} = \frac{1{,}70}{3} = 0{,}56 \ m$ *ist erfüllt.*

Schiefstellung:

$$\tan\alpha = \frac{9 \cdot M \cdot \kappa}{16 \cdot r_E^3 \cdot E_s} = \frac{9 \cdot 1500 \cdot 0{,}40 \cdot 2}{16 \cdot 1{,}70^3 \cdot 7000 \cdot 3} = 0{,}0065 \Rightarrow \alpha = 0{,}375°$$

Gesamtsetzungen an den Fundamentkanten:

$$s = s_m \pm \frac{b}{2} \cdot \tan\alpha = 1{,}70 \pm \frac{300}{2} \cdot 0{,}0065 = 1{,}7 \pm 1{,}0 \Rightarrow {}_{max}s = 2{,}7 \ cm$$

$${}_{min}s = 0{,}7 \ cm$$

□ 3.45: Fortsetzung Beispiel: Setzung und Schiefstellung eines einfach ausmittig belasteten Fundaments

Fall b):

Baugrundspannungen:

Sohlnormalspannung: $\sigma_0 = \dfrac{1500}{3{,}0 \cdot 4{,}0} = 125{,}0 \ kN/m^2$

Aushubentlastung: $\sigma_a = 20 \cdot 2{,}5 = 50{,}0 \ kN/m^2$

Setzungserzeugende Spannung $\sigma_1 = 125{,}0 - 50{,}0 = 75{,}0 \ kN/m^2$

Grenztiefe: $\dfrac{a}{b} = \dfrac{4{,}0}{3{,}0} = 1{,}3\overline{3}$

Kote	z	d+z	$\sigma_{ü}$	$0{,}2\sigma_{ü}$	z/b	i	$i \cdot \sigma_1$
m	m	m	kN/m²	kN/m²	1	1	kN/m²
-5,5	3,0	5,5	110,0	22,0	1,0	0,2635	19,8

Die Grenztiefe kann bei $d_s \approx 3{,}0$ m angenommen werden.

Gleichmäßiger Setzungsanteil:

$$\frac{z}{b} = \frac{d_s}{b} = \frac{3{,}0}{3{,}0} = 1{,}0$$

$$\frac{a}{b} = 1{,}3\overline{3}$$

$$\Rightarrow f = 0{,}5189$$

$$\Rightarrow s_m = \frac{75{,}0 \cdot 3{,}0 \cdot 0{,}5189 \cdot 2}{7000 \cdot 3} = 0{,}011 \ m \mathrel{\hat{=}} 1{,}1 \ cm$$

Schiefstellung infolge $M = V \cdot e$:

Mit $\dfrac{a}{b} = 1{,}3\overline{3}$ kann ein Setzungsbeiwert f_y = 3,6 abgelesen werden.

Um damit den Verdrehungswinkel $\tan\alpha_x$ ermitteln zu können, muß zunächst die Breite b des Rechteckfundaments in die Breite b_E einer flächengleichen Ellipse umgerechnet werden:

$$b_E = \frac{2}{\sqrt{\pi}} \cdot b = \frac{2}{\sqrt{\pi}} \cdot 3{,}0 = 3{,}39m$$

$$\tan\alpha_x = \frac{M \cdot f_y \cdot \kappa}{b_E^3 \cdot E_s} = \frac{1500 \cdot 0{,}40 \cdot 3{,}6 \cdot 2}{3{,}39^3 \cdot 7000 \cdot 3} = 0{,}0053 \Rightarrow \alpha = 0{,}304°$$

Gesamtsetzungen an den Fundamentkanten:

$$s = 1{,}1 \pm \frac{300}{2} \cdot 0{,}0053 = 1{,}1 \pm 0{,}8 \Rightarrow {}_{max}s = 1{,}9 \ cm$$

$${}_{min}s = 0{,}3 \ cm$$

3.4.2 Setzungsberechnung mit Hilfe der lotrechten Baugrundspannungen

Sohlnormalspannungen Die bei Setzungsberechnungen vereinfachend angenommene geradlinig begrenzte Sohlnormalspannungsfigur ist bei ausmittiger Belastung trapez- oder dreieckförmig (siehe Abschnitt 4). Eine trapezförmige Sohlnormalspannungsfigur wird in ein Rechteck und ein Dreieck zerlegt, und die Baugrundspannungen und Setzungen werden aus beiden Anteilen getrennt berechnet.

Baugrundspannungen Die Baugrundspannungen aus der rechteckförmigen Sohlnormalspannungsfigur werden nach den in Abschnitt 3.2 beschriebenen Verfahren bestimmt.

Zur Ermittlung der Baugrundspannungen aus dreieckförmigen Sohlnormalspannungsfiguren sind in DIN 4019, T. 2, Bbl., Tabellen und Diagramme enthalten.

Setzungen Die Setzungen aus den auf diese Weise erhaltenen Baugrundspannungen werden, wie in Abschnitt 3.3.2 beschrieben, bestimmt.

Anmerkung: Auch der setzungserzeugende Einfluß einer eventuell vorhandenen horizontalen Last kann mit den in DIN 4019, T. 2, Bbl. enthaltenen Tabellen und Diagrammen bestimmt werden.

Ausführliche Rechenbeispiele: ⇒ Flächengründungen und Fundamentsetzungen (1959).

3.4.3 Schwerpunktverlagerung und Stabilität

Bei Bauwerken mit hochliegendem Schwerpunkt (Türme, Schornsteine... □ 3.46) treten durch die Schiefstellung zusätzliche Momente auf, die eine weitere Schiefstellung zur Folge haben können. Der Nachweis der Sicherheit gegen Instabilität wird nach DIN 4019, T. 2, Abschn. 7, wie folgt geführt (□ 3.48):

Rechteckiger Grundriß

$$\eta_s = \frac{b^2 \cdot E_m \cdot \pi}{G \cdot h_s \cdot 12} \geq 2 \qquad (3.22)$$

Kreisförmiger Grundriß

$$\eta_s = \frac{r^3 \cdot E_m \cdot 16}{G \cdot h_s \cdot 9} \geq 2 \qquad (3.23)$$

Anmerkung: Dieser Nachweis ersetzt nicht den Nachweis der Sicherheit gegen Grundbruch (siehe Abschnitt 2).

□ 3.46: Beispiel: Bauwerk mit hochliegendem Schwerpunkt

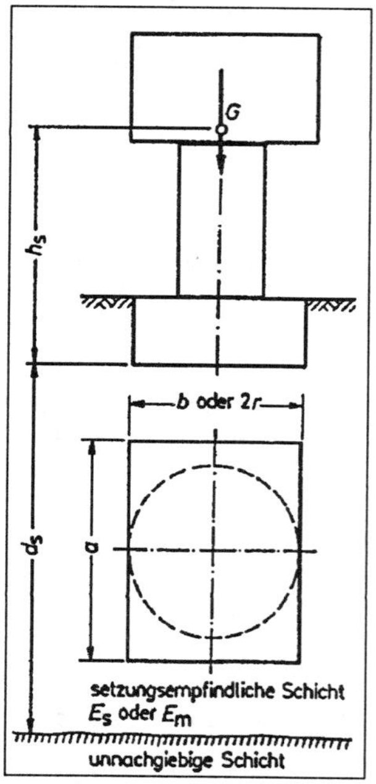

3.5 Grundwasserabsenkung

Im Bereich einer Grundwasserabsenkung entfällt die Auftriebswirkung im Boden, und seine Wichte erhöht sich um maximal 10 kN/m³ je Meter Absenkung. Die daraus resultierenden Baugrundspannungen nehmen also vom ursprünglichen Grundwasserspiegel aus geradlinig mit der Tiefe zu und bleiben unterhalb des abgesenkten Grundwasserspiegels konstant (□ 3.47).

Die Setzungen infolge dieser Spannungsfigur können nach dem in Abschnitt 3.3.2 beschriebenen Verfahren bestimmt werden (□ 3.49).

□ 3.47: Beispiel: Setzungserzeugende Spannungen infolge einer Grundwasserabsenkung

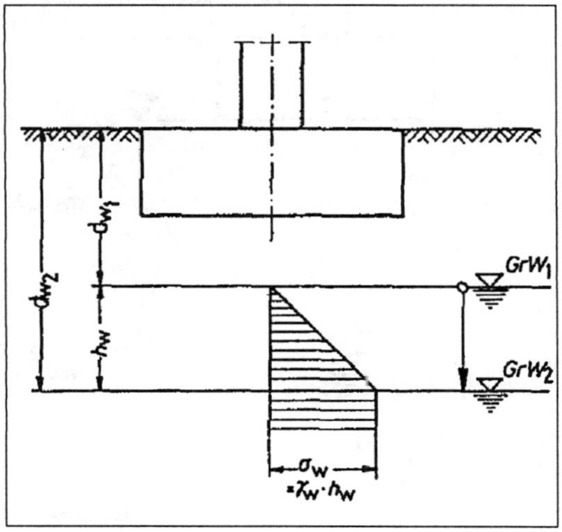

□ 3.48: Beispiel: Sicherheit gegen Instabilität

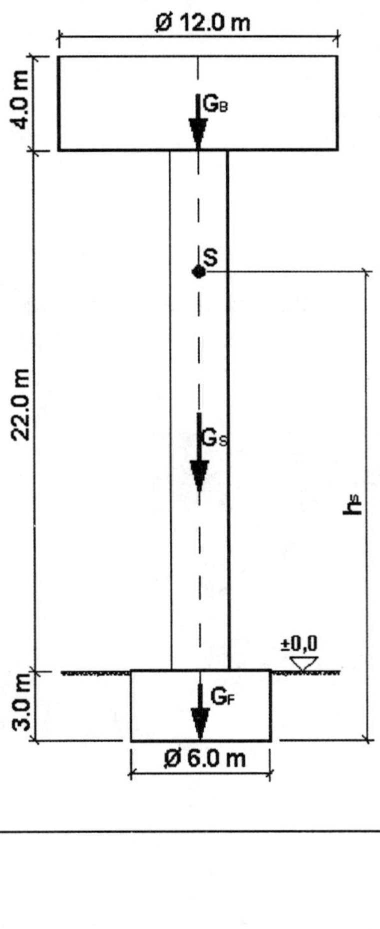

Für einen Trinkwasser-Hochbehälter ist die Sicherheit gegen Instabilität zu überprüfen.

Lasten:

Behälter:	*G_B = 6,4 MN*
Stiel:	*G_S = 1,7 MN*
Fundament:	*G_F = 2,1 MN*

Baugrund:

Geschiebelehm
E_m = 20 MN/m²

Lösung:
Schwerpunktlage:

$$h_s = \frac{6{,}4\left(3{,}0+22{,}0+\frac{4{,}0}{2}\right)+1{,}7\left(3{,}0+\frac{22{,}0}{2}\right)+2{,}1\cdot\frac{3{,}0}{2}}{6{,}4+1{,}7+2{,}1} = 19{,}6\ m$$

Sicherheit (kreisförmiger Grundriß):

$$\eta_s = \frac{r^3\cdot E_m}{H\cdot h_s\cdot f_r} = \frac{3{,}0^3\cdot 20\cdot 16}{(6{,}4+1{,}7+2{,}1)\cdot 19{,}6\cdot 9} = 4{,}8 >_{erf}\eta_s = 2{,}0$$

☐ 3.49: Beispiel: Setzung infolge Grundwasserabsenkung

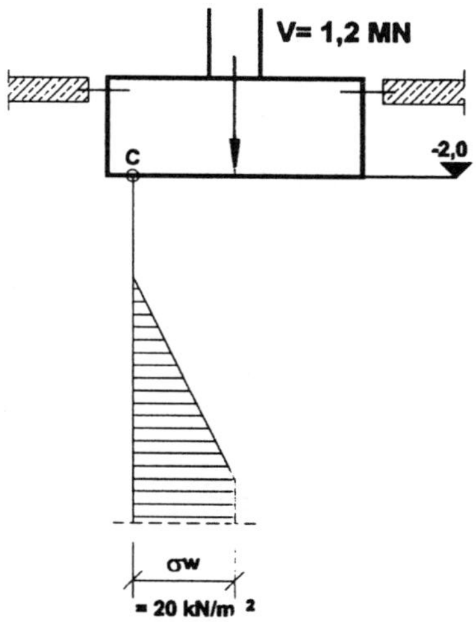

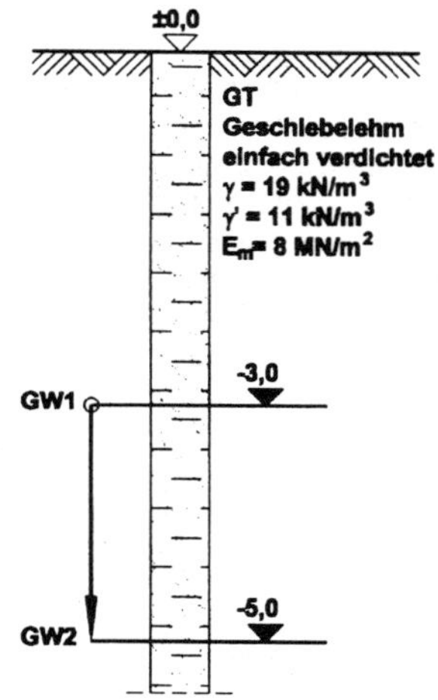

Die Setzung des mittig belasteten Quadratfundaments (a = b = 2,5 m) infolge einer Grundwasserabsenkung um 2,0 m soll ermittelt werden.

Vorbemerkungen:

Setzungen infolge Grundwasserabsenkung stellen einen Sonderfall der Konsolidationssetzung dar: Im Absenkungsbereich entfällt die Auftriebswirkung, so daß sich die Wichte des Bodens erhöht ($\gamma' \Rightarrow \gamma$).

Lösung:

Baugrundspannungen:

Sohlnormalspannung: $\sigma_0 = \dfrac{1200}{2{,}5^2} = 192{,}0 \ kN/m^2$

Aushubentlastung: $\sigma_a = 19 \cdot 2{,}0 = 38{,}0 \ kN/m^2$

Setzungserzeugende Spannung $\sigma_1 = 192{,}0 - 38{,}0 = 154{,}0 \ kN/m^2$

Grenztiefe:

Bedingung: $0{,}2\sigma_ü \approx i \cdot \sigma_1 + \sigma_w$

Für die Berechnung der Überlagerungsspannungen $\sigma_ü$ ist der Zustand vor der Grundwasserabsenkung maßgebend.

$\dfrac{a}{b} = 1{,}0$; $\sigma_w = 20 \ kN/m^2$

Kote	z	$\sigma_ü$	$0{,}2\sigma_ü$	z/b	i	$i \cdot \sigma_1$	σ_w	$i \cdot \sigma_1 + \sigma_w$
m	m	kN/m²	kN/m²	1	1	kN/m²	kN/m²	kN/m²
-9,5	7,5	128,5	25,7	3,0	0,0473	7,3	20,0	27,3

Die Grenztiefe kann bei $d_s \approx 7{,}5$ m angenommen werden.

Spannungsfläche infolge Grundwasserabsenkung:

$$A_{\sigma_w} = \frac{1}{2} \cdot 2{,}0 \cdot 20{,}0 + 4{,}5 \cdot 20{,}0 = 110{,}0 \ kN/m$$

Setzung infolge Grundwasserabsenkung:

$$s = \frac{A_{\sigma_w}}{E_m} = \frac{110{,}0}{8000} = 0{,}014 \ m \mathrel{\hat{=}} 1{,}4 \ cm$$

Durch Grundwasserabsenkung bedingte Setzungen können bei Bodenschichten mit geringem Steifemodul zu erheblichen Bauwerksschäden führen, wenn das Bauwerk im steil abfallenden Teil eines Absenktrichters liegt. Großflächige Grundwasserabsenkungen können dagegen bei homogenem Baugrund nur nahezu gleichmäßige Setzungen zur Folge haben, so daß im Bereich des Bauwerks höchstens Funktionsstörungen zu erwarten sind.

Vereinfachtes Verfahren zur Berechnung von Setzungen infolge Grundwasserabsenkung: ⇒ Christow (1969).

3.6 Zeitlicher Verlauf

ZSL Während des Kompressionsversuchs wird der zeitliche Verlauf der Zusammendrückung der Bodenprobe registriert und als Zeit-Setzungs-Linie (ZSL) für jede einzelne Laststufe aufgetragen (Dörken/Dehne, Teil 1, 1993).

Modellgesetz Der in der Natur (auf der Baustelle) zu erwartende zeitliche Setzungsverlauf läßt sich näherungsweise mit Hilfe eines Modellgesetzes abschätzen:

$$t_N = t_V \cdot \frac{h_N^2}{h_V^2}$$

Hierin bedeuten:
t_N = Setzungszeit in der Natur
t_V = Setzungszeit im Versuch
h_N = Schichtdicke in der Natur
h_V = Probenhöhe im Versuch

Wenn die Entwässerung der setzungsempfindlichen Schicht nur nach einer Seite möglich ist, so muß für h_N die doppelte Schichtdicke eingesetzt werden.

Die Versuchszeit t_V wird aus derjenigen Zeit-Setzungs-Linie abgelesen, die der Spannungserhöhung von σ_a (Spannungen infolge Baugrubenaushubs) auf $i \cdot \sigma_1$ bzw. $i \cdot \sigma_0$ (setzungserzeugende Spannungen in Schichtmitte) am besten entspricht (□ 3.50 bis □ 3.51).

□ 3.50: Beispiel: Zeitlicher Verlauf der Setzungen

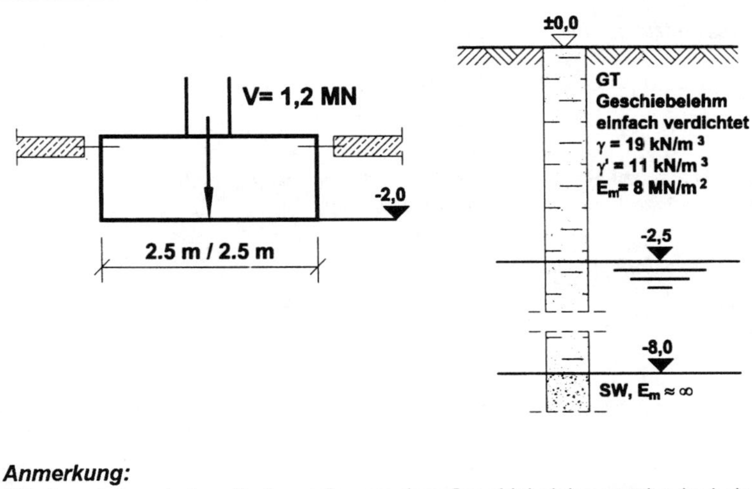

Zeit-Setzungs-Linie des Drucksteigerungsbereichs

$50 \leq \sigma_0 \leq 200 \quad kN/m^2$

s. unten.

Ges.:

a) Setzung am Ende der neunmonatigen Bauzeit.

b) Zeitdauer bis zum 0,9-fachen Wert der Gesamtsetzung

Anmerkung:

Mit einer 3,4 cm hohen Bodenprobe aus dem Geschiebelehm wurden im Labor Zeit-Setzungs-Linien für verschiedene Drucksteigerungsbereiche ermittelt. Die dargestellte Linie kommt der durch die Baumaßnahme bewirkten Laststeigerung von

$$\sigma_a = \gamma \cdot d = 38 \quad kN/m^2 \quad \textit{auf} \quad \sigma_0 = \frac{V}{a \cdot b} = 192 \quad kN/m^2$$

am nächsten und wird somit der nachfolgenden Berechnung zugrunde gelegt.

□ 3.51: Fortsetzung Beispiel: Zeitlicher Verlauf der Setzungen

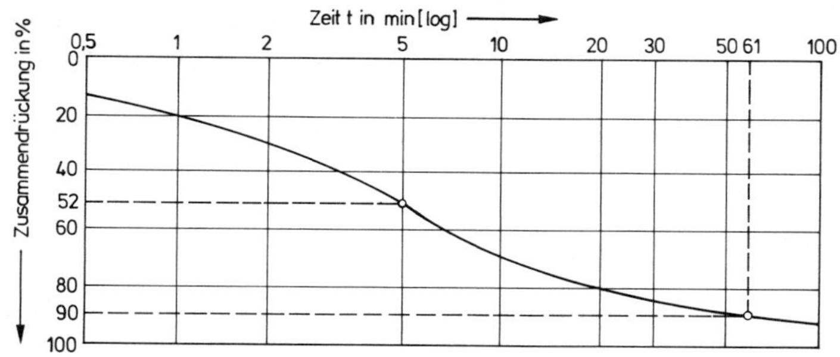

Lösung:

zu a):

Setzungen können erst dann eintreten, wenn die ursprüngliche Belastung von $\sigma_a = 38\ kN/m^2$ *in Höhe der Baugrubensohle durch die Belastung aus der Baumaßnahme wieder erreicht ist. Das ist unter der Annahme einer gleichmäßigen Laststeigerung nach etwa*

$\frac{9 \cdot 38}{192} = 1{,}78$ *Monaten der Fall.*

Somit beträgt die effektive Setzungszeit während der Bauzeit 9 - 1,78 = 7,22 Monate. Bei der vorausgesetzten gleichmäßigen Lastzunahme darf nach aller Erfahrung angenommen werden, daß die Setzungen denen aus einer Vollbelastung in der halben Zeit entsprechen. Die reduzierte rechnerische Setzungszeit ist also

$$_{red}t = t_N = \frac{1}{2} \cdot 7{,}22 \cdot 30 \cdot 24 \cdot 60 = 155952\,\text{min}$$

Unter der Voraussetzung, daß der Geschiebelehm nach unten (in den Boden SW) und nach oben (kapillarbrechende Schicht unter den Fundamenten in Verbindung mit einer notwendigen Dränung) entwässert, ergibt sich aus dem Modellgesetz eine Versuchszeit von

$$t_V = \frac{155952 \cdot 3{,}4^2}{600^2} = 5{,}0\,\text{min}$$

und damit aus der Zeit-Setzungs-Linie eine Zusammendrückung von ≈ 52%.

Nach neunmonatiger Bauzeit sind also etwa 52% der Gesamtsetzungen eingetreten.

zu b):

Um den Zeitpunkt der 0,9fachen Gesamtsetzung bestimmen zu können, muß aus der Zeit-Setzungs-Linie die zugehörige Versuchszeit abgelesen werden:

$t_V \approx 61\,\text{min}$

Dem entspricht eine tatsächliche Zeitdauer von etwa

$$t_N = \frac{t_V \cdot h_N^2}{h_V^2} = \frac{61 \cdot 600^2}{3{,}4^2} = 1899654\,\text{min} \approx 44 \textit{ Monate.}$$

3.7 Kontrollfragen

- Konsolidation?
- Setzung? Aus welchen Anteilen setzt sie sich zusammen?
- Norm?
- Setzungsursachen? Welche werden bei einer Setzungsberechnung erfaßt?
- Setzungsverhalten von nichtbindigen / bindigen Böden?
- Unter welcher Voraussetzung können bei Entlastung Hebungen eintreten?
- Lastansatz bei Setzungsberechnungen?
- Folgen von gleichmäßigen / ungleichmäßigen Gebäudesetzungen?
- Ursachen ungleichmäßiger Setzungen? (Skizzen!)
- Setzungsunempfindliche / setzungsempfindliche Konstruktionen / Baustoffe?
- Erfahrungswerte für zulässige Setzungsunterschiede?
- Erfahrungswerte für zulässige Schiefstellungen?
- Wann können auch bei lotrecht mittiger Belastung Schiefstellungen auftreten?
- Ab welchem Fundamentabstand etwa beeinflussen sich Fundamente gegenseitig?
- Die gegenseitige Beeinflussung von drei gleich großen Fundamenten im Abstand a mit gleich großen Sohlnormalspannungen ist an Hand einer Skizze zu erläutern. Die Lastausbreitung im Baugrund ist dabei vereinfachend unter 45° und die Spannungsverteilung in horizontalen Ebenen dreieckförmig anzunehmen.
- Die gegenseitige Beeinflussung eines Altbaus und eines Neubaus ist an Hand einer Skizze zu erläutern. Die Lastausbreitung im Baugrund ist dabei vereinfachend unter 45°, die Spannungsverteilung in horizontalen Ebenen dreieckförmig anzunehmen.
- Steifemodul? Verformungsmodul? Ermittlung, Unterschiede, Genauigkeit?
- Korrekturbeiwert κ?
- Grenztiefe? Wie tief reicht sie etwa? Ermittlung?
- Erläutern Sie die Tiefenwirkung von zwei verschieden breiten Streifenfundamenten mit gleich großer Sohlnormalspannung!
- Modellgesetz zur Erzielung von ungefähr gleich großen Setzungen von zwei Fundamenten?
- Genauigkeit von Setzungsberechnungen?
- Theoretische Grenzfälle der Steifigkeit bei Setzungsberechnungen?
- Setzungsmulde eines schlaffen / starren Fundaments? Kennzeichnende Punkte?
- Möglichkeiten für die näherungsweise Bestimmung der Setzung eines gedrungenen / langgestreckten starren Fundaments?
- Arten von Baugrundspannungen?
- Überlagerungsspannungen? Berechnung?
- Praktische Beispiele für "schlaffe" / "starre" Fundamente?
- Spannungen infolge Baugrubenaushubs? Berechnung?
- Spannungen infolge Bauwerkslast? Setzungserzeugende Spannung?
- Einfach verdichteter / vorbelasteter Boden?
- Annahme der Sohlnormalspannungsverteilung bei Setzungsberechnungen?
- Modell zur Erläuterung der Verteilung der Baugrundspannungen?
- Baugrundmodell von Boussinesq zur Berechnung von Baugrundspannungen?
- Lotrechte Baugrundspannungen infolge einer Punktlast?
- Lotrechte Baugrundspannungen infolge einer Linienlast?
- Lotrechte Baugrundspannungen infolge einer rechteckigen Flächenlast?
- Für welchen Grenzfall der Steifigkeit / Fundamentpunkt gilt die Steinbrennertafel?
- Verfahren zur Bestimmung der Baugrundspannungen unter einem beliebigen Punkt innerhalb / außerhalb einer rechteckigen Flächenlast?
- Beschreiben Sie das Verfahren von Newmark!
- Normen für Setzungsberechnungen?
- Welche Angaben über den Baugrund werden für Setzungsberechnungen benötigt?
- Verfahren zur Setzungsberechnung in DIN 4019?
- Die einzelnen Größen in der "geschlossenen Formel" zur Berechnung der Setzungen bei mittiger Last sind zu erläutern.
- Setzungsberechnung bei geschichtetem Baugrund?
- Erläutern Sie die Setzungsberechnung mit Hilfe der lotrechten Baugrundspannungen!
- Setzungsberechnung bei schräger und/oder ausmittiger Belastung?
- Schwerpunktverlagerung und Stabilität?
- Berechnung von Setzungen infolge von Grundwasserabsenkung?
- Der zeitliche Setzungsverlauf einer Gründung auf nichtbindigem / bindigem Baugrund ist als Funktion wachsender Bauwerkslast aufzutragen!
- Wie kann man näherungsweise den zeitlichen Verlauf der Setzungen bestimmen?
- Vergleichen Sie den Einfluß einer dünnen / einer dicken setzungsempfindlichen Schicht auf Größe und zeitlichen Verlauf der Setzungen! (Skizzen!).
- Beschreiben Sie die Wirkung eines Bodenaustauschs auf die Setzungen eines Bauwerks!

3.8 Aufgaben

3.8.1 Geg.: Rechteckfundament, a = 4,5 m, b = 3,0 m; Gründungstiefe bei - 1,0 m; vorh V = 5,4 MN (mittig, einschließlich Fundamenteigenlast). Baugrund: ± 0,0 bis - 1,6 m: Sand, γ = 18,0 kN/m³, $E_s = \infty$; - 1,6 bis - 3,4 m: Schluff, γ = 20,0 kN/m³; - 3,4 bis - 16,2 m: Sand γ = 18,5 kN/m³, $E_s = \infty$. Ges.: Größe des Verformungsmoduls E_m der Schluffschicht, wenn eine Endsetzung von 6 cm gemessen wurde.

3.8.2 Geg.: Quadratfundament, a = b = 3,0 m; Gründungstiefe bei - 2,0 m; vorh V = 3,8 MN (mittig, einschließlich Fundamenteigenlast). Baugrund: ± 0,0 bis - 8,0 m: Ton, γ = 19,0 kN/m³, E_s = 3 MN/m², einfach verdichtet; - 8,0 bis - 14,5 m: Sand, $E_s = \infty$. Ges.: Änderung der Setzung, wenn die Fundamentabmessungen auf a = b = 4,0 m vergrößert werden.

3.8.3 Geg.: Unter einem Fundament (Einbindetiefe d = 1 m) steht bis in 2,75 m Tiefe unter Gründungssohle Lehm an. Beim Kompressionsversuch mit einer Probe von 3,92 cm Höhe aus diesem Boden war die Setzung bei der maßgebenden Laststufe nach 18,4 Stunden abgeschlossen. Ges.: Gesamtsetzungszeit.

3.8.4 Wann hat sich eine 2,2 m dicke Schicht auf 80% zusammengedrückt, wenn bei einer aus dieser Schicht entnommenen Probe von 2 cm Höhe nach 18 Stunden 80% der Gesamtsetzung eingetreten war?

3.8.5 Die auf ein Fundament wirkende Last (V_1) wird verdoppelt ($V_2 = 2\ V_1$). Wie groß ist die Setzung unter V_2: $s_2 = 2\ s_1$; $s_2 < 2\ s_1$;
$s_2 > 2\ s_1$? (Begründung!).

3.8.6 Während der Bauzeit steigt die Bauwerkslast praktisch linear mit der Zeit an, um am Ende der Bauzeit konstant zu bleiben. Wie verläuft die zugehörige Setzungskurve a) bei nichtbindigem Boden, b) bei stark bindigem Boden?

3.8.7 Geg.: Fundament 1: Quadrat, b = 2 m, σ_{01} = 200 kN/m²; Fundament 2: Rechteck 1 : 10, b = 1 m. Die Fundamente tragen im Achsabstand von 4,5 m eine statisch unbestimmte Konstruktion, in der leichte architektonische Schäden ("Schönheitsrisse") auftreten dürfen. Fundament 1 setzt sich um 1 cm. Ges.: Zulässige Belastung für Fundament 2 nach dem Modellgesetz (siehe Abschnitt 3.1).

3.8.8 Wenn sich zwei verschieden große Fundamente unter demselben Bauwerk bei homogenem Baugrund gleich setzen sollen, so muß die Sohlnormalspannung ...

3.8.9 Konstruktive Maßnahme bei einem langgestreckten Baukörper, bei dem größere Setzungsunterschiede zu erwarten sind?

3.8.10 Wie bestimmt man a) den Steifemodul E_s, b) den Zusammendrückungsmodul E_m?

3.8.11 Geg.: Zylindrischer Öltank, Durchmesser 20 m, Gründungstiefe 2 m; (Behältereigenlast vernachlässigbar); Ölfüllhöhe 13 m; Wichte Öl γ = 9 kN/m³. Baugrund: Sand (Feuchtwichte 18,5 kN/m³), in den - in 4 m Tiefe unter Gründungssohle - eine 2 m dicke, einfach verdichtete Tonschicht (Feuchtwichte 19,8 kN/m³, E_m = 5 MN/m²) eingelagert ist. Ges.: Durchbiegung des schlaffen Behälterbodens durch Setzung der Tonschicht (Die Setzung des Sandes kann vernachlässigt werden).

3.8.12 Geg.: Lotrecht mittig belastetes Einzelfundament. In welchem Fall ist nicht die aufgrund einer Grundbruchberechnung erhaltene zulässige Last zul V für die Bemessung des Fundaments maßgebend?

3.8.13 Geg.: Streifenfundament, das näherungsweise als Linienlast V = 300 kN/m aufgefaßt wird. Scheitel eines Abwasserkanals 2 m neben und 3 m unter der Linienlast. Ges.: Lotrechte Spannung im Scheitel des Abwasserkanals infolge der Linienlast.

3.8.14 Geg.: Rechteckfundament b = 2.0 m, a = 4,0 m, Einbindetiefe 0,8 m. Mittige Last V = 1600 kN (einschließlich Fundamentlast). Ges.: Baugrundsspannung in 4,0 m Tiefe unter Fundamentsohle infolge der gegebenen Bauwerkslast unter a) einem Eckpunkt, b) dem Mittelpunkt, c) einem Punkt, der innerhalb des Fundamentgrundrisses liegt und von der Fundamentecke 0,4 m (in Richtung der Schmalseite) und 1,6 m (in Richtung der Längsseite) entfernt liegt, d) einem Punkt, der außerhalb des Fundamentgrundrisses liegt und von der Fundamentecke 0,5 m (in Richtung der Schmalseite) und 1,0 m (in Richtung der Längsseite) entfernt liegt. Annahme: Schlaffer Gründungskörper.

3.8.15 Für den Punkt a) in Aufgabe 3.8.15 soll die Baugrundspannung nach dem Newmark-Verfahren bestimmt werden.

3.8.16 Geg.: 2 quadratische Stützenfundamente. Fundament 1: V_1 = 930 kN, Fundament 2: V_2 = 1400 kN (beide einschließlich Fundamenteigenlast). Zulässige Sohlnormalspannung unter Fundament 1: 363 kN/m² (aus anderer Berechnung). Ges.: a) Fundamentbreiten, wenn die zulässige Sohlnormalspannung unter Fundament 2 ebenfalls 363 kN/m² betragen soll, b) Breite des Fundaments 2 nach dem Modellgesetz (siehe Abschnitt 3.1).

3.8.17 Geg.: 2 Quadratfundamente, b = 1 m; Achsabstand 2 m, beide mit V = 400 kN (einschließlich Fundamenteigenlast) belastet. Baugrund: Sand (angenommen $E_m = \infty$), in den von 2 m Tiefe bis 6 m Tiefe unter den Gründungssohlen eine Tonschicht (E_m = 2 MN/m²) eingelagert ist. Ges.: Setzung eines Quadratfundaments infolge Einwirkung des Nachbarfundaments. (Es genügt, für das Nachbarfundament eine Einzellast anzusetzen und die Baugrundspannungen in der Oberkante, in der Mitte und in der Unterkante der Tonschicht zu ermitteln und geradlinig zu interpolieren).

3.8.18 Geg.: Starres Quadratfundament, b = 2,0 m, Einbindetiefe 1,0 m, V = 900 kN, einfache Ausmittigkeit e = 0,25 m. Baugrund: Schluff, sandig: γ = 19,5 kN/m³, E_s = 12 MN/m². Ges.: a) gleichmäßige Setzung und b) Schiefstellung des Fundaments.

3.8.19 Unter einem Fundament wird der Grundwasserspiegel infolge einer benachbarten Baumaßnahme um 4 m abgesenkt. Ges.: Setzung des Fundaments infolge dieser Grundwasserabsenkung bei folgendem Baugrund: a) Sand, E_m = 40 MN/m², b) Schluff, sandig E_m = 6 MN/m². (Die Grenztiefe kann in beiden Fällen in 10 m Tiefe unter Gründungssohle angenommen werden.)

3.9 Weitere Beispiele

☐ 3.52: Beispiel: Gegenseitige Beeinflussung benachbarter Fundamente

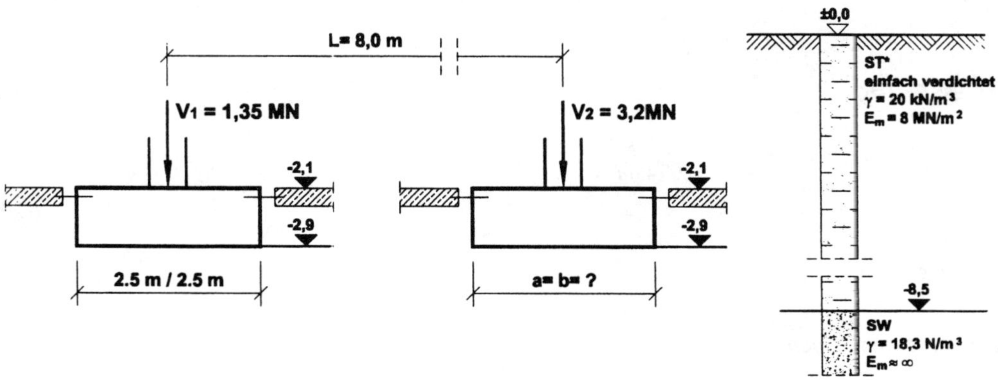

Für das mit V_1 belastete Quadratfundament wurde bei einer Sohlnormalspannung von σ_0 = 236 kN/m² und einer Grenztiefe von $d_s \approx 3{,}8$ m eine Setzung von s = 3,2 cm ermittelt.

Welche Abmessungen muß das Nachbarfundament erhalten, damit die Bedingung $\frac{\Delta s}{L} \leq \frac{1}{250}$ *erfüllt ist?*

Lösung:

Vorbemerkungen:

- *Da das höher belastete Nachbarfundament größere Abmessungen bekommen muß, reicht seine rechnerische Grenztiefe bis in die Bodenschicht SW ($E_s \approx \infty$). In die Berechnung geht somit die gesamte Schicht ST* ein.*
- *Mit dem Achsabstand der Fundamente von L = 8,0 m ergibt sich für das Nachbarfundament eine zulässige Setzung von* $_{zul}s = 3{,}2 + \frac{1}{250} \cdot 800 = 6{,}4 \;\; cm$
- *Für die folgende Bemessung sollen allein Setzungskriterien maßgebend sein.*

Bemessung:

Durch Umstellung des Modellgesetzes erhält man:

$$\sqrt{A_2} = \frac{s_2 \cdot \sigma_{01} \cdot \sqrt{A_1} \cdot c_1}{s_1 \cdot \frac{V_2}{A_2} \cdot c_2} = \frac{6{,}4 \cdot 236{,}0 \cdot \sqrt{6{,}25} \cdot 1{,}0}{3{,}2 \cdot \frac{3200}{A_2} \cdot 1{,}0} \quad \Rightarrow \quad A_2 = 7{,}35 \;\; m^2;\; a = b = 2{,}70 \;\; m$$

Wegen der noch nicht berücksichtigten Fundamenteigenlast wird gewählt $a = b = 3{,}0 \;\; m$.

Überprüfung der Setzung:

Baugrundspannungen:

Sohlnormalspannung $\sigma_0 = \frac{3200}{3{,}2^2} + 25 \cdot 0{,}8 = 375{,}6 \;\; kN/m^2$

Aushubentlastung $\sigma_a = 20 \cdot 2{,}9 = 58{,}0 \;\; kN/m^2$

Setzungserzeugende Spannung $\sigma_1 = \sigma_0 - \sigma_1 = 317{,}6 \;\; kN/m^2$

☐ 3.53: Fortsetzung Beispiel: Gegenseitige Beeinflussung benachbarter Fundamente

$$\frac{a}{b}=1$$

$$\frac{z}{b}=\frac{5,6}{3,0}=1,87$$

$$\Rightarrow f=0,6229$$

$$\Rightarrow s=\frac{317,6\cdot 3,0\cdot 0,6229}{8000}=0,074\ m\ >_{zul}s\,!$$

Neue Abmessungen: $a=b=3,3\ m$

Baugrundspannungen:

Sohlnormalspannung $\sigma_0=\frac{3200}{3,3^2}+25\cdot 0,8=313,8\ kN/m^2$

Aushubentlastung $\sigma_a=20\cdot 2,9=58,0\ kN/m^2$

setzungserzeugende Spannung $\sigma_1=\sigma_0-\sigma_1=255,8\ kN/m^2$

$$\frac{a}{b}=1$$

$$\frac{z}{b}=\frac{5,6}{3,3}=1,70$$

$$\Rightarrow f=0,6030$$

$$\Rightarrow s=\frac{255,8\cdot 3,3\cdot 0,6030}{8000}=0,064\ =_{zul}s$$

Für das Nachbarfundament sind Abmessungen von $a=b=3,30\ m$ *erforderlich.*

☐ 3.54: Beispiel: Tragfähigkeit unter Berücksichtigung der zulässigen Setzung

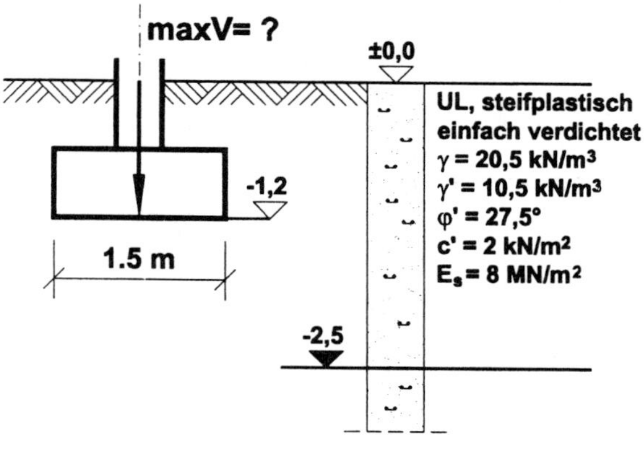

<u>Ges.:</u>

Maximal möglich Belastung ($_{max}V$) des dargestellten Streifenfundaments bei einer zulässigen Setzung von
Fall a) $_{zul}s$ *= 7,0 cm*
Fall b) $_{zul}s$ *= 3,5 cm*

Lösung:

Vorbemerkungen:
Da die Berechnung der Sicherheit gegen Kippen (e = 0) und gegen Gleiten (H = 0) entfällt, wird die Bemessung allein nach den Grundbruch- und Setzungskriterien vorgenommen.

☐ 3.55: Fortsetzung Beispiel: Tragfähigkeit unter Berücksichtigung der zulässigen Setzung

Fall a):

- ***Grundbruchkriterium:***

Beiwerte:

$N_c = 25;\ \nu_c = 1{,}0$

$N_d = 14;\ \nu_d = 1{,}0$

$N_b = 7;\ \nu_b = 1{,}0$

Einflußtiefe:

$$d_s = 1{,}5 \cdot \sin\left(45° + \frac{27{,}5°}{2}\right) \cdot e^{1{,}0254 \cdot \tan 27{,}5°} = 2{,}19\ m$$

Gewogenes Mittel der Wichte:

$$\gamma_{2m} = \frac{1{,}3 \cdot 20{,}5 + 0{,}89 \cdot 10{,}5}{2{,}19} = 16{,}44\ kN/m^3$$

Bruchlast:

$$V_b = 1{,}5\ \left(2 \cdot 25 \cdot 1{,}0 + 20{,}5 \cdot 1{,}2 \cdot 14 \cdot 1{,}0 + 16{,}44 \cdot 1{,}5 \cdot 7 \cdot 1{,}0\right) = 851\ kN/m$$

$$\Rightarrow {}_{zul}V = \frac{V_b}{\eta_p} = \frac{851}{2{,}0} = 425\ kN/m$$

- ***Setzungskriterium:***

Setzungserzeugende Spannung:

$$\sigma_1 = \frac{425}{1{,}5} - 20{,}5 \cdot 1{,}2 = 258{,}7\ kN/m^2$$

Grenztiefe:

starres Fundament; $\frac{a}{b} = \infty$

Kote	z	d+z	$\sigma_ü$	$0{,}2\sigma_ü$	z/b	i	$i \cdot \sigma_1$
m	m	m	kN/m²	kN/m²	1	1	kN/m²
-10,2	9,0	10,2	132,1	26,4	6,0	0,1078	27,9

Die Grenztiefe kann bei $d_s \approx 9{,}0$ m angenommen werden.

Setzungsbeiwert:

$$\frac{a}{b} = \infty$$

$$\frac{z}{b} = \frac{d_s}{b} = \frac{9{,}0}{1{,}5} = 6{,}0$$

$$\Rightarrow f = 1{,}7058$$

Zusammendrückungsmodul:

$$E_m = \frac{E_s}{\kappa} = 1{,}5 \cdot 8000 = 12000\ kN/m^2$$

Setzung:

$$s = \frac{258{,}7 \cdot 1{,}5 \cdot 1{,}7058}{12000} = 0{,}055 \triangleq 5{,}5\ cm < {}_{zul}s = 7{,}0\ cm$$

Somit bestimmt das Grundbruchkriterium die zulässige Belastung: ${}_{zul}V = 425\ kN/m$

☐ 3.56: Fortsetzung Beispiel: Tragfähigkeit unter Berücksichtigung der zulässigen Setzung

Fall b):

Aus Fall a) ergibt sich ${}_{vorh}s = 5{,}5\ cm >{}_{zul}s = 3{,}5\ cm$.

Daher muß die zulässige Belastung des Fundaments nach dem Setzungskriterium bestimmt werden.

Grenztiefe:

Durch die geringere setzungserzeugende Spannung verringert sich auch die Grenztiefe:

gewählt $\frac{d_s}{b} = 5{,}0;\ d_s = 5{,}0 \cdot 1{,}5 = 7{,}5\ m$

Setzungsbeiwert:

$$\frac{a}{b} = \infty$$

$$\frac{z}{b} = \frac{d_s}{b} = \frac{7{,}5}{1{,}5} = 5{,}0$$

$$\Rightarrow f = 1{,}5923$$

Zulässige Sohlnormalspannung:

Durch Umstellung der geschlossenen Formel zur Setzungsberechnung erhält man

$${}_{zul}\sigma_1 = \frac{s \cdot E_m}{b \cdot f} = \frac{0{,}035 \cdot 12000}{1{,}5 \cdot 1{,}5923} = 175{,}8\ kN/m^2$$

Überprüfung der Grenztiefe:

Kote	z	d+z	$\sigma_ü$	$0{,}2\sigma_ü$	z/b	i	$i \cdot \sigma_1$
m	m	m	kN/m²	kN/m²	1	1	kN/m²
-8,7	7,5	8,7	116,4	23,3	5,0	0,1251	22,0

Die Grenztiefe liegt geringfügig höher als angenommen.

Damit wird die zulässige Sohlnormalspannung ${}_{zul}\sigma_0 = {}_{zul}\sigma_1 + \gamma \cdot d = 175{,}8 + 20{,}5 \cdot 1{,}2 \approx 200\ kN/m^2$

und die zulässige Belastung ${}_{zul}V = {}_{zul}\sigma_0 \cdot b = 200 \cdot 1{,}5 = 300\ kN/m$.

☐ 3.57: Beispiel: Setzung und Schiefstellung eines einfach ausmittig belasteten Fundaments

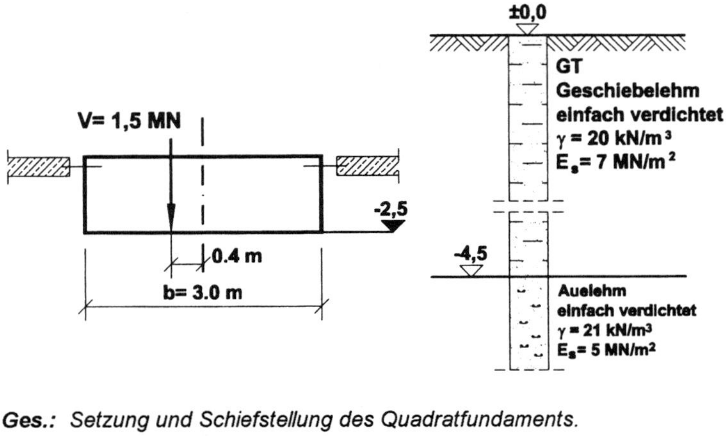

Ges.: *Setzung und Schiefstellung des Quadratfundaments.*

□ 3.58: Fortsetzung Beispiel: Setzung und Schiefstellung eines einfach ausmittig belasteten Fundaments

Lösung:
Baugrundspannungen:

Sohlnormalspannung $\sigma_0 = \frac{1500}{3{,}0^2} = 166{,}7 \ kN/m^2$

Aushubentlastung $\sigma_a = 20 \cdot 2{,}5 = 50{,}0 \ kN/m^2$

setzungserzeugende Spannung $\sigma_1 = \sigma_0 - \sigma_1 = 116{,}7 \ kN/m^2$

Grenztiefe: $\frac{a}{b} = 1{,}0$

Kote	z	d+z	$\sigma_ü$	$0{,}2\sigma_ü$	z/b	i	$i \cdot \sigma_1$
m	m	m	kN/m²	kN/m²	1	1	kN/m²
-6,0	3,5	6,0	121,5	24,3	1,17	0,2035	23,7

Die Grenztiefe kann bei $d_s \approx 3{,}5$ m angenommen werden. Sie reicht somit bis in die zweite Schicht.

Gleichmäßiger Setzungsanteil:
Schicht „Geschiebelehm"

$$\frac{a}{b} = 1{,}0$$

$$\frac{z_1}{b} = \frac{4{,}5 - 2{,}5}{3{,}0} = 0{,}67$$

$$\Rightarrow f = 0{,}3939$$

Schicht „Auelehm"

$$\frac{z_2}{b} = \frac{3{,}5}{3{,}0} = 1{,}17$$

$$\Rightarrow f = 0{,}5192$$

Damit wird

$$s_m = \frac{116{,}7 \cdot 3{,}0 \cdot 0{,}3939 \cdot 2}{7000 \cdot 3} + \frac{116{,}7 \cdot 3{,}0 \cdot (0{,}5192 - 0{,}3939) \cdot 2}{5000 \cdot 3} = 0{,}0131 + 0{,}0058 = 0{,}0189 \ m \mathrel{\hat{=}} 1{,}9 \ cm$$

$$(69{,}1\%) + (30{,}9\%) = (100\%)$$

Schiefstellung infolge $M = V \cdot e$**:**

Ersatzradius

$$r_E = 0{,}564 \cdot 3{,}0 = 1{,}70 \ m$$

$$_{vorh}e = 0{,}40 \ m < \frac{r_E}{3} = \frac{1{,}70}{3} = 0{,}56 \ m$$

Steifemodul (gewichtetes Mittel)
Entsprechend den oben berechneten prozentualen Setzungsanteilen wird

$$E_s \approx 0{,}691 \cdot 7000 + 0{,}309 \cdot 5000 = 6382 \ kN/m^2$$

Schiefstellung:

$$\tan\alpha = \frac{9 \cdot 1500 \cdot 0{,}40 \cdot 2}{16 \cdot 1{,}70^3 \cdot 6382 \cdot 3} = 0{,}0072 \Rightarrow \alpha = 0{,}411°$$

Gesamtsetzungen an den Fundamentkanten:

$$s = 1{,}9 \pm \frac{300}{2} \cdot 0{,}0072 = 1{,}9 \pm 1{,}1 \Rightarrow {}_{max}s = 3{,}0 \ cm$$

$${}_{min}s = 0{,}8 \ cm$$

4 Sohlspannungen

4.1 Grundlagen

SNSV

Die in der Gründungssohle infolge der äußeren Belastung wirkenden Spannungen können in Sohlnormalspannungen und Sohlscherspannungen zerlegt werden. Im folgenden werden nur die Sohlnormalspannungen behandelt, weil sie vor allem für die Standsicherheits- und Festigkeitsnachweise des Fundaments benötigt werden.

Die Größe der Sohlnormalspannungen erhält man aus den Gleichgewichtsbedingungen. Die Verteilung der Sohlnormalspannungen (Sohlnormalspannungsverteilung, SNSV oder Sohlnormalspannungsfigur) hängt von so vielen Einflüssen ab, daß sie nur schwer zu bestimmen ist. Man begnügt sich daher meist mit Näherungslösungen.

Einfache Annahme

Bei der Berechnung der Standsicherheit und der Setzungen von Fundamenten (siehe Abschnitte 1 bis 3) genügt es, die Sohlnormalspannungsverteilung näherungsweise geradlinig begrenzt anzunehmen ("einfache Annahme", □ 4.01). Die Verteilung der Sohlspannungen hängt dann - wie ihre Größe (siehe oben) - nur von den Gleichgewichtsbedingungen ab (□ 4.02 bis □ 4.04).

□ 4.01: Beispiele: Geradlinig begrenzte SNSV: Streifenfundament, einfache Ausmittigkeit (bei Rechteckfundamenten ist $\sigma_{0m} = V/(a \cdot b)$ zu setzen)

	$\frac{e_b}{b}$	Spannungsverteilung	Randspannung	
			σ_{01}	σ_{02}
a	0	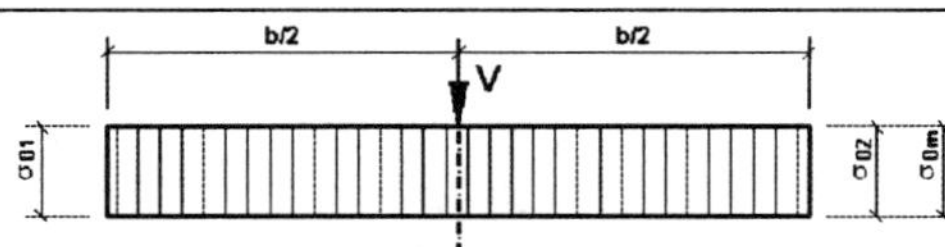	$\sigma_{0m} = \frac{V}{b}$	$\sigma_{0m} = \frac{V}{b}$
b	< 0,167	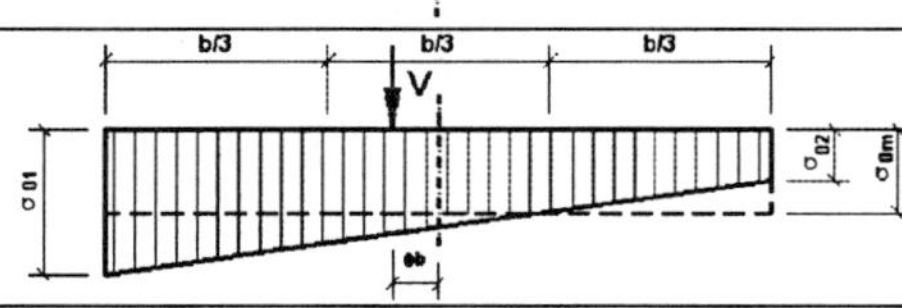	$\sigma_{0m}\left(1+\frac{6 \cdot e_b}{b}\right)$	$\sigma_{0m}\left(1-\frac{6 \cdot e_b}{b}\right)$
c	0,167	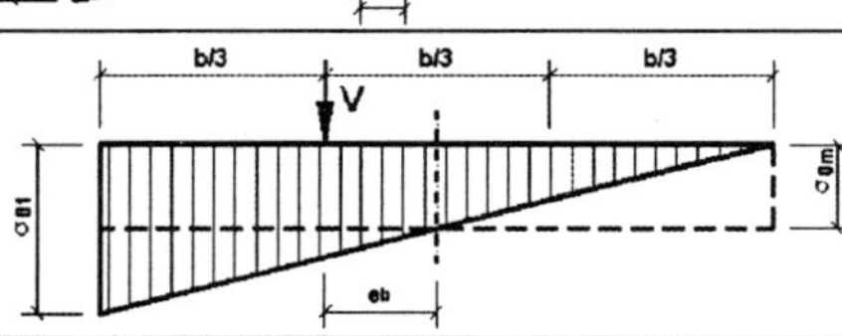	$2 \cdot \sigma_{0m}$	-
d	> 0,167	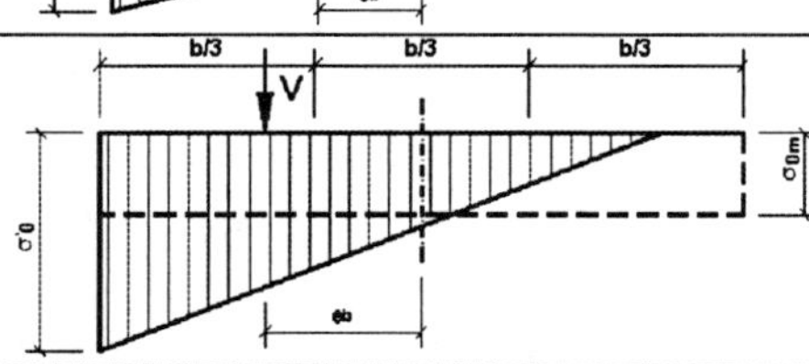	$\frac{4 \cdot \sigma_{0m}}{3\left(1-\frac{2 \cdot e_b}{b}\right)}$	-
e	0,333	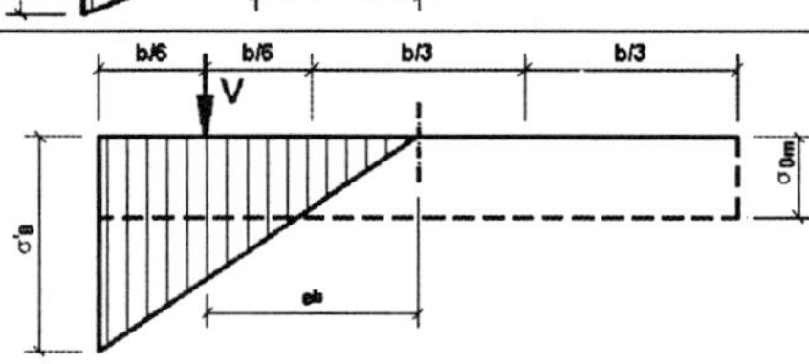	$4 \cdot \sigma_{0m}$	-

☐ 4.02: Beispiel: Geradlinig begrenzte SNSV: Verschiedene Ausmittigkeiten

Ein Einzelfundament (a = 4,0 m; b = 2,0 m) wird durch eine Vertikallast V = 2 MN beansprucht.

Ges.: *Geradlinig begrenzte Sohlnormalspannungsfigur für*
a) e_b = 0; b) e_b = 0,25 m; c) e_b = 0,33 m; d) e_b = 0,5 m; e) e_b = 0,66 m;

Lösung:

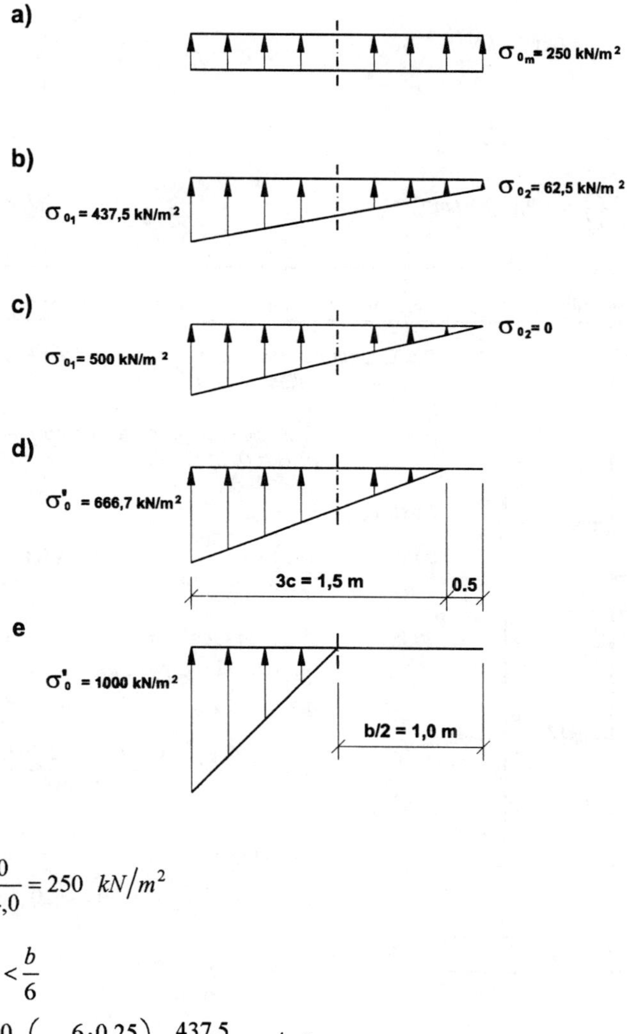

zu a): $\sigma_{0m} = \dfrac{2000}{2{,}0 \cdot 4{,}0} = 250 \quad kN/m^2$

zu b): $e_b = 0{,}25 \ m < \dfrac{b}{6}$

$$\sigma_{0_{1,2}} = \frac{2000}{2{,}0 \cdot 4{,}0}\left(1 \pm \frac{6 \cdot 0{,}25}{2{,}0}\right) = \begin{matrix} 437{,}5 \\ 62{,}5 \end{matrix} \quad kN/m^2$$

zu c): $e_b = 0{,}3\overline{3} \ m = \dfrac{b}{6}$

$$\sigma_{0_{1,2}} = \frac{2000}{2{,}0 \cdot 4{,}0}\left(1 \pm \frac{6 \cdot 0{,}3\overline{3}}{2{,}0}\right) = \begin{matrix} 500 \\ 0 \end{matrix} \quad kN/m^2$$

□ 4.03: Fortsetzung Beispiel: Geradlinig begrenzte SNSV: Verschiedene Ausmittigkeiten

zu d): $e_b = 0{,}50 \ m \quad \left(\frac{b}{6} < e_b < \frac{b}{3}\right)$

Randabstand:

$$c = \frac{b}{2} - e_b = \frac{2{,}0}{2} - 0{,}5 = 0{,}5 \ m$$

$$\sigma_0' = \frac{2 \cdot 2000}{3 \cdot 0{,}5 \cdot 4{,}0} = 666{,}7 \ kN/m^2$$

zu e): $e_b = 0{,}6\overline{6} \ m = \frac{b}{3}$

$$\sigma_0' = \frac{2 \cdot 2000}{3 \cdot 0{,}33 \cdot 4{,}0} = 1000 \ kN/m^2$$

□ 4.04: Beispiel: Geradlinig begrenzte SNSV: Verschiedene Horizontalbelastungen

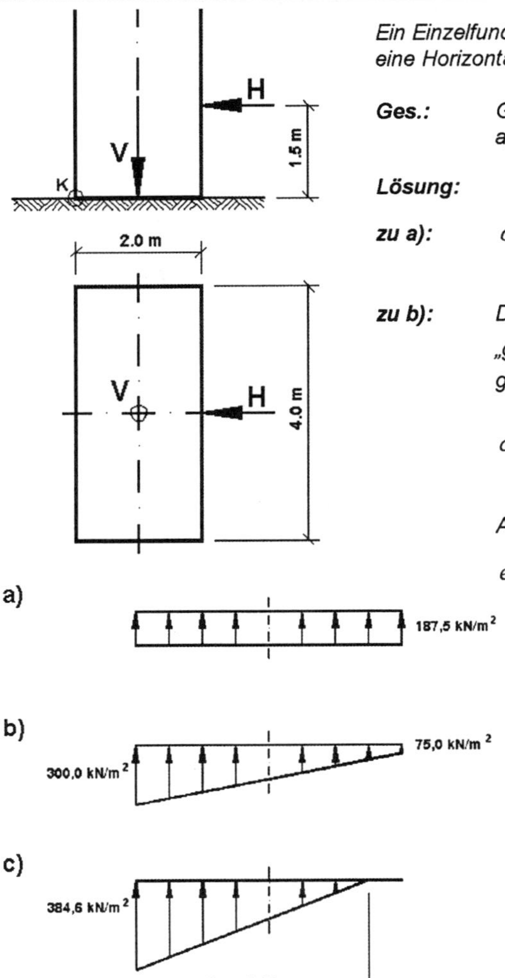

Ein Einzelfundament wird durch eine Vertikallast V = 1,5 MN und eine Horizontallast beansprucht.

Ges.: *Geradlinig begrenzte Sohlnormalspannungsfigur für a) H = 0; b) H = 200 kN; c) H = 350 kN.*

Lösung:

zu a): $\sigma_{0m} = \frac{1500}{2{,}0 \cdot 4{,}0} = 187{,}5 \ kN/m^2$

zu b): *Der Randabstand der Resultierenden* $\sum V$ *von der „gedrückten Seite" wird aus der Gleichgewichtsbedingung* $\sum M_{(K)} = \sum V \cdot c$ *ermittelt:*

$$c = \frac{\sum M_{(K)}}{\sum V} = \frac{1500 \cdot 1{,}0 - 200 \cdot 1{,}5}{1500} = 0{,}80 \ m$$

Ausmittigkeit:

$$e_b = \frac{b}{2} - c = \frac{2{,}0}{2} - 0{,}80 = 0{,}20 \ m < \frac{b}{6}$$

Randspannungen:

$$\sigma_{0_{1,2}} = \frac{300{,}0}{75{,}0} \ kN/m^2$$

zu c): $c = \frac{1500 \cdot 1{,}0 - 350 \cdot 1{,}5}{1500} = 0{,}65 \ m$

$$e_b = \frac{2{,}0}{2} - 0{,}65 = 0{,}35 \ m \quad \left(\frac{b}{6} < e_b < \frac{b}{3}\right)$$

Randspannungen:

$$\sigma_0' = \frac{2 \cdot 1500}{3 \cdot 0{,}65 \cdot 4{,}0} = 384{,}6 \ kN/m^2$$

Bei unregelmäßig begrenzten (unsymmetrischen) Fundamentflächen, die möglichst vermieden werden sollten, kann nach Smoltczyk (1976) für die Berechnung der Sohlspannungen und den Nachweis der Standsicherheit ein Ersatzrechteck ermittelt werden (□ 4.05, □ 4.06).

□ 4.05: Beispiel: Ersatzrechteck für eine unregelmäßig begrenzte Fundamentfläche

Um die für rechteckige Fundamentflächen entwickelten Berechnungsverfahren der Standsicherheitsnachweise anwenden zu können, soll die dargestellte unregelmäßige Fundamentfläche in ein Ersatzrechteck umgewandelt werden.

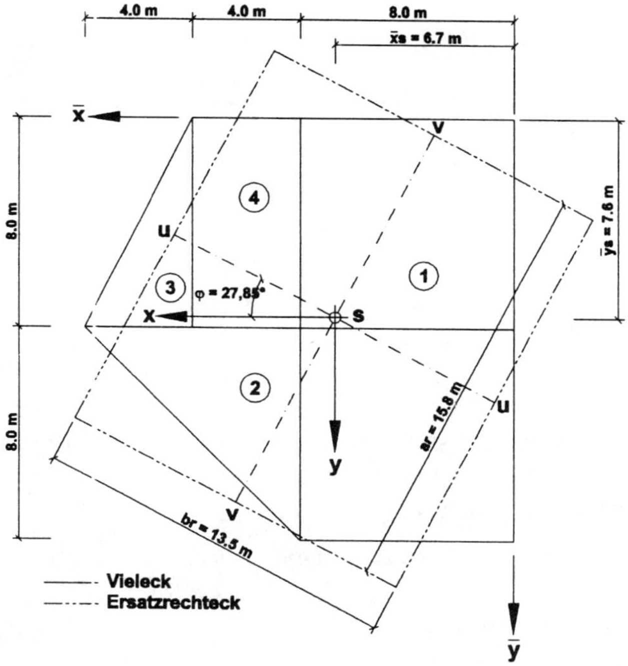

Lösung:

Ermittlung des Flächenschwerpunktes (bezogen auf das Koordinatensystem $\bar{x}$; $\bar{y}$):

i	A_i	$\bar{y}_i$	$\bar{y}_i \cdot A_i$	$\bar{x}_i$	$\bar{x}_i \cdot A_i$
-	m^2	m	m^3	m	m^3
1	128,0	8,00	1024,0	4,00	512,0
2	32,0	10,67	341,4	10,67	341,4
3	16,0	5,33	85,3	13,33	213,3
4	32,0	4,00	128,0	10,00	320,0
Σ	208,0		1578,7		1386,7

$$\bar{y}_s = \frac{\bar{y}_i \cdot A_i}{A_i} = \frac{1578{,}7}{208{,}0} = 7{,}6 \ m$$

$$\bar{x}_s = \frac{\bar{x}_i \cdot A_i}{A_i} = \frac{1386{,}7}{208{,}0} = 6{,}7 \ m$$

□ 4.06: Fortsetzung Beispiel: Ersatzrechteck für eine unregelmäßig begrenzte Fundamentfläche

Ermittlung der Flächenmomente 2. Grades:

i	A_i	I_{x_i}	I_{y_i}	I_{xy_i}	x_i	y_i	$x_i^2 \cdot A_i$	$y_i^2 \cdot A_i$	$x_i \cdot y_i \cdot A_i$
-	m^2	m^4	m^4	m^4	m	m	m^4	m^4	m^4
1	128,0	2730,7	682,7	0	-2,7	0,4	933,1	20,5	-138,2
2	32,0	113,8	113,8	-56,9	4,0	3,1	512,0	307,5	396,8
3	16,0	56,9	14,2	14,2	6,6	-2,3	697,0	84,6	-242,9
4	32,0	170,7	42,7	0	3,3	-3,6	348,5	414,7	-380,2
	Eigenanteile (Schwerachsen)				Schwerpunkt		Steineranteile		

$$I_x = \sum\left(I_{x_i} + y_i^2 \cdot A_i\right) = (2730{,}7 + 20{,}5) + (113{,}8 + 307{,}5) + (56{,}9 + 84{,}6) + (170{,}7 + 414{,}7) = 3899{,}4\ m^4$$

$$I_y = \sum\left(I_{y_i} + x_i^2 \cdot A_i\right) = (682{,}7 + 933{,}1) + (113{,}8 + 512{,}0) + (14{,}2 + 697{,}0) + (42{,}7 + 348{,}5) = 3344{,}0\ m^4$$

$$I_{xy} = \sum\left(I_{xy_i} + x_i \cdot y_i \cdot A_i\right) = -407{,}2\ m^4$$

Hauptflächenmomente 2. Grades und Achsenrichtungen:

$$\tan 2\varphi = \frac{2 I_{xy}}{I_y - I_x} = \frac{2\ (-407{,}2)}{3344{,}0 - 3899{,}4} = 1{,}4663 \Rightarrow \varphi = 27{,}85°$$

$$I_u = 0{,}5\ (I_x + I_y) + 0{,}5\ (I_x - I_y) \cdot \cos 2\varphi - I_{xy} \cdot \sin 2\varphi =$$
$$= 0{,}5\ (3899{,}4 + 3344{,}0) + 0{,}5\ (3899{,}4 - 3344{,}0) \cdot 0{,}5635 - (-407{,}2)\ 0{,}8261 = 4114{,}6\ m^4$$

$$I_v = 0{,}5\ (I_x + I_y) - 0{,}5\ (I_x - I_y) \cdot \cos 2\varphi + I_{xy} \cdot \sin 2\varphi =$$
$$= 0{,}5\ (3899{,}4 + 3344{,}0) - 0{,}5\ (3899{,}4 - 3344{,}0) \cdot 0{,}5635 + (-407{,}2)\ 0{,}8261 = 3128{,}8\ m^4$$

Seitenabmessungen der Ersatzfläche A_E:

$$a_E = \sqrt{A \sqrt{\frac{I_u}{I_v}}} = \sqrt{208{,}0 \sqrt{\frac{4114{,}6}{3128{,}8}}} = 15{,}4\ m$$

$$b_E = \frac{A}{a_E} = \frac{208{,}0}{15{,}4} = 13{,}5\ m$$

Bei doppelter Ausmittigkeit ist die Lage des Kerns □ 4.07 zu entnehmen. Die Normalspannungen unter den Eckpunkten können aus den Gleichungen für die geradlinig begrenzte Sohlnormalspannungsverteilung und die maximale Eckspannung nach dem Nomogramm von Hülsdünker berechnet werden (□ 4.08 bis □ 4.09).

☐ 4.07: Beispiel: Lage des Kerns bei doppelt ausmittiger Belastung (nach DIN 1054)

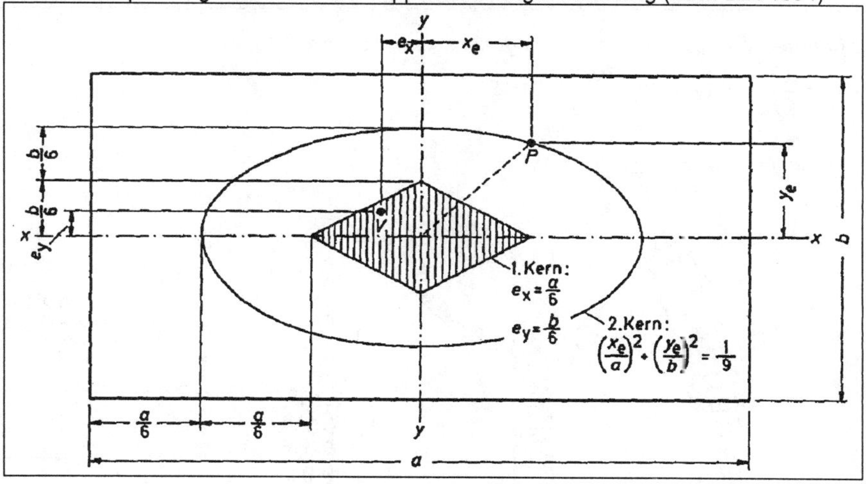

☐ 4.08: Beispiel: Geradlinig begrenzte SNSV: Einzelfundament, doppelt ausmittig belastet

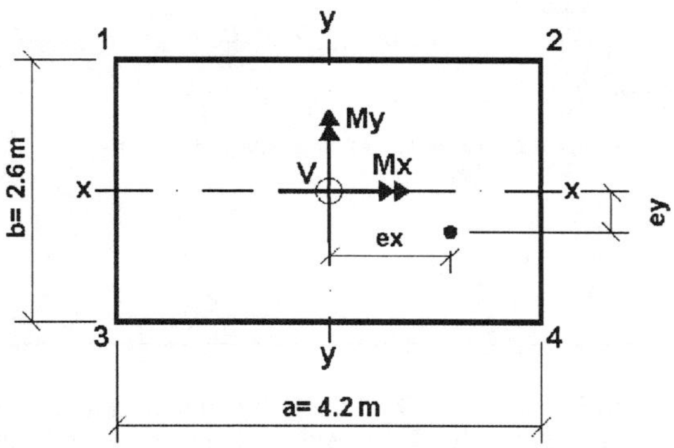

Das in der Draufsicht dargestellte Fundament wird beansprucht durch
V = 1,55 MN
M_x = 65 kNm
M_y = 950 kNm.

Ges.: *Geradlinig begrenzte Sohlnormalspannungsfigur.*

Lösung:

$$e_x = \frac{M_y}{V} = \frac{950}{1550} = 0{,}61\ m$$

$$e_y = \frac{M_x}{V} = \frac{65}{1550} = 0{,}04\ m$$

Die Resultierende steht im ersten Kern.

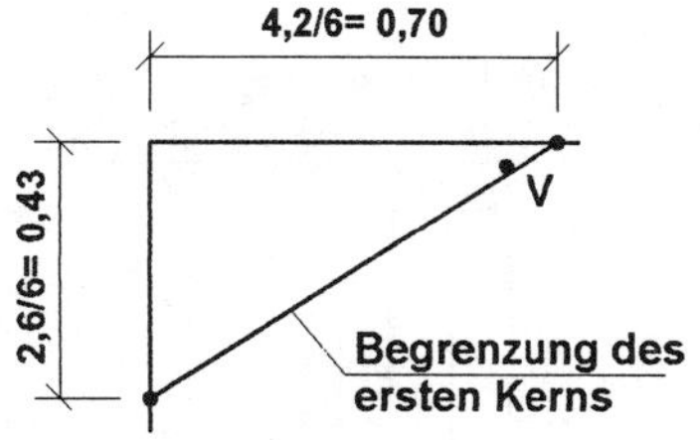

Sohlnormalspannung unter den Eckpunkten:

$$\sigma_0 = \frac{V}{a \cdot b}\left(1 \pm \frac{6e_y}{b} \pm \frac{6e_x}{a}\right) = \frac{1550}{4{,}2 \cdot 2{,}6}\left(1 \pm \frac{6 \cdot 0{,}04}{2{,}6} \pm \frac{6 \cdot 0{,}61}{4{,}2}\right) = 141{,}9 \quad (1 \pm 0{,}09 \pm 0{,}87)$$

$$\sigma_{0_1} = 141{,}9 \ (1 - 0{,}09 - 0{,}87) = 5{,}7 \ kN/m^2$$

$$\sigma_{0_2} = 141{,}9 \ (1 - 0{,}09 + 0{,}87) = 252{,}6 \ kN/m^2$$

$$\sigma_{0_3} = 141{,}9 \ (1 + 0{,}09 - 0{,}87) = 31{,}2 \ kN/m^2$$

$$\sigma_{0_4} = 141{,}9 \ (1 + 0{,}09 + 0{,}87) = 278{,}1 \ kN/m^2$$

□ 4.09: Fortsetzung Beispiel: Geradlinig begrenzte SNSV: Einzelfundament, doppelt ausmittig belastet

Kontrolle von $_{max}\sigma_0$ mit dem Nomogramm von Hülsdünker (1964):

$$\delta = \frac{0{,}61}{4{,}20} = 0{,}145\,; \quad \varepsilon = \frac{0{,}04}{2{,}60} = 0{,}015$$

Nomogrammablesung: $\mu \approx 1{,}95$

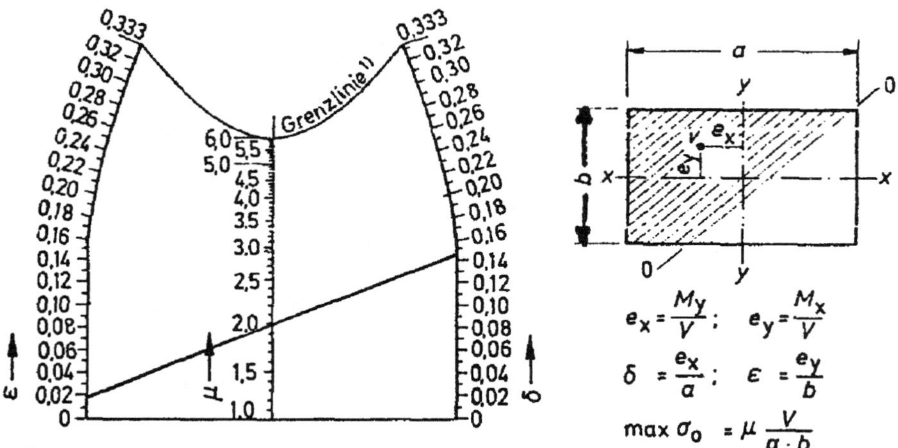

[1] *Solange die Ablesegerade die Grenzlinie nicht schneidet, ist mindestens die halbe Grundfläche an der Lastabtragung beteiligt.*

Damit wird: $_{\max}\sigma_0 = 1{,}95 \cdot \frac{1550}{4{,}2 \cdot 2{,}6} = 276{,}8 \;\; kN/m^2$

Genauere Verteilung

Für die Berechnung der Schnittkräfte von Fundamenten wird die Sohlnormalspannungsfigur als äußere Last auf die Fundamentsohle aufgebracht. Daher wird eine genauere Verteilung der Sohlnormalspannungen benötigt.

Theoretische Überlegungen und Messungen zeigen, daß die Sohlnormalspannungsverteilung in Wirklichkeit nicht geradlinig begrenzt ist. Sie weist vielmehr eine Spannungshäufung am Fundamentrand auf ("sattelförmige" SNSV). Daher liefert die "einfache Annahme" (geradlinig begrenzte SNSV) zu geringe Biegemomente und liegt bei der Berechnung der Schnittkräfte "auf der unsicheren Seite" (□ 4.10). Diese Tatsache wird bei der Biegebemessung von Fundamenten unter kleineren Bauwerken meist nicht berücksichtigt, weil sie im Rahmen der vertretbaren Ungenauigkeit und Unwirtschaftlichkeit liegt. Zur ausreichenden und wirtschaftlichen Bemessung hochbelasteter Gründungen sollte sie aber auf jeden Fall beachtet werden.

□ 4.10: Beispiel: Biegemomente bei geradlinig begrenzter und bei sattelförmiger SNSV

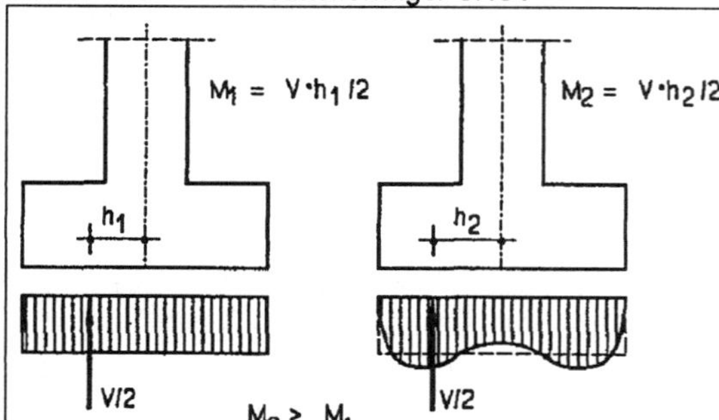

Die genauere Sohlnormalspannungsverteilung hängt - außer von den Gleichgewichtsbedingungen - vor allem von der Biegesteifigkeit des Bauwerks (siehe Abschnitt 4.2) und weiterhin von der

- Art und Größe der Belastung, der
- Form des Fundaments und den
- Baugrundeigenschaften (siehe Abschnitt 4.3)

ab.

Wegen der Vielzahl dieser Einflußfaktoren und deren gegenseitiger Abhängigkeit ist die Bestimmung der Sohlnormalspannungsverteilung eines der schwierigsten Probleme der Bodenmechanik und nur näherungsweise möglich.

4.2 Steifigkeit

Der wichtigste Einflußfaktor auf die Sohlnormalspannungsverteilung ist - neben den Gleichgewichtsbedingungen - die Biegesteifigkeit des Bauwerks. Die Biegesteifigkeit des Gesamtbauwerks ist nur schwer und aufwendig zu erfassen. Daher berücksichtigt man meist nur die Steifigkeit der Gründung allein, was näherungsweise berechtigt ist (König / Sherif 1975).

Grenzfälle

"Schlaffe" (biegeweiche) und "starre" Gründung sind die theroretischen Grenzfälle der Steifigkeit. Dazwischen liegen die tatsächlich vorkommenden biegsamen Fundamente.

schlaff

☐ 4.11: Schlaffes Fundament: SNSV und Setzungsmulde

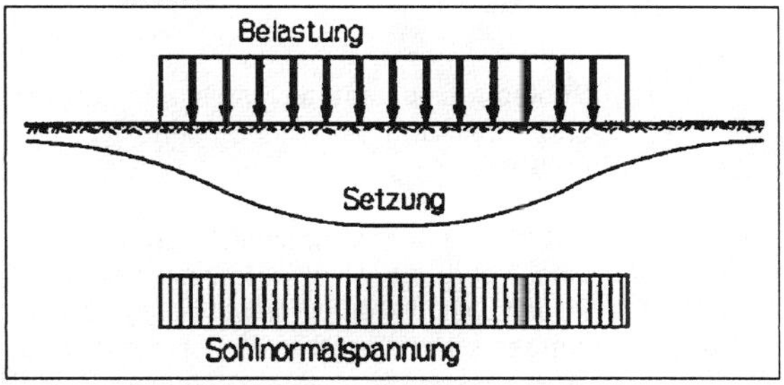

Ein vollkommen schlaffes Fundament (E · I = 0) gibt es nicht. Man kann sich vorstellen, daß der Fundamentbeton noch nicht abgebunden ist oder daß die Gründung aus vielen zusammenhanglosen Einzelteilen besteht.

In beiden Fällen können keine Biegemomente übertragen werden. Die Sohlnormalspannungsverteilung unter einem schlaffen Fundament entspricht daher der Verteilung der äußeren Lasten Dabei entsteht eine Setzungsmulde, bei der die Mittensetzung größer ist als die Randsetzungen (☐ 4.11). Nach dem Erhärten des Betons bzw. bei einem biegesteifen Verbund der Einzelteile sehen Sohlnormalspannungsverteilung und Setzungsmulde ganz anders aus.

starr

Ein vollkommen starres Fundament kann man sich als Betonklotz mit E · I = ∞ vorstellen. Er kann sich nicht durchbiegen, so daß die Setzungen - bei mittiger Belastung - an allen Stellen der Fundamentsohle gleich groß sind. Setzungsberechnungen (siehe Abschnitt 3) zeigen aber, daß gleichgroße Setzungen überall unter dem Fundament nur auftreten können, wenn sehr große (theoretisch unendlich große) Randspannungen vorhanden sind (☐ 4.12).

Diese theoretische Sohlnormalspannungsverteilung mit unendlich großen Spannungen am Rand hat Boussinesq (1885) mit der Annahme eines elastisch-isotropen Halbraums mit konstantem Steifemodul E_s berechnet. Die Sohlspannungen unter einem starren Streifenfundament ergeben sich danach zu

$$\sigma_{0(y)} = \frac{2V}{\pi \; b \sqrt{1-\left(\frac{2y}{b}\right)^2}} = i_\sigma \cdot \sigma_{om} \qquad (4.01)$$

und die Biegemomente zu

$$M_{(y)} = i_M \cdot \left(\frac{b}{2}\right)^2 \cdot \sigma_{0m} \qquad (4.02)$$

Hierbei ist σ_{om} die mittlere Sohlnormalspannung. Bezeichnungen siehe □ 4.14, Einflußwerte siehe □ 4.13.

□ 4.12: Beispiel: Starres Fundament: SNSV und Setzungsmulde

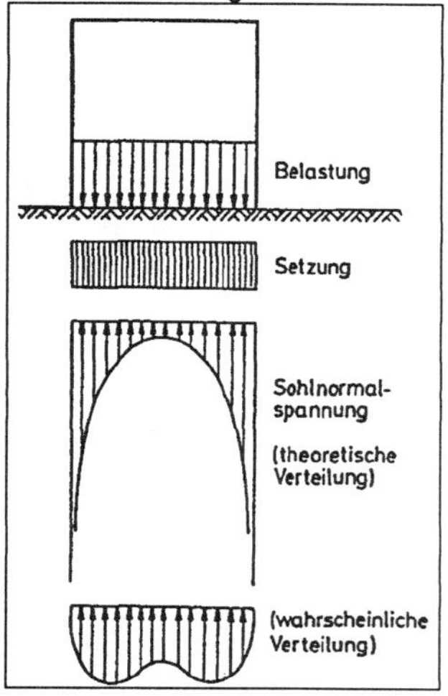

□ 4.13: Einflußwerte für die SNSV und die Biegemomente (Boussinesq 1885)

2·y/b	0,0	0,2	0,4	0,6	0,8	0,9	1,0
$i_\square$	0,637	0,650	0,694	0,797	1,058	1,460	∞
i_M	0,637	0,449	0,288	0,155	0,054	0,019	0,000

Für ausmittige Belastung hat Borowicka (1943) unter den gleichen Voraussetzungen wie Boussinesq die nach der Gleichung

$$\sigma_{0(y)} = \frac{2V}{\pi\, b\, \sqrt{1-\left(\frac{2y}{b}\right)^2}} \cdot \left(1+8\frac{e \cdot y}{b^2}\right) \qquad (4.03)$$

zu berechnende Spannungsfigur erhalten (□ 4.15).

□ 4.14: Beispiel: SNSV (Boussinesq 1885) Streifenfundament, mittig belastet

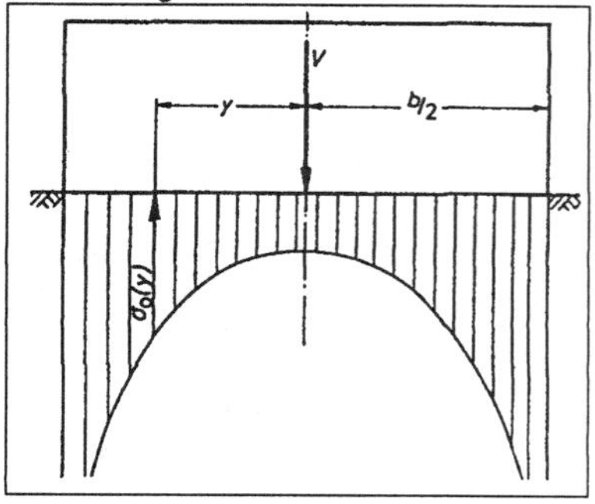

Sohlnormalspannungsverteilungen für rechteckige und kreisförmige Fundamente: ⇒ Smoltczyk (1990)

Natürlich können unendlich große Spannungen vom Baugrund nicht aufgenommen werden: der Boden weicht - durch örtliche Grundbrucherscheinungen - am Rand zur Seite hin aus. Aus diesem Grund bauen sich die Spannungen am Rand ab und verlagern sich zur Fundamentmitte hin. Somit entsteht eine sattelförmige Sohlnormalspannungsverteilung ("korrigierte" oder "elastoplastische" SNSV, □ 4.12 unten), wie sie auch bei Messungen unter tatsächlichen Fundamenten (z.B. Bub 1963) nachgewiesen wurde.

biegsam

Während gedrungene Gründungskörper (Einzel- und Streifenfundamente) i.a. als quasi-starr abgenommen werden können, sind Gründungsbalken und -platten (siehe Abschnitt 6) biegsame Gründungen ($0 < E \cdot I < \infty$): Sie drücken nicht nur den Baugrund zusammen, sondern verformen sich auch selbst infolge der Sohlspannungen. Daher spielt bei ihrer Berechnung sowohl die Fundament- als auch die Baugrundsteifigkeit eine Rolle.

□ 4.15: Beispiel: SNSV (Borowicka 1943) Streifenfundament, ausmittig belastet

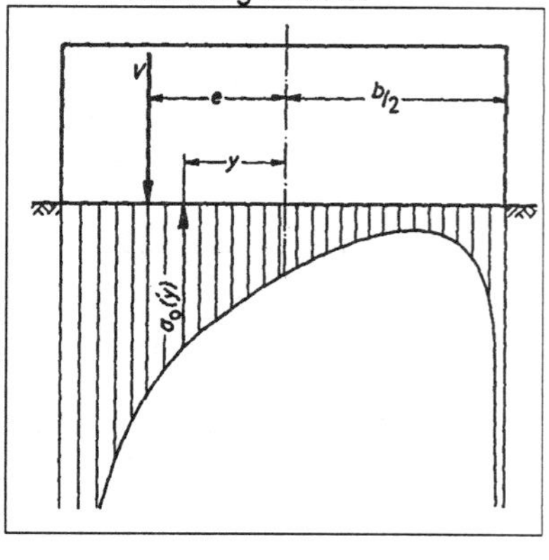

System-steifigkeit

Das Verhältnis von Fundamentsteifigkeit zur Baugrundsteifigkeit wird durch die Systemsteifigkeit K ausgedrückt. Diese wird für Balken und Rechteckplatten näherungsweise aus der Gleichung

$$K = \frac{E \cdot d^3}{12 \cdot E_s \cdot b^3} \qquad (4.04)$$

berechnet. Hierin ist:

E = Elastizitätsmodul des Fundaments (☐ 4.16)
E_s = Steifemodul des Baugrunds (siehe Dörken / Dehne, Teil 1, 1993)
b = Abmessung des Fundaments in Richtung der untersuchten Biegeachse
d = Dicke des Balkens / der Platte

☐ 4.16: Einflußwerte für die SNSV und die Biegemomente (Boussinesq 1885)

Beton	B 10	B 15	B 25	B 35	B 45	B 55
E [MN/m²]	22 000	26 000	30 000	34 000	37 000	39 000

Folgende Bezeichnungen sind für die Systemsteifigkeit üblich (☐ 4.17):

K = 0 : vollkommen schlaff
$0 < K \leq 0{,}1$: biegsam
$K > 0{,}1$: quasi starr

☐ 4.17: Beispiel: Systemsteifigkeit K von Gründungsplatten

Geg.: *Stahlbetonplatte (B25)*
Breite: 12 m; Dicke: a) 0,2 m; b) 0,5 m; c) 2,0 m

Baugrund
1) Sand, dicht; E_s = 300 MN/m²
2) Ton, weich; E_s = 2 MN/m²

Ges.: *Systemsteifigkeit für alle Kombinationen*

Lösung: *z.B. Kombination a/1*

$$K = \frac{30000 \cdot 0{,}2^3}{12 \cdot 300 \cdot 12^3} = 0{,}00004 = a \cdot 10^{-5}$$

Zusammenstellung; Beurteilung:

Plattendicke [m]	*Sand*	*Beurteilung*	*Ton*	*Beurteilung*
0,2	$4 \cdot 10^{-5}$	*praktisch schlaff*	$6 \cdot 10^{-3}$	*biegsam*
0,5	$6 \cdot 10^{-4}$	*praktisch schlaff*	*0,25*	*starr*
2,0	$4 \cdot 10^{-2}$	*biegsam*	*5,80*	*starr*

Bei biegsamen Gründungskörpern konzentrieren sich die Sohlspannungen je nach Steifigkeit des Baugrunds mehr oder weniger stark unter den Lasteintragungsbereichen (Stützen, Wänden). Je größer die Steifigkeit des Baugrunds ist, desto größer wird auch die Spannungskonzentration. Bei weichem Baugrund dagegen gleichen sich die Spannungsunterschiede weitgehend aus (☐ 4.18). Gedankenmodell: gleichmäßiger Schldruck auf einen Schwimmkörper im Wasser.

Daraus ergeben sich manchmal interessante Wechselwirkungen zwischen Bauwerk und Baugrund: Wenn z.B. eine biegsame Platte auf tragfähigem Baugrund liegt, konzentrieren sich die Sohlspannungen unter den Lasteintragungsstellen. Da diese Stellen die Auflager der Platte bilden, hat diese ungleichmäßige Spannungsverteilung eine Verringerung der Biegemomente zur Folge. Aus diesem Grunde kann der Plattenquerschnitt vermindert werden, woraus schließlich eine größere Biegsamkeit der Platte resultiert (Széchy 1965). ⇒ DIN 4018

□ 4.18: Beispiel: SNSV unter einem Fundament von geringer Steifigkeit auf a) weichem, b) festem Baugrund

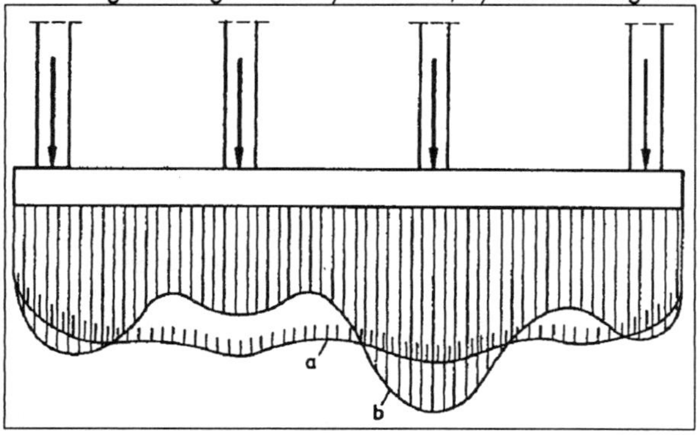

4.3 Belastung, Baugrund, Fundamentform

Belastung

Die SNSV hängt - außer von den Gleichgewichtsbedingungen und der Steifigkeit - von der Art und Größe der Belastung ab.

Unter Art der Belastung wird hier verstanden, ob es sich um eine Flächen-, Linien- oder Einzellast handelt und ob diese mittig oder ausmittig angreift.

Bei einem schlaffen Gründungskörper ist die SNSV unter einer Flächenlast spiegelbildlich zu dieser (□ 4.19), Linien- und Einzellasten erzeugen (theoretisch unendlich) große Spannungen, weil keine Lastverteilung möglich ist (□ 4.20). Bei ausmittiger Belastung verschieben sich die Sohlspannungen zur Lastseite hin (□ 4.15).

□ 4.19: Beispiel: SNSV unter einer Flächenlast: a) schlaffer, b) starrer Gründungskörper

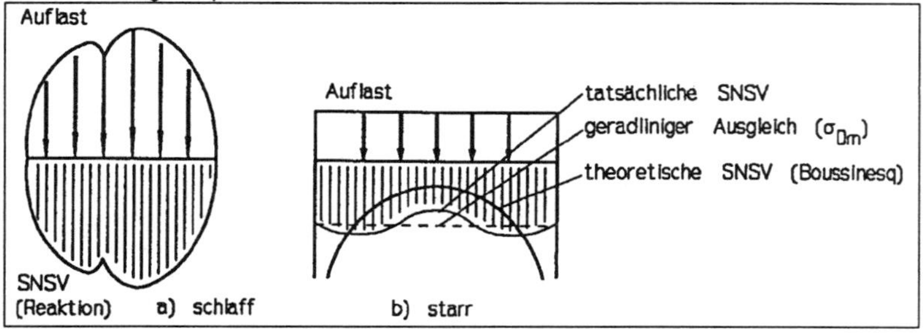

Ebenfalls stark hängt die SNSV von der Größe der Belastung und damit von dem Verhältnis der vorhandenen Last V zur Grundbruchlast V_b ab (□ 4.21): Unter einem starren Streifenfundament ist die SNSV bei kleinen Lasten ausgeprägt sattelförmig (in Fundamentmitte - von oben gesehen - konvex). Mit zunehmender Last verlagern sich die Spannungen immer mehr vom Rand zur Mitte hin (am Rand weicht der Boden durch Auftreten von plastischen Bereichen zur Seite aus). Wenn der Grundbruch eintritt, hat die SNSV die Form einer Parabel (sie ist - von oben gesehen - konkav).

□ 4.20: Beispiel: SNSV unter Linien- oder Einzellasten; Schlaffer oder starrer Gründungskörper

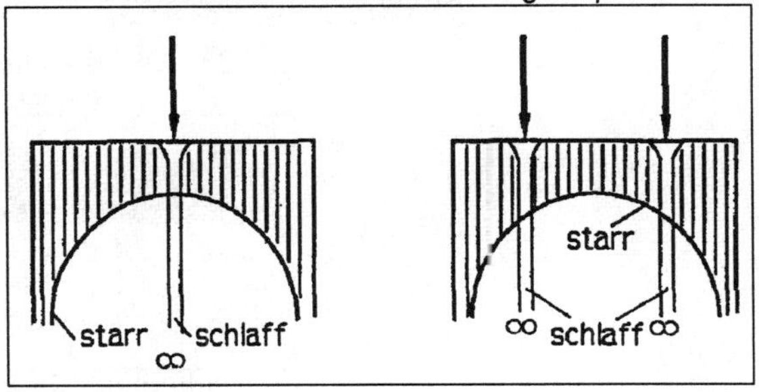

Die parabelförmige SNSV bei der Lastgröße $V = V_b$ läßt sich mit der Grundbruchgleichung für mittige Last (siehe Abschnitt 2.2) erklären: Die Sohlspannungen aus Kohäsions- und Tiefenanteil sind unabhängig von der Gründungsbreite und deshalb gleichmäßig (rechteckförmig) verteilt. Der Breitenanteil nimmt nach der Grundbruchgleichung linear mit der Gründungsbreite zu. Die Sohlspannungsfigur aus dem Breitenanteil ist also dreieckförmig (□ 4.22). Rundet man die gesamte Sohlspannungsfigur aus, so ergibt sich die gleiche Parabel wie in □ 4.21 c.

Das genaueste Verfahren zur Ermittlung der SNSV starrer Streifenfundamente hat Schultze (Smoltczyk 1990) durch Kombination der SNSV nach Boussinesq (für den elastischen Bereich, □ 4.14) und der Grundbruchspannungsfigur (für den plastischen Bereich □ 4.22) entwickelt (□ 4.24 bis □ 4.26). Die Sohlspannungsfigur von Schultze für den elastoplastischen Bereich wird durch Ergebnisse von Sohlspannungsmessungen bestätigt.

□ 4.21: Beispiel: Abhängigkeit der SNSV von der Größe der Last

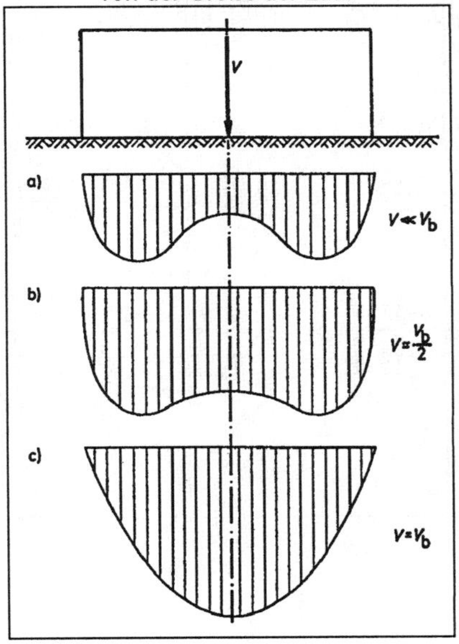

□ 4.22: Beispiel: SNSV beim Grundbruch

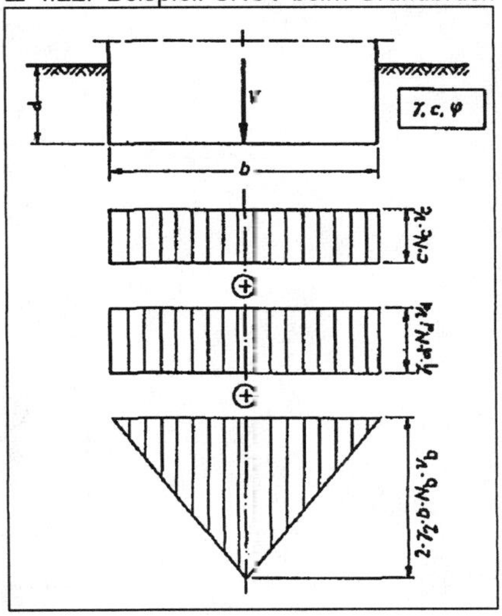

Baugrundeigenschaften Die Abhängigkeit der SNSV von den Baugrundeigenschaften zeigt sich deutlich an den Sohlspannungsfiguren von Schultze (□ 4.23): Bei nichtbindigem Boden hat der Breitenanteil der Sohlspannungsfigur eine steilere Neigung als bei bindigem Boden, wei der Reibungswinkel und damit der Tragfähigkeitsbeiwert für Reibung größer ist. Bei bindigem Boden hat die Sohlspannungsfigur (durch den Kohäsionsanteil) eine Randordinate auch in dem Fall, daß die Einbindetiefe Null ist.

Form Je nach Form des Fundaments (Streifen, Rechteck, Quadrat oder Kreis) ist die Sohlnormalspannungsfigur axialsymmetrisch oder mehr zentralsymmetrisch.

☐ 4.23: Beispiele: SNSV für starre Streifenfundamente nach Schultze (aus Rübener/Stiegler 1982)

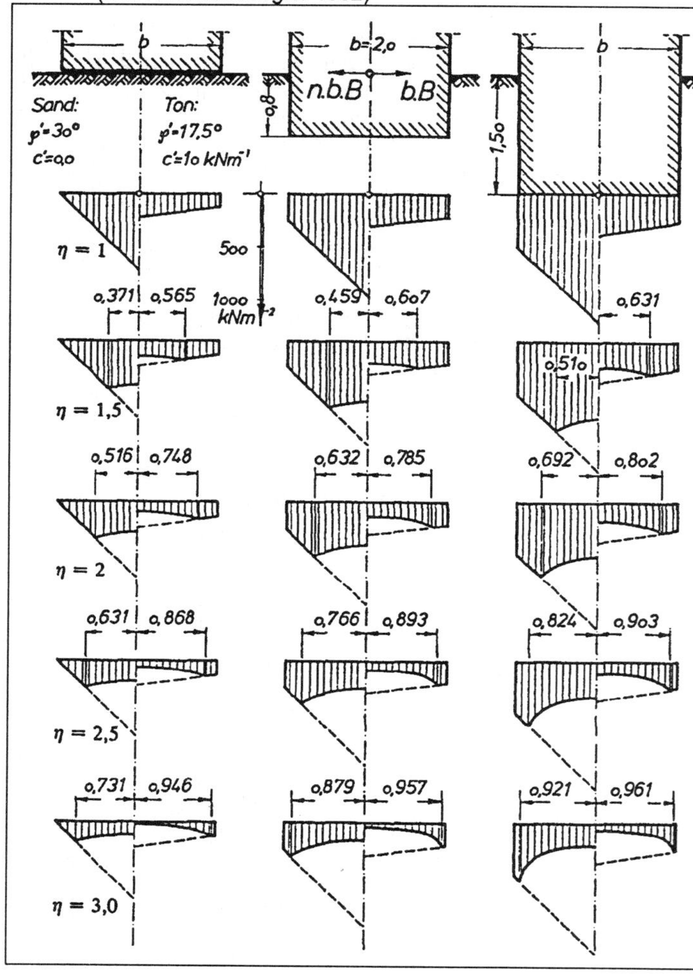

□ 4.24: Beispiel: Geradlinig begrenzte SNSV: Verschiedene Ausmittigkeiten

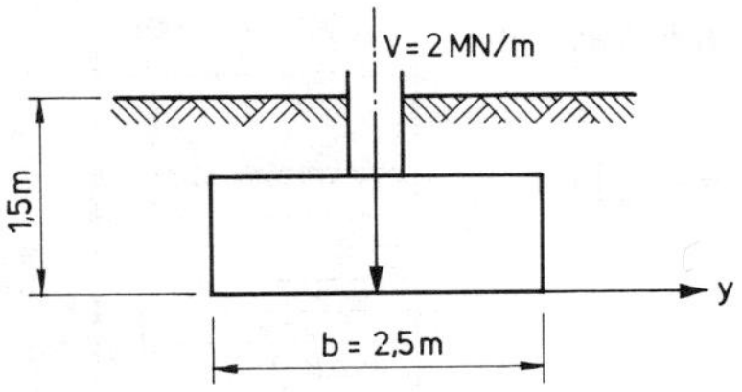

Geg.: *Mittig belastetes Streifenfundament.*
Baugrund: Sand; γ = 18 kN/m³; φ' = 35°.

Ges.: *Sohlnormalspannungsverteilung unter Berücksichtigung des elasto-plastischen Baugrundverhaltens.*

Lösung:

1) SNSV im ideal-elastischen Zustand

$$\sigma_{0m} = \frac{2000}{2{,}5} = 800 \quad kN/m^2$$

SNS-Werte nach Boussinesq:

y	0	0,25	0,25		1,25
$\sigma_{0(y)}$	509,6	520,0			∞

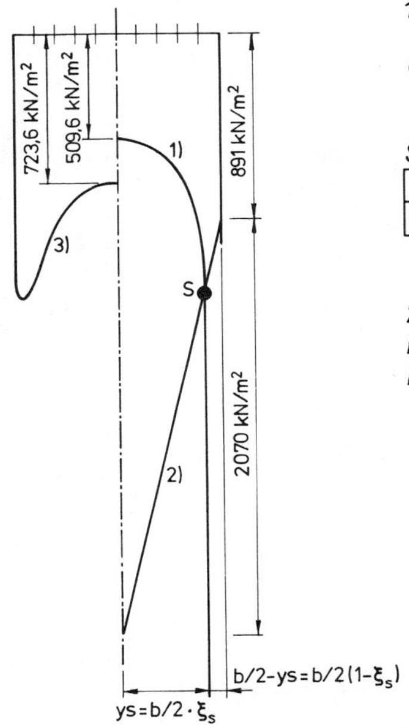

2) SNSV im plastischen Zustand
Nach der Grundbruchgleichung DIN 4017 setzt sich die Bruchspannung σ_{0f} aus folgenden Anteilen zusammen:

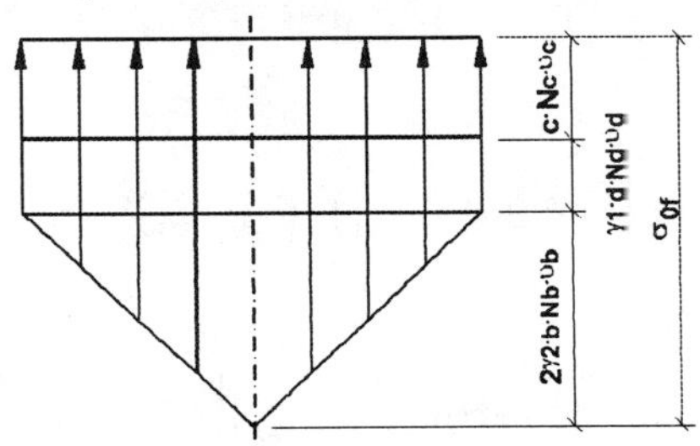

Mit c = 0

$$N_d = 33\,;\ \nu_d = 1{,}0$$
$$N_b = 23\,;\ \nu_b = 1{,}0$$

wird

$$c \cdot N_c = 0$$
$$\gamma_1 \cdot d \cdot N_d = 18 \cdot 1{,}5 \cdot 33 = 891 \quad kN/m^2$$
$$2 \cdot \gamma_2 \cdot b \cdot N_b = 2 \cdot 18 \cdot 2{,}5 \cdot 23 = 2070 \quad kN/m^2$$

3) SNSV im elasto-plastischen Zustand

Durch Gleichsetzen der Beziehungen für den ideal-elastischen und den plastischen Zustand erhält man im Abstand $y_s = \frac{b}{2} \cdot \xi_s$ die Schnittstelle S, bei der die (theoretisch) hohen Randspannungen durch das plastische Verhalten des Baugrunds im Bruchzustand begrenzt werden.
Um die Gleichgewichtsbedingung $\sum V = 0$ zu erfüllen, muß der mittlere Bereich um den Anteil der wegfallenden Randspannungen „aufgefüllt" werden.
Dies geschieht analytisch durch Berechnung einer Ersatzlast $\overline{V}$:

$$\frac{2\overline{V}}{\pi \; b \; \sqrt{1-\xi_s^2}} = c \cdot N_c + \gamma_1 \cdot d \cdot N_d + 2\gamma_2 \cdot b \cdot N_b \left(1-\xi_s\right). \quad (a)$$

☐ 4.25: Fortsetzung Beispiel: Geradlinig begrenzte SNSV: Verschiedene Ausmittigkeiten

Für die weitere Berechnung wird die halbe Fundamentseite betrachtet

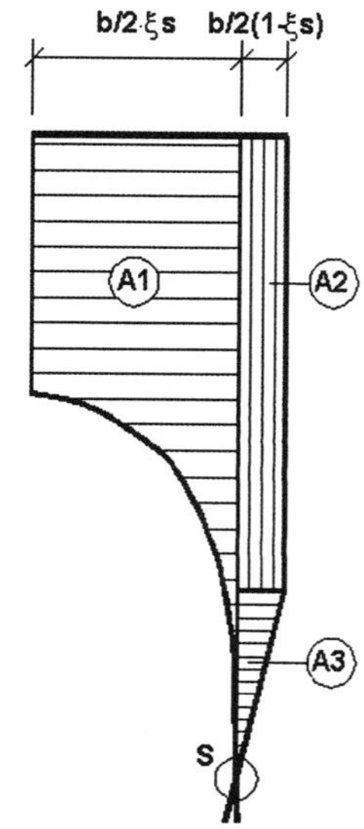

$$\frac{V}{2} = A_1 + A_2 + A_3 = \frac{\overline{V}}{\pi}\int_0^{\xi_s}\frac{d_\xi}{\sqrt{1-\xi^2}} + \frac{b}{2}\,(1-\xi_s)\,(c\cdot N_c + \gamma_1\cdot d\cdot N_d) +$$

$$+\frac{b^2}{2}(1-\xi_s)^2\gamma_2\cdot N_b \qquad (b)$$

Mit den Konstanten

$$B = \frac{b}{2}(c\cdot N_c + \gamma_1\cdot d\cdot N_d);\; C = \frac{b^2}{2}\cdot\gamma_2\cdot N_b$$

und der Lösung

$$\int_0^{\xi_s}\frac{d_\xi}{\sqrt{1-\xi^2}} = \arcsin\xi_s$$

schreibt sich (a):

$$\frac{\overline{V}}{\pi} = \sqrt{1-\xi_s^2}\left[B + 2C\,(1-\xi_s)\right] \qquad (c)$$

und (b):

$$\frac{V}{2} = \frac{\overline{V}}{\pi}\cdot\arcsin\xi_s + B\,(1-\xi_s) + C\,(1-\xi_s)^2 \qquad (d)$$

(c) in (d):

$$\frac{V}{2} = B\left[\sqrt{1-\xi_s^2}\cdot\arcsin\xi_s + (1-\xi_s)\right] + C\left[2\sqrt{1-\xi_s^2}\cdot\arcsin\xi_s(1-\xi_s) + (1-\xi_s)^2\right] \qquad (e)$$

Mit den Zahlen des Beispiels:

$$B = \frac{2{,}5}{2}(0 + 18\cdot 1{,}5\cdot 33) = 1113{,}8$$

$$C = \frac{2{,}5^2}{2}\cdot 18\cdot 23 = 1293{,}8$$

Damit wird (e):

$$\frac{2000}{2} = 1113{,}8\left[\sqrt{1-\xi_s^2}\cdot\arcsin\xi_s + (1-\xi_s)\right] + 1293{,}8\left[2\sqrt{1-\xi_s^2}\cdot\arcsin\xi_s(1-\xi_s) + (1-\xi_s)^2\right]$$

Mit der Lösung $\xi_s = 0{,}82$ *ergibt sich die Schnittstelle S bei:*

$$y_s = \frac{2{,}5}{2}\cdot 0{,}82 = 1{,}025\ m$$

Aus (c) erhält man die Ersatzlast

$$\overline{V} = \pi\sqrt{1-0{,}82^2}\left[1113{,}8 + 2\cdot 1293{,}8\,(1-0{,}82)\right] = 2840\ kN/m$$

☐ 4.26: Fortsetzung Beispiel: Geradlinig begrenzte SNSV: Verschiedene Ausmittigkeiten

Mit diesem Wert werden die verbesserten Ordinaten der SNS nach der Gleichung von Boussinesq berechnet und aufgetragen.

$$\sigma_{0m} = \frac{2840}{2,5} = 1136 \ kN/m$$

y [m]	*0*	*0,25*	*0,50*	*0,75*	*1,00*	*1,025*
$\sigma_{0(y)}$ [kN/m²]	*723,6*	*738,4*	*788,4*	*905,4*	*1201,9*	*1293,2*

Durch Ausrunden des gebrochenen Linienzugs erhält man in guter Näherung die SNSV.

4.4 Näherungen

Da die Berechnung der elasto-plastischen SNSV aufwendig ist, wurden Näherungen vorgeschlagen (☐ 4.27), die zwar die Lastgröße, aber nicht die Baugrundeigenschaften berücksichtigen (☐ 4.29 und ☐ 4.30).

Da sich die SNSV bei gleicher Lastgröße beträchtlich mit den Baugrundeigenschaften ändert (siehe Abschnitt 4.3), schlägt Leonhardt (Betonkalender, verschiedene Jahrgänge) für nichtbindige und bindige Böden zwei verschiedene Sohlspannungsfiguren vor, die Bemessungsmomente für Streifenfundamente mit unterschiedlichen Sohlnormalspannungsfiguren für nichtbindigen Boden und für bindigen Boden zu berechnen (☐ 4.28). Näherungsansätze für die Bemessung siehe Abschnitt 5.

☐ 4.27: Beispiele: Näherungen für elasto-plastische SNSV von a) Siemonsen und b) Schäfer

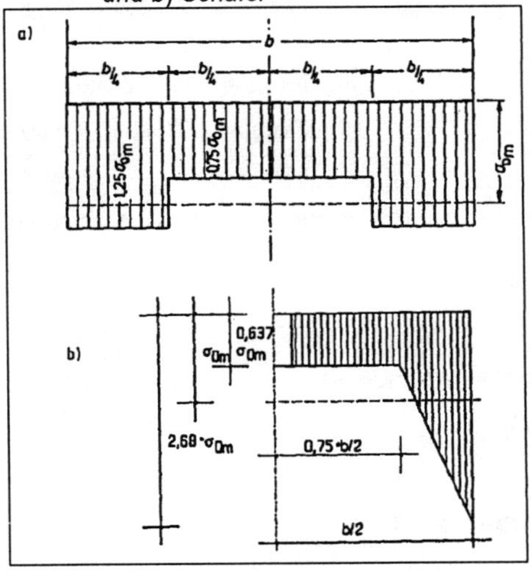

☐ 4.28: Biegemomente von Streifenfundamenten (nach Leonhardt) auf a) nichtbindigem Boden und Fels, b) bindigem Boden

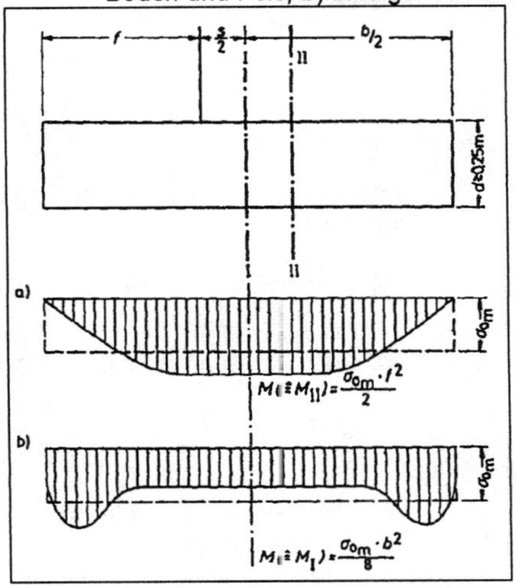

☐ 4.29: Beispiel: Streifenfundament: Berechnung der Biegemomente für verschiedene Näherungen der SNSV

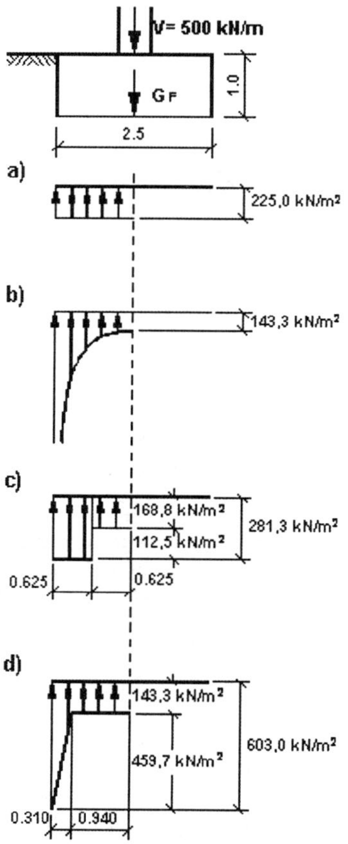

Für das mittig belastete Streifenfundament aus Stahlbeton ist zu ermitteln

1. *Sohlnormalspannungsverteilung nach*
   a) *einfacher Annahme*
   b) *Boussinesq*
   c) *Siemonsen*
   d) *Schäfer*
2. *Maximalmomente für die Ansätze a) bis d)*

Lösung:

zu 1): Sohlnormalspannungsverteilung

Fundamenteigenlast:

$$G_F = 25 \cdot 2{,}5 \cdot 1{,}0 = 62{,}5 \quad kN/m$$

a) $$\sigma_{0m} = \frac{500 + 62{,}5}{2{,}5} = 225{,}0 \quad kN/m^2$$

b)

y	[m]	0	0,25	0,5	0,75	1,0	1,25
$\frac{2y}{b}$	[-]	0	0,2	0,4	0,6	0,8	1,0
$\sigma_{0(y)}$	[kN/m²]	143,3	146,3	156,2	179,3	238,1	∞

c)
$$1{,}25\sigma_{0m} = 1{,}25 \cdot 225{,}0 = 281{,}3 \quad kN/m^2$$
$$0{,}75\sigma_{0m} = 0{,}75 \cdot 225{,}0 = 168{,}8 \quad kN/m^2$$

d)
$$0{,}637\sigma_{0m} = 0{,}637 \cdot 225{,}0 = 143{,}3 \quad kN/m^2$$
$$2{,}680\sigma_{0m} = 2{,}680 \cdot 225{,}0 = 603{,}0 \quad kN/m^2$$

zu 2): Maximalmomente

Anmerkung: Da die Fundamenteigenlast selbst kein Biegemoment erzeugt, verringert sich σ_{0m} um den Anteil:

$$\sigma_0^g = \frac{62{,}5}{2{,}5} = 25{,}0 \quad kN/m^2$$

Die Momente werden für die Fundamentmitte berechnet.

a) $${}_{\max}M = (225{,}0 - 25{,}0) \cdot \frac{1{,}25^2}{2} = 156{,}3 \quad kNm/m$$

b) An der Stelle y = 0 wird der Tabellenwert i_M = 0,637

$$\Rightarrow {}_{\max}M = i_M \cdot \left(\frac{b}{2}\right)^2 \cdot \sigma_{0m} = 0{,}637 \cdot 1{,}25^2 (225{,}0 - 25{,}0) = 199{,}1 \quad kNm/m$$

c) $${}_{\max}M = (281{,}3 - 25{,}0) \cdot 0{,}625 \cdot \left(0{,}625 + \frac{0{,}625}{2}\right) + (168{,}8 - 25{,}0) \cdot \frac{0{,}625^2}{2} = 178{,}3 \quad kNm/m$$

d) $${}_{\max}M = (143{,}3 - 25{,}0) \cdot \frac{1{,}25^2}{2} + 459{,}7 \cdot \frac{1}{2} \cdot 0{,}31\left(0{,}94 + \frac{2 \cdot 0{,}31}{3}\right) = 173{,}9 \quad kNm/m$$

☐ 4.30: Fortsetzung Beispiel: Streifenfundament: Berechnung der Biegemomente für verschiedene Näherungen der SNSV

Vergleichende Zusammenstellung:

Verfahren	$_{max}M$ *[kNm/m]*	*Änderung [%]*
a)	*156,3*	*100*
b)	*199,1*	*127*
c)	*178,3*	*114*
d)	*173,9*	*111*

4.5 Kontrollfragen

- Sohlspannungen? Arten?
- Wie erhält man die Größe der Sohlnormalspannungen?
- Einfache Annahme für die SNSV? Wovon hängt sie allein ab?
- Geradlinig begrenzte SNSV bei mittiger/wachsender ausmittiger Belastung? Skizzen mit Ordinatenangaben!
- Wann darf mit der einfachen Annahme für die SNSV gerechnet / nicht gerechnet werden?
- Ersatzrechteck bei unregelmäßig begrenzter Sohlfläche?
- Geradlinig begrenzte Sohlnormalspannungsfigur bei doppelter Ausmittigkeit? Möglichkeiten der Berechnung?
- Wie sieht die genauere SNSV aus? Von welchen Einflüssen hängt sie ab?
- Welches sind die beiden wichtigsten Einflußfaktoren, die auch bei allen anderen Berechnungsarten eine Rolle spielen?
- Welche Formen der Steifigkeit von Fundamenten werden unterschieden?
- Aus welchen Anteilen setzt sich die Bauwerkssteifigkeit zusammen?
- Gedankenmodelle für ein schlaffes Fundament?
- Zeichnen Sie a) Setzungsmulde, b) SNSV für ein mittig belastetes schlaffes/starres Streifenfundament, und erläutern Sie die Zusammenhänge!
- Annahmen und Sohlspannungsfigur von Boussinesq für ein starres Streifenfundament? Skizze!
- "Korrigierte" SNSV nach Boussinesq (elasto-plastische SNSV)?
- Biegsamkeit des Fundaments in Abhängigkeit von der Fundamentform und -größe?
- Systemsteifigkeit? Wovon hängt sie ab?
- Was bedeutet $K = 0$ / $K = \infty$?
- Ein 0,8 m dickes und 2 m breites Streifenfundament liegt einmal auf einem weichen, einmal auf einem festen Baugrund. Unterschied der Systemsteifigkeit?
- Spannungskonzentration unter den Wänden bei festem / weichem Baugrund? Skizze!
- Zeichnen Sie die SNSV für ein schlaffes und ein starres Fundament unter einer a) Flächenlast, b) Linienlast, c) bei ausmittiger Belastung.
- Gegeben: Drei 2 Meter breite Streifenfundamente auf Lehm. Fundament 1: Flächenlast; Fundament 2: Linienlast in Fundamentmitte; Fundament 3: 2 Linienlasten jeweils 0,3 m von den Fundamenträndern entfernt. Gesucht: Skizzen der SNSV für den Fall a) schlaffes, b) für den Fall starres Fundament.
- Der Einfluß der Lastgröße auf die SNSV unter einem starren Streifenfundament ist zeichnerisch darzustellen und zu erläutern.
- Erklären Sie den parabelförmigen Verlauf der SNSV beim Grundbruch a) mit Hilfe der Veränderung der elasto-plastischen SNSV bei steigender Last, b) mit Hilfe der Grundbruchgleichung.
- Zeichnen Sie die SNSV unter einem starren Streifenfundament, und erläutern Sie daran die Grundbruchgleichung.
- Die Abhängigkeit der elasto-plastischen SNSV von der Lastgröße und von der Bodenart (Verfahren Schultze) ist anhand von Skizzen darzustellen und zu erläutern.
- Wie wirkt sich die Bodenart (nichtbindiger Boden / bindiger Boden) auf die SNSV unter einem starren Streifenfundament aus?
- Einfluß der Fundamentform?
- Näherungen von Siemonsen und Schäfer für die elastoplastische SNSV?
- Näherung nach Leonhardt für die Berechnung des Bemessungsmoments eines Streifenfundaments? Warum ist sie für nichtbindigen Boden und bindigen Boden unterschiedlich?

4.6 Aufgaben

4.6.1 Durch die Bauwerkslast entsteht in der Sohlfuge die ...1... . Ihre Größe kann mit Hilfe der ...2... berechnet werden. Ihre Verteilung hängt vor allem ab von den ...3... und der ...4... , aber auch von ...5,6,7... und ...8... . Die SNSV hat einen großen Einfluß auf die ...9... . Daher muß sie für die Berechnung der inneren ...10... bekannt sein.

4.6.2 Geg.: Rechteckquerschnitt b = 9 m, d = 0,5 m. Schluff E_s = 8 MN/m², Beton B 25.
Ges.: a) Systemsteifigkeit K und deren Bezeichnung. b) Wie dick müßte ein "quasi starrer" Querschnitt der gleichen Breite mindestens sein?

4.6.3 Geg.: Rechteckplatte, b = 7 m, Beton B 15, a) d = 20 cm; b) d = 50 cm; c) d = 200 cm. Baugrund: 1) dichter Sand, E_s = 200 MN/m²; 2) weicher Ton, E_s = 2 MN/m².
Ges.: Systemsteifigkeit und Bezeichnung der Steifigkeit für alle angegebenen Kombinationen.

4.6.4 Ein Fundament mit geringer Steifigkeit wird in folgendem Baugrund gegründet: a) dichter Kiessand, b) lockerer Mittelsand, c) weicher Schluff.
Bei welchen Baugrundverhältnissen kann man das Fundament als schlaff, starr oder biegsam bezeichnen?

4.6.5 Die maximale Randspannung eines Streifenfundaments bei geradlinig begrenzter SNSV und klaffender Fuge beträgt 2 V/3 c. Ableitung?

4.6.6 Skizzieren Sie die geradlinig begrenzte SNSV, die zur maximal zulässigen Ausmittigkeit nach DIN 1054 gehört, und zwar a) für ständige Last, b) für Gesamtlast.

4.6.7 a) Wie heißt die Gleichung für die Randspannungen ("einfache Annahme") für den Fall, daß die Resultierende im Kern angreift? b) Warum gilt diese Gleichung außerhalb des Kerns nicht?

4.6.8 Bei welchen Berechnungen darf man eine geradlinig begrenzte Sohlspannungsfigur annehmen?

4.7 Weitere Beispiele

☐ 4.31: Beispiel: Geradlinig begrenzte SNSV: Einzelfundament mit Sohlwasserdruck

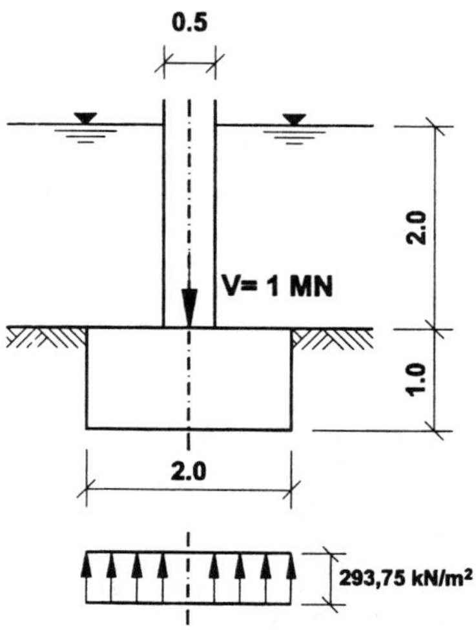

Geg.: *Stahlbetonfundament (a = b = 2,0 m; d = 1,0 m) unter der quadratischen Stütze einer Seeuferstraße.*

Ges.: *Geradlinig begrenzte Sohlnormalspannungsfigur.*

Lösung:

Fundamenteigenlast:

$$G_F = 25 \cdot 2{,}0^2 \cdot 1{,}0 = 100 \ kN$$

Sohlwasserdruckkraft:

$$D = \gamma_W \cdot h_W \cdot a \cdot b = 10 \cdot 3{,}0 \cdot 2{,}0^2 = 120 \ kN$$

Auftriebskraft:

Gewichtskraft der vom Baukörper verdrängten Wassermenge:

$$F_A = 10 \ \left(2{,}0^2 \cdot 1{,}0 + 0{,}5^2 \cdot 2{,}0\right) = 45 \ kN$$

Die Auftriebskraft ist in diesem Fall nicht gleich der Sohlwasserdruckkraft: Die Differenz entspricht der auf dem Fundament wirkenden Wasserlast G_W:

$$G_W = 10 \ \left(2{,}0^2 - 0{,}5^2\right) \cdot 2{,}0 = 75 \ kN \ .$$

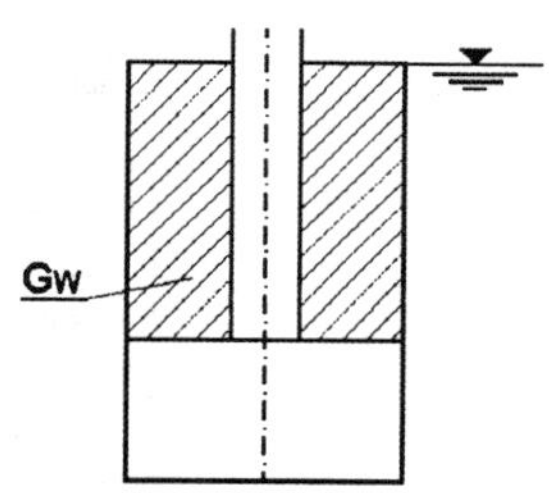

Somit wird in Höhe der Fundamentsohle:

$$\sum V = V + G_W + G_F = 1000 + 75 + 100 = 1175 \ kN$$

und

$$\sigma_{0m} = \frac{1175}{2{,}0^2} = 293{,}75 \ kN/m^2$$

5 Streifen- und Einzelfundamente

5.1 Grundlagen

Begriffe

Streifen- und Einzelfundamente sind Flächengründungen, weil sie ihre Lasten über ihre Gründungsfläche in den Baugrund übertragen. Sie gehören zu den Flachgründungen, die entweder im tragfähigen Baugrund gegründet werden und damit in geringer Tiefe ("flach") unter der Geländeoberfläche liegen oder - ebenfalls flach - auf verbesserten Baugrund gesetzt werden.

Anmerkung: Eine Gründung auf tiefliegendem tragfähigen Baugrund wird als Tiefgründung bezeichnet und ebenfalls als Flächengründung (z.B. in Form von Brunnen) oder als Pfahlgründung (Lastabtragung über Spitzenwiderstand und Mantelreibung) ausgeführt.

Streifenfundamente

Langgestreckte, unbewehrte oder bewehrte Fundamente unter Wänden (□ 5.01). Unbewehrte Streifenfundamente sind relativ hoch (□ 5.01 a), weil das Verhältnis d/f wegen der Lastausbreitung im Beton und in Hinblick auf das Kragmoment einen zulässigen Grenzwert nicht unterschreiten darf (siehe Abschnitt 5.4). Die Betonersparnis bei großen, unbewehrten Fundamenten mit Abtreppung (□ 5.01 b) kann beträchtlich sein. Sie werden jedoch wegen der aufwendigen Einschalung selten ausgeführt (Abschnitt 5.4).

Bewehrte Streifenfundamente können wesentlich flacher ausgebildet werden. Den Kosten für die Bewehrung stehen Kosteneinsparungen beim Beton, beim Aushub und auch bei einer evtl. Wasserhaltung gegenüber. Wegen der einfacheren Ausführungen werden fast ausschließlich Rechteckquerschnitte ausgeführt (□ 5.01 c). Durch Abschrägen im oberen Fundamentteil (□ 5.01 d) kann Beton eingespart werden und das Sickerwasser auf dem Fundament besser abfließen. Schrägen im Sohlbereich (□ 5.01 e) wirken sich günstig auf die Zugspannungen, aber ungünstig auf die Grundbruchsicherheit aus.

□ 5.01: Beispiele: Streifen- und Einzelfundamente: a), b) unbewehrt, c), d), e) bewehrt

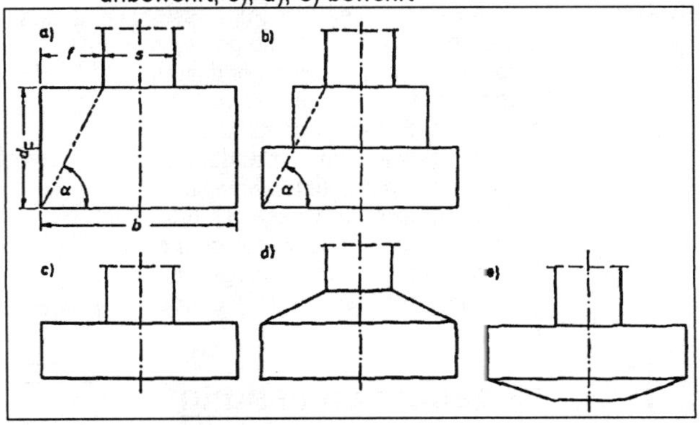

Einzelfundamente

Gedrungene, unbewehrte oder bewehrte Fundamente unter Stützen mit den gleichen Querschnitten (□ 5.01) wie Streifenfundamente (⇒ Abschnitt 5.5).

Gründungssohle

Aufstandsfläche von Flächengründungen auf dem Baugrund.

Gründungstiefe

(Einbindetiefe). Senkrechter Abstand zwischen Geländeoberfläche bzw. Kellersohle und Gründungssohle.

Mindesttiefe

Die Mindestgründungstiefe wird einmal dadurch festgelegt, daß die Gründungssohle frostfrei liegen muß: min d ≥ 0,8 m, je nach Froststrenge des betreffenden Gebiets. Geringere Gründungstiefen sind nach DIN 1054, Abschnitt 4.1.1, nur bei Bauwerken untergeordneter Bedeutung (z.B. Einzelgaragen, Schuppen o.ä.) sowie bei Gründungen auf Fels zugelassen. Zum anderen wird die Mindestgründungstiefe aufgrund der Forderung nach ausreichender Sicherheit gegen Grundbruch (siehe Abschnitt 3) bestimmt. (Daher müssen auch Fundamente in frostfreien Bereichen eine Mindesteinbindetiefe haben.)

Herstellung Bei standfestem Baugrund (z.B. bei bindigen Böden mit mindestens steifplastischer Konsistenz) wird die Baugrube bis zur Fundamentoberkante ausgeschachtet, von der Baugrubensohle aus ein Fundamentgraben ausgehoben und gegen "Erdschalung" betoniert. Bei nicht standfestem Baugrund (z.B. bei nichtbindigen oder weichen bindigen Böden) wird die Baugrube bis zur Fundamentunterkante ausgehoben, die Schalung aufgestellt (□ 5.02) und das Fundament betoniert.

□ 5.02: Beispiel: Fundamentschalung

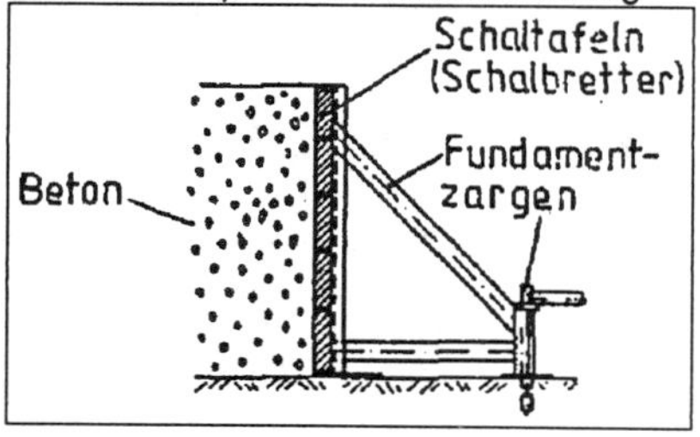

Der Baugrund in der Gründungssohle ist vor der Fundamentherstellung vor allen Einflüssen, die seine Eigenschaften verschlechtern können, zu schützen: Frost, Ausspülen, Aufweichen... Andernfalls sind aufgelockerte nichtbindige Bodenbereiche wieder zu verdichten und aufgeweichte bindige Bodenbereiche auszutauschen.

Bei bindigem Boden wird das Fundament auf eine kapillarbrechende Schicht aus Kiessand gesetzt. Eine Ausgleichsschicht aus Magerbeton verhindert Verschmutzungen des Betons und sichert bei bewehrten Fundamenten die Stahlüberdeckung (□ 5.03).

□ 5.03: Beispiel: Gründung auf bindigem Boden

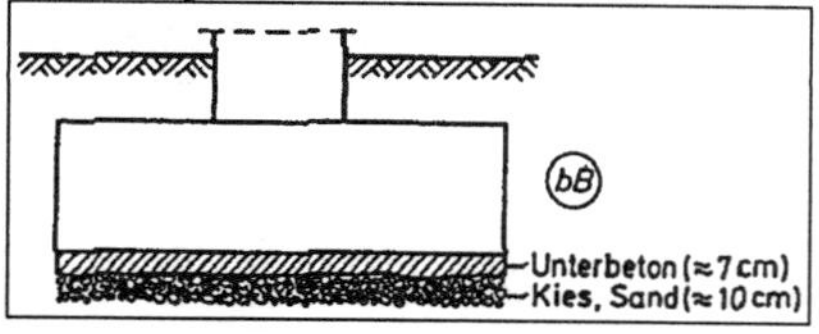

Abstand Um nachteilige gegenseitige Beeinflussungen benachbarter Fundamente gering zu halten, sollte ihr lichter Mindestabstand größer als die dreifache Breite des größeren Fundaments sein. Die Gründungstiefe von Nachbarfundamenten mit unterschiedlicher Gründungstiefe wird nach (□ 5.04) gewählt, damit das tieferliegende Fundament keine maßgebliche Belastung aus dem höherliegenden erhält.

□ 5.04: Beispiel: Fundamente mit unterschiedlicher Gründungstiefe

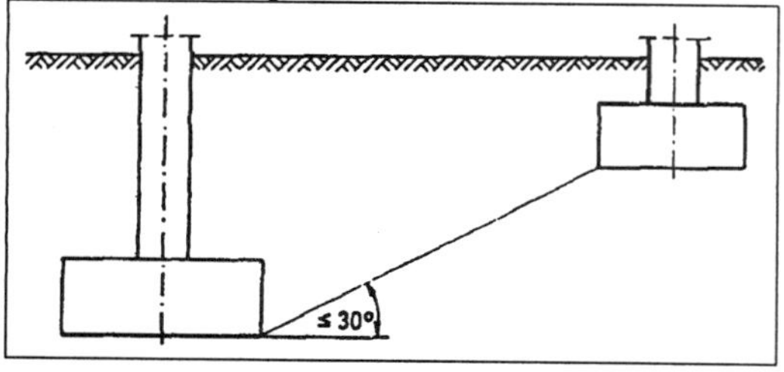

5.2 Regelfallbemessung

5.2.1 Allgemeines

Norm DIN 1054: Zulässige Belastung des Baugrunds

Regelfall Ein Regelfall ist gegeben, wenn genau definierte Voraussetzungen in bezug auf die Belastung, das Fundament und den Baugrund vorliegen (siehe Abschnitt 5.2.2).

Fundamente Einzel- und Streifenfundamente.

Bemessung Die vorhandene Sohlnormalspannung ${}_{vorh}\sigma_0$ wird mit einer zulässigen Sohlnormalspannung ${}_{zul}\sigma_0$ verglichen, die mit Hilfe von Tabellen (siehe Abschnitt 5.2.3) bestimmt wird. Das Fundament ist richtig bemessen, wenn

$$ {}_{vorh}\sigma_0 \leq {}_{zul}\sigma_0 \qquad (5.01)$$

ist.

Hierin ist bei mittiger Belastung

$$ {}_{vorh}\sigma_0 = \frac{V}{A} \qquad (5.02)$$

und bei ausmittiger Belastung

$$_{vorh}\sigma_0 = \frac{V}{A'} \qquad (5.03)$$

Außerdem ist:

V = Vertikalkraft in der Gründungssohle
A = a · b = tatsächliche Gründungsfläche bei mittiger Belastung
A' = a' · b' = reduzierte Fläche (Ersatzfläche) bei ausmittiger Belastung. Der Schwerpunkt dieser Ersatzfläche liegt unter dem Lastangriffspunkt (☐ 2.18).

Anmerkung: Bei der Regelfallbemessung werden die Sohlnormalspannungen also auch bei ausmittiger Belastung gleichmäßig verteilt angenommen (im Gegensatz zur "einfachen Annahme", siehe Abschnitt 4.1).

Standsicherheit In der Regelfallbemessung sind die Nachweise der Sicherheit gegen Kippen, Gleiten und Grundbruch enthalten. Die Sicherheitsnachweise gegen Auftrieb (siehe Dörken/Dehne, Teil 1, 1993) und Geländebruch (siehe DIN 4084) müssen gegebenenfalls gesondert geführt werden.

Setzungen Ein Setzungsnachweis ist nur bei wesentlicher Beeinflussung durch Nachbarfundamente erforderlich. Die Regelfallbemessung bei mittiger Belastung und nichtbindigen Böden kann zu Setzungen von bis zu ca. 2 cm führen. Bei Werten aus Tabelle 2 (siehe Abschnitt 4.6.3) und b > 1,5 m sind auch größere Setzungen möglich. Bei bindigen Böden können Setzungen von 2 cm (bei Werten aus Tabelle 3, siehe Abschnitt 4.6.3) bzw. bis ca. 4 cm (bei Werten aus Tabelle 6, siehe Abschnitt 4.6.3) auftreten.

5.2.2 Voraussetzungen

Folgende Voraussetzungen müssen vorliegen, damit ein Regelfall angenommen werden darf:

Belastung

a) Die Belastung muß überwiegend oder regelmäßig statisch sein.

b) Die Resultierende aus den ständigen Lasten muß im 1. Kern der Gründungsfläche liegen.

Anmerkung: Dies bedeutet z.B. bei Rechteckfundamenten: e ≤ b/6 bei einfacher Ausmittigkeit in Richtung der kleineren Fundamentseite b, e ≤ a/6 bei einfacher Ausmittigkeit in Richtung der größeren Fundamentseite a.

c) Die Resultierende aus Gesamtlast darf über den 2. Kern der Gründungsfläche nicht hinausgehen.

Anmerkung: Dies bedeutet z.B. bei Rechteckfundamenten: e ≤ b/3 bei einfacher Ausmittigkeit in Richtung der kleineren Fundamentseite b, e ≤ a/3 bei einfacher Ausmittigkeit in Richtung der größeren Fundamentseite a.

Fundament

d) Die Gründungssohle muß frostfrei liegen.

Anmerkung: Dies bedeutet: d ≥ 0,8 m, je nach örtlichen Frostverhältnissen. Fundamente innerhalb eines Bauwerks und Fundamente von Bauwerken untergeordneter Bedeutung, z.B. Einzelgaragen, können auch flacher gegründet werden.

e) Die Abmessungen der Streifen- oder Einzelfundamente sind begrenzt.

Anmerkung: Die Regelfallbemessung gilt für 0,5 m bis 2,0 m bzw. 3,0 m (Tabelle 1) breite Fundamente (unter besonderen Voraussetzungen auch für Fundamente bis zu 5 m Breite - siehe Abschnitt 5.2.3).

Baugrund

f) Der Baugrund muß aus häufig vorkommenden, typischen Bodenarten bestehen.

Anmerkung: Häufig vorkommend und typisch sind die in den Tabellen 1 bis 6 (siehe Abschnitt 5.2.3) genannten Böden.

g) Die Böden müssen vor Auswaschen und Auflockerung, bindige Böden zusätzlich vor Aufweichen und Auffrieren geschützt werden.

h) Der Baugrund muß bis $_{min}z$ = 2 b (b = kleinere Fundamentseite) unter Gründungssohle annähernd gleichmäßig sein.

Anmerkung: In diesem Bereich darf nur dann ein Schichtwechsel liegen, wenn die untere Schicht mindestens so tragfähig ist wie die Gründungsschicht.

Nichtbindige Böden

Anmerkung: Nichtbindige Böden nach DIN 1054, Abschnitt 2.1.1.1 sind: Sand, Kies, Steine und ihre Mischungen, wenn der Gewichtsanteil der Bestandteile mit Korngrößen unter 0,06 mm 15 % nicht übersteigt (nach DIN 18196 sind dies: grobkörnige Böden GE, GW, GI, SE, SW, SI und gemischtkörnige Böden GU, GT, SU).

i) Die Lagerungsdichte D, der Verdichtungsgrad D_{Pr} oder der Spitzendruck q_s müssen mindestens die Werte nach (□ 5.05) erreichen.

□ 5.05: Mindestwerte D, D_{Pr} und q_s bei nichtbindigen Böden (DIN 1054)

Boden	Gruppe nach DIN 18 196	U	D	D_{Pr}	q_s [MN/m²]
grobkörnig, enggestuft	SE, GE	≤ 3	≥ 0,3	≥ 95 %	≥ 7,5
gemischtkörnig mit geringem Feinkornanteil (max. 15 Gew.-% ≤ 0,06 mm)	SU, GU, GT				
grobkörnig, eng-, weit- und intermittierend gestuft	SE, SW, SI GE, GW, GI	> 3	≥ 0,45	≥ 98 %	≥ 7,7
gemischtkörnig mit geringem Feinkornanteil (max. 15 Gew.-% ≤ 0,06 mm)	SU, GU, GT				
Die angegebenen Werte entsprechen etwa einer mitteldichten Lagerung.					

j) Der Grundwasserspiegel darf bei Fundamenten mit einer Einbindetiefe d < 0,8 m oder d < b höchstens bis zur Gründungssohle stehen.

k) Wenn auch H-Kräfte wirken, muß die Einbindetiefe $d \geq 1{,}4 \cdot b \cdot \tan \delta_s$ sein ($\tan \delta_s = H/V$).

Bindige Böden

Anmerkung: Bindige Böden nach DIN 1054, Abschnitt 2.1.1.2 sind: Tone, tonige Schluffe sowie ihre Mischungen mit nichtbindigen Böden, wenn der Gewichtsanteil der bindigen Bestandteile mit Korngrößen unter 0,06 mm größer als 15 % ist (z.B. sandiger Ton, sandiger Schluff, Lehm, Mergel). Dem entsprechen nach DIN 18196 feinkörnige Böden UL, UM, TL, TM, TA, gemischtkörnige Böden SU*, ST, ST*, GU*, GT*.

l) Die Konsistenz muß mindestens steifplastisch sein ($I_c \geq 0{,}75$) und darf durch die Baumaßnahme nicht beeinträchtigt werden.

m) Bei schrägen Lasten muß das Kräfteverhältnis H : V ≤ 1:4 sein.

n) Bei Böden mit steifer Konsistenz ($0{,}75 < I_c < 1$) darf die Last nur allmählich aufgebracht werden (z.B. durch konventionelle Bauweise).

5.2.3 Zulässige Sohlnormalspannungen

5.2.3.1 Nichtbindige Böden

Tabellenwerte

a) Für setzungsempfindliche Bauwerke gilt Tabelle 1 (□ 5.06), für setzungsunempfindliche Bauwerke Tabelle 2 (□ 5.06). Zwischenwerte können geradlinig eingeschaltet werden.

Anmerkungen: Setzungsempfindliche Bauwerke sind vor allem statisch unbestimmte Konstruktionen aus Stahlbeton und Spannbeton, bei denen ungleichmäßige Setzungen zu Schäden führen können, oder Bauwerke, deren Nutzungswert durch Setzungen beeinträchtigt wird.

Als setzungsunempfindlich gelten grundsätzlich statisch bestimmte Konstruktionen, aber auch - bei geringen Setzungsunterschieden - Stahlbauten und Bauten aus kleinformatigem Mauerwerk.

□ 5.06: Zulässige Sohlnormalspannungen $_{zul}\sigma_0$ (DIN 1054)

Tabelle 1: Nichtbindiger Baugrund und setzungsempfindliches Bauwerk

Kleinste Einbindetiefe des Fundaments [m]	Zulässige Bodenpressung in kN/m² bei Streifenfundamenten mit Breiten b bzw. b' von					
	0,5 m	1,0 m	1,5 m	2,0 m	2,5 m	3,0 m
0,5	200	300	330	280	250	220
1,0	270	370	360	310	270	240
1,5	340	440	390	340	290	260
2,0	400	500	420	360	310	280
bei Bauwerken mit Gründungstiefen d ab 0,3 m und mit Fundamentbreiten b ab 0,3 m	150					

Tabelle 2: Nichtbindiger Baugrund und setzungsunempfindliches Bauwerk

Kleinste Einbindetiefe des Fundaments [m]	Zulässige Bodenpressung in kN/m² bei Streifenfundamenten mit Breiten b bzw. b' von			
	0,5 m	1,0 m	1,5 m	2,0 m
0,5	200	300	400	500
1,0	270	370	470	570
1,5	340	440	540	640
2,0	400	500	600	700
bei Bauwerken mit Gründungstiefen d ab 0,3 m und mit Fundamentbreiten b ab 0,3 m	150			

Tabelle 3: Reiner Schluff [1)]

Kleinste Einbindetiefe des Fundaments [m]	Zulässige Bodenpressung in kN/m² bei Streifenfundamenten mit Breiten b bzw. b' von 0,5 bis 2,0 m und steifer bis halbfester Konsistenz
0,5	130
1,0	180
1,5	220
2,0	250

[1)] Entspricht der Bodengruppe UL nach DIN 18196

Tabelle 4: Gemischtkörniger Boden der Korngrößen vom Ton- bis in den Sand-, Kies- oder Steinbereich enthält (z.B. Sand- oder Geschiebemergel, Geschiebelehm) [1)]

Kleinste Einbindetiefe des Fundaments [m]	Zulässige Bodenpressung in kN/m² bei Streifenfundamenten mit Breiten b bzw. b' von 0,5 bis 2,0 m und einer Konsistenz		
	steif	halbfest	fest
0,5	150	220	330
1,0	180	280	380
1,5	220	330	440
2,0	250	370	500

[1)] Entspricht den Bodengruppen SU, ST, ST̄, GŪ, GT̄ nach DIN 18196

Tabelle 5: Tonig schluffiger Boden [1)]

Kleinste Einbindetiefe des Fundaments [m]	Zulässige Bodenpressung in kN/m² bei Streifenfundamenten mit Breiten b bzw. b' von 0,5 bis 2,0 m und einer Konsistenz		
	steif	halbfest	fest
0,5	120	170	280
1,0	140	210	320
1,5	160	250	360
2,0	180	280	400

[1)] Entspricht den Bodengruppen UM, TL und TM nach DIN 18196

Tabelle 6: Fetter Ton [1)]

Kleinste Einbindetiefe des Fundaments [m]	Zulässige Bodenpressung in kN/m² bei Streifenfundamenten mit Breiten b bzw. b' von 0,5 bis 2,0 m und einer Konsistenz		
	steif	halbfest	fest
0,5	90	140	200
1,0	110	180	240
1,5	130	210	270
2,0	150	230	300

[1)] Entspricht den Bodengruppen TA nach DIN 18196

b) Ist die maßgebende Breite in Tabelle 1 (□ 5.06) b (bzw. b') > 3 m (max. b = 5 m), so sind die Tabellenwerte um 10 % je Meter zusätzlicher Breite zu vermindern. In Tabelle 2 (□ 5.06) können bei Breiten b (bzw. b') > 2 m die Tabellenwerte für b = 2 m beibehalten werden.

c) Ist die maßgebende Einbindetiefe d > 2 m, so darf der für d = 2 m abgelesene Tabellenwert um $\Delta s = \gamma \cdot \Delta d$ erhöht werden. Hierin ist $\Delta d = {}_{vorh}d - 2{,}0$ (in m) und γ die Wichte des Bodens im Tiefenbereich Δd.

Anmerkung: Die abgelesenen Tabellenwerte oder die nach b) und c) erhaltenen Werte für $_{zul}\sigma_0$ gelten als "Tabellenwerte".

Erhöhung

Die "Tabellenwerte" können unter nachstehenden Bedingungen erhöht werden (die Erhöhung ist zu den Tabellenwerten zu addieren):

d) um 20% bei Rechteckfundamenten mit einem Seitenverhältnis $a/b < 2$; Ausnahme: die Werte der Tabelle 2 und die Werte der beiden ersten Spalten der Tabelle 1 dürfen nur erhöht werden, wenn $d \geq 0{,}6 \cdot b$ (bzw. b') ist,

e) um ≤ 50%, wenn der Baugrund bis in die Tiefe $z = 2 \cdot b$ (jedoch mindestens $z = 2$ m) unter der Gründungssohle besonders dicht ist (Mindestwerte nach □ 5.07),

Anmerkung: Die Tabellenwerte für Fundamente mit Breiten b (b') < 0,5 m und Einbindetiefen d < 0,5 werden nicht erhöht.

Abminderung

Die Werte der Tabelle 2 müssen unter folgenden Bedingungen abgemindert werden:

□ 5.07: Mindestwerte D, D_{Pr} und q_s für eine Erhöhung der Tabellenwerte (DIN 1054)

Gruppe nach DIN 18 196	U	D	D_{Pr}	q_s [MN/m²]
SE, GE SU, GU, GT	≤ 3	≥ 0,5	≥ 98 %	≥ 15
SE, SW, SI GE, GW, GI SU, GU, GT	> 3	≥ 0,65	≥ 100 %	≥ 15
Die angegebenen Werte entsprechen etwa einer dichten Lagerung.				

f) um ≤ 40%, wenn der Abstand d_w zwischen Gründungssohle und Grundwasserspiegel kleiner ist als die maßgebende Fundamentbreite (b bzw. b'); Zwischenwerte können geradlinig eingeschaltet werden (□ 5.08),

g) wenn auch H-Kräfte wirken. In diesem Fall sind die Tabellenwerte (bzw. die nach Punkt d) und e) erhöhten und/oder nach Punkt f) abgeminderten Tabellenwerte) mit dem Abminderungsfaktor $(1 - H/V)^2$ zu multiplizieren. (In H darf jedoch kein Erdwiderstand E_p berücksichtigt worden sein.)

Anmerkung: Wirkt H parallel zur längeren Fundamentseite und ist außerdem $a/b > 2$, so darf als Abminderungsfaktor $(1 - H/V)$ angesetzt werden.

Die Werte der Tabelle 1 brauchen nicht abgemindert zu werden, solange sie kleiner sind als die abgeminderten Werte der Tabelle 2. Andernfalls sind letztere maßgebend: Vergleichsberechnung durchführen!

Berechnungsbeispiele □ 5.09 bis □ 5.15.

□ 5.08: Beispiel: Abminderung infolge Grundwasser

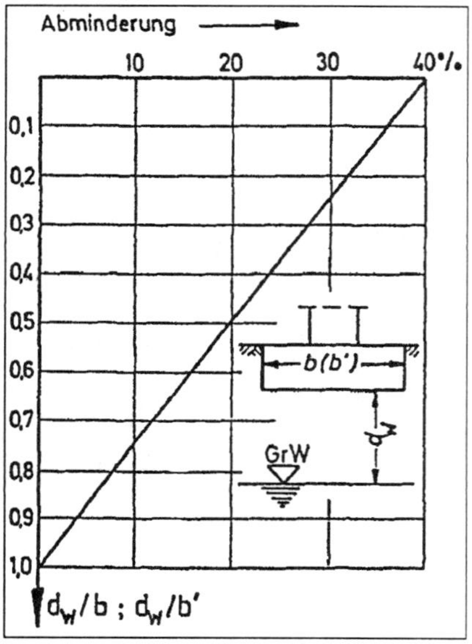

☐ 5.09: Beispiel: Standsicherheitsnachweis nach dem Regelfallverfahren (nichtbindiger Baugrund)

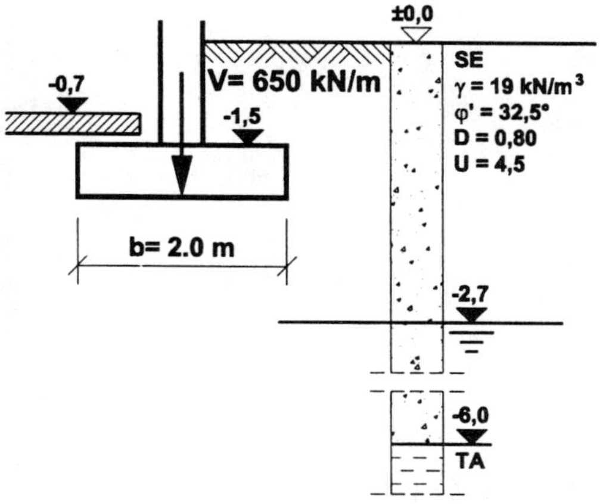

Für das dargestellte Streifenfundament eines Bürogebäudes ist die Standsicherheit zu überprüfen.

Hinweis: Aufgrund der Hochbaukonstruktion (Stockwerkrahmen) ist das Fundament als setzungsempfindlich einzustufen.

Lösung:

Vorbemerkung: Die Gliederung der Berechnung orientiert sich an der des Textteils Abschnitt 5.2. Das gilt auch für alle nachfolgenden Regelfallnachweise.

Voraussetzungen des Regelfalls

Belastung:
a) überwiegend statisch (Bürogebäude)
b), c) $e^g = 0;\ e^{g+p} = 0$

Fundament:
c) Außenbereich: ${}_{vorh}d = 1{,}5\ m > {}_{erf}d$
e) zutreffend

Baugrund:
f) zutreffend (SE ⇒ nbB)
g) bauseits sicherzustellen
h) ${}_{vorh}z = 6{,}0 - 1{,}5 = 4{,}5\ m > 2b = 4{,}0\ m$
i) ${}_{vorh}D = 0{,}80 > {}_{erf}D = 0{,}45\ (U > 3)$
j) Grundwasser unterhalb Fundamentsohle
k) $H = 0$

Somit liegt ein Regelfall vor.

Zulässige Sohlnormalspannung (nbB)

a) setzungsempfindlich ⇒ Tabelle 1

$b = 2{,}0\ m;\ {}_{min}d = 0{,}8\ m \Rightarrow \sigma_0 = 298\ kN/m^2$ *(interpoliert)*

b), c) entfällt

d) $\frac{a}{b} = \infty \Rightarrow$ *keine Erhöhung*

e) Die mögliche Erhöhung wird zwischen den Grenzen D = 0,65 (≙ 0%) und D = 1,00 (≙ 50%) interpoliert:

$$\frac{0{,}80 - 0{,}65}{1{,}00 - 0{,}65} \cdot 50\% = 21{,}4\%\ \textit{Erhöhung}$$

Damit wird ${}_{zul}\sigma_0^{(1)} = 298\ (1 + 0 + 0{,}214) = 362\ kN/m^2$

☐ 5.10: Fortsetzung Beispiel: Standsicherheitsnachweis nach dem Regelfallverfahren (nichtbindiger Baugrund)

Vergleichsrechnung

a) *setzungsunempfindlich ⇒ Tabelle 2*
b = 2,0 m
${}_{min}d = 0{,}8\ m$
$\sigma_0 = 542\ \ kN/m^2$ *(interpoliert)*

b), c) *entfällt*

d) $\frac{a}{b} = \infty \Rightarrow$ *keine Erhöhung*

e) *wie vor: 21,4% Erhöhung*

f) $\frac{d_W}{b} = \frac{1{,}20}{2{,}00} = 0{,}60 < 1$

$\Rightarrow \left(1 - \frac{d_W}{b}\right) \cdot 40\% = (1 - 0{,}60) \cdot 40 = 16\%$ *Abminderung*

g) *H = 0 ⇒ keine Abminderung.*

Damit wird

${}_{zul}\sigma_0^{(2)} = 542\ \ (1 + 0 + 0{,}214 - 0{,}160) = 571\ \ kN/m^2$

Maßgebend ist der kleinere Wert aus beiden Berechnungen: ${}_{zul}\sigma_0^{(1)} = 362\ \ kN/m^2$

Spannungsnachweis

${}_{zul}\sigma_0 = 362\ \ kN/m^2 > {}_{vorh}\sigma_0 = \frac{650}{2{,}0} = 325\ \ kN/m^2$

Das Fundament ist standsicher.

☐ 5.11: Beispiel: Standsicherheitsnachweis nach dem Regelfallverfahren (nichtbindiger Baugrund)

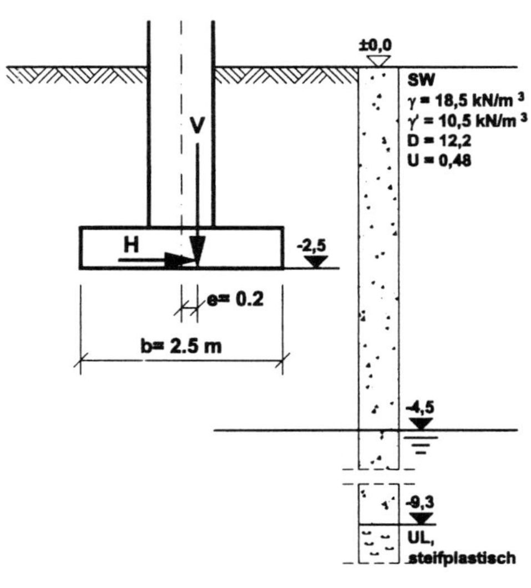

Für das dargestellte Quadratfundament mit einachsig ausmittiger Belastung (V = 3,1 MN, H = 0,54 MN; statisch) ist die Standsicherheit zu überprüfen.

Anmerkung: Die dargestellte Belastung entspricht dem ungünstigsten Zustand. Die Konstruktion ist setzungsunempfindlich.

Lösung:

Voraussetzungen für den Regelfall

Belastung:

a) *statisch (siehe Aufgabenstellung)*

b), c) $e = 0{,}20\ \ m < \frac{b}{6} = \frac{2{,}50}{6} = 0{,}42\ \ m$

(Auch im ungünstigsten Belastungszustand liegt die Resultierende im 1. Kern).

□ 5.12: Fortsetzung Beispiel: Standsicherheitsnachweis nach dem Regelfallverfahren (nichtbindiger Baugrund)

Fundament:

d) ${}_{vorh}d$ = 2,5 m > ${}_{erf}d$

e) *zutreffend*

Baugrund:

f) *zutreffend (SW ⇒ nbB)*

g *bauseits sicherzustellen*

h) ${}_{vorh}z = 9{,}3 - 2{,}5 = 6{,}8\ m > 2b = 5{,}0\ m$

i) ${}_{vorh}D = 0{,}48 >_{erf} D = 0{,}45$ *(U > 3)*

j) *Grundwasser unterhalb Fundamentsohle*

k) ${}_{vorh}d = 2{,}50\ m >_{erf} d = 1{,}4 \cdot 2{,}5 \cdot \frac{540}{3100} = 0{,}61\ m$

Somit liegt ein Regelfall vor.

Zulässige Sohlnormalspannung (nbB)

a) *setzungsunempfindlich ⇒ Tabelle 2*
reduzierte Fläche:

$2{,}50 - 0 = 2{,}50\ m \mathrel{\hat{=}} a'$

$2{,}50 - 2 \cdot 0{,}20 = 2{,}10\ m \mathrel{\hat{=}} b'$

b' = 2,0 m (!)
d' = 2,0 m (!)
⇒ σ_0 = *700 kN/m²*

b) ${}_{vorh}b'$ *= 2,10 m > 2,00 m*
⇒ Die Werte der letzten Spalte können beibehalten werden.

c) ${}_{vorh}d$ *= 2,50 m > 2,00 m*
⇒ Erhöhung des Tabellenwerts um $\sigma_0 = 700 + 9 = 709\ kN/m^2$
Daraus ergibt sich ein „Tabellenwert" von $\sigma_0 = 700 + 9 = 709\ kN/m^2$

d) $\frac{a}{b} = 1{,}0 < 2$

${}_{vorh}d = 2{,}5\ m > 0{,}6 \cdot 2{,}1 = 1{,}26\ m$

⇒ 20% Erhöhung

e) ${}_{vorh}D$ *= 0,48 <* ${}_{erf}D$ *= 0,65 (U > 3)*
⇒ keine Erhöhung

f) $\frac{d_W}{b'} = \frac{2{,}0}{2{,}1} = 0{,}9524 < 1{,}0$

$\Rightarrow (1 - 0{,}9524) \cdot 40 = 1{,}9\%$ *Abminderung*

g) $\left(1 - \frac{H}{V}\right)^2 = \left(1 - \frac{540}{3100}\right)^2 = 0{,}682$

Damit wird ${}_{zul}\sigma_0 = 709\ (1 + 0{,}20 + 0 - 0{,}019) \cdot 0{,}682 = 571\ kN/m^2$

Spannungsnachweis

$${}_{zul}\sigma_0 = 571\ kN/m^2 < {}_{vorh}\ \sigma_0 = \frac{3100}{2{,}5 \cdot 2{,}1} = 590\ kN/m^2$$

Die Standsicherheit reicht nicht aus.

☐ 5.13: Beispiel: Regelfallbemessung (nichtbindiger Baugrund)

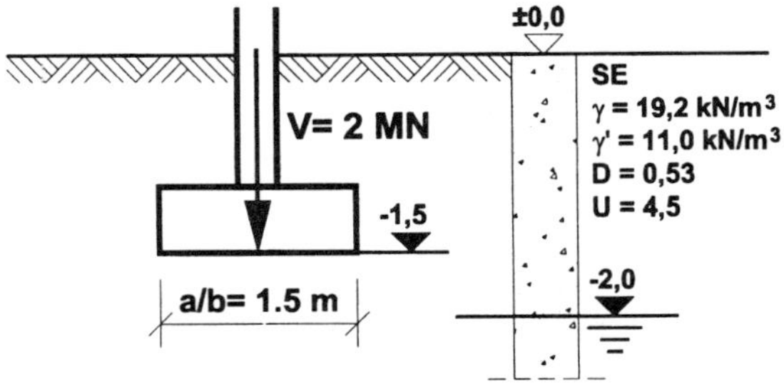

Für das Einzelfundament unter einem setzungsempfindlichen Wohngebäude sind die erforderlichen Seitenabmessungen mit einem Seitenverhältnis von

$$\frac{a}{b} = 1{,}5$$

zu ermitteln.

Lösung:

Voraussetzungen des Regelfalls

Belastung:
a) überwiegend statisch (Wohngebäude)
b), c) $e^g = 0$; $e^{g+p} = 0$

Fundament:
d) ${}_{vorh}d = 1{,}5\ m > {}_{erf}d$
e) zutreffend

Baugrund:
f) zutreffend (SE ⇒ nbB)
g) bauseits sicherzustellen
h) ${}_{vorh}z > 2b$ (Schichtgrenze tiefliegend)
i) ${}_{vorh}D = 0{,}53 > {}_{erf}D = 0{,}45$ (U > 3)
j) Grundwasser unterhalb Fundamentsohle
k) H = 0

Somit liegt ein Regelfall vor.

Zulässige Sohlnormalspannung (nbB)

gew.: b = 1,0 m $\Rightarrow a = 1{,}5b = 1{,}5 \cdot 1{,}0 = 1{,}5\ m$

a) setzungsempfindlich ⇒ Tabelle 1
b = 1,0 m
d = 1,5 m
$\sigma_0 = 440\ kN/m^2$

b), c) entfällt

d) $\frac{a}{b} = 1{,}5 < 2$

$d = 1{,}5\ m > 0{,}6b = 0{,}6 \cdot 1{,}0 = 0{,}6\ m$

⇒ 20% Erhöhung

e) ${}_{vorh}D = 0{,}5\,3 < {}_{erf}D = 0{,}65$ (U > 3)
⇒ keine Erhöhung

Damit wird ${}_{zul}\sigma_0^{(1)} = 440\ (1 + 0{,}20 + 0) = 528\ kN/m^2$

☐ 5.14: Fortsetzung Beispiel: Regelfallbemessung (nichtbindiger Baugrund)

Vergleichsberechnung

a) *setzungsunempfindlich ⇒ Tabelle 2*
b = 1,0 m
d = 1,5 m
σ_0 *= 440kN/m²*

b), c) *entfällt*

d) $\frac{a}{b} = 1{,}5 < 2$

$d = 1{,}5 \;\; m > 0{,}6b = 0{,}6 \cdot 1{,}0 = 0{,}6 \;\; m$

⇒ 20% Erhöhung

e) $_{vorh}D = 0{,}53 < {}_{erf}D = 0{,}65$ *(U>3)*
⇒ keine Erhöhung

f) $\frac{d_W}{b} = \frac{0{,}5}{1{,}0} = 0{,}50 < 1{,}0$

$\Rightarrow (1 - 0{,}50) \cdot 40 = 20{,}0\%$ *Abminderung*

g) *H = 0 ⇒ keine Abminderung*

Damit wird $_{zul}\sigma_0^{(2)} = 440 \;\; (1 + 0{,}20 + 0 - 0{,}20) = 440 \;\; kN/m^2$

Maßgebend: $_{zul}\sigma_0^{(2)} = 440 \;\; kN/m^2$

Spannungsnachweis

$$_{zul}\sigma_0 = 440 \;\; kN/m^2 << {}_{vorh}\sigma_0 = \frac{2000}{1{,}0 \cdot 1{,}5} = 1333 \;\; kN/m^2$$

Somit muß die Berechnung mit einer größeren Breite wiederholt werden.

Zulässige Sohlnormalspannung

gew.: b = 1,5 m ⇒ $a = 1{,}5 \cdot 1{,}5 = 2{,}25 \;\; m$

a) *setzungsempfindlich ⇒ Tabelle 1*
b = 1,5 m
d = 1,5 m
$\sigma_0 = 390 \;\; kN/m^2$

b), c) *entfällt*

d) $\frac{a}{b} = 1{,}5 < 2$ *; b > 1,0 m*
⇒ 20% Erhöhung

e) *keine Erhöhung*

Damit wird $_{zul}\sigma_0^{(1)} = 390 \;\; (1 + 0{,}20 + 0) = 468 \;\; kN/m^2$

Vergleichsberechnung

a) *setzungsunempfindlich ⇒ Tabelle 2*
b = 1,5 m
d = 1,5 m
$\sigma_0 = 540 \;\; kN/m^2$

☐ 5.15: Fortsetzung Beispiel: Regelfallbemessung (nichtbindiger Baugrund)

b), c) *entfällt*

d) $\frac{a}{b} = 1{,}5 < 2\,;\; d = 1{,}5\;\; m > 0{,}6 \cdot 1{,}5 = 0{,}9\;\; m$

$\Rightarrow$ *20% Erhöhung*

e) *keine Erhöhung*

f) $\frac{d_W}{b} = \frac{0{,}5}{1{,}5} = 0{,}33 < 1{,}0$

$\Rightarrow (1 - 0{,}33) \cdot 40 = 26{,}7\%$ *Abminderung*

g) *H = 0* $\Rightarrow$ *keine Abminderung.*

Damit wird $_{zul}\sigma_0^{(2)} = 540\;\;(1 + 0{,}20 + 0 - 0{,}267) = 504\;\; kN/m^2$

Maßgebend: $_{zul}\sigma_0^{(1)} = 468\;\; kN/m^2$

Spannungsnachweis

$$_{zul}\sigma_0 = 468\;\; kN/m^2 < {}_{vorh}\sigma_0 = \frac{2000}{1{,}5 \cdot 2{,}25} = 593\;\; kN/m^2$$

Anmerkung:
Eine - hier nicht aufgeführte - Neuberechnung mit b = 2,0 m führt zu folgenden Ergebnissen:

$_{zul}\sigma_0^{(1)} = 408\;\; kN/m^2$ *(maßgebend)*

$_{zul}\sigma_0^{(2)} = 576\;\; kN/m^2$

Spannungsnachweis

$$_{zul}\sigma_0 = 408\;\; kN/m^2 > {}_{vorh}\sigma_0 = \frac{2000}{2{,}0 \cdot 3{,}0} = 333\;\; kN/m^2$$

Grafische Ermittlung der erforderlichen Fundamentbreite:

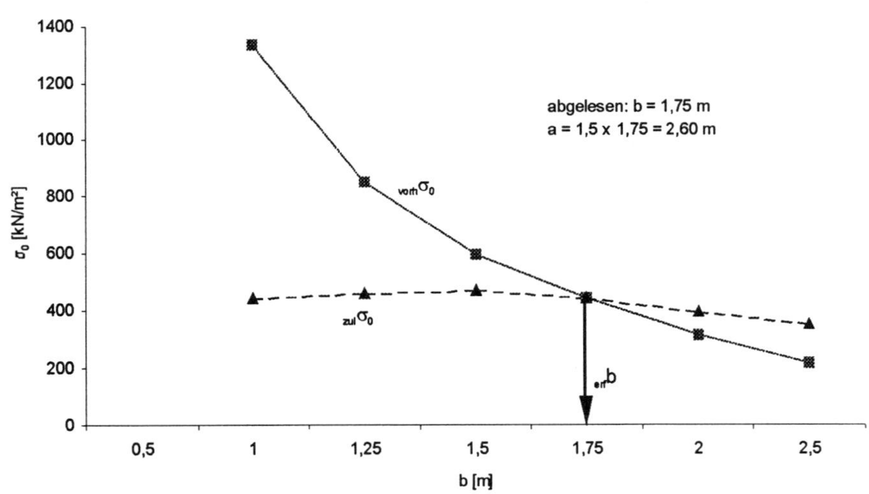

5.2.3.2 Bindige Böden

a) Je nach Bodenart sind die Werte der Tabellen 3 bis 6 (Abschnitt 5.2.3.1, □ 5.06) maßgebend, im Zweifelsfall ist der jeweils ungünstigere Wert anzunehmen. Zwischenwerte können geradlinig eingeschaltet werden.

b) Bei kleineren Bauwerken untergeordneter Bedeutung kann für Streifenfundamente mit $b \geq 0{,}2$ m und $d \geq 0{,}5$ m pauschal zul σ_0 = 80 kN/m² angesetzt werden.

c) Liegt die Fundamentbreite zwischen 2 und 5 m, so sind die Tabellenwerte (□ 5.06) um 10 % je Meter zusätzlicher Breite abzumindern.

d) Ist die maßgebende Einbindetiefe größer als 2 m, so ist wie in Abschnitt 5.2.3.1 c) beschrieben zu verfahren.

Anmerkung: Die abgelesenen Tabellenwerte oder die nach c) und d) erhaltenen Werte für $_{zul}\sigma_C$ gelten als "Tabellenwerte".

e) Bei Fundamenten mit einem Seitenverhältnis a/b < 2 dürfen die Tabellenwerte um 20% erhöht werden.

Weitere Erhöhungen sind nicht vorgesehen.

Abminderungen brauchen nicht vorgenommen zu werden, da die Größe der H-Kräfte bereits durch die Regelung nach Abschnitt 5.2.2 m) beschränkt und eventuell vorhandenes Grundwasser schon in den Tabellenwerten berücksichtigt ist. Berechnungsbeispiel □ 5.16.

□ 5.16: Beispiel: Ermittlung der zulässigen Belastung nach dem Regelfallverfahren (bindiger Baugrund)

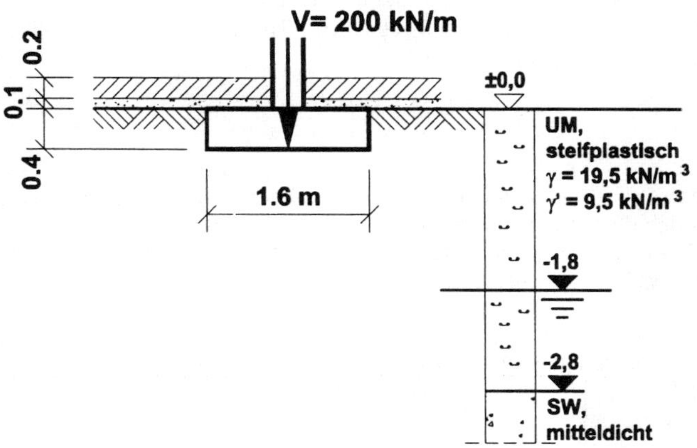

Die Standsicherheit des dargestellten Streifenfundaments unter einer tragenden Mittelwand eines Bürogebäudes ist zu überprüfen.

Lösung:

Voraussetzungen des Regelfalls

Belastung:

a) überwiegend statisch (Bürogebäude)

b), c) $e^g = 0$; $e^{g+p} = 0$

Fundament:

d) für innenliegende Fundamente nicht maßgebend

e) zutreffend

Baugrund:

f) zutreffend (UM ⇒ bB)

g) bauseits sicherzustellen

h) $_{vorh}z = 2{,}8 - 0{,}4 = 2{,}4\ m < 2b = 3{,}2\ m$ *(!)*

Da der darunter folgende Boden SW eine größere Tragfähigkeit als der Gründungsboden UM (Vergleich der Tabellenwerte !) hat, ist die Voraussetzung trotzdem erfüllt.

l) steifplatische Konsistenz

m) entfällt, da H = 0

n) bauseits sicherzustellen

Somit liegt ein Regelfall vor.

□ 5.17: Fortsetzung Beispiel: Ermittlung der zulässigen Belastung nach dem Regelfallverfahren (bindiger Baugrund)

Zulässige Sohlnormalspannung (bB)

a) *UM ⇒ Tabelle 5*
b = 1,6 m < 2,0 m
d = 0,4+0,1+0,2 = 0,7 m
⇒ σ_0 = 128 kN/m²
(Die Einbindetiefe kann bis OK Kellersohle angenommen werden.)

b), c) *entfällt*
d) *entfällt*

e) $\frac{a}{b} = \infty$ *⇒ keine Erhöhung.*

Damit wird $_{zul}\sigma_0$ = 128 kN/m².

Spannungsnachweis

$$_{zul}\sigma_0 = 128 \ kN/m^2 > _{vorh}\sigma_0 = \frac{200}{1{,}6} = 125 \ kN/m^2$$

Die Standsicherheit reicht aus.

5.2.3.3 Schüttungen

Sind alle beschriebenen Voraussetzungen erfüllt (siehe Abschnitt 4.2.2) und bei bindigen Böden zusätzlich $D_{Pr} \geq 100\%$, so können je nach Bodenart die Tabellen 1 bis 6 (□ 5.06) angewendet werden.

5.2.3.4 Fels

Für gleichförmigen, beständigen Fels in ausreichender Mächtigkeit können die zulässigen Sohlnormalspannungen nach (□ 5.18) bestimmt werden, wenn die Lasten einwandfrei in tiefere Schichten abgeleitet werden und keine Verschlechterung der Felseigenschaften durch die Baumaßnahme hervorgerufen wird.

□ 5.18: Zulässige Sohlnormalspannungen in kN/m² für Fels (DIN 1054)

Lagerungszustand	Zulässige Bodenpressung in kN/m² bei Flächengründungen und dem Zustand des Gesteins	
	nicht brüchig, nicht oder nur wenig angewittert	brüchig oder mit deutlichen Verwitterungsspuren
Fels in gleichmäßig festem Verband	4000	1500
Fels in wechselnder Schichtung oder klüftig	2000	1000

5.3 Direkte Bemessung

Nachweise

Die Bemessung von Streifen- und Einzelfundamenten umfaßt zwei Teile:

- Das Fundament ist unter Beachtung der zulässigen Spannungen des verwendeten Baustoffs konstruktiv so zu gestalten, daß die einwirkenden Kräfte und Momente schadlos aufgenommen werden können: Nachweise der "inneren Tragfähigkeit", (siehe Abschnitte 5.4 und 5.5).

□ 5.19: Beispiel: Last-Setzungs-Linie

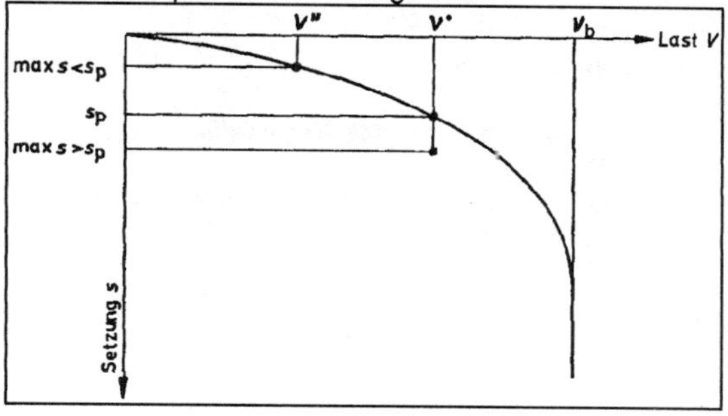

- Die "äußere Standsicherheit" muß gewährleistet sein. Bei der Regelfallbemessung (siehe Abschnitt 5.2) ist dies der Fall - bis auf die Nachweise der Sicherheit gegen Geländebruch und Auftrieb. Diese müssen gegebenenfalls gesondert geführt werden. Wenn kein Regelfall gegeben ist oder wirtschaftlichere Fundamentabmessungen gewählt werden sollen, wird eine "direkte Bemessung" mit Hilfe der direkten Standsicherheitsnachweise (siehe Abschnitt 1) vorgenommen.

Vorgang

Der Bemessungsvorgang wird an einem Last-Setzungs-Diagramm einer Fundamentprobebelastung erläutert:

a) Bei wachsender Belastung eines Fundaments nimmt die Krümmung der Last-Setzungs-Linie immer mehr zu, um schließlich steil oder sogar senkrecht abzufallen. Dies bedeutet, daß jetzt die Bruchlast V_b erreicht ist (□ 5.19). Diese Bruchlast läßt sich nach Abschnitt 2 für bestimmte Fundamentabmessungen und Boden- und Grundwasserverhältnisse berechnen.
b) Durch Einführung der geforderten Sicherheit η_p gegen diese Bruchlast erhält man die mögliche Maximalbelastung des Fundaments in Hinblick auf den Grundbruch $V' = V_b / \eta_p$ und die zugehörige Setzung s_p (□ 5.19).
c) Ob die Belastung V' auch als zulässige Last zul V angesehen werden kann, hängt davon ab, welches Setzungsmaß $_{max}s$ für das Fundament zulässig ist (□ 5.19)
Ist $_{max}s < s_p$, so wird
zul V = V" (d.h., die zulässige Last wird durch die zulässige Setzung und nicht durch die Sicherheit gegen Grundbruch bestimmt).
Ist dagegen $_{max}s > s_p$, so wird zul V = V' (d.h., die zulässige Last wird durch die Sicherheit gegen Grundbruch und nicht durch das zulässige Setzungsmaß bestimmt).
d) Mit den auf diese Weise erhaltenen Fundamentabmessungen werden die übrigen Standsicherheitsnachweise (siehe Abschnitt 1) geführt.

Berechnungsbeispiele □ 5.20 bis □ 5.22

□ 5.20: Beispiel: Bemessung a) nach dem Regelfallverfahren, b) durch direkte Standsicherheitsnachweise

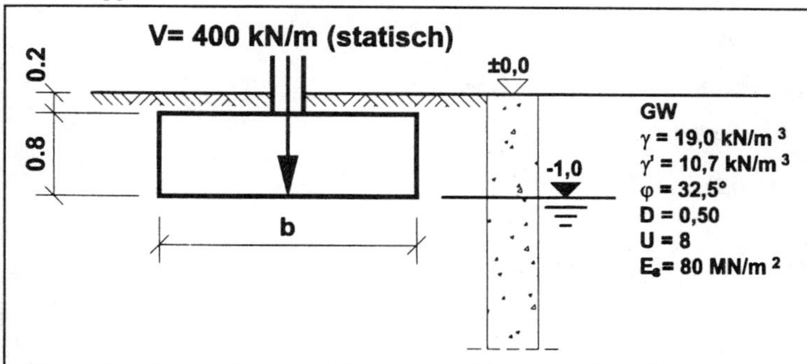

Für das Streifenfundament unter einem setzungsempfindlichen Bauwerk ist die erforderliche Breite

a) durch Regelfallbemessung
b) nach Grundbruch- und Setzungskriterien

zu ermitteln.

☐ 5.21: Fortsetzung Beispiel: Bemessung a) nach dem Regelfallverfahren, b) durch direkte Standsicherheitsnachweise

Lösung:

zu a): Regelfallbemessung

Vorraussetzungen des Regelfalls

Belastung:

a) *statisch (siehe Aufgabenstellung)*

b), c) $e^{g} = 0$; $e^{g+p} = 0$

Fundament:

d) ${}_{vorh}d = 1{,}0\ m > {}_{erf}d$

e) *zutreffend*

Baugrund:

f) *zutreffend (GW ⇒ nbB)*

g) *bauseits sicherzustellen*

h) ${}_{vorh}z$ *bis in größere Tiefe*

i) ${}_{vorh}D = 0{,}50 > {}_{erf}D = 0{,}45$ $(U > 3)$

j) *Grundwasser bis Fundamentsohle*

k) $H = 0$

Somit liegt ein Regelfall vor.

Zulässige Sohlnormalspannung (nbB)

gew.: $b = 1{,}0\ m$

a) *setzungsempfindlich ⇒ Tabelle 1*
$b = 1{,}0\ m$
$d = 1{,}0\ m$
$\Rightarrow \sigma_0 = 370\ kN/m^2$

b), c) *entfällt*

d) $\frac{a}{b} = \infty \Rightarrow$ *keine Erhöhung*

e) ${}_{vorh}D = 0{,}50 < {}_{erf}D = 0{,}65$ $(U > 3) \Rightarrow$ *keine Erhöhung*

Damit wird ${}_{zul}\sigma_0^{(1)} = 370\ \ kN/m^2$

Vergleichsberechnung

a) *setzungsunempfindlich ⇒ Tabelle 2*
$b = 1{,}0\ m$
$d = 1{,}0\ m$
$\Rightarrow \sigma_0 = 370\ kN/m^2$

b), c) *entfällt*

d) $\frac{a}{b} = \infty \Rightarrow$ *keine Erhöhung*

e) ${}_{vorh}D = 0{,}50 < {}_{erf}D = 0{,}65$ $(U > 3) \Rightarrow$ *keine Erhöhung*

f) $\frac{d_W}{b} = 0 \Rightarrow 40\%$ *Abminderung*

g) $H = 0 \Rightarrow$ *keine Abminderung*

Damit wird ${}_{zul}\sigma_0^{(2)} = 370\ (1 + 0 + 0 - 0{,}40) = 222\ \ kN/m^2$

Maßgebend $\sigma_0^{(2)} = 222\ \ kN/m^2$

□ 5.22: Fortsetzung Beispiel: Bemessung a) nach dem Regelfallverfahren, b) durch direkte Standsicherheitsnachweise

Spannungsnachweis

$$_{zul}\sigma_0 = 222\ kN/m^2 <_{vorj}\sigma_0 = \frac{400}{1{,}0} = 400\ kN/m^2$$

Zusammenstellung weiterer Berechnungen

b	$\sigma_0^{(1)}$	$_{zul}\sigma_0^{(1)}$	$\sigma_0^{(2)}$	$_{zul}\sigma_0^{(2)}$	$_{vorh}\sigma_0$
m	kN/m²	kN/m²	kN/m²	kN/m²	kN/m²
1,4	362	362	450	270	285
1,5	360	360	470	282	267

Die erforderliche Fundamentbreite beträgt b ≈ 1,50 m.

zu b): Bemessung nach Grundbruch- und Setzungskriterien

Beiwerte:

$N_d = 25;\ \nu_d = 1{,}0$

$N_b = 15;\ \nu_b = 1{,}0$

Bruchlast:

$$V_b = b\ \left(0 + 19{,}0 \cdot 1{,}0 \cdot 25 \cdot 1{,}0 + 10{,}7 \cdot b \cdot 15 \cdot 1{,}0\right) \overset{!}{=} 2{,}0 \cdot 400$$

⇒ b = 1,20 m

Nachtrag

Da das Fundament als setzungsempfindlich eingestuft ist, muß die Größe der Setzung ermittelt und beurteilt werden.

Setzungserzeugende Spannung

$$\sigma_1 = \sigma_0 - \gamma \cdot d = \frac{400}{1{,}2} - 19{,}0 \cdot 1{,}0 = 314{,}3\ kN/m^2$$

Grenztiefe $\frac{a}{b} = \infty$

Kote	z	d+z	$\sigma_ü$	$0{,}2\sigma_ü$	z/b	i	$i \cdot \sigma_1$
m	m	m	kN/m²	kN/m²	1	1	kN/m²
-10,6	9,6	106	121,7	24,3	8,0	0,0814	25,6

$d_s \approx 9{,}6$ *m*

Setzungsbeiwert

$$\frac{a}{b} = \infty;\ \frac{z}{b} \mathrel{\hat{=}} \frac{d_s}{b} = \frac{9{,}6}{1{,}2} = 8{,}0 \qquad \Rightarrow f = 1{,}8888$$

Zusammendrückungsmodul

$$E_m = \frac{E_s}{\kappa} = \frac{80000 \cdot 3}{2} = 120000\ kN/m^2$$

Setzung

$$s = \frac{314{,}3 \cdot 1{,}2 \cdot 1{,}8888}{120000} = 0{,}006\ m \mathrel{\hat{=}} 0{,}6\ cm$$

Die Setzung liegt innerhalb des in DIN 1054, Regelfall, angegebenen Bereichs für setzungsempfindliche Bauwerke.

5.4 Unbewehrte Fundamente

Anwendung Bei geringen Bauwerkslasten und tragfähigem Baugrund ist die Fundamentauskragung f so gering (□ 5.24), daß das Fundament unbewehrt bleiben kann. Unbewehrte Streifenfundamente sind daher die typische Gründungsform bei kleineren Hochbauten.

Bemessung Bei unbewehrten Fundamenten müssen die auftretenden Biegezugspannungen vom Beton aufgenommen werden. Die zulässige Fundamentbreite b ist daher begrenzt und setzt eine entsprechende Fundamenthöhe d_F voraus, die sich aus dem Verhältnis d_F/f ergibt (□ 5.23, □ 5.24). Bemessungsbeispiel: □ 5.25

Bei bindigen Böden sollte das Verhältnis d_F/f auch bei geringen Sohlnormalspannungen nicht kleiner als 1,2 werden. Eine evtl. Fundamentabtreppung darf die durch den Mindestwert gebildete Steigungsgerade nicht schneiden (□ 5.01 b).

□ 5.23: Mindestwerte $\tan\alpha = d_F/f$ für unbewehrte Fundamente (DIN 1045)

Sohlnormalspannung σ_0	in kN/m²	100	200	300	400	500
Betonfestigkeitsklasse	B 5	1,6	2,0	2,0	unzulässig	
	B 10	1,1	1,6	2,0	2,0	2,0
	B 15	1,0	1,3	1,6	1,8	2,0
	B 25	1,0	1,0	1,2	1,4	1,6
	B 35	1,0	1,0	1,0	1,2	1,3

□ 5.24: Beispiel: Unbewehrtes Fundament

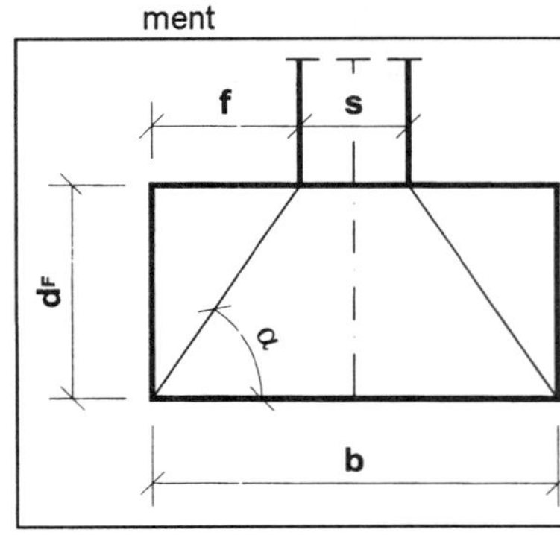

□ 5.25: Beispiel: Bemessung eines unbewehrten Streifenfundaments

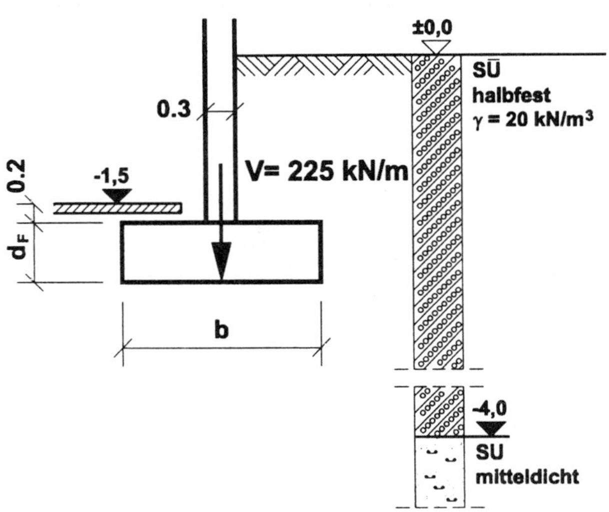

Das dargestellte Streifenfundament unter der Außenwand eines Wohnhauses ist als unbewehrtes Fundament (B10) zu bemessen.

Lösung:

Vorbemerkung:

Die Voraussetzungen des Regelfalls nach DIN 1045 sind erfüllt, auch wenn sich eventuell z < 2b ergibt:

Der Boden SU ist tragfähiger als der Boden $\overline{SU}$ (vgl. Tabellenwerte).

Mit den geschätzten Ausgangswerten

$$b \le 2{,}0 \; m$$

$$d = 0{,}8 \; m$$

erhält man aus Tabelle 4, DIN 1054:

$$\sigma_0 = 256 \; kN/m^2$$

Erhöhung: entfällt

Abminderung: entfällt

☐ 5.26: Fortsetzung Beispiel: Bemessung eines unbewehrten Streifenfundaments

Damit wird $_{zul}\sigma_0 = 256 \;\; kN/m^2$

und die erforderliche Fundamentbreite $_{erf}b = \frac{_{vorh}V}{_{zul}\sigma_0} \geq \frac{225}{256} \geq 0{,}88 \;\; m$

Wegen der noch nicht berücksichtigten Fundamenteigenlast wird gewählt: b = 1,0m

Mit den Ausgangswerten

$_{vorh}\sigma_0 \approx 250 \;\; kN/m^2$

Beton – Festigkeitsklasse B10

wird der Mindestwert $\frac{d_F}{f} = 1{,}8$

und die erforderliche Fundamenthöhe

$_{erf}d_F \geq 1{,}8 \cdot f \geq 1{,}8 \cdot \frac{1}{2} \; (1{,}0 - 0{,}3) \geq 0{,}63 \;\; m$

gew.: $d_F = 0{,}65m$

$\Rightarrow d = d_F + 0{,}20 = 0{,}65 + 0{,}20 = 0{,}85 \;\; m \approx_{gew} d$

Spannungsvergleich

$_{zul}\sigma_0 = 256 \;\; kN/m^2 > {_{vorh}\sigma_0} = \frac{225 + 23 \cdot 1{,}0 \cdot 0{,}65}{1{,}00} = 240 \;\; kN/m^2$

Öffnungen

Im Bereich von Wandöffnungen (Türen o.ä.) muß das Streifenfundament bewehrt werden. Die obere Bewehrung kann für ein Moment

$$M_o = 0{,}0625 \cdot \sigma_{0m} \cdot l^2 \qquad (5.04)$$

die untere für ein Moment

$$M_u = 0{,}1 \cdot \sigma_{0m} \cdot l^2 \qquad (5.05)$$

berechnet werden, wobei σ_{0m} die mittlere Sohlnormalspannung ist und die Verankerungslänge nach DIN 1045 eingehalten werden muß (☐ 5.27).

Kreuzung

Kreuzungsstellen in unbewehrten Streifenfundamenten müssen bewehrt und gepolstert werden (☐ 5.28).

Anschlüsse

Der Anschluß eines unbewehrten Streifenfundaments an eine unbewehrte Betonwand erfolgt über Steckeisen (☐ 5.29 a), an eine bewehrte Wand mit Anschlußbewehrung, die unten Winkelhaken erhält (☐ 5.29 b).

☐ 5.27: Beispiel: Streifenfundament: Bewehrung unter einer Wandöffnung

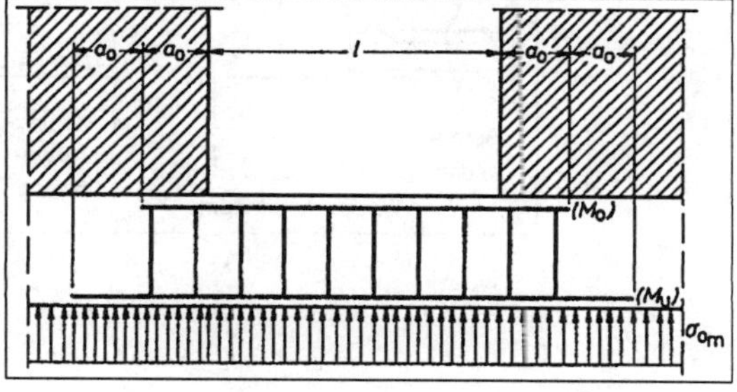

Beim Anschluß eines Beton(fuß)bodens an ein Streifenfundament muß darauf geachtet werden, daß der Betonboden nicht durchgehend über das Fundament betoniert und anschließend die Wand aufgesetzt wird (☐ 5.30 c). Diese Lösung ist zwar ausführungstechnisch einfach, hat aber regelmäßig Risse im Beton(fuß)boden zur Folge. Der Fußboden sollte entweder mit entsprechenden Fugen auf das Fundament aufgelegt (☐ 5.30 a) oder nur bis an das Fundament herangeführt werden (☐ 5.30 b).

☐ 5.28: Beispiel: Kreuzung Grundleitung – Streifenfundament: a) Grundriß, b) Schnitt

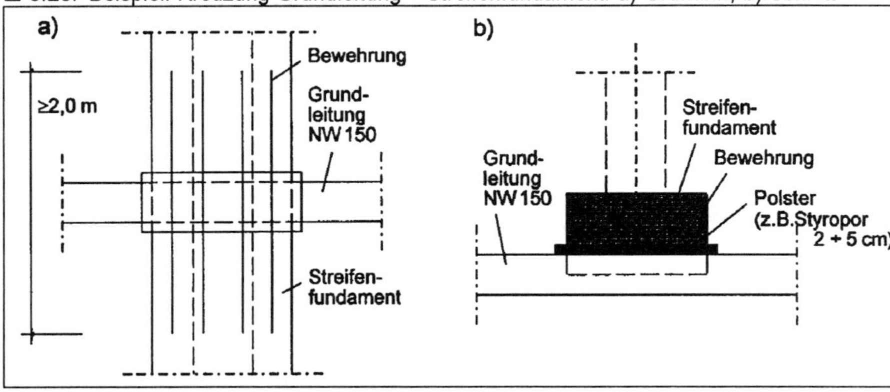

☐ 5.29: Beispiel: Anschluß eines unbewehrten Streifenfundaments an eine a) unbewehrte, b) bewehrte Wand

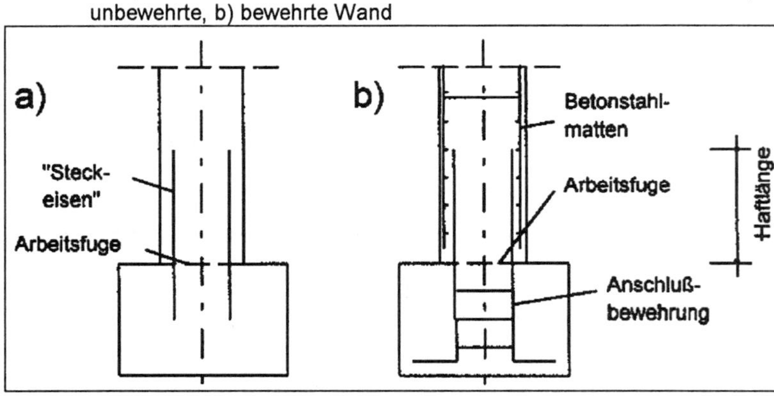

☐ 5.30: Beispiel: Anschluß eines Beton(fuß)bodens an ein Streifenfundament: a), b) 1. und 2. Möglichkeit, c) falscher Anschluß

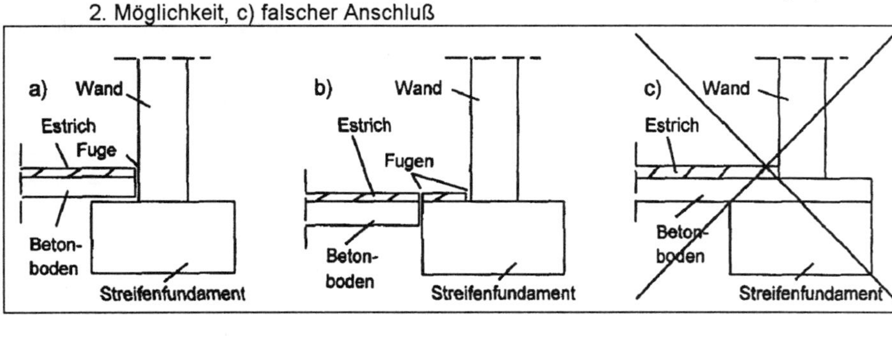

5.5 Bewehrte Fundamente

Anwendung Wenn unbewehrte Fundamente wegen großer Bauwerkslasten oder aus konstruktiven oder wirtschaftlichen Gründen nicht ausgeführt werden können.

Bemessung Bewehrte Einzel- und Streifenfundamente werden auf Biegung und - wegen ihrer geringen Höhe - auf Schub und Durchstanzen bemessen. Berechnungsgrundlage sind Plattentheorie und zahlreiche Versuchsreihen (Leonhardt 1979, Schlaich/Schäfer 1989). Die Bemessung wird nach DIN 1045, Abschnitt 2.7 vorgenommen (⇒ Grasser/Thielen 1991).

Bei der Ermittlung der Schnittgrößen müßte eigentlich die genauere, ungleichmäßige Sohlnormalspannungsverteilung (siehe Abschnitt 4) berücksichtigt werden. Wegen der aufwendigen Ermittlung dieser Verteilung begegnet man diesem Problem jedoch in der Berechnungspraxis meist durch stark vereinfachende Annahmen und einen entsprechend erhöhten Bewehrungsaufwand.

Einzelfundamente Anstelle von Hauptmomenten werden die Momente M_x und M_y parallel zu den Fundamentseiten ermittelt (Grasser / Thielen 1991). Dabei wird vereinfachend von einer geradlinig begrenzten Verteilung der Sohlnormalspannungen ausgegangen (siehe Abschnitt 4.1) und die Vertikalkraft ohne Fundamenteigenlast angesetzt. Die Konzentration der Momente unter der Stütze wird durch Faktoren berücksichtigt (☐ 5.31), wobei das Fundament in Streifen von b/8 unterteilt wird.

☐ 5.31: Verteilung von M_x, α-Werte (Kintrup 1994)

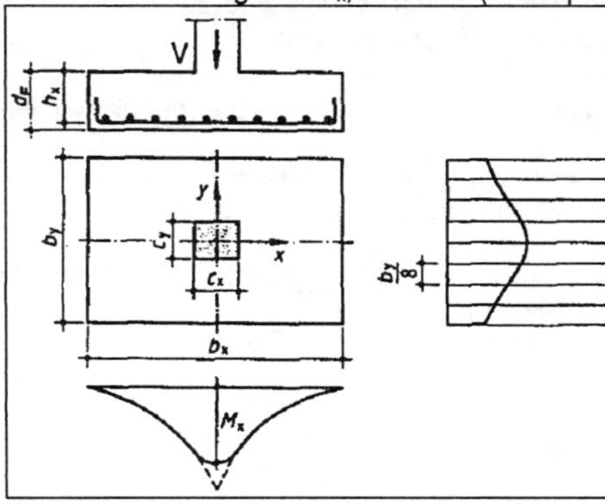

Verteilung von M_x in Fundamentmitte			
α-Werte des Momentes			
c_y/b_y			
0,1	0,2	0,3	>0,3
7	8	9	12,5
10	10	11	⋮
14	14	14	⋮
19	18	16	⋮
19	18	16	⋮
14	14	14	⋮
10	10	11	⋮
7	8	9	12,5

Das Moment in x-Richtung ist dann

$$M_x = V\left(\frac{b_x - c_x}{8}\right) \qquad (5.06)$$

Für jeden Streifen $b_y/8$ gilt:

$$k_{hx} = \frac{h_x}{\sqrt{\frac{\alpha}{100} \cdot \frac{M_x}{8 \cdot b_y}}} \qquad (5.07)$$

und

$$A_{sx} = k_s \cdot \frac{\frac{\alpha}{100} \cdot M_x}{h_x} \qquad (5.08)$$

M_y, k_{hy} und A_{sy} werden entsprechend berechnet.

Nach neueren Untersuchungen können auch ausreichend genau die Momente am Stützenanschnitt zugrunde gelegt werden:

$$M_x = V \left(\frac{b_x}{8} - \frac{c_x}{4} \right) \tag{5.09}$$

$$M_y = V \left(\frac{b_y}{8} - \frac{c_x}{4} \right) \tag{5.10}$$

Zur Bemessung von quadratischen, mittig belasteten Einzelfundamenten: ⇒ Dieterle (1987), Dieterle / Rostásy (1987).

Die Biegebewehrung von Einzel- und Streifenfundamenten sollte ohne Abstufung bis zum Rand verlegt werden.

Neben der Biegebemessung sind zu überprüfen: Sicherheit gegen Durchstanzen und Aufnahme der Schubspannungen.

⇒ Betonkalender (verschiedene Jahrgänge), Schlaich / Schäfer (1991), Schneider (1994)

Streifenfundamente

Die Bewehrung quer zur Wand wird wie in x-Richtung bei Einzelfundamenten (siehe oben) berechnet. In Längsrichtung wird eine konstruktive Bewehrung eingelegt.

⇒ Betonkalender (verschiedene Jahrgänge), Schlaich / Schäfer (1991), Schneider (1994)

□ 5.32: Beispiel: Einseitiges Fundament

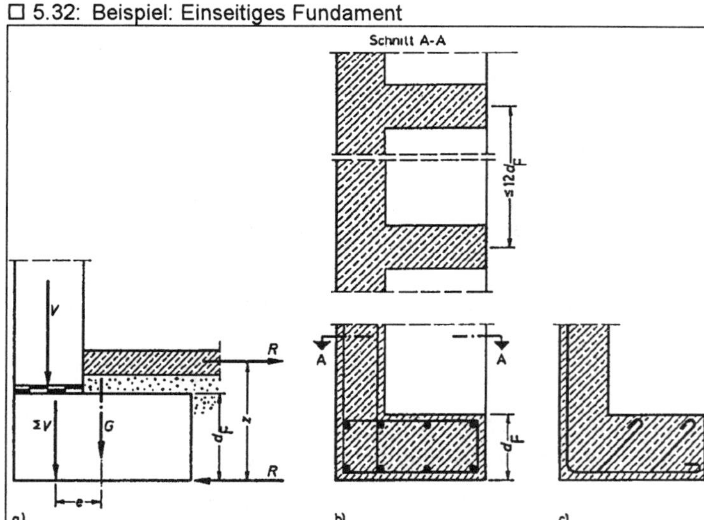

Einseitige Streifenfundamente ("Stiefelfundamente") werden bei einer Grenzbebauung erforderlich. Durch die Ausmittigkeit entsteht das Moment V · e, welches das Fundament verdrehen will. In einfachen Fällen und bei geeignetem Baugrund kann dieses Moment durch das Gegenmoment R · z aus Sohlreibung in Verbindung mit einer bewehrten Fußbodenplatte aufgenommen werden (□ 5.32 a). Andere Möglichkeiten sind, das Moment durch Querwände oder -pfeiler aufzunehmen (□ 5.32 b) oder das Fundament auf Torsion zu bewehren. Biegesteife Ausführung von Wand und Fundament: □ 5.32 c.

⇒ Kanya (1969), Watermann (1967)

5.6 Kontrollfragen

- Welche Aufgabe haben Fundamente?
- Flächengründung? Flachgründung? Flachgründung auf verbessertem Baugrund? Möglichkeiten für die Verbesserung des Baugrunds? Tiefgründung? Arten/Lastabtragung von Tiefgründungen? Unterschied Flächengründung - Pfahlgründung? Unterschied Flachgründung - Tiefgründung? Unterschied Flächengründung - Flachgründung?
- Streifenfundament? Einzelfundament?
- Formen von Einzel- und Streifenfundamenten? Skizzen! Vor- und Nachteile?
- Warum sind unbewehrte Fundamente höher als bewehrte?
- Möglichkeit der Betonersparnis bei unbewehrten Fundamenten?
  Beurteilung?
- Warum sind bewehrte Fundamente u.U. wirtschaftlicher als unbewehrte?
- Abschrägungen bei bewehrten Fundamenten? Beurteilung?
- Gründungssohle? Gründungstiefe?
- Mindesteinbindetiefe? Wovon hängt sie ab?
- Herstellung von Streifen- und Einzelfundamenten bei nichtbindigem / bindigem Baugrund?
- Erdschalung / Fundamentschalung?
- Schutz der Gründungssohle vor Erstellen des Fundaments?
- Vorbereitung der Gründungssohle bei bindigen Böden?
- Lichter Mindestabstand zwischen Fundamenten?
- Was muß bei Fundamenten mit unterschiedlicher Tiefenlage beachtet werden?
- Was behandelt die DIN 1054?
- Was versteht man unter einem Regelfall?
- Welche Spannungen werden bei der Regelfallbemessung miteinander verglichen?
- Verfahren bei ausmittiger Belastung?
- Standsicherheitsnachweise / Setzungen bei der Regelfallbemessung?
- Voraussetzungen für den Regelfall?
- Kein Regelfall, was tun?
- Welche Belastung ist im Regelfall nicht erfaßt?
- Wie groß ist die zulässige Ausmittigkeit / klaffende Fuge für
  a) ständige Last?
  b) Gesamtlast?
- Tiefenlage der Gründungssohle?
- Welche Fundamentformen und -größen umfaßt der Regelfall?
- Was sind häufig vorkommende Bodenarten?
- Baugrund: UM. Welche Tabelle ist maßgebend?
- Wogegen müssen die Böden vor der Gründung geschützt werden?
- Wie dick muß die tragfähige Schicht unter einem Fundament mindestens sein, damit ein Regelfall vorliegt?
- Wie muß ein nichtbindiger/bindiger Boden beschaffen sein, damit ein Regelfall vorliegt?
- Regelfall: Grundwasserspiegel? Horizontalkräfte?
- Was ist ein setzungsempfindliches / ein setzungsunempfindliches Bauwerk?
- Wovon hängt die zulässige Sohlnormalspannung bei nichtbindigen Böden ab?
- Warum nimmt zul σ_0 bei Tabelle 2 mit b und d zu?
- Warum nehmen die Werte der Tabelle 1 nach anfänglicher Zunahme wieder ab?
- In welchen Fällen dürfen die Tabellenwerte für nichtbindige Böden erhöht werden?
- In welchen Fällen müssen die Tabellenwerte für nichtbindige Böden herabgesetzt werden?
- Wie wird die zulässige Sohlnormalspannung für bindigen Boden bei der Regelfallbemessung bestimmt?
- Erhöhung / Abminderung der Tabellenwerte für bindige Böden?
- Zulässige Belastung von Schüttungen / Fels?
- Regelfallbemessung/direkte Bemessung von Streifen- und Einzelfundamenten?
- Innere / äußere Standsicherheit?
- Der Vorgang der direkten Bemessung eines Fundaments ist zu beschreiben!
- Erläutern Sie mit Hilfe der Last-Setzungs-Linie: Grundbruchlast, zulässige Last in Hinblick auf den Grundbruch / auf die Setzungen!
- Anwendung von unbewehrten / bewehrten Fundamenten?
- Bemessung eines unbewehrten Streifenfundaments?
- Bewehrung von unbewehrten Streifenfundamenten im Bereich von Wandöffnungen?
- Zeichnen Sie die Kreuzung einer Grundleitung mit einem unbewehrten Streifenfundament!
- Zeichnen Sie den Anschluß eines unbewehrten Streifenfundaments an eine a) unbewehrte, b) bewehrte Wand!
- Zeichnen Sie den Anschluß eines Beton(fuß)bodens an ein Streifenfundament!
- Bemessung von bewehrten Fundamenten?
- Bemessung von einseitigen Streifenfundamenten (Stiefelfundamenten)?

5.7 Aufgaben

5.7.1 Geg.: Streifendundament, b = 4,5 m, d = 1 m, SW, U = 12, D = 0,48. Ges.: Zulässige Sohlnormalspannung a) für setzungsempfindliches, b) für setzungsunempfindliches Bauwerk nach dem Regelfall-Verfahren.

5.7.2 Geg.: Streifenfundament, b = 1 m, d = 3 m, SE, U = 2,8, D = 0,4, γ = 18 kN/m³. Ges.: Zulässige Sohlnormalspannung für setzungsempfindliches Bauwerk nach dem Regelfall-Verfahren.

5.7.3 Geg.: Streifenfundament, SE, U > 3, D = 0,8 b = 1 m, d = 2,4 m. Ges.: Zulässige Sohlnormalspannung?

5.7.4 Wie ist bei der Regelfallbemessung die Größe der H-Kraft bei bindigen Böden begrenzt?

5.7.5 Regelfallbemessung. Wo steht die Last auf der reduzierten Fläche, wenn $_{vorh}e > 0$?

5.7.6 Regelfallbemessung bei bindigem Boden: Wann wird die zulässige Sohlnormalspannung erhöht (e) / abgemindert (a) / unverändert gelassen (u)? a) ausmittige Belastung; b) b = 3 m, e = 0; c) a/b = 1, d) Horizontallast H < 1/4 V, e) Grundwasser d < b.

5.7.7 Stützenfundament auf bindigem Baugrund. V = 1000 kN, H = 200 kN, e_g < b/6. Regelfall bezüglich der Belastung?

5.7.8 In welchen Fällen darf die zulässige Sohlnormalspannung bei der Regelfall-Bemessung a) bei nichtbindigen Böden erhöht, / muß sie b) bei bindigen Böden herabgesetzt werden?

5.7.9 Wichtigstes Kriterium für die Setzungsempfindlichkeit eines Bauwerks?

5.7.10 Geg.: Starres Rechteckfundament a = 6,0 m, b = 4,0 m; Gründungstiefe bei - 3,0 m. Baugrund: ± 0,0 bis - 4,6 m: Sand: φ' = 32,5°, γ = 18,0 kN/m³, $E_m \approx \infty$; - 4,6 bis - 7,0 m: Schluff, φ' = 27,5°, γ = 20,0 kN/m³, E_m = 6 MN/m²; ab - 7,0 m: Kies-Sand, φ' = 35,0°, γ = 19,0 kN/m³, $E_m \approx \infty$. Ges.: Zulässige mittige Belastung zul V, wenn 3 cm Setzung zugelassen werden.

5.7.11 Geg.: Streifenfundament in nichtbindigem Boden, b = 1,8 m; Wandlast V = 340 kN/m, Wanddicke 0,3 m. Ges.: Mindesthöhe des unbewehrten Streifenfundaments in B 10.

5.7.12 Geg.: Rechteckfundament unter einem setzungsempfindlichen Bauwerk, a = 4,0 m, b = 3,2 m, Gründungstiefe bei - 1,5 m. Baugrund: SE, γ = 18,0 kN/m³, D = 0,62, U = 7, Grundwasser bei - 1,8 m. Ges.: Zulässige mittige Vertikallast nach dem Regelfall-Verfahren.

5.7.13 Bei einer Fundamentbemessung nach dem Regelfall-Verfahren ergab sich die Gleichung $_{zul}\sigma_0 = 370\,(1 - H/V)^2$.
Ges.: Wie groß darf bei V = 1700 kN die Horizontalkraft maximal werden, damit $_{zul}\sigma_0$ = 200 kN/m² beträgt?

5.7.14 Geg.: Rechteckfundament unter der Stütze eines setzungsunempfindlichen Bauwerks, a = 2,4 m, b = 1,4 m; Gründungstiefe bei - 1,2 m. Baugrund: ± 0,0 bis - 6,0 m: SW, γ = 18,0 kN/m^3, D = 0,62, U = 10,0; ab - 6,0 m: UL, steifplastisch. Ges.: Zulässige Belastung zul V nach dem Regelfall-Verfahren.

5.7.15 Bei der Regelfallbemessung muß die aus der Tabelle abgelesene zulässige Sohlnormalspannung abgemindert werden, wenn im Einflußbereich des Fundaments Grundwasser ansteht. Begründung?

5.7.16 Warum nimmt die zulässige Sohlnormalspannung in den Tabellen der DIN 1054 (□ 5.06) mit der Einbindetiefe zu?

5.7.17 Von welcher Bodenkennzahl hängt die zulässige Sohlnormalspannung in den Tabellen der DIN 1054 bei bindigen Böden ab?

5.7.18 Wie berücksichtigt man bei der Setzungsermittlung die bekannte Tatsache, daß die Berechnungsverfahren zu große Werte liefern?

5.7.19 Geg.: Streifenfundament, b = 3,9 m, Gründungstiefe - 1,5 m. V = 1800 kN/m (mittig, einschließlich Fundamenteigenlast). Baugrund: SE mit ausreichender Lagerungsdichte bis in große Tiefe. Welche Ausmittigkeit ist nach DIN 1054 möglich, wenn V eine ständige Last ist?

5.7.20 Warum nimmt die zulässige Sohlnormalspannung in Tabelle 1 der DIN 1054 (□ 5.06) mit der Fundamentbreite zunächst zu und dann wieder ab?

5.7.21 Geg.: Streifenfundament, V = 400 kN/m (einschließlich Fundamenteigenlast), Lastfall 1, setzungsempfindliches Bauwerk, Einbindetiefe 3,5 m. Baugrund (einfach verdichtet): SW, U = 8, w = 0,1, n = 0,35, φ' = 35,0°, Grundwasserspiegel in Gründungssohle. Gesucht: a) Fundamentbreite nach Regelfallbemessung DIN 1054, b) aufgrund ausreichender Grundbruchsicherheit (Bezugsgröße Last, Setzungen nicht berücksichtigen).

5.7.22 Geg.: Streifenfundament mit schräger Belastung; Baugrund: Ton. Wie wird die H-Kraft bei der Regelfallbemessung berücksichtigt?

5.7.23 Regelfallbemessung bei bindigem Baugrund. Geben Sie an, ob die Tabellenwerte in folgenden Fällen erhöht (e), herabgesetzt (h) werden oder unverändert (u) bleiben: a) ausmittige Last, b) Fundamentbreite 2...5 m, c) d > 2 m, d) a/b < 2, e) Horizontallast, f) Abstand Grundwasser - Fundament < b.

5.7.24 Geg.: Streifenfundament unter einem setzungsunempfindlichen Bauwerk, b = 2,4 m, Gründungstiefe bei - 1,0 m; Resultierende (ständige) Last V = 500 kN/m; H = 0; Ausmittigkeit e = 0,5 m. Baugrund: SE bis z = 6 m, U > 3, D_{Pr} = 99%, kein Auswaschen möglich, γ = 18,0 kN/m^3; kein Grundwasser. Ges.: Regelfallbemessung des Fundaments.

5.7.25 Geg.: Starres Quadratfundament mit V = 500 kN (einschließlich Fundamenteigenlast); Einbindetiefe 3 m; Grundwasserspiegel in Höhe der Gründungssohle. Baugrund: bis - 1 m: mS mit φ' = 30°, γ = 17,0 kN/m^3; bis - 2 m: S,u mit φ' = 27,5°, γ = 20,0 kN/m^3, c = 0; darunter L (einfach verdichtet) mit n = 0,4, w = 0,22, γ_s = 26,7 kN/m^3, φ' = 22,5°, c' = 5 kN/m², E_m = 8 MN/m².
Ges.: a) Fundamentbreite (Regelfallbmessung), b) Setzung.

5.7.26 Geg.: Rechteckfundament unter einem setzungsempfindlichen Bauwerk, b = 1,5 m, a = 2,0 m; Gründungstiefe bei - 3,5 m; Baugrund: SE bis z = 8 m, U = 4, kein Auswaschen möglich, γ_d = 15,5 kN/m^3, w = 0,1, max n = 0,48, min n = 0,3, kein Grundwasser. Ges.: Zulässige Sohlnormalspannung nach DIN 1054.

5.8 Weitere Beispiele

□ 5.33: Beispiel: Regelfallbemessung eines Mastfundaments

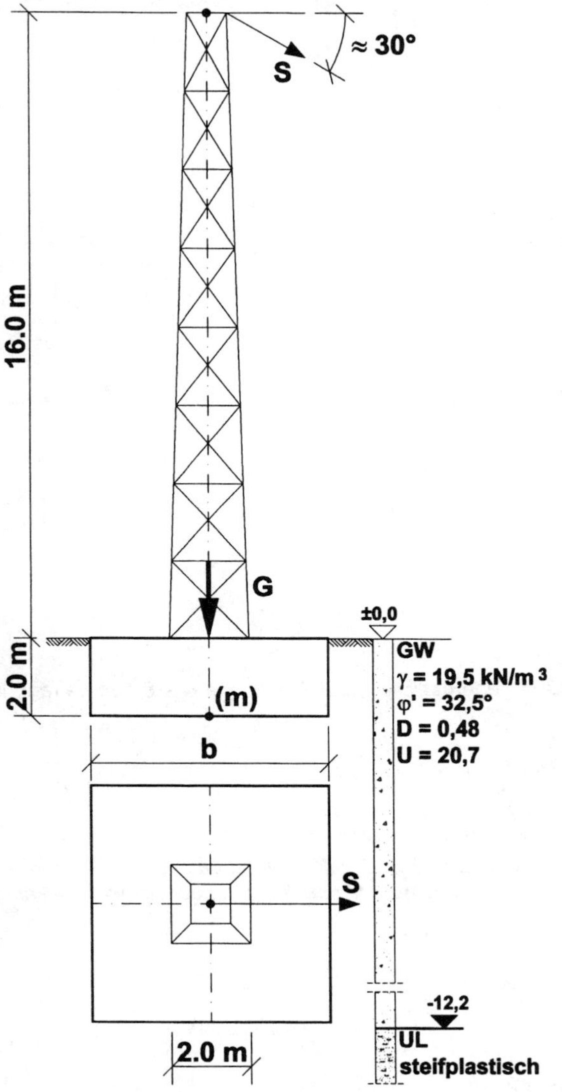

Für das Quadratfundament aus Beton (γ = 23 kN/m³) unter dem dargestellten Masten sind die erforderlichen Abmessungen zu ermitteln.

Lösung:

Vorbemerkung:

Als besonderes Kriterium für die Bemessung ist zu beachten, daß verhältnismäßig geringe Horizontallasten das Bauwerk mit einem großen Hebelarm beanspruchen. Voranging für die Bemessung ist somit die Begrenzung der Ausmittigkeit.

Lastzusammenstellung

Vertikallasten:

$$G = 600 \ kN$$

$$G_F = 23 \cdot 2{,}0 \cdot b^2 = 46{,}0 \ b^2$$

$$S_V^g = 27{,}0 \ kN$$

$$S_V^p = 12{,}5 \ kN$$

Horizontallasten:

$$S_H^g = 46{,}8 kN$$

$$S_H^p = 21{,}7 kN$$

$$_{red}E_p = 0{,}5 \cdot \frac{1}{2} \cdot 19{,}5 \cdot 2{,}0^2 \cdot 3{,}32 \ b = \\ = 64{,}7 \ b$$

$$(\alpha = \beta = \delta = 0 \Rightarrow K_{ph} = 3{,}32)$$

Voraussetzungen des Regelfalls

Belastung:

b) *Mindestbreite für die Bedingung* $e^g = \dfrac{b}{6}$:

$$e^g = \frac{\sum M_{(m)}}{\sum V} = \frac{46{,}8 \cdot 18{,}0 - 64{,}7 b \cdot \dfrac{2{,}0}{3}}{600 + 27{,}0 + 46{,}0 \ b^2} \overset{!}{=} \frac{b}{6}$$

$$\Rightarrow {}_{erf}b \approx 3{,}5 \ m$$

☐ 5.34: Fortsetzung Beispiel: Regelfallbemessung eines Mastfundaments

c) *Mindestbreite für die Bedingung* $e^{g+p} = \frac{b}{3}$:

$$e^{g+p} = \frac{46{,}8 \cdot 18 - 64{,}7\ b \cdot \frac{2{,}0}{3} + 21{,}7 \cdot 18{,}0}{600 + 27{,}0 + 46{,}0\ b^2 + 12{,}5} \overset{!}{=} \frac{b}{3}$$

$$\Rightarrow {}_{erf}b \approx 3{,}2\ m$$

gew.: b = 3,5 m

Damit wird

$$e^{g} = 0{,}58\ m = \frac{b}{6} = \frac{3{,}50}{6} = 0{,}58\ m$$

$$e^{g+p} = 0{,}90 < \frac{b}{3} = \frac{3{,}50}{3} = 1{,}17\ m$$

Fundament:

d) ${}_{vorh}d = 2{,}0\ m > {}_{erf}d$

e) *zutreffend*

Baugrund:

f) *zutreffend (GW ⇒ nbB)*

g) *bauseits sicherzustellen*

h) ${}_{vorh}z = 12{,}2 - 2{,}0 = 10{,}2\ m$

Unter der Voraussetzung, daß die erforderliche Fundamentbreite b ≤ 5,1 m beträgt, ist o. a. Bedingung erfüllt.

i) ${}_{vorh}D = 0{,}48 > {}_{erf}D = 0{,}45$ *(U > 3)*

j) *Grundwasser unterhalb Fundamentsohle*

k) $${}_{erf}d = 1{,}4 \cdot 3{,}5 \cdot \frac{46{,}8 + 21{,}7 - 64{,}7 \cdot 3{,}5}{600 + 27{,}0 + 12{,}5 + 46{,}0 \cdot 3{,}5^2}$$

Der Zähler wird rechnerisch < 0. (Interpretation: DIN 4017 weist darauf hin, daß Erwiderstand nur bis zur Größe der ihn hervorrufenden Horizontalkräfte angesetzt werden kann.)

$\Rightarrow {}_{vorh}d = 2{,}0\ m > {}_{erf}d$

Somit liegt ein Regelfall vor.

Zulässige Sohlnormalspannung (nbB)

a) *setzungsunempfindlich ⇒ Tabelle 2*

reduzierte Fläche:

$$3{,}5 - 0 = 3{,}5\ m \mathrel{\hat{=}} a'$$

$$3{,}5 - 2 \cdot 0{,}90 = 1{,}7\ m \mathrel{\hat{=}} b'$$

b' = 1,70 m

d = 2,00 m

$$\Rightarrow \sigma_0 = 640\ kN/m^2$$

b), c) *entfällt*

⇒ *„Tabellenwert“:* $\sigma_0 = 640\ kN/m^2$

d) $\frac{a}{b} = 1{,}0 < 2$; ${}_{vorh}d = 2{,}0\ m > 0{,}6 \cdot 1{,}7 = 1{,}0\ m$

⇒ 20% Erhöhung

☐ 5.35: Fortsetzung Beispiel: Regelfallbemessung eines Mastfundaments

e) $_{vorh}D = 0{,}48 < {}_{erf}D = 0{,}65\ (U > 3)$
⇒ keine Erhöhung

f) *entfällt*
g) *Abminderungsfaktor (ohne E_p !)*

$$\left(1-\frac{46{,}8+21{,}7}{600+27{,}0+12{,}5+46{,}0\cdot 3{,}5^2}\right)^2=\left(1-\frac{68{,}5}{1203{,}0}\right)^2=0{,}889$$

Damit wird $_{zul}\sigma_0 = 640\ \left(1+0{,}20+0-0\right)\cdot 0{,}889) = 683\ \ kN/m^2$

Spannungsnachweis

$$_{zul}\sigma_0 = 683\ \ kN/m^2 >>_{vorh}\sigma_0 = \frac{1203{,}0}{3{,}50\cdot 1{,}70} = 202\ \ kN/m^2$$

Anmerkung: Wegen der übergreifenden Bedingung

$$e^g = \frac{b}{6}$$

kann die zulässige Spannung nicht besser ausgenutzt werden.

☐ 5.36: Beispiel: Regelfallbemessung eines Fundaments (Stütze mit Konsole)

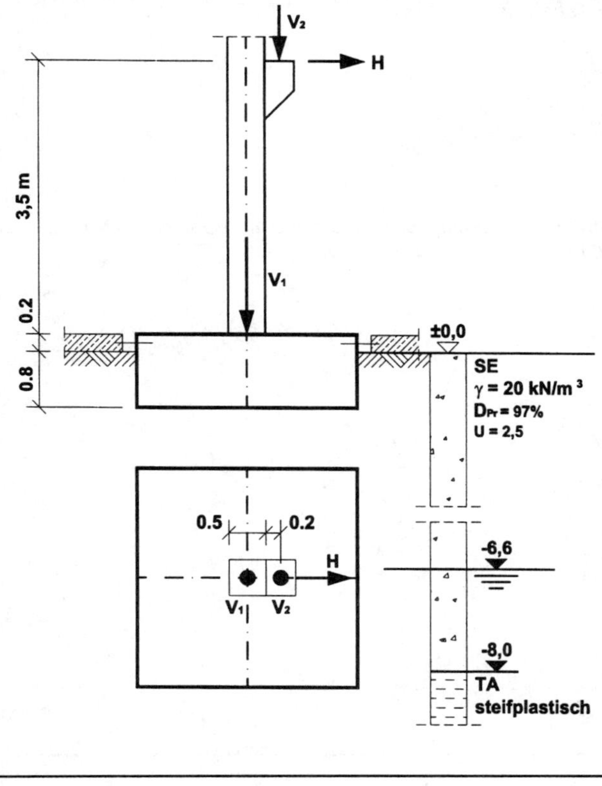

Belastung (statisch):

$V_1^{g+p} = 2{,}2+0\ \ MN$

$V_2^{g+p} = 0{,}8+0{,}2\ \ MN$

$H^{g+p} = 0+0{,}18\ \ MN$

Ges.: *Erforderliche Abmessungen des Quadratfundaments unter einem setzungsunempfindlichen Bauwerk.*

Lösung:

Vorraussetzungen des Regelfalls

Belastung:

a) statisch (siehe Aufgabenstellung)

$$b)\ e^g = \frac{800\ \left(\frac{0.5}{2}+0{,}2\right)}{2200+800+25\cdot 1{,}0\cdot b^2} \le \frac{b}{6}$$

$$e^g = \frac{360}{3000+25\ b^2} \le \frac{b}{6} \quad (1)$$

□ 5.37: Fortsetzung Beispiel: Regelfallbemessung eines Fundaments (Stütze mit Konsole)

c) $$e^{g+p} = \frac{360 + 200\left(\frac{0,5}{2} + 0,2\right) + 180\ (3,5 + 1,0)}{3000 + 25\ b^2 + 200} \le \frac{b}{3}$$

$$e^{g+p} = \frac{1260}{3200 + 25\ b^2} \le \frac{b}{3} \qquad (2)$$

d) ${}_{vorh}d = 1,0\ m > {}_{erf}d$

e) *zutreffend*

Baugrund:

f) *zutreffend (SE ⇒ nbB)*

g) *bauseits sicherzustellen*

h) ${}_{vorh}z = 8,0 - 1,0 = 7,0 \le 2\ b$; *d.h. bis zu einer Fundamentbreite*
$b = 3,5\ m$ *(3)*
ist diese Voraussetzung erfüllt.

i) ${}_{vorh}D_{Pr} = 97\% > {}_{erf}D_{Pr} = 95\%\ (U < 3)$

j) *Grundwasser unterhalb Fundamentsohle*

k) $${}_{vorh}d = 1,0\ m \ge 1,4\ b \frac{180}{3200 + 25\ b^2}$$

⇒ *Bedingung für ausreichende Einbindtiefe:*

$$\frac{252\ b}{3200 + 25\ b^2} \le 1,0 \qquad (4)$$

Zulässige Sohlnormalspannung (nbB)

a) *setzungsunempfindlich ⇒ Tabelle 2*
reduzierte Fläche:

$$a' = b - 0 = b$$

$$b' = b - 2e^{g+p}$$

$$b' = b - \frac{2520}{3200 + 25\ b^2} \qquad (5)$$

b) *Für Breiten* $b' > 2,0\ m$ *können die Tabellenwerte für* $b = 2,0\ m$ *beibehalten werden.*

c) *entfällt:* ${}_{vorh}d = 1,0\ m < 2,0\ m$

d) $$\frac{a}{b} = 1,0 < 2$$

${}_{vorh}d = 1,0\ m \ge 0,6\ b'$

⇒ *20% Erhöhung*

Bedingung für Erhöhung:
$0,6\ b' \le 1,0$ *(6)*

e) ${}_{vorh}D_{Pr} = 97\% < {}_{erf}D_{Pr} = 98\%\ (U < 3)$
⇒ *keine Erhöhung*

f) *Abminderung entfällt, wenn*

$$\frac{d_W}{b'} = \frac{5,8}{b'} > 1,0 \qquad (7)$$

g) $$f = \left(1 - \frac{180}{3200 + 25\ b^2}\right)^2 \qquad (8)$$

☐ 5.38: Fortsetzung Beispiel: Regelfallbemessung eines Fundaments (Stütze mit Konsole)

Ermittlung von $_{erf}b$ in Tabellenform:

1	2	3	4	5	6	7	8	9	10	11	12	13	14
b	e^g (1)	b/6	e^{g+p} (2)	b/3	b (3)	$_{erf}d$ (4)	b' (5)	0,6b' (6)	d_w/b' (7)	f (8)	$_{zul}\sigma_0$	$_{vorh}\sigma_0$	Bem.
m	m	m	m	m	m	m	m	m	1	1	kN/m²	kN/m²	-
2,0	0,116	0,333	0,382	0,667	< 3,5	< 1	1,24	< 1,00	> 1	0,89	446	1331	
2,5											468	767	
3,0	0,105	0,500	0,368	1,000	< 3,5	< 1	2,26	> 1,00	> 1	0,90	513	505	$\Rightarrow {}_{erf}b$

$_{erf}b = 3,0\ m$

☐ 5.39: Beispiel: Zulässige Ausmittigkeit nach dem Regelfallverfahren

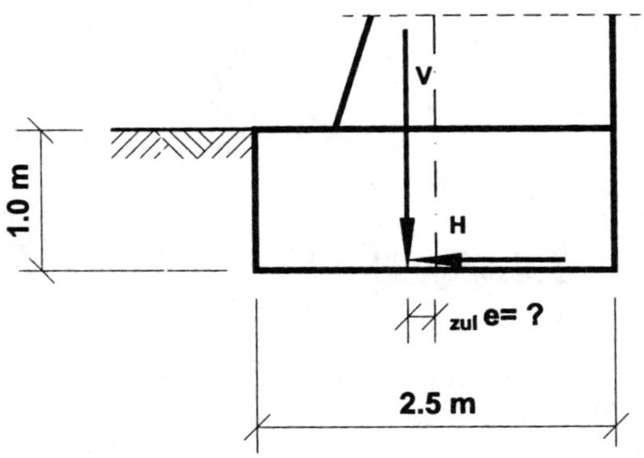

Belastung: V = 500 kN/m
H = 100 kN/m

Baugrund: bis in größere Tiefe: SE, ausreichend dicht gelagert.

Für das dargestellte Streifenfundament unter einer Gewichtsstützwand ist die zulässige Ausmittigkeit für

Fall A: ständige Lasten
Fall B: Gesamtlasten zu ermitteln.

Lösung:

Vorraussetzungen des Regelfalls

Belastung:

a) überwiegend statisch (Stützwand)

b) Fall A: $_{\max} e = \frac{b}{6} = \frac{2,5}{6} = 0,42\ m$

c) Fall B: $_{\max} e = \frac{b}{3} = \frac{2,5}{3} = 0,83\ m$

Fundament:

d) $_{vorh}d = 1,0\ m > {}_{erf}d$

e) zutreffend

Baugrund:

f) zutreffend (SE ⇒ nbB)

g) bauseits sicherzustellen

h) zutreffend (s. Aufgabenstellung)

i) zutreffend (s. Aufgabenstellung)

j) Grundwasser unterhalb Fundamentsohle

k) $_{vorh}d = 1,0\ m > {}_{erf}d = 1,4 \cdot 2,5 \cdot \frac{100}{500} = 0,70\ m$

Zulässige Sohlnormalspannung (nbB)

a) setzungsunempfindlich (Stützwand) ⇒ Tabelle 2

Fall A: Kleinstmögliche reduzierte Breite: $b' = 2,50 - 2 \cdot 0,42 = 1,66\ m$

$\Rightarrow \sigma_0 = 502\ kN/m^2$

Fall B: Kleinstmögliche reduzierte Breite: $b' = 2,50 - 2 \cdot 0,83 = 0,84\ m$

$\Rightarrow \sigma_0 = 338\ kN/m^2$

□ 5.40: Fortsetzung Beispiel: Zulässige Ausmittigkeit nach dem Regelfallverfahren

b), c) *entfällt*

d) $\frac{a}{b} > 2$ ⇒ *keine Erhöhung*

e) *nur ausreichend dichte Lagerung ⇒ keine Erhöhung*

f) *entfällt (s. Aufgabenstellung)*

g) $\left(1 - \frac{100}{500}\right)^2 = 0{,}640$

Damit wird

Fall A: $_{zul}\sigma_0 = 502 \cdot 0{,}540 = 321 \quad kN/m^2$

Fall B: $_{zul}\sigma_0 = 338 \cdot 0{,}540 = 216 \quad kN/m^2$

Spannungsnachweis

Fall A: $_{zul}\sigma_0 = 321 \quad kN/m^2 > {}_{vorh}\sigma_0 = \frac{500}{1{,}66} = 301 \quad kN/m^2$

Maßgebend ist somit die Begrenzung der Ausmittigkeit $\left(e = \frac{b}{6}\right)$:

⇒ $_{zul}e = 0{,}42$ *m*

Fall B: $_{zul}\sigma_0 = 216 \quad kN/m^2 < {}_{vorh}\sigma_0 = \frac{500}{0{,}84} = 595 \quad kN/m^2$

Maßgebend ist somit eine ausreichende Fundamentbreite b'. Durch Probieren wird ermittelt:

⇒ $_{zul}e = 0{,}45$ *m.*

⇒ *b' = 1,60 m;* ⇒ $_{zul}\sigma_0 = 314 \quad kN/m^2$

$$_{zul}\sigma_0 = 314 \quad kN/m^2 \approx {}_{vorh}\sigma_0 = \frac{500}{1{,}60} = 313 \quad kN/m^2$$

□ 5.41: Beispiel: Zulässige Horizontalkraft nach dem Regelfallverfahren

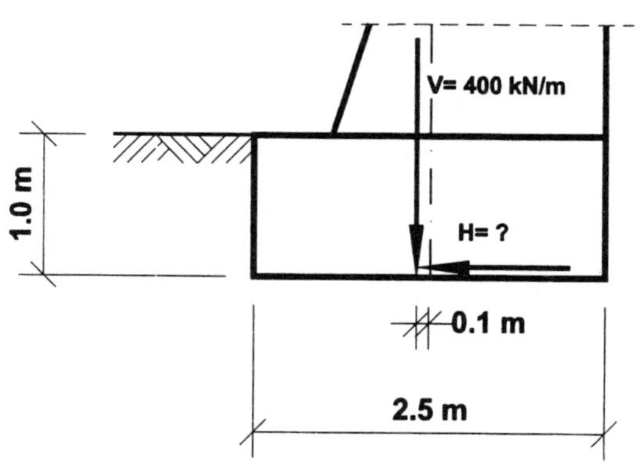

Baugrund:
Fall A: SW, ausreichend dicht gelagert
Fall B: TA, steifplastisch

Für das dargestellte Fundament einer Stützwand ist die zulässige Horizontallast in der Gründungssohle zu ermitteln.

Lösung:

Vorraussetzungen des Regelfalls

Belastung:

a) *überwiegend statisch (Stützwand)*

b), c.) $_{vorh}e = 0{,}10 \quad m < \frac{b}{6} = \frac{2{,}50}{6} = 0{,}42 \quad m$

☐ 5.42: Fortsetzung Beispiel: Zulässige Horizontalkraft nach dem Regelfallverfahren

Fundament:

d) $_{vorh}d$ *= 1,0 m >* $_{erf}d$

e) *zutreffend*

Baugrund:

f) *zutreffend:* *Fall A: SW ⇒ nbB*
Fall B: TA ⇒ bB

g) *bauseits sicherzustellen*

h) *zutreffend (s. Aufgabenstellung)*

i) *betrifft Fall A: zutreffend*

j) *betrifft Fall B: zutreffend*

k) *betrifft Fall A:*

$_{vorh}d = 1{,}0\ m \geq 1{,}4 \cdot 2{,}5 \cdot \frac{H}{400}$; *d.h., für H ≤ 114 kN zutreffend*

l) *betrifft Fall B:*
gem. Aufgabenstellung zutreffend

m) *betrifft Fall B:*

$\frac{H}{400} \leq \frac{1}{4}$; *d.h., für H ≤ 100 kN zutreffend*

n) *betrifft Fall B: bauseits sicherzustellen.*

Mit den genannten Einschränkungen liegt ein Regelfall vor.

Zulässige Sohlnormalspannung

Fall A: nbB

a) *setzungsunempfindlich (Stützwand) ⇒ Tabelle 2*

$b' = 2{,}50 - 2 \cdot 0{,}10 = 2{,}30\ m$

b' = 2,0 m

d = 1,0 m

$\Rightarrow \sigma_0 = 570\ kN/m^2$

b) *Tabellenwerte für b' = 2,0 m können beibehalten werden*

c) *entfällt*

d) $\frac{a}{b} > 2$ *⇒ keine Erhöhung*

f) *entfällt (s. Aufgabenstellung)*

g) *mit H = 114 kN wird*

$$\left(1 - \frac{114}{400}\right)^2 = 0{,}511$$

Damit wird

$$_{zul}\sigma_0 = 570\ (1 + 0 + 0 - 0) \cdot 0{,}511 = 291\ kN/m^2$$

Fall B: bB

a) *TA ⇒ Tabelle 6*

$b' = 2{,}50 - 2 \cdot 0{,}10 = 2{,}30\ m$

b' = 2,0 m

d = 1, 0m

$\Rightarrow \sigma_0 = 110\ kN/m^2$

b) *entfällt*

c) *b' = 2,30 m > 2,00 m ⇒ 3% Abminderung*

□ 5.43: Fortsetzung Beispiel: Zulässige Horizontalkraft nach dem Regelfallverfahren

d) *entfällt*

Das ergibt einen „Tabellenwert“

$$\sigma_0 = (1{,}00 - 0{,}03)\ 110 = 107\ \ kN/m^2$$

e) $\frac{a}{b} > 2 \Rightarrow$ *keine Erhöhung*

Damit wird

$$_{zul}\sigma_0 = 107\ \ kN/m^2$$

Spannungsnachweis

Fall A: $_{zul}\sigma_0 = 291\ \ kN/m^2 > {}_{vorh}\sigma_0 = \frac{400}{2{,}3} = 174\ \ kN/m^2$

d.h., maßgebend ist die Begrenzung der Horizontallast wegen der erforderlichen Einbindetiefe:

$_{zul}H = 114\ kN$

Fall B: $_{zul}\sigma_0 = 107\ \ kN/m^2 < {}_{vorh}\sigma_0 = 174\ \ kN/m^2$

Das heißt, selbst bei $\frac{H}{V} \le \frac{1}{4}$ *ist die Sicherheit nicht ausreichend.*

6 Gründungsbalken und Gründungsplatten

6.1 Grundlagen

Gründungsbalken

Wenn mehrere Einzelstützen in einer Reihe stehen, können sie - statt jeweils auf ein Einzelfundament - auf ein gemeinsames Fundament gestellt werden, das Gründungsbalken genannt wird. Hierdurch werden Schalungsaufwand und Setzungsunterschiede geringer als bei Einzelgründungen. Gründungsbalken sehen zwar wie Streifenfundamente aus, sind aber nicht wie diese in Längsrichtung durch die aufgehende Wand ausgesteift so daß sie nach DIN 4018 als Biegeträger auf mehreren Stützen berechnet und bewehrt werden müssen.

Im Gegensatz zu üblichen Trägern im Hochbau sind hier jedoch die Auflagerkräfte (die Stützenlasten) bekannt, während die äußere Belastung (die Sohlnormalspannungsverteilung) unbekannt ist. Letztere ist dann richtig gewählt, wenn sich aus ihr die bekannten Stützenlasten errechnen lassen.

Gründungsplatten

Wenn Streifen- und Einzelfundamente unter Wänden und Stützen infolge geringer zulässiger Sohlnormalspannung so groß werden, daß kaum noch Zwischenräume vorhanden sind, werden sie wirtschaftlicher auf eine gemeinsame Gründungsplatte gestellt. Außerdem werden hierdurch die Setzungsunterschiede verringert und die Ausführung einer wasserdichten Wanne ermöglicht.

□ 6.01: Beispiele: Formen von Gründungsplatten

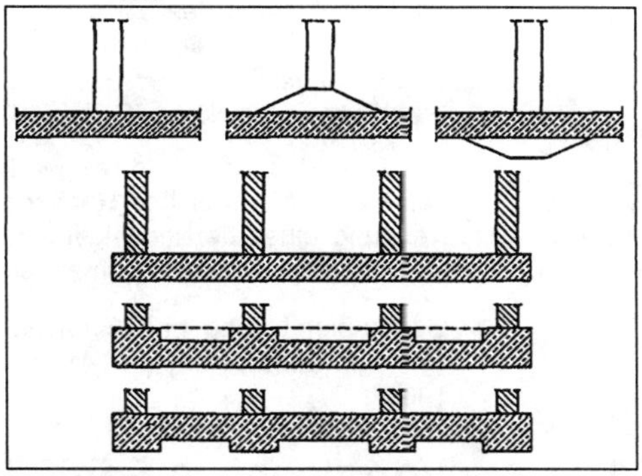

Gründungsplatten werden in beiden Richtungen auf Biegung beansprucht. Sie werden heute meist mit durchgehend gleicher Plattendicke ausgeführt (□ 6.01), obwohl eine geringere Plattendicke in den Feldern und die Anordnung von oben- oder untenliegenden Verstärkungen unter den Lasteintragungen (□ 6.01) sinnvoll wäre. Diese Ausführung ist aber meist zu lohnaufwendig.

Norm

DIN 4018.

Berechnung

Für die Berechnung beider Gründungsarten sind neben der Sohlnormalspannungsverteilung vor allem die Setzungsunterschiede von Bedeutung, da sie zusätzliche Biegebeanspruchungen hervorrufen. Die maßgebende Verteilung der Sohlnormalspannungen ergibt sich aus der Forderung, daß die von den Sohlspannungen bewirkte Setzungsmulde mit der Biegelinie des Balkens oder der Platte übereinstimmen muß. Diese Verknüpfung der Formänderungen der Gründung und des Baugrunds stellt ein vielfach statisch unbestimmtes Problem dar, das sich nicht mit geschlossenen mathematischen Formeln, sondern nur mit mehr oder weniger starken Vereinfachungen und Annahmen bezüglich der Sohlnormalspannungsverteilung lösen läßt.

□ 6.02: Beispiel: Rechenmodell Gründungsplatte

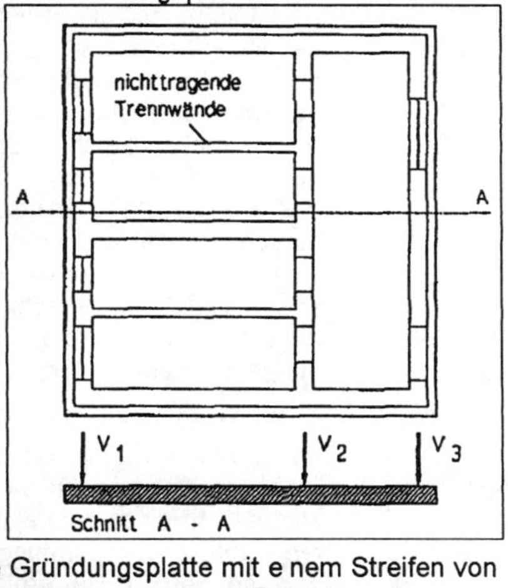

Rechentechnisch ist zwischen Gründungsbalken und -platten kein Unterschied. Ein Gründungsbalken wird mit der tatsächlichen Breite, eine Gründungsplatte mit einem Streifen von 1 m Breite, gegebenenfalls in mehreren kritischen Schnitten, gerechnet (□ 6.02).

Gründungsplatten gleichen, auch bezüglich ihrer Bewehrung, umgekehrten Massivdecken. Der geeignete Ansatz für ihre Berechnung richtet sich nach der Einleitung der äußeren Lasten: Bei einer durch Wände belasteten Platte können die Wände als Auflager betrachtet und die Sohlnormalspannungen als äußere Last angesetzt werden (Kany 1959). Wird die Platte durch annähernd regelmäßig angeordnete Stützen belastet, so kann die Platte als umgekehrte Pilzdecke betrachtet und z. B. nach dem Verfahren von Duddeck (1963) berechnet werden. Bei Stützenlasten in Randmitte, in Feldmitte oder in einer Ecke der Platte können z.B. die Bemessungsdiagramme von Westergaard (Schröder 1966) angewendet werden. Bei beliebig belasteter Platte kann nach Smoltczyk (Schröder 1966) gerechnet werden.

Verfahren

In der Praxis werden die Sohlnormalspannungen häufig - ohne Rücksicht auf die verschiedenen Einflüsse auf ihre Verteilung (siehe Abschnitt 4) - einfach angenommen ("vorgegeben"). Dies ist unter bestimmten Voraussetzungen zu vertreten (siehe Abschnitt 6.2).

Wenn diese Verfahrensweise aus Sicherheits- oder Wirtschaftlichkeitsgründen - vor allem bei großen Gründungsplatten - nicht zweckmäßig erscheint, wird mit verformungsabhängigen Sohlnormalspannungsverteilungen gerechnet, und zwar je nach erforderlicher Genauigkeit und vertretbarem Aufwand nach dem Bettungsmodul-, dem Steifemodul- oder einem kombinierten Verfahren (siehe Abschnitte 6.3 bis 6.5). Das führt, vor allem bei großen Stützenlasten und -abständen, zu wesentlich wirtschaftlicheren Ergebnissen als eine vorgegebene Sohlnormalspannungsverteilung, denn die Bemessungsmomente können wegen der Berücksichtigung des elastischen Verhaltens gering gehalten werden, was zu einer sparsamen Bewehrung der Platte führt. Keines der beiden Verfahren gibt das wirkliche Kraft- und Verformungsbild wieder. Bei sachkundiger Anwendung sind sie jedoch als Bemessungsgrundlage ausreichend (DIN 4018).

Die Wahl des für den jeweiligen Fall "richtigen" Verfahrens richtet sich nach dem vernünftigen Verhältnis zwischen Rechenaufwand und erzielbarer Genauigkeit. Eine unkritische Anwendung eines der im folgenden beschriebenen Verfahren kann günstigenfalls zur unwirtschaftlichen Bemessung, in anderen Fällen aber zu unzureichenden Sicherheiten führen.

Gegenüberstellung und Grenzen der verschiedenen Berechnungsverfahren: ⇒ Graßhoff. ⇒ Hahn (1985), Kany (1974), Wölfer (1978), Flächengründungen und Fundamentsetzungen 1959.

6.2 Vorgegebene Sohlnormalspannungsverteilung

Einfache Annahme

Die einfache Annahme einer geradlinig begrenzten Sohlnormalspannungsverteilung (siehe Abschnitt 4.1) ist das älteste Berechnungsverfahren. Es wird auch Spannungstrapezverfahren genannt, weil die Sohlspannungsfigur im allgemeinen Fall ausmittiger Belastung trapezförmig ist (□ 6.03 a).

Dieses Verfahren (Rechenbeispiel siehe □ 6.06 bis □ 6.11) liefert bei leichten Bauwerken mit annähernd gleichmäßiger Lastverteilung hinreichend genaue Ergebnisse und führt im allgemeinen zu einer Überbemessung. In Hinblick darauf, daß durch das Spannungstrapezverfahren die Zugbereiche u.U. nicht an der richtigen Stelle berechnet werden, wird manchmal versucht, die Sicherheit dadurch zu erhöhen, daß die errechnete Bewehrung oben und unten in die Gründungsplatte einlegt wird.

□ 6.03: Beispiele: Geradlinig begrenzte SNSV: a) Spannungstrapezverfahren, b) aufgesetzte Spannungsspitzen

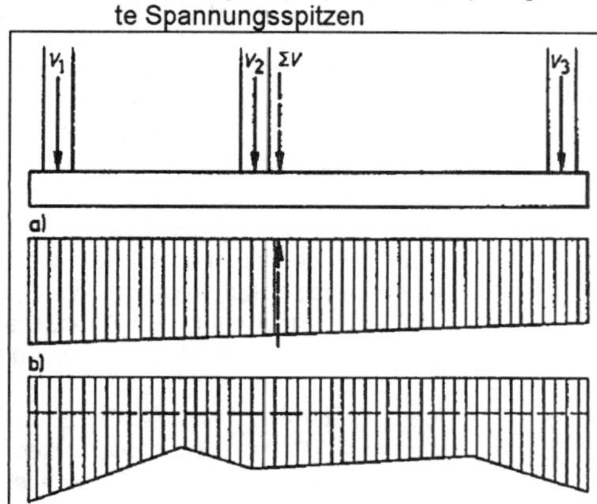

Auch Gründungsbalken, die durch eine große Konstruktionshöhe möglichst steif gemacht worden sind, können mit einer geradlinig begrenzten Sohlnormalspannungsfigur bemessen werden. Die große Bauhöhe führt zu einer wesentlich geringeren Schubbewehrung, und die Bewehrung kann aus geraden Stäben und Bügeln bestehen (□ 6.04).

□ 6.04: Beispiel: Konstruktion von Gründungsbalken

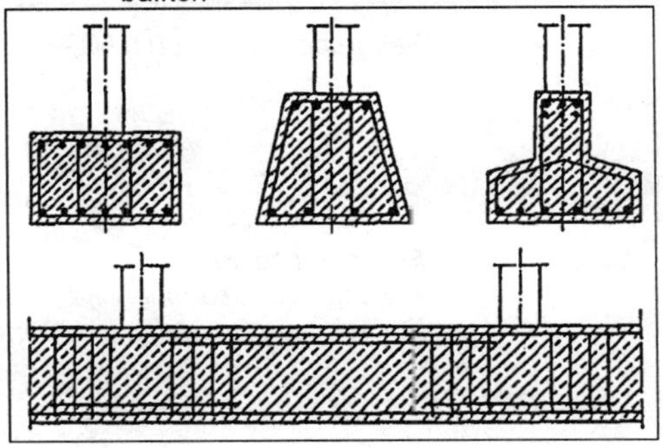

Spannungsspitzen

Zur Berücksichtigung der Spannungskonzentration unter den Wänden und Stützen (siehe Abschnitt 4.2) kann eine geradlinig begrenzt angenommene Sohlnormalspannungsfigur dadurch verbessert werden, daß im Bereich der Lasteintragungsstellen Spannungsspitzen aufgesetzt werden (□ 6.03 b). Dies ist vor allem bei Gründungen zu empfehlen, die im Verhältnis zum Baugrund weich sind (□ 6.05).

□ 6.05: Beispiel: Berechnungsvorschlag für Gründungsplatten von Tunnelbauwerken (Dienstvorschrift DS 804 der Bundesbahn)

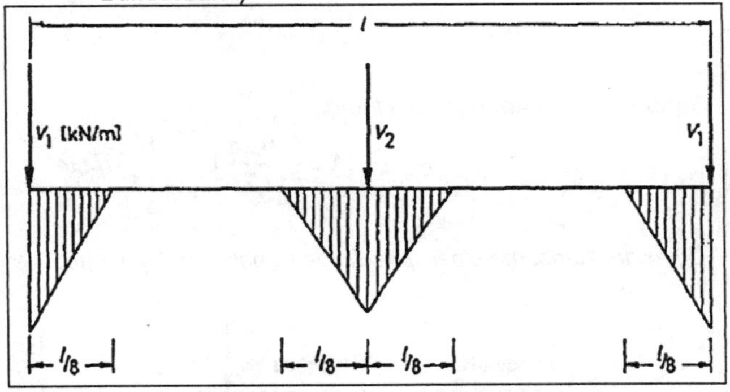

□ 6.06: Beispiel: Berechnung der Momentenfläche für eine Gründungsplatte: a) nach dem Spannungstrapezverfahren, b) nach dem Bettungsmodulverfahren

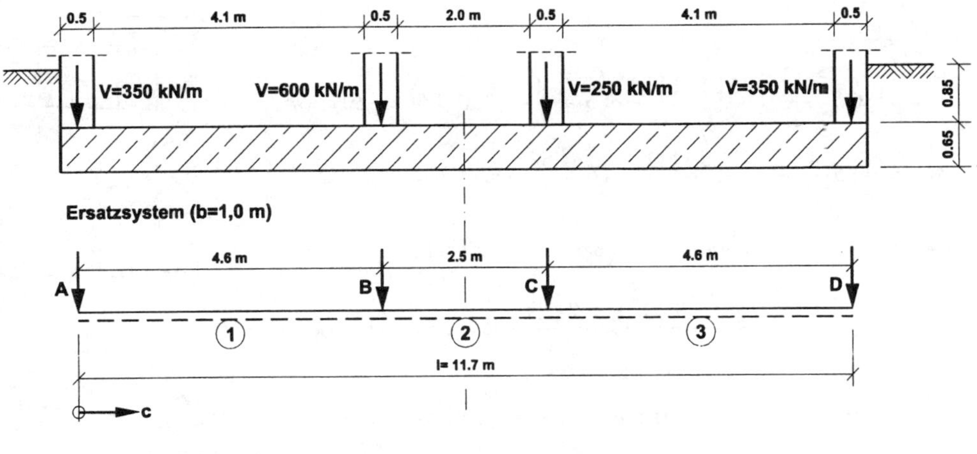

Geg.: *Gründungsplatte; Länge 24,5 m; Breite 12,2 m; B 25*

☐ 6.07: Fortsetzung Beispiel: Berechnung der Momentenfläche für eine Gründungsplatte: a) nach dem Spannungstrapezverfahren, b) nach dem Bettungsmodulverfahren

Baugrund: *± 0,0 bis –6,4:* *Geschiebemergel*
$\gamma = 20\ kN/m^3$
$E_m = 75\ MN/m^2$
ab –6,4: *Kies*
$E_m \approx \infty$

Ges.: *Momentenfläche*
a) nach dem Spannungstrapezverfahren
b) nach dem Bettungsmodulverfahren

Lösung:

zu a): *Die Eigenlast der Gründungsplatte erzeugt keine Biegemomente.*
Lage der Resultierenden aus den Wandlasten (bezogen auf das „Auflager“ A):

$$c = \frac{600 \cdot 4{,}6 + 250 \cdot 7{,}1 + 350 \cdot 11{,}7}{350 + 600 + 250 + 350} = 5{,}57\ m$$

$$\Rightarrow e = \frac{b}{2} - c = \frac{11{,}7}{2} - 5{,}57 = 0{,}28\ m$$

Sohlnormalspannungsverteilung:

$$\sigma_{0_{1,2}} = \frac{1550}{11{,}7 \cdot 1{,}0}\left(1 \pm \frac{6 \cdot 0{,}28}{11{,}7}\right) = \frac{151{,}5}{113{,}5}\ kN/m^2$$

Unter der Annahme einer geradlinigen Sohlnormalspannungsverteilung erhält man das Spannungstrapez:

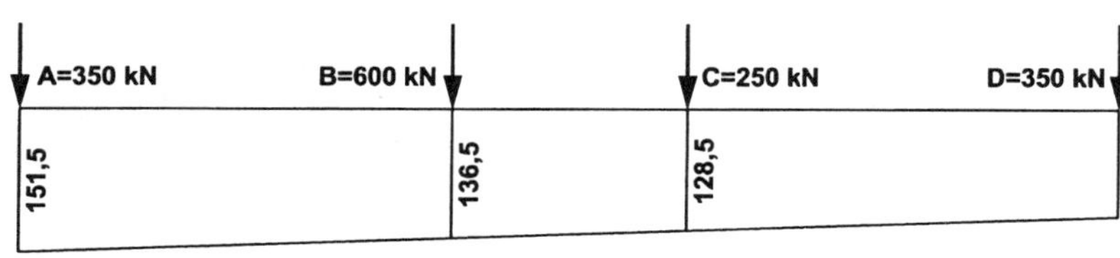

Ermittlung der Biegemomente:

Stützenmomemnte:

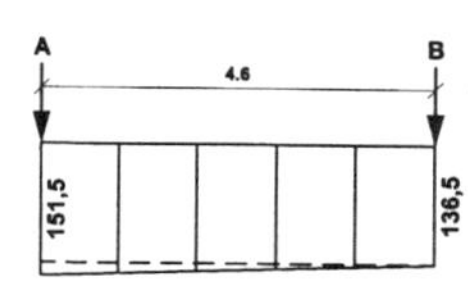

$$M_A = M_D = 0$$

$$M_B = 136{,}5 \cdot \frac{4{,}6^2}{2} + \frac{151{,}5 - 136{,}5}{2} \cdot 4{,}6 \cdot \frac{2 \cdot 4{,}6}{3} - 350 \cdot 4{,}6^2 = -60\ kNm$$

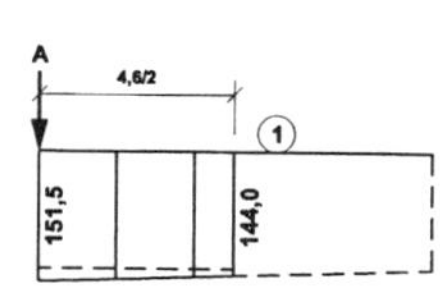

$$M_C = 113{,}5 \cdot \frac{4{,}6^2}{2} + \frac{128{,}5 - 113{,}5}{2} \cdot 4{,}6 \cdot \frac{4{,}6}{3} - 350 \cdot 4{,}6 = -356{,}3\ kNm$$

Feldmomente (näherungsweise in Feldmitte berechnet):

$$M_1 = 144{,}0 \cdot \frac{2{,}3^2}{2} + \frac{151{,}5 - 144{,}0}{2} \cdot 2{,}3 \cdot \frac{2 \cdot 2{,}3}{3} - 350 \cdot 2{,}3 = -410{,}9\ kNm$$

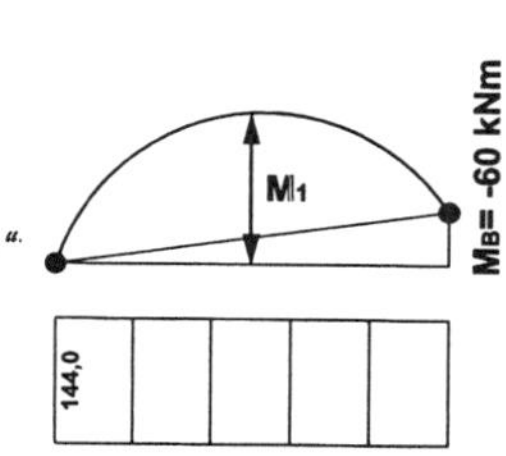

Das gleiche Ergebnis erhält man durch „Einhängen einer Parabel mit $\frac{q \cdot l^2}{8}$ *“.*

$$M_1 = \frac{0 - 60}{2} - \frac{144{,}0 \cdot 4{,}6^2}{8} = -410\ kNm$$

□ 6.09: Fortsetzung Beispiel: Berechnung der Momentenfläche für eine Gründungsplatte: a) nach dem Spannungstrapezverfahren, b) nach dem Bettungsmodulverfahren

Die übrigen Feldmomente werden ebenfalls durch „Einhängen" ermittelt:

$$M_2 = \frac{-60{,}0 - 256{,}3}{2} - \frac{(136{,}5 + 128{,}5)\cdot 2{,}5^2}{2\cdot 8} = -311{,}7\ kNm$$

$$M_3 = \frac{-356{,}3 - 0}{2} - \frac{(128{,}5 + 113{,}5)\cdot 4{,}6^2}{2\cdot 8} = -498{,}2\ kNm$$

Darstellung der Momentenlinie: s. 6.11

Werte zum Bettungsmodulverfahren für λ = 3,5; nach Hahn (1985):

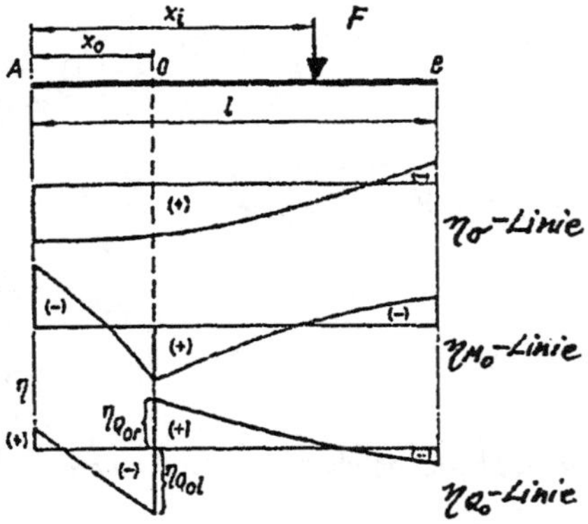

obere Zahl: η_0

$$\sigma_0 = \frac{\eta_0 \cdot F}{b \cdot l}$$

mittlere Zahl: 100 η_M

$$M_0 = \frac{\eta_M \cdot F \cdot l}{100}$$

untere Zahl: η_Q

$$Q_0 = \eta_Q \cdot F$$

x_i/l → / x_0/l ↓ (Einflußzahlen der Punkte ↓ (waagerecht ablesen))	Zustandslinien bei Laststellung in ↓ (senkrecht ablesen): 0	0,1	0,2	0,3	0,4	0,5	0,6	0,7	0,8	0,9	1,0
	7,01	4,64	2,66	1,22	0,29	-0,23	-0,45	-0,50	-0,44	-0,35	-0,25
0	0	0	0	0	0	0	0	0	0	0	0
	-1,00	0	0	0	0	0	0	0	0	0	0
	4,64	3,60	2,52	1,55	0,80	0,29	-0,02	-0,19	-0,28	-0,32	-0,35
0,1	-6,90	2,15	1,31	0,66	0,23	-0,03	-0,15	-0,20	-0,19	-0,17	-0,14
	-0,420	-0,588	0,259	0,138	0,054	0,003	-0,024	-0,035	-0,036	-0,034	-0,030
	2,66	2,52	2,28	1,83	1,29	0,81	0,41	0,12	-0,10	-0,28	-0,44
0,2	-9,13	-2,11	5,13	2,87	1,26	0,23	-0,33	-0,59	-0,67	-0,66	-0,63
	-0,059	-0,282	-0,499	0,308	0,159	0,058	-0,005	-0,038	-0,055	-0,064	-0,070
	1,22	1,55	1,83	1,93	1,71	1,31	0,87	0,47	0,12	-0,19	-0,50
0,3	-8,65	-3,83	1,21	6,90	3,57	1,30	-0,10	-0,86	-1,23	-1,42	-1,56
	0,131	-0,080	-0,292	-0,502	0,311	0,164	0,060	-0,009	-0,054	-0,088	-0,117
	0,29	0,80	1,29	1,71	1,90	1,72	1,33	0,87	0,41	-0,02	-0,45
0,4	-6,91	-4,00	-0,89	2,82	7,58	3,66	1,01	-0,65	-1,67	-2,37	-2,98
	0,202	0,035	-0,136	-0,317	-0,507	0,316	0,170	0,057	-0,028	-0,100	-0,166
	-0,23	0,29	0,81	1,31	1,72	1,91	1,72	1,31	0,81	0,29	-0,23
0,5	-4,84	-3,34	-1,69	0,43	3,44	7,72	3,44	0,43	-1,69	-3,34	-4,84
	0,202	0,088	-0,032	-0,166	-0,323	-0,500	0,323	0,166	0,032	-0,088	-0,202
	-0,45	-0,02	0,41	0,87	1,33	1,72	1,90	1,71	1,29	0,80	0,29
0,6	-2,98	-2,37	-1,67	-0,65	1,01	3,66	7,58	2,82	-0,89	-4,00	-6,91
	0,166	0,100	0,028	-0,057	-0,170	-0,316	-0,493	0,317	0,136	-0,035	-0,202
	-0,50	-0,19	0,12	0,47	0,87	1,31	1,71	1,93	1,83	1,55	1,22
0,7	-1,56	-1,42	-1,23	-0,86	-0,10	1,30	3,57	6,90	1,21	-3,83	-8,65
	0,117	0,088	0,054	0,009	-0,060	-0,164	-0,311	-0,498	0,292	0,080	-0,131
	-0,44	-0,28	-0,10	0,12	0,41	0,81	1,29	1,83	2,28	2,52	2,66
0,8	-0,63	-0,66	-0,67	-0,59	-0,33	0,23	1,26	2,87	5,13	-2,11	-9,13
	0,070	-0,064	0,055	0,038	0,005	-0,058	-0,159	-0,308	-0,501	0,282	0,059
	-0,35	-0,32	-0,28	-0,19	-0,02	0,29	0,80	1,55	2,52	3,60	4,64
0,9	-0,14	-0,17	-0,19	-0,20	-0,15	-0,03	0,23	0,66	1,31	2,15	-6,90
	0,030	0,034	0,036	0,035	0,024	-0,003	-0,054	-0,138	-0,259	-0,412	0,420
	-0,25	-0,35	-0,44	-0,50	-0,45	-0,23	0,29	1,22	2,66	4,64	7,01
1,0	0	0	0	0	0	0	0	0	0	0	0
	0	0	0	0	0	0	0	0	0	0	1,00

☐ 6.10: Fortsetzung Beispiel: Berechnung der Momentenfläche für eine Gründungsplatte: a) nach dem Spannungstrapezverfahren, b) nach dem Bettungsmodulverfahren

zu b):

Mit $\frac{a}{b} = \frac{24{,}5}{12{,}2} = 2{,}0$

$\frac{z}{b} = \frac{4{,}9}{12{,}2} = 0{,}4$ *(ab –6,4 m: $E_m \approx \infty$)*

erhält man für den kennzeichnenden Punkt $f = 0{,}3203$ *und damit den Bettungsmodul*

$$k_s = \frac{E_m}{b \cdot f} = \frac{75}{12{,}2 \cdot 0{,}3203} \approx 20 \;\; MN/m^3$$

Charakteristische Länge des System:

$$L = \sqrt[4]{\frac{E_b \cdot 4I}{k_s \cdot b}} = \sqrt[4]{\frac{3 \cdot 10^4 \cdot 4 \cdot \frac{0{,}65^3 \cdot 1{,}0}{12}}{20 \cdot 1{,}0}} = 3{,}42 \;\; m$$

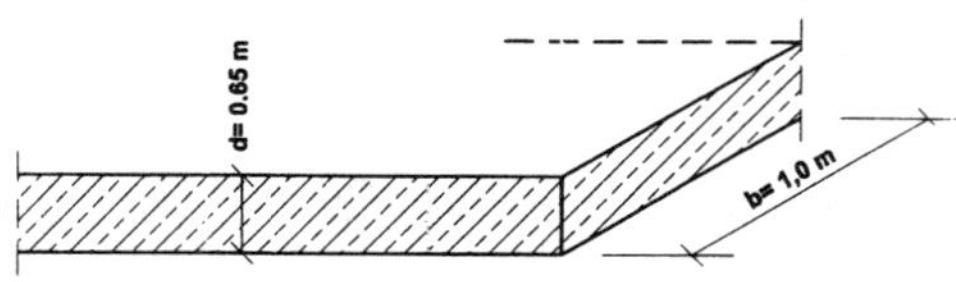

Das ergibt ein Längenverhältnis von

$$\lambda = \frac{l}{L} = \frac{11{,}7}{3{,}42} \approx 3{,}5$$

Die Einflußwerte für die Momentenlinie können im vorliegenden Fall direkt abgelesen werden (anderenfalls Interpolation zwischen zwei Tafeln):

Ermittlung der Biegemomente:

- *Unterteilung des Plattenstreifens von der Länge l = 11,7 m in 10 Abschnitte:*

  $\frac{x_i}{l} = 0$ *; 0,1; ...10*

- *Berechnung des Biegemoments für die Last A = 350 kN an der Stelle* $x_i = 0 \rightarrow \frac{x_i}{l} = 0$ *:*

  Aus der Tafel werden in der Spalte $\frac{x_i}{l} = 0$ *die Werte 100 η_M (mittlere Zahlen) abgelesen und in die Tabelle eingetragen. Das Moment infolge A ergibt sich aus:*

  $$M = \frac{100 \;\; \eta_M \cdot A \cdot l}{100}$$

- *Berechnung für die Last B = 600 kN an der Stelle* $\frac{x_i}{l} = \frac{4{,}6}{11{,}7} \approx 0{,}4$ *; entsprechend für die Lasten C und D.*

- *Die M-Linie ergibt sich durch Superposition der jeweiligen M_i-Werte:*

□ 6.11: Fortsetzung Beispiel: Berechnung der Momentenfläche für eine Gründungsplatte: a) nach dem Spannungstrapezverfahren, b) nach dem Bettungsmodulverfahren

Stelle $\frac{x_i}{l}$ =		0	0,1	0,2	0,3	0,4	0,5	0,6	0,7	0,8	0,9	1,0
A= 350 kN	100 η_M=	0	-6,9	-9,13	-8,65	-6,91	-4,84	-2,98	-1,56	-0 63	-0,14	0
$\frac{x_i}{l}=0$	M=	0	-282,6	-373,8								
B= 600 kN	100 η_M=	0	0,23	1,26								
$\frac{x_i}{l}\approx 0,4$	M=	0										
C= 250 kN	100 η_M=	0	-0,15									
$\frac{x_i}{l}\approx 0,6$	M=	0										
D= 350 kN	100 η_M=	0	-0,14	-0,63								
$\frac{x_i}{l}=1,0$	M=	0										
$\sum M \approx$		0	-277	-321	-170	-157	-54	-112	-321	-336	-292	0

Vergleichende Gegenüberstellung der ermittelten Momentenlinien:

zu a):

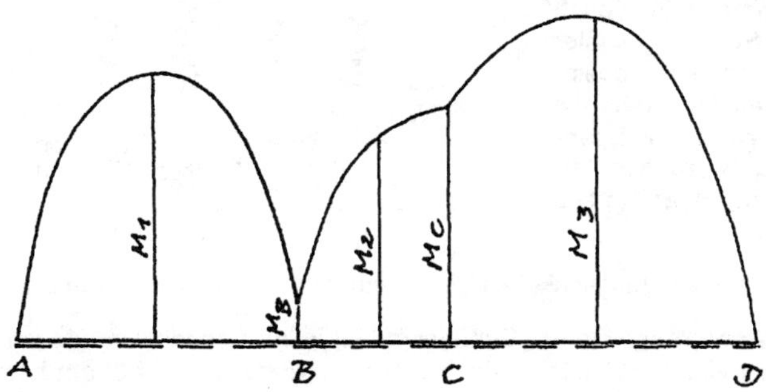

zu b):

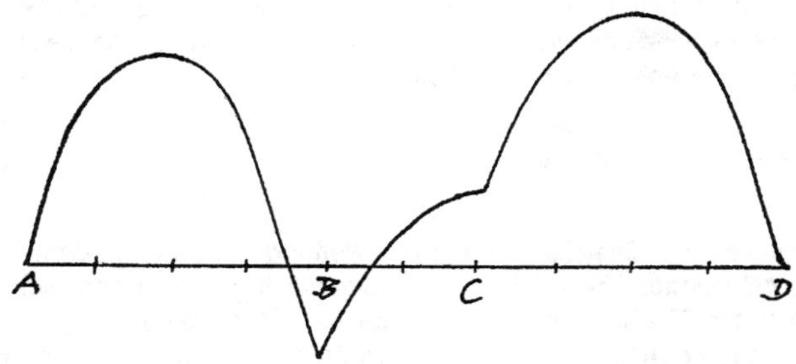

SNSV nach Boussinesq

Unter sehr biegesteifen Bauwerken kann die korrigierte Sohlnormalspannungsverteilung von Boussinesq (siehe Abschnitt 4.2) angesetzt werden, wenn direkt unter der Gründungssohle eine zusammendrückbare Schicht (Schichtdicke > b, $E_s \approx$ const.) ansteht. Mit abnehmender Dicke dieser Schicht wird die Sohlnormalspannungsverteilung immer gleichmäßiger.

Ist das Bauwerk einachsig durch Wände ausgesteift, kann die korrigierte Sohlspannungsfigur nach Boussinesq in Aussteifungsrichtung angenommen und quer zur Aussteifung mit einer verformungsabhängigen SNSV (siehe Abschnitte 6.3 bis 6.5) gerechnet werden.

6.3 Bettungsmodulverfahren

Annahme

Das Bettungsmodulverfahren (Federmodell) beruht auf der Annahme, daß die Setzung s an jeder Stelle des Fundaments proportional ist zu der an der gleichen Stelle vorhandenen Sohlnormalspannung (☐ 6.12).

Der Proportionalitätsfaktor k_s (kN/m^3)

$$k_s = \frac{\sigma_0}{s} \; bzw. \; \frac{\sigma_1}{s} \qquad (6.01)$$

wird Bettungsmodul genannt. Er stellt eine Federkonstante dar, denn das Fundament wird nach dieser Annahme so behandelt, als sei es in zusammenhanglose Einzelteile zerschnitten, die auf Federn ruhen und sich unabhängig voneinander setzen können (☐ 6.13). Dies ist eine sehr starke Vereinfachung, denn in Wirklichkeit wird die Setzung eines Fundamentteils auch durch die Spannung unter den Nachbarteilen beeinflußt. Außerdem ist die Beziehung zwischen Spannungen und Setzungen tatsächlich nicht linear (siehe Abschnitt 3).

☐ 6.12: Beispiel: Bettungsmodulverfahren: Proportionalität zwischen Sohlspannungen und Setzungen

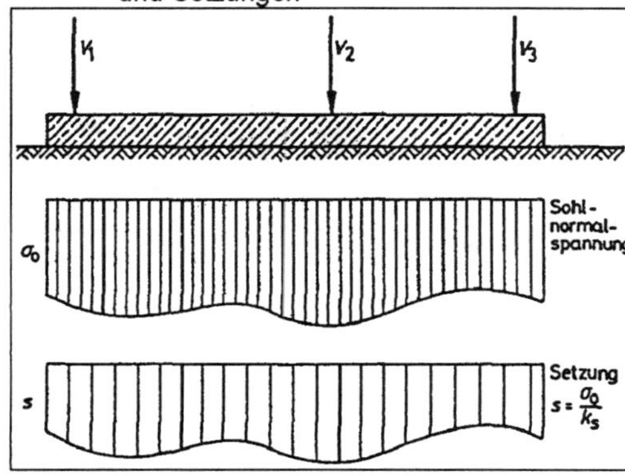

☐ 6.13: Beispiel: Setzungsmulde a) nach dem Bettungsmodulverfahren (Federmodell), b) tatsächlich

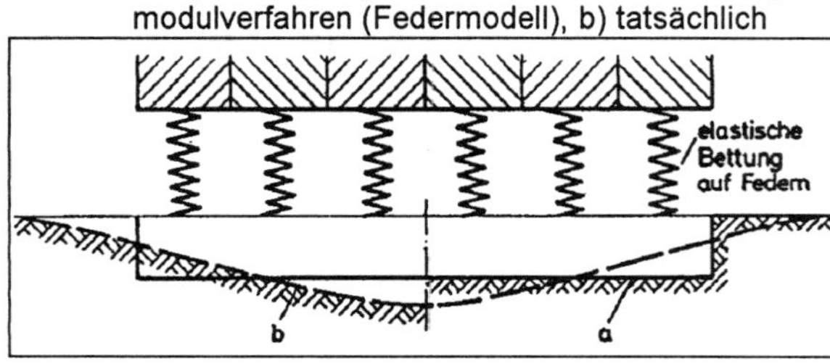

k_s

Es gibt verschiedene Möglichkeiten, den Bettungsmodul zu bestimmen:

Setzungsberechnung: Da der Bettungsmodul keine Bodenkonstante ist, sondern über die Setzung auch von den Fundamentabmessungen abhängt, wird er am besten aus einer Setzungsberechnung für den kennzeichnenden Punkt des Fundaments bestimmt (☐ 6.06 bis ☐ 6.11). Durch Gleichsetzen von Gl (6.01) mit der geschlossenen Setzungsformel für mittige Belastung (siehe Abschnitt 3) ergibt sich

$$k_s = \frac{E_m}{b \cdot f_{s,c}} \qquad (6.02)$$

Plattendruckversuch: Die Berechnung des Bettungsmoduls aus dem Plattendruckversuch (siehe Dörken / Dehne, Teil 1, 1993) dient eigentlich nur der Kennzeichnung der Bettungsverhältnisse unter Straßen- und Flugplatzdecken. Zur Übertragung auf Gründungsbalken oder -platten muß er auf deren tatsächliche Breite umgerechnet werden. ⇒ Dehne 1982

Tabellenwerte: Da der Bettungsmodul keine Bodenkonstante ist, sind nur vom Boden abhängige Tabellenwerte (☐ 6.14) mit Vorsicht zu verwenden.

⇒ Frisch / Simon (1974)

Trotz dieser verschiedenen Möglichkeiten ist die Bestimmung eines wirklichkeitsgetreuen Bettungsmoduls äußerst schwierig. Daher werden häufig die jeweils ungünstigsten Schnittgrößen mit einem Ober- und Unterwert für k_s bestimmt. Auch wird versucht, die Nachteile dieses Verfahrens z. B. durch Annahme eines veränderlichen Bettungsmoduls unter dem Gründungskörper zu umgehen (☐ 6.15). Dabei geht allerdings der Vorzug dieses Verfahrens, seine relativ einfache und übersichtliche Handhabung, verloren.

Anwendung

Obwohl die Voraussetzung des Bettungsmodulverfahrens tatsächlich nicht zutrifft, wird es wegen seiner einfachen Handhabung mit Hilfe von Tabellen und Nomogrammen (siehe unten) in der Praxis häufig angewendet. Es liefert auch trotz seiner theoretischen Unzulänglichkeiten bei der Berechnung von langen, biegsamen Gründungsbalken und -platten mit wenigen Lasten sowie bei dünnen, weichen Schichten auf fester Unterlage brauchbare Ergebnisse. Es ist besonders geeignet bei der Berechnung von Kranbahnfundamenten und Fahrbahnplatten von Straßen und Flugpisten. Bei einem starren Gründungskörper (z. B. einem Bauwerk auf sehr nachgiebigem Baugrund) stimmen die Ergebnisse des Spannungstrapezverfahrens mit denen des Bettungsmodulverfahrens überein.

Tabellen für den praktischen Gebrauch des Verfahrens: ⇒ Müllersdorf (1963), Graßhoff (1978), Wölfer (1978), Hahn (1985).

☐ 6.14: Werte für den Bettungsmodul (Graßhoff 1978)

Bodenart	k_s [kN/m³]
Leichter Torf- und Moorboden	5000 – 10000
Schwerer Torf- und Moorboden	10000 – 15000
Feiner Ufersand	10000 – 15000
Schüttungen von Humus, Sand und Kies	10000 – 20000
Lehmboden, naß	20000 – 30000
Lehmboden, feucht	40000 – 50000
Lehmboden, trocken	60000 – 80000
Lehmboden, trocken und hart	100000
Festgelagerter Humus mit Sand und wenig Steinen	80000 – 100000
Festgelagerter Humus mit Sand und vielen Steinen	100000 – 120000
Feiner Kies mit feinem Sand	80000 – 100000
Mittlerer Kies mit feinem Sand	100000 – 120000
Mittlerer Kies mit grobem Sand	120000 – 150000
Grober Kies mit grobem Sand	150000 – 200000
Grober Kies mit wenig Sand	150000 – 200000
Grober Kies mit wenig Sand, sehr fest gelagert	200000 – 250000

☐ 6.15: Beispiel: Berechnungsvorschlag für einen veränderlichen Bettungsmodul

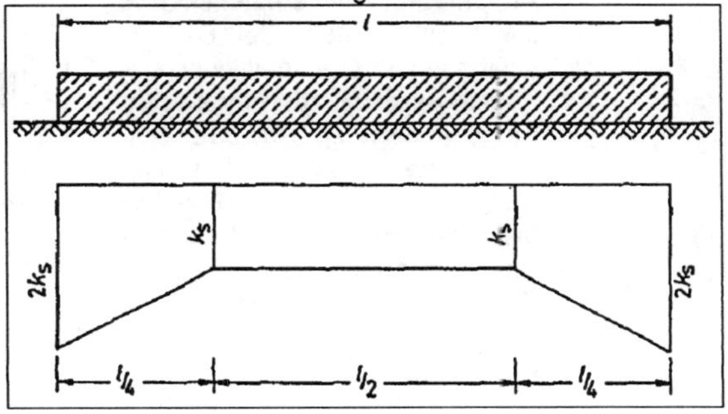

6.4 Steifemodulverfahren

Anwendung

Beim Steifemodulverfahren (Halbraummodell) werden die Formänderungen des Baugrunds über den Steifemodul E_s berücksichtigt, der nach der Theorie des elastisch-isotropen Halbraums berechnet wird. Ziel dieses Verfahrens ist, diejenige SNSV zu ermitteln, bei der die Biegelinie des Fundaments mit der Setzungsmulde des Baugrunds übereinstimmt (☐ 6.16). Streng mathematisch ist diese Forderung nicht lösbar, so daß auch bei diesem Verfahren rechentechnische Vereinfachungen notwendig sind.

☐ 6.16: Beispiel: Steifemodulverfahren

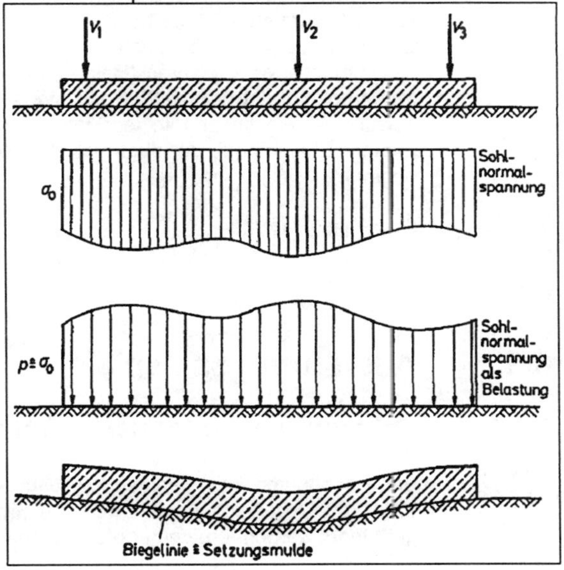

Die Biegelinie kann nach den bekannten Verfahren der Statik, die Setzungen nach Abschnitt 3 errechnet werden. Durch die Setzungsberechnung wird, im Gegensatz zum Bettungsmodulverfahren, die gegenseitige Beeinflussung benachbarter Bereiche unter dem Fundament berücksichtigt. Aus der so ermittelten Spannungsverteilung lassen sich die Schnittkräfte und Bemessungsmomente berechnen (☐ 6.17).

Voraussetzung des Verfahrens ist eine möglichst genaue Bestimmung des Steifemoduls. In einfachen Fällen, insbesondere bei bindigen Böden, kann von einem über die Baugrundtiefe konstanten Steifemodul ausgegangen werden. Es liegen aber auch Lösungen für einen mit der Tiefe veränderlichen Steifemodul und für mehrfache Schichtung des Baugrunds vor.

Bei einfachen Verhältnissen ist die Forderung nach Verträglichkeit von Biegelinie und Setzungsmulde durch schrittweise Annäherung verhältnismäßig leicht zu erfüllen. Bei Berücksichtigung unterschiedlicher Variablen wird das Verfahren sehr rechenaufwendig, so daß umfangreiche Tabellen und Nomogramme bzw. EDV-Programme benötigt werden. ⇒ De Beer / Graßhoff / Kany (1966), El Kadi (1967), Graßhoff (1978), Kany (1974), Sherif / König (1975).

□ 6.17: Beispiel: U-Bahn Köln, Berechnung nach dem Steifemodulverfahren: a) Tunnelbauwerk, b) Sohlspannungsfigur, c) Biegelinie und Setzungsmulde (Betonkalender 1974)

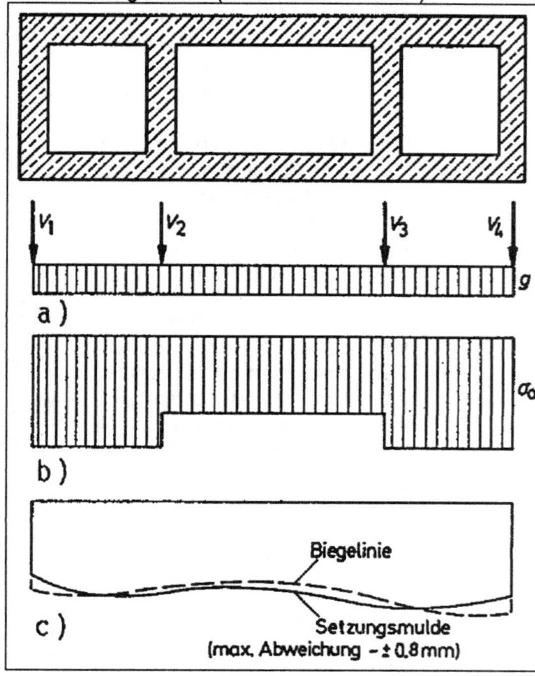

6.5 Kombiniertes Verfahren

Da Bettungsmodul- und Steifemodulverfahren in bestimmten Fällen (z. B. bei starren Gründungskörpern) übereinstimmen, wurde ein kombiniertes Verfahren (Halbraum- und Federmodell) entwickelt (□ 6.18). Voraussetzung ist ein linear mit der Tiefe zunehmender Steifemodul, der aber nicht bei Null beginnt.

⇒ Schultze (1970)

□ 6.18: Model des kombinierten Verfahrens

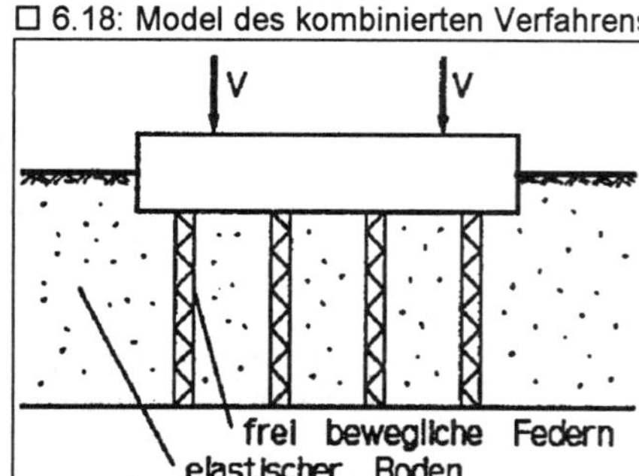

6.6 Ausführungsbeispiele

6.6.1 Gründung auf integrierter Sohlplatte

Bei Hochbauten mit wenigen Geschossen und zulässigen Sohlnormalspannungen von 200...300 kN/m² können Streifen- und Einzelfundamente auf einer "integrierten Sohlplatte" gegründet werden, um den erforderlichen Fundamentaushub zu vermeiden.

Hierzu wurden u.a. von Lohmeyer (1980), Herzog (1983) und Kelemen (1984) Berechnungsverfahren entwickelt (□ 6.19 bis □ 6.21).

□ 6.19: Beispiel: Fundamente mit integrierter Sohlplatte

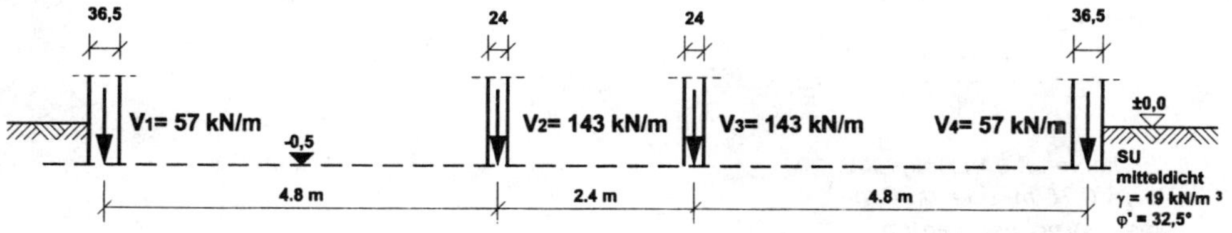

Für die gegebenen Last- und Bodenverhältnisse ist eine Gründung mit integrierter Sohlplatte (B25) zu entwerfen.

Lösung:

Vorbemerkung: *Die Berechnung soll nach dem Verfahren von Lohmeyer (1980) erfolgen.*

Mitwirkende Plattenbreite, erforderliche Plattendicke:

Die mitwirkende Plattenbreite b_m unter den Wänden berechnet sich aus der Wandlast V und der zulässigen Sohlnormalspannung σ_0. Die zulässige Sohlnormalspannung wird näherungsweise nach DIN 1054, Tabelle 1, für setzungsempfindliche Bauwerke (s. Abschnitt 5.2) ermittelt, wobei als Einbindetiefe d der Abstand zwischen Geländeoberkante und Unterkante Bodenplatte angenommen wird.

Maßgebend für die Bemessung der integrierten Sohlplatte ist der ungünstigste Belastungszustand:

Wandlast $V_2 = V_3 = 143 \ kN/m$

Wanddicke $s_2 = s_3 = 24 \ cm$

Unter der Voraussetzung, daß die vorhandene Sohlnormalspannung ${}_{vorh}\sigma_0 < 300 \ kN/m^2$ *ist, muß die mitwirkende Breite größer als*

$b_m = \frac{143}{300} = 0{,}48 \ m$ *sein;*

gew.: b_m = 0,70 m

Die erforderliche Plattendicke d_P wird unter der Annahme ermittelt, daß unter den Wänden eine Lasteinleitung wie bei einem unbewehrten Fundament erfolgt (s. Abschnitt 5.4):

B 25

$200 < {}_{vorh}\sigma_0 < 300 \ kN/m^2$

$\Rightarrow \tan\alpha = 1{,}2$

$$\Rightarrow {}_{erf}d_P = \tan\alpha \cdot \frac{b_m - s}{2} = 1{,}2 \cdot \frac{0{,}70 - 0{,}24}{2} = 0{,}28 \ m$$

gew.: d_P = 0,30 m

Zulässige Sohlnormalspannung:

$b_m = 0{,}70 \ m$

$d = 0{,}50 + 0{,}30 = 0{,}80 \ m$

$\Rightarrow {}_{zul}\sigma_0 \approx 280 \ kN/m^2$ *(Tabelle 1)*

□ 6.20: Fortsetzung Beispiel: Fundamente mit integrierter Sohlplatte

Kontrolle:

$$_{vorh}\sigma_0 = \frac{143 + 0{,}3 \cdot 0{,}7 \cdot 25}{0{,}7} = 212 \;\; kN/m^2 < \; _{zul}\sigma_0 = 280 \;\; kN/m^2$$

Es kann mit den Abmessungen
b_m = 0,70 m; d_P = 0,30 m
weitergrechnet werden.

Aufzunehmende Zugkräfte:

Für entstehende Zugkräfte Z_s aus unterschiedlichen Setzungen der „Fundamente" gegenüber der „Platte" wird ein Größtwert angesetzt, der auch die ungünstigsten Verhältnisse auffangen kann.

Mit σ_{0m} = *mittlere Sohlnormalspannung*

$$= \frac{\sum V}{B} + \gamma_b \cdot d$$

B = *Plattenbreite*
μ = *Reibungsbeiwert*
= *0,55 für nichtbindige Böden*
= *0,30 für bindige Böden*

wird

$$_{\max}Z_s = \sigma_{0m} \cdot \mu \cdot \frac{B}{2} = \left(\frac{2 \cdot 143 + 2 \cdot 57}{2 \cdot 4{,}8 + 2{,}4 + 0{,}365} + 25 \cdot 0{,}3 \right) \cdot 0{,}55 \cdot \frac{12{,}365}{2} = 135{,}5 \;\; kN/m$$

Erforderliche Zugbewehrung:

$$_{erf}a_s = \frac{_{\max}Z_s}{\frac{\beta_s}{\gamma}} \quad [cm^2/m]$$

(jeweils zur Hälfte oben und unten angeordnet)

Sicherheit gegen Grundbruch:

Die bei der Plattenbemessung angesetzte Einbindetiefe d = 0,80m ist für den Grundbruchnachweis nicht zu übernehmen. Entscheidend ist vielmehr die Austrittstelle der Grundbruchscholle, ausgedrückt durch die Länge L_F:

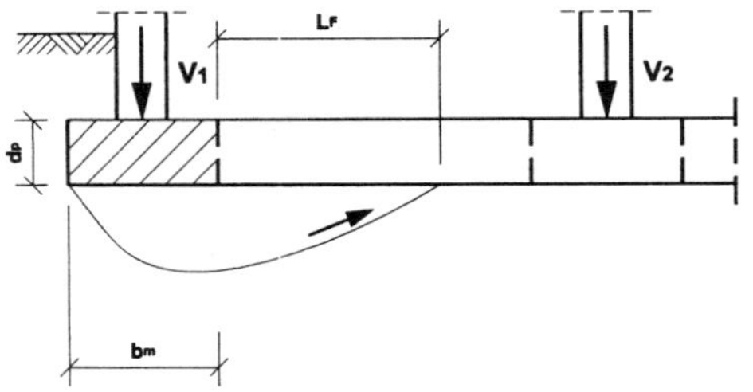

Fall A:
L_F reicht nicht bis zum benachbarten „Fundament":

Stützspannung = $\gamma_b \cdot d_P$

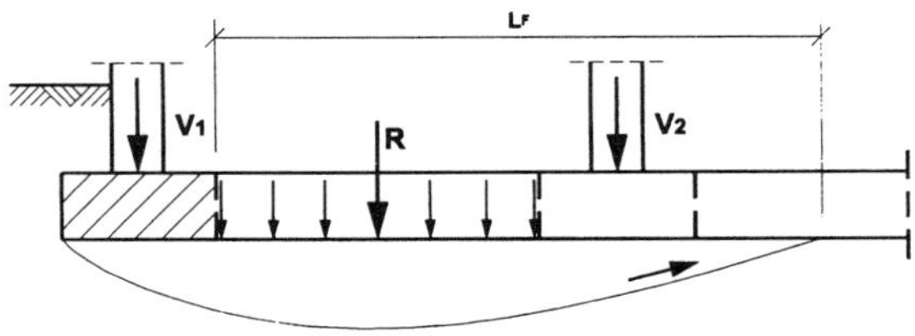

Fall B:
L_F reicht bis zum benachbarten „Fundament":

Stützspannung = $\frac{R + V_2}{L_F}$

□ 6.21: Fortsetzung Beispiel: Fundamente mit integrierter Sohlplatte

Unter sinngemäßer Anwendung der in Abschnitt 2.3 genannten Gleichungen zur Berechnung der Länge einer Grundbruchscholle wird

$$L_F = b_m \cdot \tan\left(45° + \frac{\varphi'}{2}\right) \cdot e^{1{,}571 \cdot \tan\varphi'} = 0{,}7 \cdot \tan\left(45° + \frac{32{,}5°}{2}\right) \cdot e^{1{,}571 \cdot \tan 32{,}5°} = 3{,}48\ m$$

Damit erreicht z.B. die Grundbruchscholle des „Fundaments" 2 nicht das „Fundament" 1, und der (ungünstigere) Fall A wird maßgebend.

Stützspannung: $25 \cdot 0{,}3 = 7{,}5\ kN/m^2$

Beiwerte:
$N_d = 25$; $\nu_d = 1{,}0$ *(„Streifenfundament")*
$N_b = 15$; $\nu_b = 1{,}0$ *(„Streifenfundament")*

Bruchlast des „Streifenfundaments" 2:
$V_b = b_m \cdot \sigma_{0f} = 0{,}7\ (0 + 7{,}5 \cdot 25 \cdot 1{,}0 + 19 \cdot 0{,}7 \cdot 15 \cdot 1{,}0) = 271\ kN/m$

Spannungsnachweis:

$${}_{zul}\sigma_0 = \frac{271}{2 \cdot 0{,}7} = 194\ kN/m^2 < {}_{vorh}\sigma_0 = \frac{143 + 0{,}3 \cdot 0{,}7 \cdot 25}{0{,}7} = 212\ kN/m^2$$

Die geringfügige Überschreitung kann hier zugelassen werden, da
${}_{gew}d_P = 0{,}30\ m\ >\ {}_{erf}d_P = 0{,}28\ m$
ist, was zu einer (hier nicht berücksichtigten) Vergrößerung von b_m führt. Andernfalls müßte die Plattendicke d_P entsprechend vergrößert werden.

6.6.2 Turmgründungen

Türme werden bei kreisförmiger Querschnittsform meist auf einer kreis- oder kreisringförmigen Platte gegründet, die außer den symmetrischen Eigengewichtslasten hohe antimetrische Lasten aus Wind und Erdbeben sowie einseitige Verkehrslasten aufnehmen muß. Wegen ihrer großen Abmessungen werden sie häufig als Schalentragwerk ausgebildet.

Fernsehturm Stuttgart

Die antimetrische Beanspruchung wird durch ein räumliches Fachwerk aus zwei Kegelschalen und zwei kreisförmigen Platten aufgenommen (☐ 6.22). Die - zur Aufnahme der Spreizkräfte aus der äußeren Kegelschale - vorgespannte Bodenplatte liegt nur im inneren Bereich und mit einem äußeren Kreisring auf dem Boden auf. Hierdurch werden die Sohlspannungen aus Eigenlast erhöht, während der Spannungsanteil aus Windlast, bezogen auf den Eigenlastanteil, geringer wird (Leonhardt 1956).

Fernmeldeturm Hamburg

Der Gründungskörper besteht aus einer Kegelschale, einer Zylinderschale und zwei Kreisplatten (☐ 6.23). Ein äußerer Spannring in der Bodenplatte nimmt die Spreizkräfte der äußeren Kegelschale auf (Wetzel 1968).

☐ 6.22: Beispiel: Gründung des Fernsehturms Stuttgart (aus Klöckner, Engelhardt, Schmidt 1982)

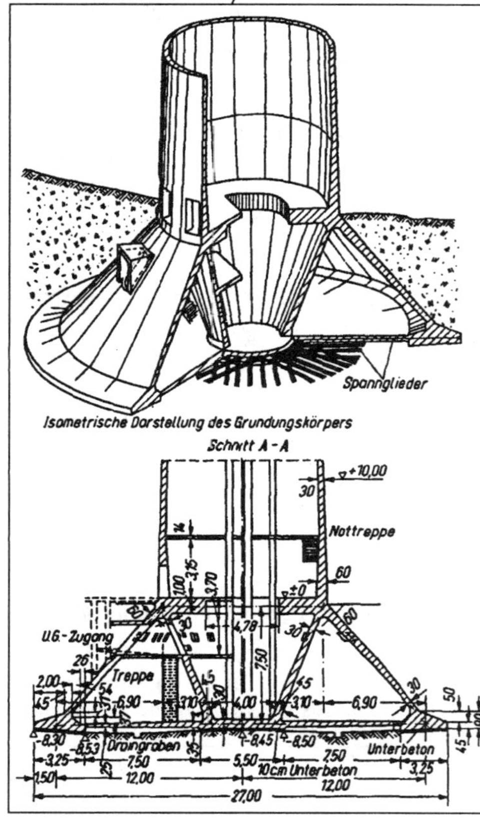

☐ 6.23: Beispiel: Gründung des Fernmeldeturms Hamburg (aus Klöckner, Engelhardt, Schmidt 1982)

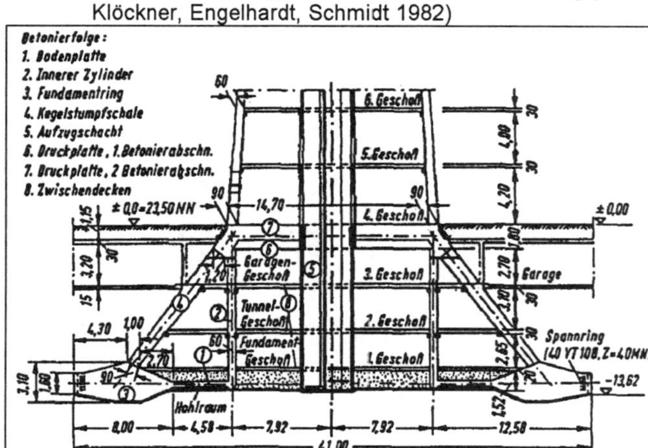

6.6.3 Hochhausgründungen

□ 6.24: Beispiel: Entwicklung des Hochhausbaus in Frankfurt/Main (aus Sommer 1991)

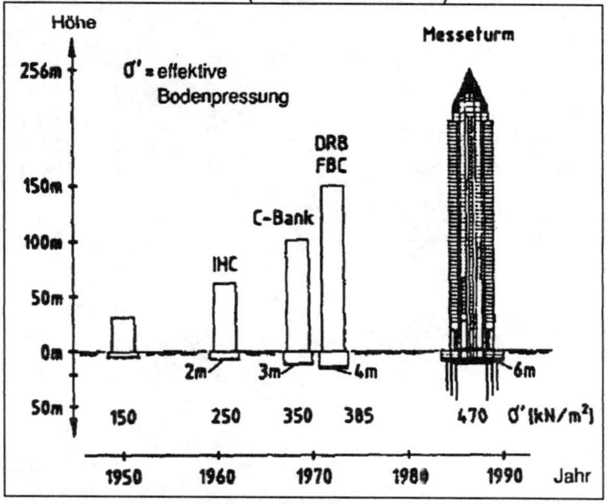

Grundlagen

Bei felsigem Baugrund (wie z.B. in New York), der sogar Zugkräfte aufnehmen kann, ist die Gründung eines Hochhauses wesentlich einfacher als bei bindigem Baugrund (wie z.B. beim Frankfurter Ton). Hier rufen hohe Belastungen große Verformungen des Baugrunds unter dem Hochhaus und in seiner Umgebung hervor. Daher stellte der in den 60er Jahren in Frankfurt/Main einsetzende umfangreiche Hochhausbau zunehmender Bauwerkshöhe und Baugrubentiefe (bis über 20 m beim Messeturm) (□ 6.24) eine große Herausforderung an die Geotechniker dar und erforderte umfangreiche Berechnungen sowie aufwendige Meßprogramme zur Kontrolle der Verformungen beim Baugrubenaushub und beim Hochhausbau, vor allem auch im Bereich der Nachbarbebauung. ⇒ Sommer (1976), (1978), (1991), Sommer / Hoffmann (1991)

Plattengründung

Der größte Teil der Frankfurter Hochhäuser wurde auf Platten gegründet, deren Dicke mit der Bauwerkshöhe ständig zunahm (□ 6.24).

Verformungen

Auch die Setzungen der Hochhäuser wurden mit der Belastung immer größer und erreichten mit 20 bis 35 cm (bei den 150 bis 180 m hohen Gebäuden) eine kritische Grenze, weil sie - je nach Steifigkeit des Systems Bauwerk / Gründung - zum einen zunehmende Durchbiegungen (Winkelverdrehungen) der Gründungsplatte und zum anderen Schiefstellungen des Hochhauses zur Folge haben, die nur zum Teil zu berechnen (vorhersagbar) sind, und schließlich die umgebende Bebauung durch Mitnahmesetzungen immer mehr gefährdet wurde.

Die Größe der Durchbiegungen und die negativen Einwirkungen auf die Nachbarbebauung können durch eine Erhöhung der Steifigkeit von Bauwerk und Gründung oder durch eine setzungsarme Gründung (kombinierte Pfahl-Plattengründung oder Pfahlgründung, siehe unten) begrenzt werden (Sommer 1991).

Der Teil der möglichen Schiefstellungen, welcher durch ausmittige Belastung oder/und asymmetrische Baugrube hervorgerufen wird, kann rechnerisch erfaßt und durch konstruktive Maßnahmen (z.B. Druckkissen, siehe unten) reduziert werden.

Zusätzlich können aber - auch bei mittiger Belastung - nicht vorhersehbare Schiefstellungen von Hochhäusern auftreten, weil Baugrundinhomogenitäten durch Bohrungen nicht vollständig erkannt werden können. Setzungsmessungen haben ergeben, daß sie bei einer Gründung im Frankfurter Ton bis zu 20% der mittleren Setzungen betragen können (Sommer 1991). Diese Schiefstellungen können nur durch eine setzungsarme Gründung (kombinierte Pfahl-Plattengründung oder Pfahlgründung) verringert werden (Sommer 1991 mit weiteren Literaturangaben).

Druckkissen

Beim Bau der 180 m hohen Dresdner Bank in Frankfurt/Main konnte eine nahezu mittige Belastung nur durch Unterschneidung der Gründungsplatte und zusätzlichen Einbau von Druckkissen erreicht werden (□ 6.25), deren Druck so verändert werden konnte, daß - zumindest bei der Bauausführung - keine ausmittige Belastung auftrat (Sommer 1991 mit weiteren Literaturangaben).

□ 6.25: Beispiel: Hochhaus Dresdner Bank in Frankfurt/Main: a) Unterschneidung der Gründungssohle, b) Kissenkraft zur Korrektur von Schiefstellungen

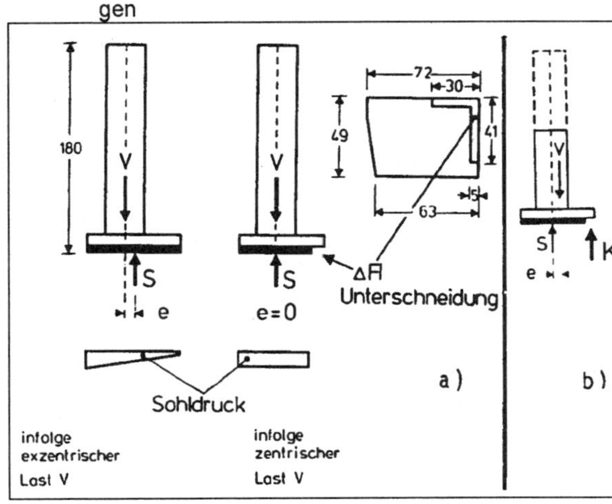

Kombinierte Gründung

Bei der kombinierten Pfahl-Plattengründung werden die Bauwerkslasten zur Verringerung der Setzungen, wegen der Gefahr einer Schiefstellung und möglicher Mitnahmesetzungen der Nachbarbebauung zum Teil über Bohrpfähle in tieferliegende, weniger setzungsempfindliche Schichten, zum Teil über die Kontaktspannungen Gründungsplatte / Baugrund in den unter der Platte liegenden Baugrund übertragen. Hierbei werden die Pfähle bis zu ihrem äußeren Bruchwiderstand ($\eta = 1$) belastet und die Beanspruchung der Gründungsplatte durch die Anordnung der Pfähle vermindert (□ 6.26).

Torhaus Frankfurt/Main (□ 6.27): Gründung auf zwei getrennten Platten mit jeweils 42 Bohrpfählen von 90 cm Durchmesser und 20 m Länge. Nach den Meßergebnissen betrugen die Lastanteile Pfähle/Platte 85%/15%. Bei einer Gründungsplatte ohne Pfähle hätten sich rechnerisch Setzungen von ca. 25 cm ergeben. Bei der kombinierten Gründung wurde eine Setzung von 12 cm gemessen (Sommer 1991 mit weiteren Literaturangaben).

□ 6.26: Beispiel: Kombinierte Pfahl-Plattengründung (aus Sommer 1991)

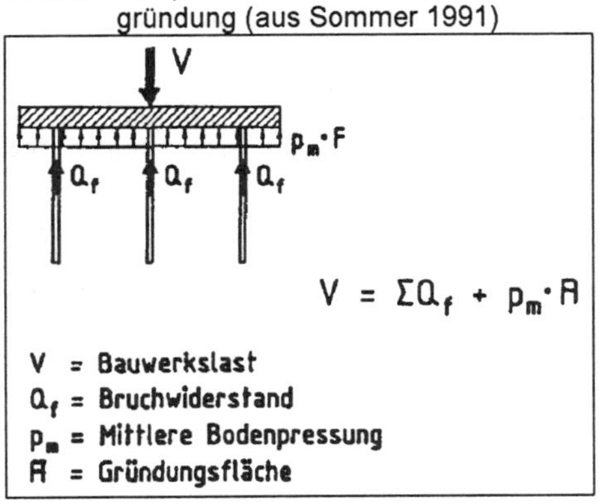

□ 6.27: Beispiel: Torhaus Frankfurt/Main mit kombinierter Pfahl-Plattengründung (aus Sommer 1991)

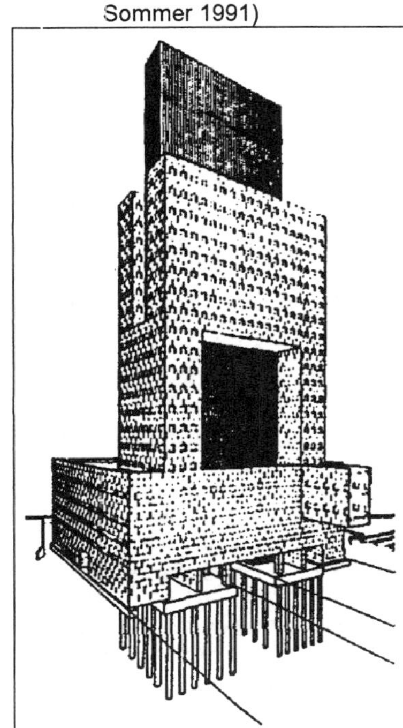

Messeturm Frankfurt/Main (□ 6.28): Mit 256 m z. Zt. höchstes Bürohochhaus in Europa (60 Ober- und 2 Untergeschosse). Gründung in 14 m Tiefe unter Geländeoberfläche auf einer in der Mitte 6 m dicken, 58,8 m breiten quadratischen Platte, die sich an den Rändern auf 3 m Dicke verringert, und auf 64 Bohrpfählen von 1,3 m Durchmesser, die in zwei Ringen angeordnet sind. Da Messungen beim Torhaus wesentlich höhere Pfahlkopflasten an den Rändern und Ecken als in der Mitte der Platte ergeben hatten, wurden die Pfähle am Rand kürzer (26,9 m lang) als zur Mitte hin (34,9 m lang) ausgeführt. Rechnerisch wurde ein Verhältnis der Lastanteile Pfähle/Platte zu 30...50% / 50...70% und eine Setzung der Kombinationsgründung von 15...20 cm erhalten, das ist etwa die Hälfte der Setzungen einer Gründung ohne Pfähle (Sommer 1991 mit weiteren Literaturangaben).

□ 6.28: Beispiel: Messeturm Frankfurt mit kombinierter Pfahl-Plattengründung (aus Sommer 1991)

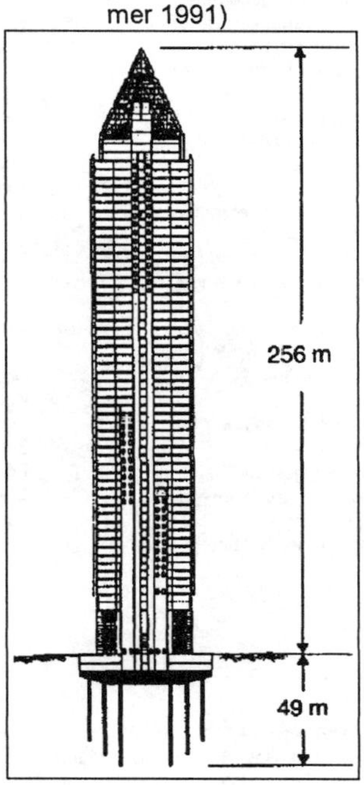

□ 6.29: Beispiel: Neubau der Commerzbank Frankfurt/Main mit Pfahlgründung

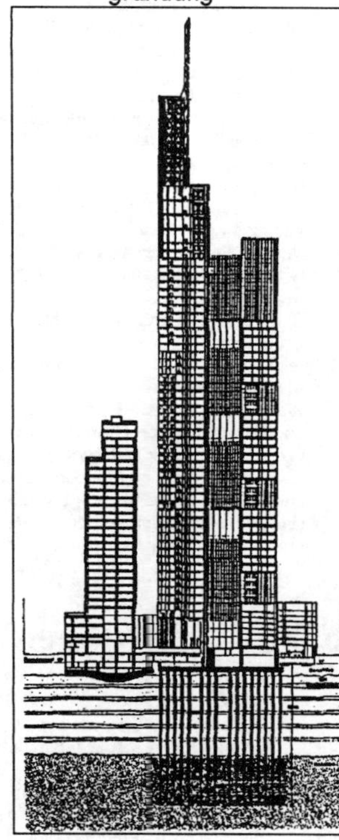

Pfahlgründung

Commerzbank Frankfurt/Main (□ 6.29): Wegen des geringen Abstands zur angrenzenden Bebauung (u.a. unmittelbar neben dem bisherigen Commerzbank-Hochhaus von 109 m Höhe, das auf einer Gründungsplatte steht (□ 6.29), kommt selbst eine kombinierte Pfahl-Plattengründung nicht in Frage. Hierbei wäre nämlich eine Setzung von ca. 15 cm - und damit nicht vertretbare Mitnahmesetzungen der Nachbarbauwerke - zu erwarten.

Daher dient die Gründungsplatte in diesem Fall zur Lastübertragung für eine Pfahlgründung, die aus 111 Bohrpfählen mit einer Gebrauchslast von ca. 20 MN pro Pfahl besteht. Die Pfähle sollen den Frankfurter Ton überbrücken und binden ca. 10 m tief in die mächtigen Kalk- und Dolomitsteinschichten ein, die in ca. 40 m Tiefe unter Geländeoberfläche lagern. Mantelreibung und Spitzenwiderstand der Pfähle werden durch Zementinjektion im Bereich der Pfahlmantelfläche und bis in ca. 10 m Tiefe unter den Pfahlfüßen erhöht. Bei der Pfahlgründung werden Setzungen von nur 3...5 cm erwartet.

6.7 Kontrollfragen

- Unterschied Streifenfundament - Gründungsbalken?
- Wann wird zweckmäßig eine Gründungsplatte ausgeführt?
- Wie wird ein Gründungsbalken (eine Gründungsplatte) statisch beansprucht? Welche Wechselwirkung tritt auf?
- Ausbildungsmöglichkeiten einer Gründungsplatte / eines Gründungsbalkens?
- Welche Norm gilt für Gründungsbalken und -platten?
- Wie erhält man die maßgebende Verteilung der Sohlnormalspannungen?
- Rechenmodell für eine Gründungsplatte?
- Nach welchem Kriterium erhält man den geeigneten Ansatz für die Berechnung einer Gründungsplatte?
- Nennen Sie die wichtigsten Verfahren zur Berechnung von Gründungsbalken und -platten! Wann wird welches angewendet?
- Das Spannungstrapezverfahren zur Berechnung von Gründungsplatten (-balken) ist zu beschreiben. Wann reicht es aus? Wie kann man es etwas verbessern?
- Aufsetzen von Spannungsspitzen?
- Wann setzt man die korrigierte SNSV von Boussinesq bei der Berechnung von Gründungsplatten (-balken) an?
- Welche Verfahren mit verformungsabhängiger SNSV gibt es? Unterschied gegenüber den Verfahren mit vorgegebener Sohlnormalspannungsverteilung?
- Was ist ein Bettungsmodul? Wie kann man ihn berechnen? Wovon hängt er ab?
- Beschreiben Sie das Bettungsmodulverfahren! Modellvorstellung? Annahmen?
- Warum trifft die Voraussetzung des Bettungsmodulverfahrens in der Praxis nicht zu? Warum wird es trotzdem häufig angewendet? Wann liefert es zutreffende Ergebnisse?
- Verschiedene Möglichkeiten für die Bestimmung des Bettungsmoduls? Beurteilung?
- Erläutern Sie das Steifemodulverfahren und den Unterschied zum Bettungsmodulverfahren! Welche Modellvorstellung liegt zugrunde? Nachteil?
- Was versteht man unter dem kombinierten Verfahren?
- Gründung auf integrierter Sohlplatte? Berechnung?
- Aufnahme der antimetrischen Belastungen bei Turmgründungen? Beispiele?
- Problematik bei Hochhausgründungen im Frankfurter Ton?
- Warum mußten Alternativen zur Plattengründung von Hochhäusern auf Frankfurter Ton gesucht werden?
- Konstruktive Möglichkeiten zur Begrenzung von Schiefstellungen bei Hochhausgründungen?
- Beschreiben Sie die Übertragung der Lasten bei einer Pfahlplattengründung in den Baugrund! (Skizze)
- Nennen Sie Beispiele für kombinierte Gründungen! (Skizzen)
- Grenze der Kombinationsgründung? Beispiel?

6.8 Aufgaben

6.8.1 Bei der Berechnung eines Gründungsbalkens nach dem Bettungsmodulverfahren ist das Längenverhältnis λ eine kennzeichnende Systemgröße. Geg.: a) λ = 2,0; b) λ = 5,0. Ges.: Welcher Gründungsbalken ist weniger biegsam?

6.8.2 Warum liefert das Bettungsmodulverfahren relativ zutreffende Ergebnisse, obwohl der Bettungsmodul k_s nur sehr ungenau ermittelt werden kann?

6.8.3 Der Bettungsmodul wird vom Gründungsgutachter mit k_s = 10...15 MN/m^3 angegeben. Welchen Grenzwert müßte man in die Berechnung einsetzen, um die größten Bemessungsmomente für die Gründungsplatte zu erhalten?

6.8.4 Ein Statiker hat bei der Berechnung einer Gründungsplatte den Zusammendrückungsmodul E_m des Baugrunds um 50% zu hoch angesetzt. Welchen Einfluß hat dieser Fehler auf das Längenverhältnis λ beim Bettungsmodulverfahren?

6.8.5 Geg.: Platte; b = 7,8 m, a = 11,2 m, d = 0,8 m, darauf 4 Stützen mit je 500 kN und 2 Stützen mit je 700 kN. Baugrund: bis 2 m unter Plattensohle Mergel (E_s = 20 MN/m²), darunter bis 7 m unter Plattensohle Sand (E_s = 60 MN/m²), darunter Fels ($E_s = \infty$). Ges.: Bettungsmodul (Platteneigenlast vernachlässigen).

6.8.6 a) Aus welchen Anteilen setzt sich die Bauwerkssteifigkeit zusammen ? b) mit welchem Anteil wird meist nur gerechnet?

6.8.7 Geg.: Stahlbetonrechteckfundament (B 25), b = 1,8 m, a = 2,75 m, d = 0,65 m, Gründungstiefe d = 1,2 m; Baugrund: Sand, einfach verdichtet, Feuchtwichte 18 kN/m^3, Steifemodul 120 MN/m², ab 5 m unter Gründungssohle: Fels. Ges.: a) Bettungsmodul, b) Bezeichnung der Systemsteifigkeit.

6.8.8 Geg.: Gründungsbalken (B 25), b = 1,5 m, d = 0,7 m. Baugrund: U,s mit k_s = 50 MN/m^3. Ges.: Längenverhältnis λ für das Bettungsmodulverfahren nach Hahn.

6.8.9 Geg.: Platte als Gründung eines Verkehrstunnels, b = 10 m, 0,6 m dicke Tunnelwände mit V = 160 kN/m an den Plattenrändern. Ges.: Maximalmoment für eine Sohlspannungsfigur nach □ 6.05, wobei im vorliegenden Fall mit einer dreieckförmigen Spannungsfigur gerechnet werden soll, die bis in Feldmitte reicht.

6.8.10 Die Sohlplatte einer Schiffsschleuse ist zwischen den seitlichen Stützwänden eingehängt (seitliche Fugenbänder). Außenwasserstand (Grundwasser) 6,3 m über Unterkante Platte, Wasserstand in der Schleuse 3,5 m über Unterkante Platte, Betonwichte 24 kN/m^3. Ges.: a) Mindest-Sohlwasserdruck, um Biegung in der Platte hervorzurufen, b) $_{max}M$ in der Sohlplatte bei o.a. Wasserständen.

6.9 Weitere Beispiele

☐ 6.30: Beispiel: Momentenfläche für eine Gründungsplatte

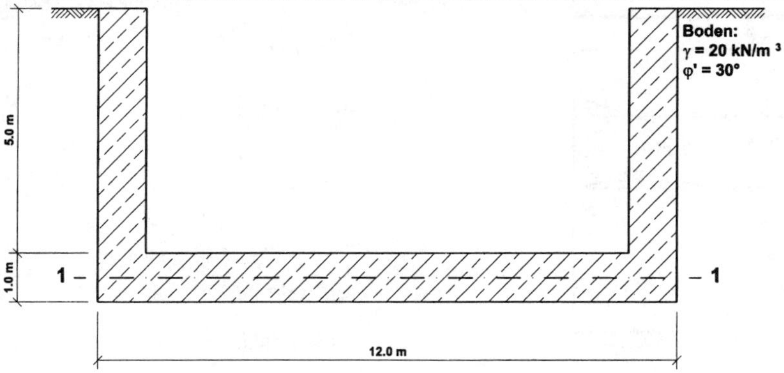

Ges.:

Momentenfläche für die Gründungsplatte infolge des auf die Seitenwände wirkenden Erdruhedrucks. Anmerkung: Die Berechnung soll mit dem Bettungsmodulverfahren für ein Längenverhältnis λ = 5,0 geführt werden.

Lösung:

Der Erdruhedruck wird bis zur Plattenoberkante ermittelt. Der darunter liegende Anteil geht als Normalkraft in die Platte.

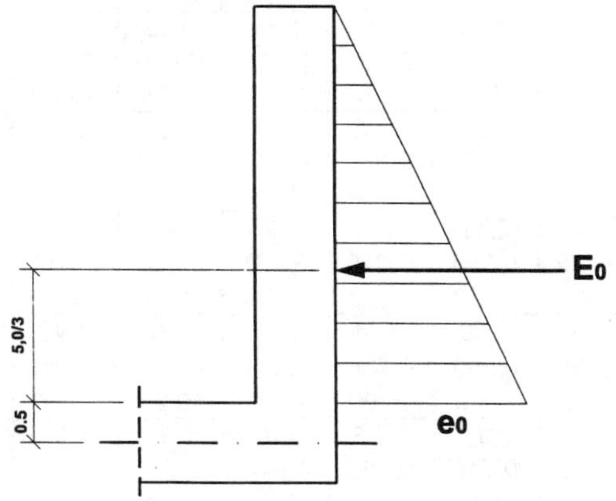

$$K_0 = 1 - \sin\varphi = 1 - 0{,}50 = 0{,}50$$

$$e_0 = 20 \cdot 5{,}0 \cdot 0{,}50 = 50{,}0 \;\; kN/m^2$$

$$E_0 = \frac{1}{2} \cdot 50{,}0 \cdot 5{,}0 = 125{,}0 \;\; kN/m$$

$$M_{1\text{-}1} = 125{,}0 \left(0{,}5 + \frac{5{,}0}{3}\right) = 270{,}8 \;\; kNm/m$$

Statisches System:

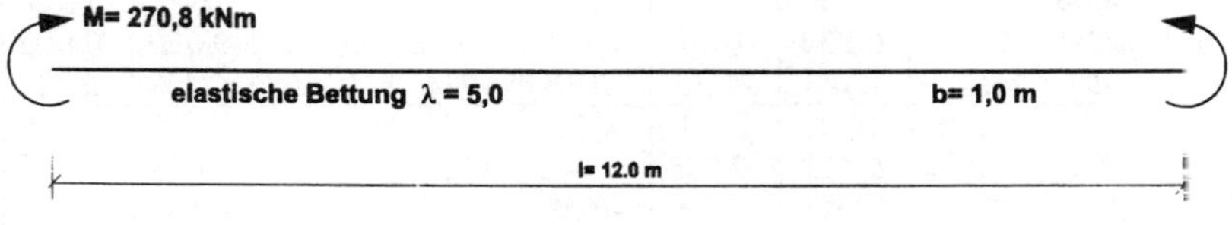

□ 6.31: Fortsetzung Beispiel: Momentenfläche für eine Gründungsplatte

Werte zum Bettungsmodulverfahren für einen Momentangriff am Ende; nach Hahn (1985)

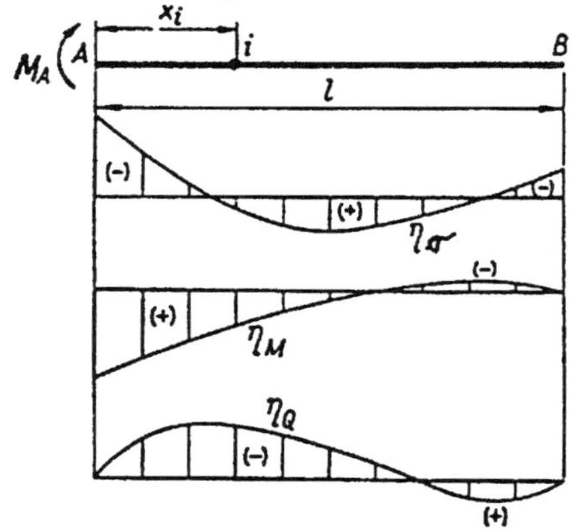

$$\sigma_0 = \frac{\eta_0}{b \cdot l^2} M_A$$

$$M = \eta_M M_A$$

$$Q = \frac{\eta_Q}{l} M_A$$

Obere Zahl: η_0

Mittlere Zahl: η_M

Untere Zahl: η_Q

λ \ x_i/l	0	0,1	0,2	0,3	0,4	0,5	0,6	0,7	0,8	0,9	1,0
	-6,0	-4,8	-3,6	-2,4	-1,2	0	1,2	2,4	3,6	4,8	6,0
0	1,000	0,972	0,896	0,784	0,648	0,500	0,352	0,216	0,104	0,028	0
	0	-0,54	-0,96	-1,26	-1,44	-1,50	-1,44	-1,26	-0,96	-0,54	0
	-6,21	-4,88	-3,59	-2,34	-1,12	0,08	1,26	2,42	3,58	4,73	5,88
1	1,000	0,971	0,894	0,780	0,643	0,495	0,348	0,213	0,102	0,028	0
	0	-0,55	-0,98	-1,27	-1,45	-1,50	-1,43	-1,25	-0,95	-0,53	0
	-7,03	-5,19	-3,55	-2,09	-0,78	0,40	1,49	2,51	3,49	4,45	5,40
1,5	1,000	0,968	0,884	0,764	0,623	0,475	0,330	0,200	0,095	0,026	0
	0	-0,61	-1,05	-1,33	-1,47	-1,49	-1,39	-1,19	-0,89	-0,49	0
	-9,07	-5,95	-3,43	-1,47	0,04	1,17	2,03	2,71	3,27	3,78	4,28
2,0	1,000	0,960	0,860	0,726	0,576	0,426	0,288	0,170	0,079	0,021	0
	0	-0,75	-1,21	-1,45	-1,52	-1,46	-1,29	-1,06	-0,76	-0,40	0
	-12,75	-7,21	-3,13	-0,34	1,43	2,42	2,87	2,97	2,88	2,70	2,50
2,5	1,000	0,946	0,819	0,660	0,496	0,346	0,219	0,121	0,053	0,013	0
	0	-0,99	-1,49	-1,65	-1,59	-1,39	-1,13	-0,83	-0,54	-0,26	0
	-18,00	-8,76	-2,50	1,30	3,24	3,89	3,74	3,14	2,31	1,42	0,51
3,0	1,000	0,928	0,763	0,573	0,394	0,246	0,136	0,064	0,022	0,004	0
	0	-1,31	-1,85	-1,90	-1,66	-1,29	-0,90	-0,56	-0,28	-0,10	0
	-24,52	-9,75	-1,37	3,33	5,13	5,17	4,28	3,02	1,65	0,30	-1,04
3,5	1,000	0,904	0,700	0,479	0,290	0,149	0,060	0,014	-0,003	-0,003	0
	0	-1,65	-2,23	-2,11	-1,66	-1,14	-0,66	-0,29	-0,06	0,04	0
	-32,05	-11,40	0,36	5,61	6,82	5,95	4,29	2,54	0,96	-0,45	-1,78
4,0	1,000	0,878	0,635	0,390	0,198	0,072	0,005	-0,019	-0,018	-0,007	0
	0	-2,09	-2,58	-2,24	-1,59	-0,94	-0,43	-0,09	0,09	0,11	0
	-40,54	-12,03	2,69	8,01	8,15	6,14	3,77	1,78	0,32	-0,79	-1,76
4,5	1,000	0,851	0,571	0,309	0,124	0,017	-0,027	-0,034	-0,022	-0,007	0
	0	-2,50	-2,87	-2,27	-1,44	-0,72	-0,22	0,05	0,153	0,128	0
	-50,02	-12,08	5,55	10,36	9,05	5,81	2,89	0,92	-0,20	-0,83	-1,29
5,0	1,000	0,823	0,508	0,238	0,067	-0,016	-0,040	-0,035	-0,020	-0,006	0
	0	-2,91	-3,10	-2,23	-1,23	-0,48	-0,05	0,13	0,16	0,11	0
	-72,00	-10,30	12,36	14,30	9,23	4,06	0,89	-0,43	-0,67	-0,49	-0,20
6,0	1,000	0,763	0,390	0,123	-0,006	-0,042	-0,037	-0,020	-0,008	-0,002	0
	0	-3,72	-3,37	-1,93	-0,74	-0,08	0,15	0,16	0,09	0,03	0
	-98,00	-3,56	19,71	16,42	7,61	1,73	-0,58	-0,88	-0,53	-0,13	0,24
7,0	1,000	0,723	0,285	0,045	-0,037	-0,039	-0,020	-0,006	0	0,001	0
	0	-4,33	-3,40	-1,48	-0,29	0,15	0,18	0,10	0,03	-0,01	0
	-128,01	1,19	26,59	16,41	4,91	-0,24	-1,15	-0,68	-0,20	0,04	0,17
8,0	1,000	0,635	0,196	-0,006	-0,043	-0,026	-0,008	0,001	0,002	0,001	0
	0	-5,16	-3,23	-0,98	0,04	0,22	0,13	0,04	-0,005	-0,01	0

☐ 6.32: Fortsetzung Beispiel: Momentenfläche für eine Gründungsplatte

Stelle x_i/l=		0	0,1	0,2	0,3	0,4	0,5	0,6	0,7	0,8	0,9	1,0
A	η_M=	1,000	0,823	0,508	0,238	0,067	-0,016	-0,040	-0,035	-0,020	-0,006	0
	$M=\eta_M \cdot M_A$	270,8	222,9	137,6	64,4	18,1	-4,3	-10,8	-9,5	-5,4	-1,6	0
B	M=	0	-1,6	-5,4	-9,5	-10,8	-4,3	18,1	64,4	137,6	222,9	270,8
$\sum M =$		270,8	221,3	132,2	54,9	7,3	-8,6	7,3	54,9	132,2	221,3	270,8

Momentenfläche:

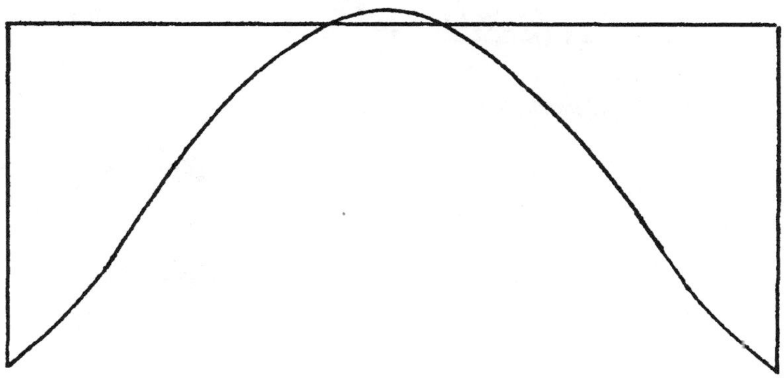

Anmerkung: *Für die Bemessung der Platte müßte diese Momentenfläche mit der aus den Vertikallasten superponiert werden.*

☐ 6.33: Beispiel: Momentenfläche für einen Gründungsbalken

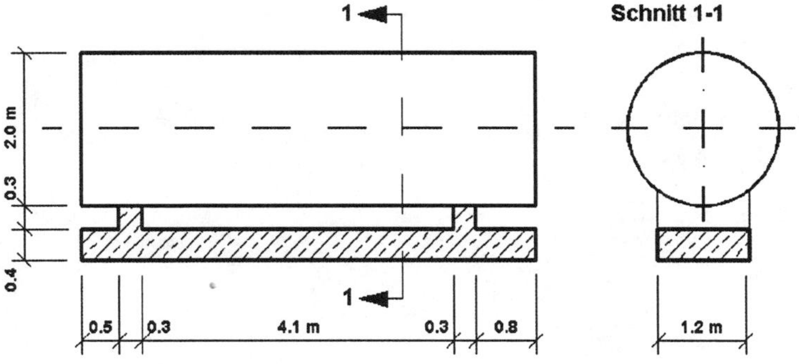

Für das dargestellte Stahlbeton-Fundament eines Öltanks sind die Bemessungsmomente bei voller Füllung ($\gamma \approx 10$ kN/m³) mit dem Spannungstrapez-Verfahren zu ermitteln. Die Eigenlast des Tanks beträgt 6,9 kN.

Lösung:

Die Eigenlast des Fundaments soll unberücksichtigt bleiben, da sie kein Biegemoment erzeugt.

Tankgewicht bei voller Füllung:

$$G = 6{,}9 + \pi \cdot 1{,}0^2 \cdot 10 \cdot 6{,}0 = 195{,}4 \ kN$$

$$\Rightarrow g = \frac{195{,}4}{6{,}0} = 32{,}6 \ kN/m$$

□ 6.34: Fortsetzung Beispiel: Momentenfläche für einen Gründungsbalken

Statisches System:

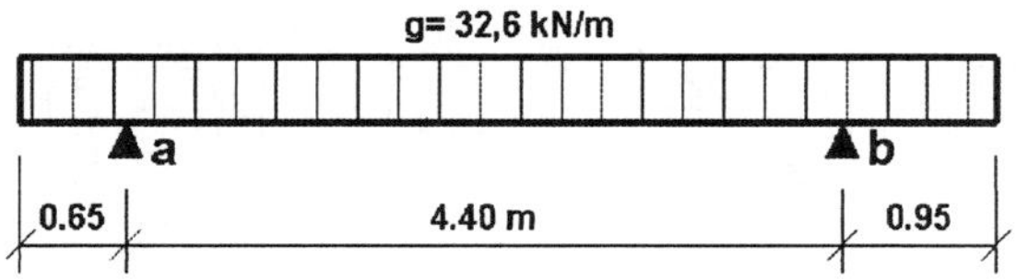

Auflagerkräfte:

$$A = 91{,}1\ kN \mathrel{\hat{=}} \frac{91{,}1}{1{,}2} = 75{,}9\ \ kN/m$$

$$B = 104{,}5\ kN \mathrel{\hat{=}} \frac{104{,}5}{1{,}2} = 87{,}1\ \ kN/m$$

Beanspruchung des Gründungsbalkens:

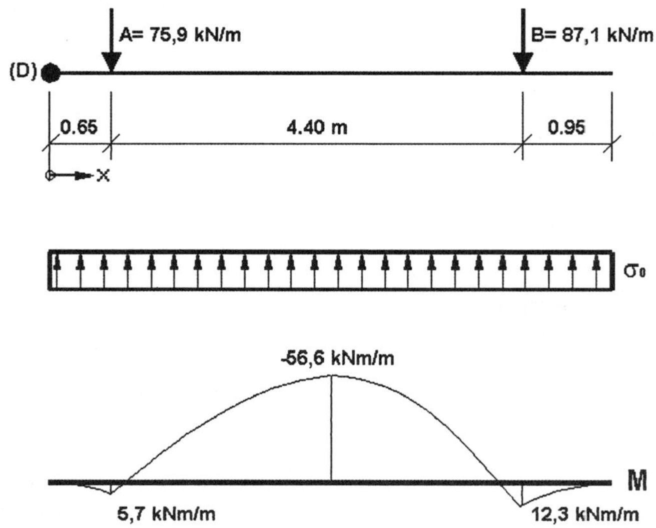

$$c = \frac{\sum M_{(D)}}{\sum V} = \frac{91{,}1 \cdot 0{,}65 + 104{,}5\ (0{,}65 + 4{,}40)}{91{,}1 + 104{,}5} = 3{,}00\ \ m \Rightarrow \textit{Ausmittigkeit}\ e = \frac{b}{2} - c = \frac{6{,}00}{2} - 3{,}00 = 0\ \ (!)$$

Sohlnormalspannungsverteilung:

$$\sigma_{0_1} = \sigma_{0_2} = \frac{g}{b} = \frac{32{,}6}{1{,}2} = 27{,}2\ \ kN/m^2$$

Stelle und Größe des maximalen Feldmoments:

$$M_{(x)} = 27{,}2 \cdot \frac{x^2}{2} - 75{,}9\ \ (x - 0{,}65) = 13{,}6x^2 - 75{,}9x + 49{,}34$$

$$\frac{dM_{(x)}}{dx} = Q_{(x)} = 27{,}2x - 75{,}9 \stackrel{!}{=} 0 \qquad \Rightarrow x_0 = 2{,}79\ m$$

$$M_{(x=2{,}79)} = {}_{\max}M_F = 13{,}6 \cdot 2{,}79^2 - 75{,}9 \cdot 2{,}79 + 49{,}34 = -56{,}6\ \ kNm/m$$

Stützenmomente:

$$M_A = 27{,}2 \cdot \frac{0{,}65^2}{2} = 5{,}7\ \ kNm/m$$

$$M_B = 27{,}2 \cdot \frac{0{,}95^2}{2} = 12{,}3\ \ kNm/m$$

7 Stützwände

7.1 Grundlagen

Stützwände Bauwerke zur Sicherung eines Geländesprungs. Sie werden vorwiegend durch Erddruck beansprucht. Ihre Standsicherheit ist im einzelnen (siehe Abschnitt 1) nachzuweisen.

Formen Gewichtsstützwände (☐ 7.01 a) und Winkelstützwände (☐ 7.01 b) sind die Grundformen von Stützwänden. Daneben gibt es zahlreiche Sonderformen (siehe Abschnitt 7.5). Wände für den Baugrubenverbau und Spundwände als bleibende Bauwerke sind ebenfalls Stützwände. Sie werden in diesem Abschnitt nicht behandelt.

☐ 7.01: Beispiel: Grundformen von Stützwänden mit Berechnungsquerschnitten: a) Gewichtsstützwand, b) Winkelstützwand

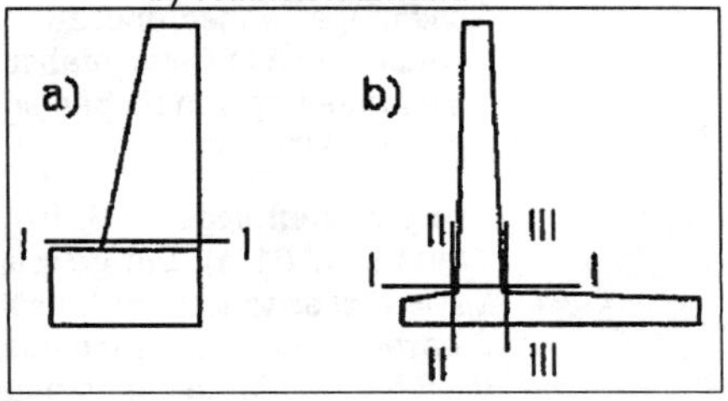

Die Auswahl der für die jeweilige Situation zweckmäßigsten Form erfolgt im wesentlichen nach folgenden Kriterien:
- Höhe und Form des Geländesprungs, Einschnitt oder Auftrag, bereits bestehende Böschung,
- Art und Größe der Verkehrslasten,
- Scherfestigkeit und Zusammendrückbarkeit des Baugrunds,
- Platzbedarf bei der Herstellung, Abstand von Nachbarbebauung,
- Herstellungskosten,
- Verfügbarkeit des Baumaterials (Kiessand transportnah und preisgünstig: Gewichtsstützwand, sonst Winkelstützwand),
- luftseitige Wandgestaltung und Abdeckung der Wandkrone, Höhenstaffelung im geneigten Gelände, Fugenanordnung und -ausbildung, Einfügung in das Landschaftsbild (Sichtbeton, Natursteinverblendung),
- verfügbare Bauzeit, voraussichtliche Standdauer der Wand.

Kräfte Die auf eine Stützwand einwirkenden Kräfte werden am Beispiel einer Uferwand (☐ 7.02) beschrieben:

☐ 7.02: Beispiel: Äußere Kräfte bei einer Uferwand

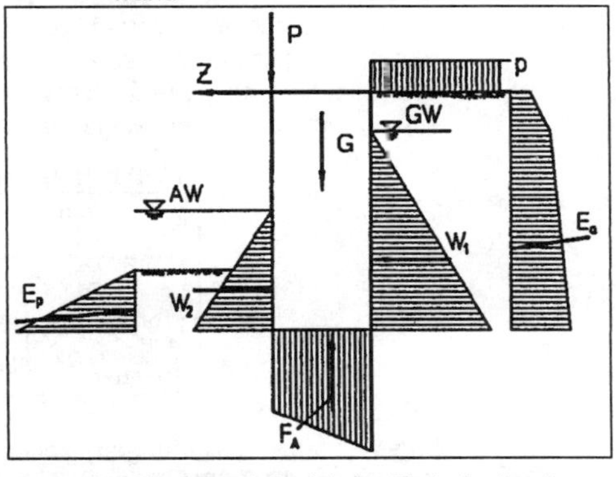

- **Eigenlast G:** Bei unbewehrtem Beton mit der Wichte 23 kN/m^3, bei Stahlbeton mit 25 kN/m^3 zu errechnen.
- **Hydrostatische Wasserdruckkräfte W** und
- **Sohlwasserdruck (Auftrieb) F_A;** nach DIN 19 702 als äußere Lasten gesondert in Rechnung zu stellen.
- **Nutzlasten p, P bzw. Z** (z.B. Verkehrslast, Kranlast bzw. Pollerzug) sind - sofern sie nicht günstig wirken - in voller Höhe in die Rechnung einzuführen, jedoch ohne Schwingbeiwerte und Stoßzahlen.
- **Erddruck E_a:** Wenn die notwendigen Verdrehungen der Wand möglich sind, kann mit aktivem Erddruck gerechnet werden. Anderenfalls ist der Erdruhedruck anzusetzen. Die Richtung der Erddruckkraft und damit die Neigung der Resultierenden in der Sohlfuge der Wand wird wesentlich durch die Neigung der Wandrückseite und den Wandreibungswinkel beeinflußt.
- **Erdwiderstand E_p:** Die Voraussetzungen für den Ansatz des Erdwiderstands vor der Wand (siehe Abschnitt 1.3) sind selten erfüllt.
- **Widerstandskraft W_N aus den Sohlnormalspannungen:** Die Sohlnormalspannungsfigur kann im Regelfall nach DIN 1054 (siehe Abschnitt 5.2) geradlinig begrenzt angenommen werden.
- **Widerstandskraft W_T aus den Tangentialspannungen:** setzt sich aus Reibungs- und Kohäsionsanteil zusammen, wobei letzterer nicht in Rechnung gestellt wird (siehe Abschnitt 1.3).

Statik

Die statische Untersuchung der Stützwand umfaßt die
- Festigkeitsuntersuchung in besonderen Querschnitten der Wand (☐ 7.01 b) und die
- Standsicherheitsuntersuchung in der Sohlfuge (☐ 7.01 a und b), in Arbeitsfugen (☐ 7.01 a) sowie im Bereich des umgebenden Erdkörpers (siehe Abschnitt 1).

7.2 Konstruktion

Beton

Gewichtsstützwände sollten in Hinblick auf Schwind- und Temperaturspannungen in dem massigen Baukörper aus schwindarmem Beton hergestellt und durch Fugen unterteilt werden. Hohe Druck- und Anfangsfestigkeiten sind selten erforderlich.

In Stützwänden werden im Bedarfsfall Arbeitsfugen, Dehnungs-/Setzungsfugen und u.U. Scheinfugen angeordnet zur
- Unterteilung in Betonierabschnitte und zur
- Verhinderung von Rissen aus Schwind- und Temperaturspannungen oder aus unterschiedlichen Setzungen.

Arbeitsfugen liegen z.B. bei Gewichtsstützwänden zwischen Fundament und aufgehender Wand (☐ 7.01 a). Ein gewisser Verbund (zur Aufnahme von evtl. Zugspannungen auf der Mauerrückseite und zur zusätzlichen Sicherung gegen Gleiten) kann in dieser Fuge durch Steckeisen und/oder Einbringung von groben Zuschlagstoffen in den frischen Beton im Bereich der Fundamentoberkante hergestellt werden.

Dehnungs-/Setzungsfugen sollten in Längsrichtung der Wand im Abstand ≤ 10 m angeordnet werden. Der Fugenabstand hängt von der Größe der zu erwartenden Bewegungen / Zwängungen ab. Der Fugenabstand muß z.B. verringert werden, wenn das Schwinden des Betons dadurch behindert wird, daß die Wand auf festem Untergrund (z.B. Fels) oder auf ein früher betoniertes Fundament aufgesetzt wird.

Die Bewehrung von Stützwänden aus Stahlbeton sollte möglichst so angeordnet werden, daß sie auch als Netz zur Aufnahme von Schwind- und Temperaturspannungen wirkt und somit keine zusätzlichen Rißsicherungsmatten erforderlich sind.

Durch die einfache, ebene Fuge (☐ 7.03 a) können Verschiebungen der einzelnen Wandabschnitte in horizontaler Richtung gegeneinander nicht verhindert werden. Auch eingelegte Steckeisen (☐ 7.03 b) bringen keine wesentliche Verbesserung. Eine wirksame Verzahnung kann nur durch eine Verzahnung nach dem Nut-Feder-Prinzip (☐ 7.03 c) erreicht werden, das jedoch nur bei ausreichend breiten Wänden ausgeführt werden kann. Die bei schmalen Wänden nur mögliche Z-Verzahnung (☐ 7.03 d) verhindert bei jedem zweiten Wandabschnitt nicht die gegenseitige Verschiebung.

☐ 7.03: Beispiele: Fugen: a), b) eben, c), d) verzahnt

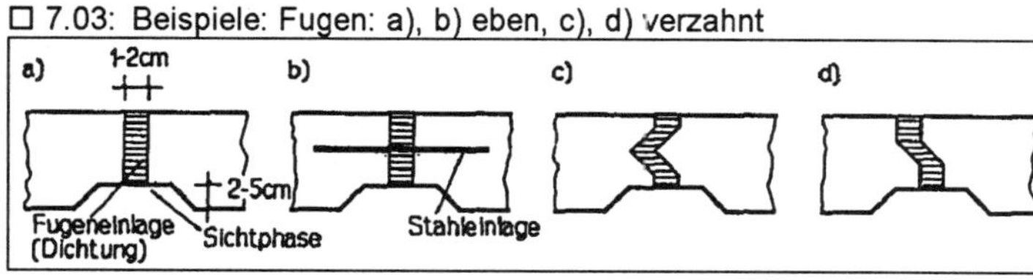

Fugeneinlagen (Dichtungen) sollen ein Auslaufen von Hinterfüllungsmaterial und Wasser verhindern (☐ 7.03). Diesem Zweck dienen vor allem Fugenbänder, welche die Fuge von oben bis unten verschließen, jedoch keine wirksame Kippverzahnung ermöglichen.

Da auch bei ordnungsgemäßer Fugenausführung immer gewisse Bewegungen und Auslaufvorgänge möglich sind, wird aus optischen Gründen auf der Luftseite der Wand im Fugenbereich häufig eine Vertiefung (Sichtphase) angeordnet (☐ 7.03).

Scheinfugen werden nachträglich auf der Luftseite einer Sichtbetonwand einige Zentimeter tief senkrecht in die Mauer eingeschnitten, wenn Schalungsstöße nicht sichtbar sein oder große Flächen in Abschnitte unterteilt werden sollen.

Hinterfüllung

Schäden an Stützwänden sind häufig auf unsachgemäße Hinterfüllung zurückzuführen. Daher sind die Regeln für die Hinterfüllung von Bauwerken (⇒ Dörken / Dehne, Teil 1, 1993) genau zu beachten.

Der Hinterfüllungsboden darf nur so stark verdichtet werden, daß keine Nachsetzungen entstehen. Eine zu starke Verdichtung erzeugt den Verdichtungserddruck (siehe Dörken / Dehne, Teil 1, 1993), der erheblich größer sein kann als der bei der Berechnung angesetzte aktive Erddruck. Bei Gründungen auf festem Untergrund (z.B. Fels) ist darauf zu achten, daß die Wand die für den aktiven Erddruck erforderliche Bewegung durchführen kann. Dies ist vor allem auch bei dünnen Wänden wichtig, in deren Hinterfüllungsbereich evtl. Frost eindringen kann.

⇒ ZTVE-StB und Merkblatt für die Hinterfüllung von Bauwerken.

Entwässerung

Die Rückseite der Stützwand erhält einen Dichtungsanstrich und muß ordnungsgemäß entwässert werden. Eine ausreichende und ständig wirksame Entwässerung ist erforderlich, damit zusätzlich zum Erddruck nicht noch Wasserdruck entsteht. Dieser gefährdet nämlich die Standsicherheit der Wand, wenn er in der statischen Berechnung aus Kostengründen nicht berücksichtigt wurde.

Die Entwässerung umfaßt Maßnahmen zur Ableitung des
- Sickerwassers und des
- Oberflächenwassers.

Sickerwasser wird hinter der Stützwand nach den in DIN 4095 angegebenen Regeln (siehe Dörken / Dehne, Teil 1, 1993, Abschnitt 7) durch eine mineralische Dränschicht oder mittels Dränelementen abgeleitet, die in eine Dränleitung mit ausreichender Vorflut entwässern (□ 7.04).

Einbau und Verdichtung einer senkrechten mineralischen Dränschicht sind vor allem bei Mehrstufenfiltern schwierig, weil sie gleichzeitig mit der Hinterfüllung mit Hilfe von Ziehblechen eingebracht werden muß. Sie sollte daher mindestens einen Meter dick sein. Wegen dieser Schwierigkeiten wird häufig der gesamte Hinterfüllungsbereich als Entwässerungsbereich ausgebildet, indem geeigneter, grobkörniger Boden eingebaut wird (siehe Dörken / Dehne, Teil 1, 1993).

□ 7.04: Beispiele: Entwässerung von Stützwänden: a) mineralische Dränschicht, b) Dränelemente, c) Hinterfüllungsbereich = Entwässerungsbereich

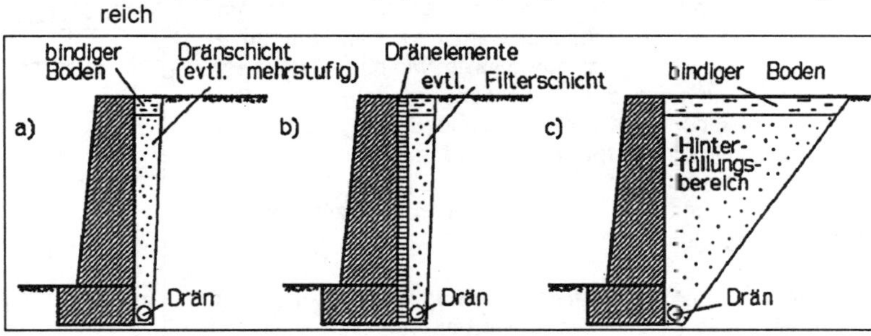

Steinpackungen ohne entsprechende Filterschicht kommen als Hinterfüllung nicht in Frage, weil sie schnell zuschlämmen und unwirksam werden. Auch beim Einbau von Dränelementen kann - bei feinkörnigem und gemischtkörnigem Boden - eine zusätzliche Filterschicht erforderlich werden (□ 7.04 b).

⇒ ZTVE-StB und Merkblatt für die Hinterfüllung von Bauwerken.

Oberflächenwasser darf nicht in größeren Mengen in die Dränschicht, in die Dränlemente bzw. den Entwässerungsbereich gelangen, weil es mit Feinteilen befrachtet ist, welche die Anlage auf Dauer zuschlämmen. Bei

□ 7.05: Beispiele: Abfangung des Oberflächenwassers: a) kleine, b) stärkere Geländeneigung

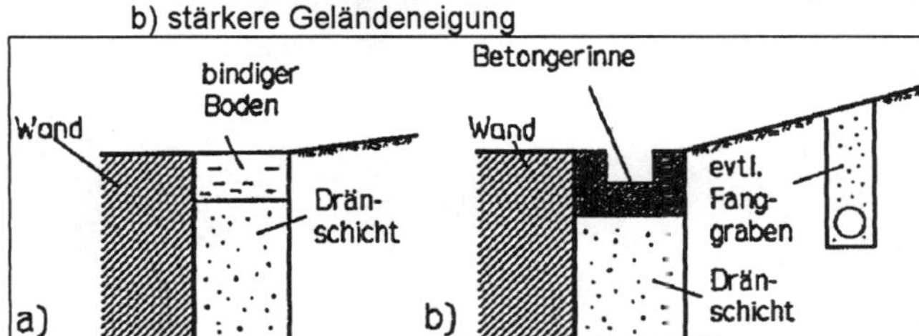

kleiner Geländeneigung und geringem Wasseranfall genügt eine Abdeckung der Sickerschicht mit bindigem Boden oder einer Betonmulde. Bei stärkerer Geländeneigung und entsprechend größerem Wasseranfall sollte die Dränschicht hinter der Stützwand mit einem Betongerinne abgedeckt oder das Oberflächenwasser mit einem weiter oberhalb im Gelände liegenden Fanggraben abgeleitet werden (☐ 7.05).

Gestaltung

Stützwände sollten der Umgebung angepaßt werden.

Sichtbeton stellt hohe Anforderungen an Schalung, Auswahl und Einbau des Betons. **Natursteinverblendung** erfolgt meist mit örtlich vorkommendem Gestein. Sie wird fast immer nachträglich ausgeführt und an eingelassenen Stahleinlagen im Wandbeton verankert.

7.3 Gewichtsstützwände

Form

Der günstigste Querschnitt der Stützwand nimmt die angreifenden Kräfte mit dem geringsten Materialverbrauch auf. Je nach den örtlichen Gegebenheiten wird er aus den Grundrechtecken für Fundament und aufgehende Wand dadurch entwickelt, daß Teile dieser Rechtecke abgeschnitten werden, um Beton einzusparen und den Erddruck in eine günstigere Richtung zu drehen (☐ 7.06).

☐ 7.06: Beispiel: Formen von Gewichtsstützwänden

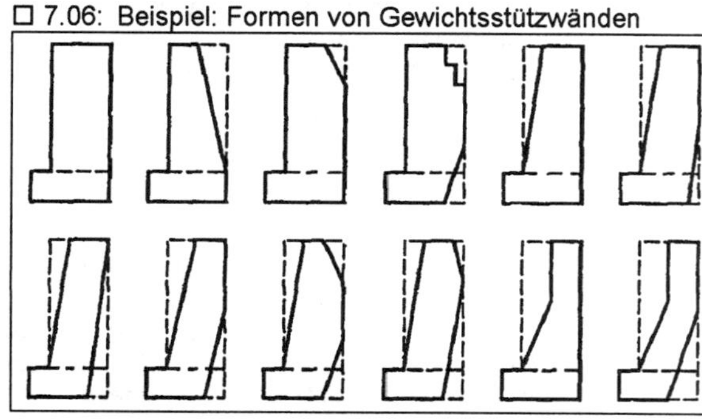

Stützwirkung

Die angreifenden Kräfte werden überwiegend durch das Eigengewicht der Wand aufgenommen. Gewichtsstützwände werden aus unbewehrtem oder nur leicht bewehrtem Beton, selten noch aus Mauerwerk mit natürlichen oder künstlichen Steinen erstellt. Da Zugspannungen nicht aufgenommen werden können, muß die resultierende Schnittkraft in jedem Mauerquerschnitt im Innenkern liegen (Stützlinienbedingung).

☐ 7.07: Beispiel: Bezeichnungen für die Bemessung einer Gewichtsstützwand

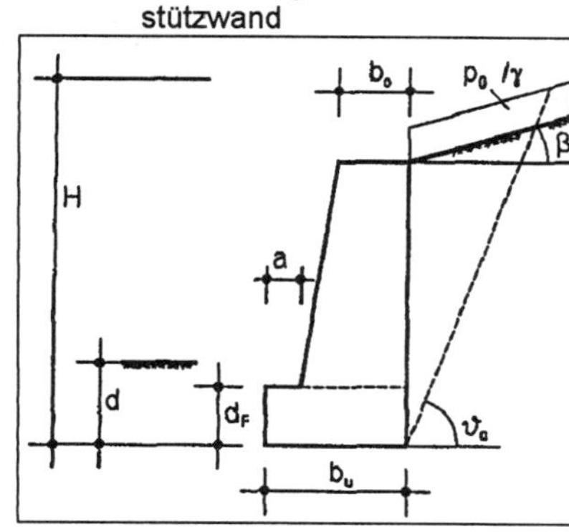

Bemessung, Berechnung

Einfache Formeln zur endgültigen Bemessung der verschiedenen Formen von Gewichtsstützwänden gibt es nicht. Man wählt zunächst die Abmessungen (☐ 7.07) nach den im folgenden beschriebenen Anhaltspunkten und führt dann die erforderlichen Standsicherheitsberechnungen durch (siehe Abschnitt 1). Gegebenenfalls werden die gewählten Abmessungen verbessert und erneut gerechnet (☐ 7.08 bis ☐ 7.14).

☐ 7.08: Beispiel: Berechnung einer Gewichtsstützwand

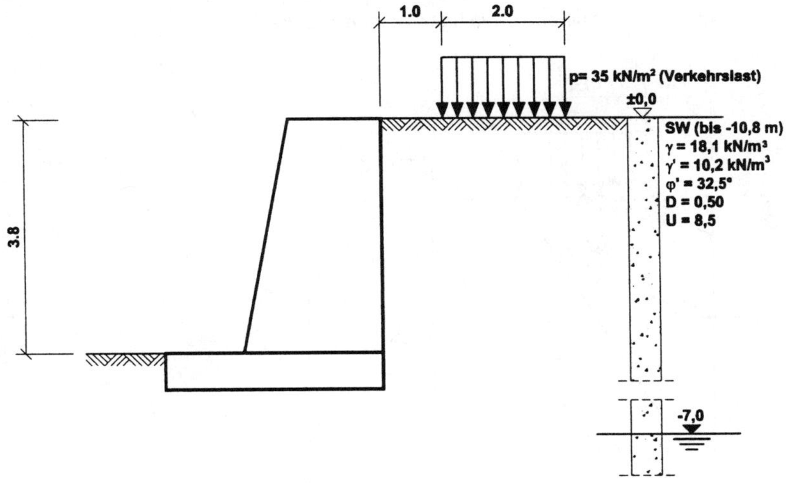

Für die dargestellten Gegebenheiten ist eine Gewichtsstützwand zu bemessen:

1. *Bemessung mit dem Regelfallverfahren nach DIN 1045*
2. *Vergleichsberechnung mit direkten Standsicherheitsnachweisen*
3. *Überprüfung der Standsicherheit in der Arbeitsfuge.*

Lösung:

Vorbemerkungen:

Bei nur durch Erddruck beanspruchten Gewichtsstützwänden sind - verglichen mit den vorhandenen Vertikalkräften - verhältnismäßig große Horizontalkräfte abzutragen. Das verlangt von vornherein eine großzügige Festlegung der Einbindetiefe (Sicherheit gegen Gleiten, Grundbruch) sowie der Fundamentbreite.

Bemessung:

$d \geq 1{,}0\ m \Rightarrow$ gew. $d = 1{,}2\ m$

$b_0 \geq 0{,}4\ m \Rightarrow$ gew. $b_0 = 0{,}75\ m$

$b \approx 0{,}3 \ldots 0{,}5\ h \Rightarrow$ gew. $b = 2{,}0\ m$

$a \leq 0{,}6\ d_F \Rightarrow$ gew. $a = 0{,}5\ m$

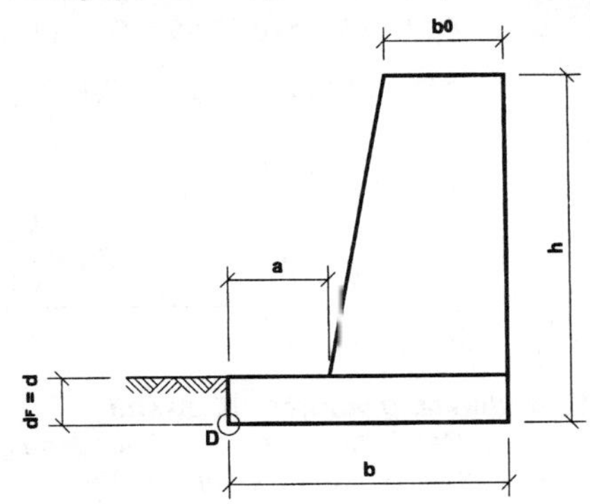

Erddruckermittlung:

$$\alpha = 0;\ \beta = 0;\ \varphi' = 32{,}5°;\ \delta_a = \frac{2}{3}\varphi' \quad \Rightarrow\ K_a^g = 0{,}27$$

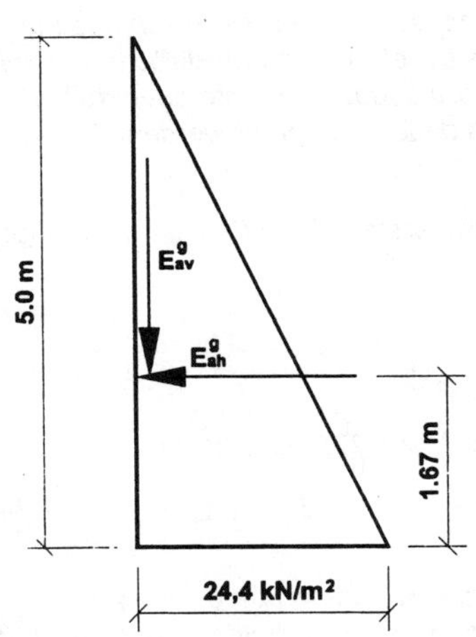

Erddruck infolge Bodeneigenlast g

$$e_a^g = 18{,}1 \cdot 5{,}0 \cdot 0{,}27 = 24{,}4\ \ kN/m^2$$

$$E_a^g = 0{,}5 \cdot 24{,}4 \cdot 5{,}0 = 61{,}0\ \ kN/m$$

$$E_{ah}^g = 61{,}0 \cdot \cos\frac{2}{3} \cdot 32{,}5° = 56{,}7\ \ kN/m$$

$$E_{av}^g = 61{,}0 \cdot \sin\frac{2}{3} \cdot 32{,}5° = 22{,}6\ \ kN/m$$

Erddruck infolge Streifenlast p'

Es muß zunächst festgestellt werden, ob die Streifenlast „schmal“ oder „breit“ ist. ⇒ Dörken/Dehne, T. 1 (1993)

Gleitflächenwinkel $\tan \vartheta_a = 1{,}57$

□ 7.09: Fortsetzung Beispiel: Berechnung einer Gewichtsstützwand

Damit ergeben sich folgende Schnittpunkte mit der Wandrückseite:

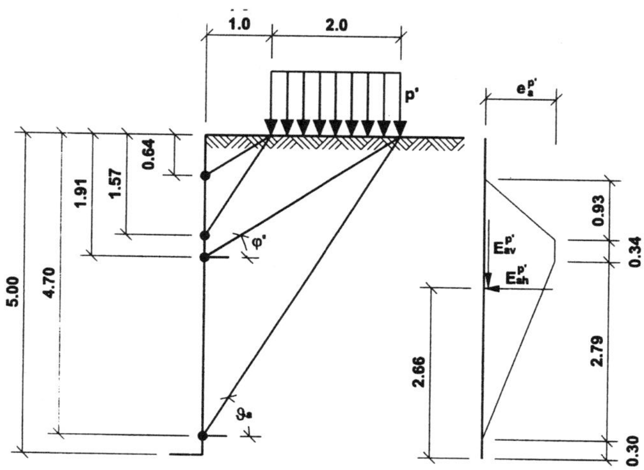

Da $y_3 > y_2$, ist die Streifenlast „breit".

$$e_a^{p'} = p' \cdot K_a^g = 35 \cdot 0{,}27 = 9{,}5 \ kN/m^2$$

$$E_a^{p'} = 0{,}5 \cdot 9{,}5 \cdot 0{,}93 + 9{,}5 \cdot 0{,}34 + 0{,}5 \cdot 9{,}5 \cdot 2{,}79 = 4{,}4 + 3{,}2 + 13{,}3 = 20{,}9 \ kN/m$$

$$E_{ah}^{p'} = 19{,}4 kN/m; \ E_{av}^{p'} = 7{,}7 \ kN/m$$

Angriffspunkt von $E_{ah}^{p'}$ (bezogen auf die Fundamentsohle):

$$y_s^{p'} = 0{,}30 + \frac{4{,}4\left(2{,}79 + 0{,}34 + \frac{0{,}93}{3}\right) + 3{,}2\left(2{,}79 + \frac{0{,}34}{2}\right) + 13{,}3 \cdot \frac{2 \cdot 2{,}79}{3}}{20{,}9} = 2{,}66 \ m$$

Erdwiderstand vor der Stützwand

„Der Erdwiderstand darf nur dann als Reaktionskraft... herangezogen werden, wenn das Fundament ohne Gefahr eine Verschiebung erfahren kann, die hinreicht, den erforderlichen Erdwiderstand wachzurufen. Der Boden... muß mindestens mittlere Lagerungsdichte oder steife Konsistenz haben. Der Boden darf weder vorübergehend noch dauernd entfernt werden..." (DIN 1054, Abschnitt 4.1.2).

Es wird im vorliegenden Fall davon ausgegangen, daß Erdwiderstand im zulässigen Maß angesetzt werden kann:

$_{red}E_p \leq 0{,}5 \ E_p$ *(DIN 1054, Abschnitt 4.1.3.3)*

$\alpha = 0$; $\beta = 0$; $\varphi' = 32{,}5°$; $\delta_p = 0$ (ungünstig) $\Rightarrow K_p\left(\hat{=} K_{ph}\right) = 3{,}32$

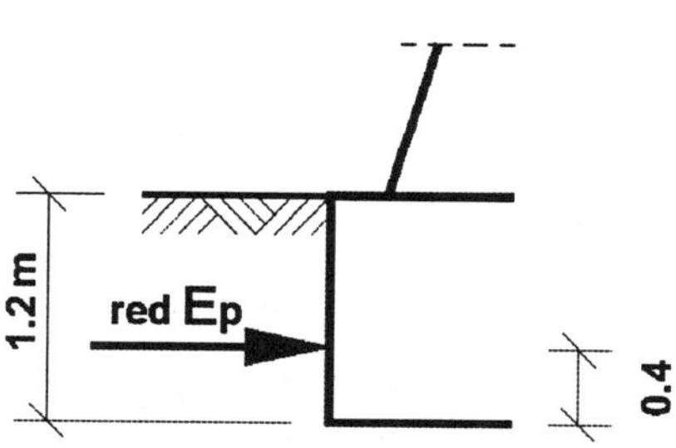

$$e_p = 18{,}1 \cdot 1{,}2 \cdot 3{,}32 = 72{,}1 \ kN/m^2$$

$$_{red}E_p = 0{,}5 \cdot E_p = 0{,}5 \cdot 0{,}5 \cdot 72{,}1 \cdot 1{,}2 = 21{,}6 \ kN/m$$

(Da man mit der Annahme $\delta_p = 0$ schon den kleinstmöglichen Erdwiderstandsbeiwert erhält, ist der Ansatz des Abminderungsfaktors 0,5 ausreichend.)

☐ 7.10: Fortsetzung Beispiel: Berechnung einer Gewichtsstützwand

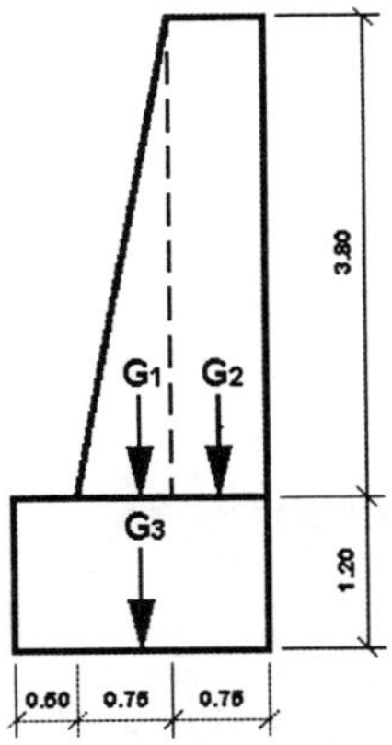

Eigenlasten der Stützwand:

$$G_1 = 23 \cdot 0{,}5 \cdot 0{,}75 \cdot 3{,}8 = 32{,}8 \quad kN/m$$

$$G_2 = 23 \cdot 0{,}75 \cdot 3{,}8 = 65{,}6 \quad kN/m$$

$$G_3 = 23 \cdot 1{,}2 \cdot 2{,}0 = 55{,}2 \quad kN/m$$

zu 1. Bemessung mit dem Regelfallverfahren nach DIN 1054

Hinweis: Die Gliederung des Regelfall - Nachweises orientiert sich an der des Abschnitts 5.2.

Voraussetzungen des Regelfalls

Entgegen der vorgegebenen Reihenfolge werden zunächst die bei den gegebenen Verhältnissen kritischen Voraussetzungen überprüft (s. Vorbemerkungen):

Belastung:

a) *überwiegend statisch*

b)
$$\sum M^g_{(D)} = 32{,}8\left(0{,}5 + \frac{2 \cdot 0{,}75}{3}\right) + 65{,}6\left(0{,}5 + 0{,}75 + \frac{0{,}75}{2}\right) + 55{,}2 \cdot \frac{2{,}0}{2} +$$
$$+ 22{,}6 \cdot 2{,}0 + 21{,}6 \cdot 0{,}4 - 56{,}7 \cdot 1{,}67 = 153{,}8 \quad kNm/m$$

$$\sum V^g = 32{,}8 + 65{,}6 + 55{,}2 + 22{,}6 = 176{,}2 \quad kN/m$$

$$\Rightarrow \qquad c^g = \frac{\sum M^g_{(D)}}{\sum V^g} = \frac{153{,}8}{176{,}2} = 0{,}87 \quad m\,;$$

$$e^g = \frac{b}{2} - c^g = \frac{2{,}0}{2} - 0{,}87 = 0{,}13 \quad m < \frac{b}{6}$$

c)
$$M^{g+p}_{(D)} = 153{,}8 + 7{,}7 \cdot 2{,}0 - 19{,}4 \cdot 2{,}66 = 117{,}6 \quad kNm/m$$

$$\sum V^{g+p} = 176{,}2 + 7{,}7 = 183{,}9 \quad kN/m$$

$$c^{g+p} = \frac{117{,}6}{183{,}9} = 0{,}64 \quad m$$

$$e^{g+p} = \frac{2{,}0}{2} - 0{,}64 = 0{,}36 \quad m < \frac{b}{3}$$

Baugrund:

k)
$${}_{vorh}d = 1{,}2 \quad m >_{erf} d = 1{,}4 \cdot 2{,}0 \frac{56{,}7 + 19{,}4 - 21{,}6}{183{,}9} = 0{,}83 \quad m$$

Nachdem diese entscheidenden Voraussetzungen erfüllt sind, kann die weitere Überprüfung des Regelfalls in der vorgegebenen Reihenfolge vorgenommen werden:

Fundament:

d) $${}_{vorh}d = 1{,}2 \quad m >_{erf} d = 0{,}8 \quad m$$

e) *zutreffend*

Baugrund:

f) *zutreffend (SW ⇒ nbB)*

g) *bauseits sicherzustellen*

☐ 7.11: Fortsetzung Beispiel: Berechnung einer Gewichtsstützwand

h) $_{vorh}z = 5{,}8\ m > 2\ b = 4{,}0\ m$

i) $_{vorh}D = 0{,}50 >_{erf} D = 0{,}45$ *(U > 3)*

j) *Grundwasser unterhalb der Fundamentsohle*

k) *siehe vorgezogene Berechnung.*

Somit liegt ein Regelfall vor.

Zulässige Sohlnormalspannung (nbB)

a) *Einfache Stützwandkonstruktionen sind als setzungsunempfindlich einzustufen.*
⇒ Tabelle 2

$b' = 2{,}0 - 2 \cdot 0{,}36 = 1{,}28\ m$

$b' = 1{,}28\ m$

$d = 1{,}20\ m$

$\Rightarrow \sigma_0 = 454\ kN/m^2$

b), c) *entfällt*

d) $\frac{a}{b} = \infty \Rightarrow$ *keine Erhöhung*

e) $_{vorh}D = 0{,}50 < {}_{erf}D = 0{,}65$ *(U > 3) ⇒ keine Erhöhung*

f) $d_W = 2{,}0\ m > b' = 1{,}28\ m \Rightarrow$ *keine Abminderung*

g) $\left(1 - \frac{H}{V}\right)^2 = \left(1 - \frac{56{,}7 + 19{,}4}{183{,}9}\right)^2 = 0{,}34$

Damit wird:

$$_{zul}\sigma_0 = 454\ (1 + 0 + 0 - 0) \cdot 0{,}34 = 154\ kN/m^2 > {}_{vorh}\sigma_0 = \frac{183{,}9}{1{,}28} = 144\ kN/m^2$$

zu 2. Vergleichsberechnung mit direkten Standsicherheitsnachweisen

2.1 Sicherheit gegen Kippen
Ständige Lasten:

$e^g = 0{,}13\ m < \frac{b}{6} = 0{,}33\ m$ *(s. Berechnung zu 1)*

Gesamtlasten:

$e^{g+p} = 0{,}36\ m < \frac{b}{3} = 0{,}67\ m$ *(s. Berechnung zu 1)*

2.2 Sicherheit gegen Gleiten
Der Einfluß der Verkehrslast ist „ungünstig" und somit einzubeziehen.
μ = 0,55 (SW, mitteldicht)
$\tan\varphi' = \tan 32{,}5° = 0{,}64$

Damit wird

$$\eta_g = \frac{0{,}55 \cdot 183{,}9 + 21{,}6}{56{,}7 + 19{,}4} = 1{,}61 > {}_{erf}\eta_g = 1{,}5$$

2.3 Sicherheit gegen Grundbruch
Belastungsfall: schräg, ausmittig
Berechnungsverfahren: Bezugsgröße Last gem. DIN 4017

□ 7.12: Fortsetzung Beispiel: Berechnung einer Gewichtsstützwand

Einflußtiefe der Grundbruchscholle:

$$\vartheta_1 = 45° - \frac{32{,}5°}{2} = 28{,}75°$$

$$a = \frac{1 - \tan^2 28{,}75°}{2 \cdot \frac{56{,}7 + 19{,}4 - 21{,}6}{183{,}9}} = 1{,}1794$$

$$\tan \alpha_2 = 1{,}1794 + \sqrt{1{,}1794^2 - \tan^2 28{,}75°} = 2{,}2234 \Rightarrow \alpha_2 = 65{,}78°$$

$$\vartheta_2 = 65{,}78° - 28{,}75° = 37{,}03° \mathrel{\hat{=}} \alpha_1$$

Damit wird

$$d_s = 1{,}28 \cdot \sin 37{,}03° \cdot e^{0{,}6463 \cdot \tan 32{,}5°} = 1{,}16 \; m$$

was bedeutet, daß das Grundwasser keinen Einfluß hat.

Ermittlung der Bruchlast:

$N_d = 25\,;\; \nu_d' = 1{,}0$

$N_b = 15\,;\; \nu_b' = 1{,}0$

Neigungsbeiwerte für den Fall
$\varphi' \neq 0$; $c' = 0$
H parallel zur Seite b'

$$\kappa_d = \left(1 - 0{,}7\frac{54{,}5}{183{,}9}\right)^3 = 0{,}498$$

$$\kappa_b = \left(1 - \frac{54{,}5}{183{,}9}\right)^3 = 0{,}348$$

$$V_b = 1{,}28 \; (0 + 18{,}1 \cdot 1{,}2 \cdot 25 \cdot 1{,}0 \cdot 0{,}498 + 18{,}1 \cdot 1{,}28 \cdot 15 \cdot 1{,}0 \cdot 0{,}348) = 501 \; kN/m$$

Das ergibt eine Sicherheit von

$$\eta_p = \frac{501}{183{,}9} = 2{,}72 \; > \; {}_{erf}\eta_P = 2{,}0$$

2.4 Setzungsermittlung

Dieser Nachweis ist bei den vorliegenden Bauwerks- und Baugrundverhältnissen nicht erforderlich.

Vergleich der Berechnungen 1. und 2.:

Die nach der Regelfallbemessung erforderliche Fundamentbreite von 2,0 m könnte bei direkten Standsicherheitsnachweisen verringert werden, da alle Nachweise ein „Sicherheitspolster“ aufweisen.

☐ 7.13: Fortsetzung Beispiel: Berechnung einer Gewichtsstützwand

zu 3. Überprüfung der Arbeitsfuge

3.1. Erddruckermittlung

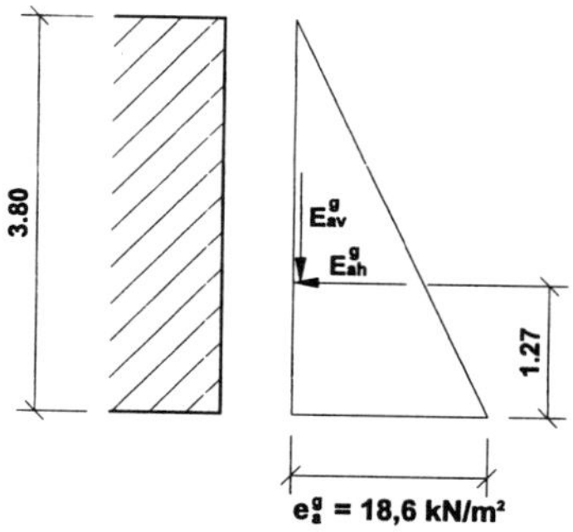

$$e_a^g = 18{,}1 \cdot 3{,}8 \cdot 0{,}27 = 18{,}6 \quad kN/m^2$$

$$E_a^g = \frac{1}{2} \cdot 18{,}6 \cdot 3{,}8 = 35{,}3 \quad kN/m$$

$$E_{ah}^g = 35{,}3 \cdot \cos\frac{2}{3} \cdot 32{,}5° = 32{,}8 \quad kN/m$$

$$E_{av}^g = 35{,}3 \cdot \sin\frac{2}{3} \cdot 32{,}5° = 13{,}0 \quad kN/m$$

$$y_s^g = \frac{3{,}8}{3} = 1{,}27 \quad m$$

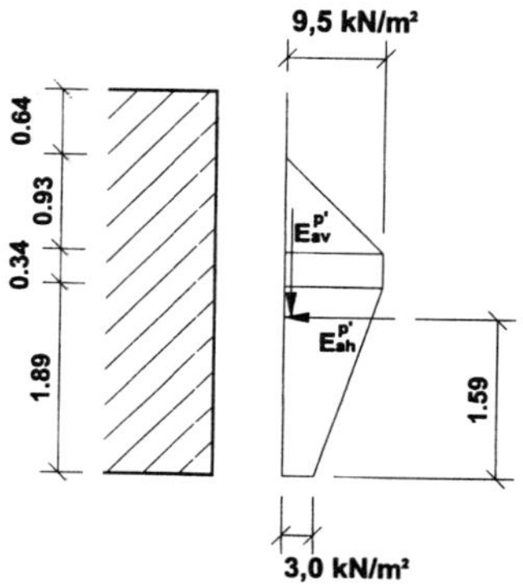

$$E_a^{p'} = \frac{1}{2} \cdot 9{,}5 \cdot 0{,}93 + 9{,}5 \cdot 0{,}34 + 3{,}0 \cdot 1{,}89 + \frac{1}{2} \cdot 6{,}5 \cdot 1{,}89 =$$

$$= 4{,}4 + 3{,}2 + 5{,}7 + 6{,}1 = 19{,}4 \quad kN/m$$

$$E_{ah}^{p'} = 18{,}0 \quad kN/m\,; \quad E_{av}^{p'} = 7{,}2 kN/m$$

$$y_s^{p'} = 1{,}59 \quad m$$

3.2. Sicherheit gegen Kippen

Standmoment und Kippmoment, bezogen auf D:

$$M_s = 32{,}8 \frac{2 \cdot 0{,}75}{3} + 65{,}6 \left(0{,}75 + \frac{0{,}75}{2}\right) = 90{,}2 \quad kNm/m$$

$$M_k = 32{,}8 \cdot 1{,}27 + 18{,}0 \cdot 1{,}59 - (13{,}0 + 7{,}2) \cdot 1{,}50 = 40{,}0 \quad kNm/m$$

Damit wird

$$\eta_k = \frac{90{,}2}{40{,}0} = 2{,}26 \; > \; _{erf}\eta_k = 1{,}5$$

3.3 Sicherheit gegen Gleiten

μ = 0,75 (Beton/Beton)

$$\sum V = 32{,}8 + 65{,}6 + 13{,}0 + 7{,}2 = 118{,}6 \quad kN/m$$

$$\sum H = 32{,}8 + 18{,}0 = 50{,}8 \quad kN/m$$

Damit wird

$$\eta_g = \frac{0{,}75 \cdot 118{,}6}{50{,}8} = 1{,}75 \; > \; _{erf}\eta_g = 1{,}5$$

☐ 7.14: Fortsetzung Beispiel: Berechnung einer Gewichtsstützwand

Zusatzfrage:

Wie groß müßte die Fundamentbreite bei sonst gleichen Abmessungen werden, wenn die Auflast p eine ständige Last ist?
Überprüfen Sie, an welchen Stellen sich die Berechnung ändert, und führen Sie in Kurzform alle entsprechenden Nachweise.

Lösung:

zu 1: Bemessung mit dem Regelfallverfahren nach DIN 1045
erf b=

zu 2: Vergleichsrechnung mit direkten Standsicherheitsnachweisen
2.1. Sicherheit gegen Kippen
e^g =

2.2 Sicherheit gegen Gleiten
η_g =

2.3 Sicherheit gegen Grundbruch
η_p =

zu 3: Überprüfung in der Arbeitsfuge
η_k =
η_g =

Obere Breite: $b_o \geq 0{,}4$ m, je nach Wandhöhe, um den Beton in die Schalung einbringen zu können.

Neigung der Luftseite: Der Ansatz des aktiven Erddrucks setzt eine Bewegung der Wand zur Luftseite voraus. Lotrechte Wände sind nach dieser Bewegung daher leicht nach vorn geneigt. Wegen dieses "optischen Kippeffekts" führt man sie daher nur dann aus, wenn es aus funktionstechnischen Gründen erforderlich ist (z.B. bei Uferwänden, an denen Schiffe anlegen). Übliche Neigungen liegen zwischen 3 : 1 und 10 : 1, wobei steilere Neigungen bevorzugt werden.

Ausbildung der Rückseite: Durch entsprechende Neigung und Ausbildung der Rückseite kann die Größe des Erddrucks wesentlich beinflußt werden. Eine Neigung der Rückseite zur Hinterfüllung hin ("Unterschnittene Wand", ☐ 7.06 d, f, g, h, i, k, m) verringert den Erddruck (Neigung = Reibungswinkel des Bodens: Erddruck = Null). Die Ausführung von Schalung und Entwässerungseinrichtungen ist allerdings bei senkrechter Rückwand am einfachsten. Durch eine Neigung zur Luftseite (☐ 7.06b, c, i und k) oder eine Abtreppung (☐ 7.06 d) entsteht ein rückdrehendes Moment aus Erdauflast.

Breite des Talsporns: $a \leq 0{,}6 \cdot d_F$. Bei größerer Breite muß der Sporn bewehrt werden. Weil die Ausführung eines Talsporns zu erheblicher Materialeinsparung führt, werden Wände ohne Talsporn nur bei geringer Ausmittigkeit der Resultierenden ausgeführt.

Untere Breite: Sie ergibt sich häufig von selbst aus der Wandhöhe, wenn die obere Breite, die Breite des Talsporns und die Neigungen der Luft- und Rückseite gewählt wurden. Überschläglich kann für den Trapezquerschnitt mit Talsporn und senkrechter Rückseite angenommen werden:

$$b_u = (0{,}3 \ldots 0{,}5) \cdot H \qquad (7.01)$$

wobei die größeren Werte für kleinere Reibungswinkel der Hinterfüllung gelten. Die Höhe H ergibt sich nach (☐ 7.07). Eine Auflast wird in zusätzliche Geländehöhe umgerechnet. Die endgültige untere Breite ergibt sich aus den Standsicherheitsnachweisen.

Einbindetiefe an der Luftseite: $d \geq 0{,}8$ m, je nach Frosttiefe.

Sohle: Zur Erhöhung der Sicherheit gegen Gleiten kann die Sohle der Gewichtsstützwand leicht geneigt, abgetreppt oder mit einem hinteren Sporn versehen werden (siehe Abschnitt 1).

Bemessungshilfen: Für bestimmte Mauer- und Geländeformen, Verkehrslasten und Bodenwerte wurden Bemessungstafeln für Gewichtsstützwände entwickelt (z.B. Vereinigung Schweizerischer Straßenfachmänner, 1966).

□ 7.15: Beispiel: Uferwand

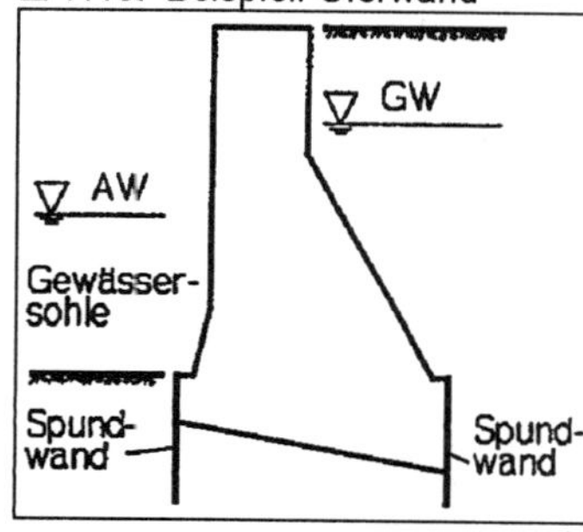

Anwendung Zur Sicherung eines Geländesprungs, wenn keine Böschung möglich ist oder gewünscht wird.

An Ufern werden Gewichtsstützwände häufig zwischen Spundwänden betoniert, die später bis zur Gewässersohle abgeschnitten werden, und auf Steinschüttungen gesetzt. Die Luftseite wird zum Anlegen von Schiffen möglichst senkrecht ausgeführt (□ 7.15). ⇒ Empfehlungen des Arbeitsausschusses Ufereinfassungen (EAU), z.B. EAU 17, 72 und 79

□ 7.16: Beispiel: Sondernachweis bei überwiegend horizontaler Beanspruchung

Für die im vorangehenden Beispiel bemessene Gewichtsstützwand soll der Sondernachweis eines überwiegend horizontal beanspruchten Bauwerks geführt werden (⇒ Abschnitt 2).

Lösung:

Vorgegebene Schiefstellung:

Mit

$$W = \frac{1{,}0 \cdot 2{,}0^2}{6} = 0{,}67 \ m^3/m$$

$$h_s = \frac{32{,}8\left(1{,}2 + \frac{3{,}8}{3}\right) + 65{,}6\left(1{,}2 + \frac{3{,}8}{2}\right) + 55{,}2 \cdot \frac{1{,}2}{2}}{32{,}8 + 65{,}6 + 55{,}2} = 2{,}07 \ m$$

$$A = 2{,}0 \cdot 1{,}0 = 2{,}0 \ m^2/m$$

wird

$$\tan\alpha = \frac{W}{h_s \cdot A} = \frac{0{,}67}{2{,}07 \cdot 2{,}0} = 0{,}161 \Rightarrow \alpha = 9{,}15°$$

Die vorgegebene Schiefstellung führt zu einer größeren rechnerischen Ausmittigkeit:

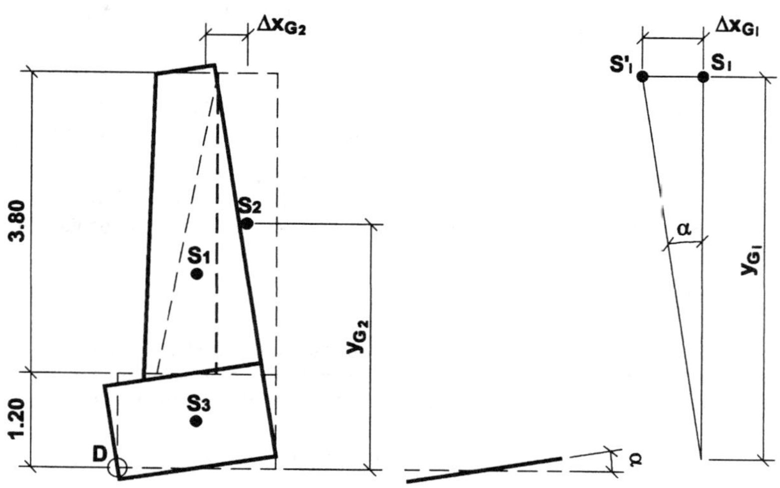

□ 7.17: Fortsetzung Beispiel: Sondernachweis bei überwiegend horizontaler Beanspruchung

$$\Delta x_{G_1} = \left(1{,}2 + \frac{3{,}8}{3}\right) \cdot \tan 9{,}15° = 0{,}40\ m$$

$$\Delta x_{G_2} = \left(1{,}2 + \frac{3{,}8}{2}\right) \cdot \tan 9{,}15° = 0{,}50\ m$$

$$\Delta x_{G_3} = \frac{1{,}2}{2} \cdot \tan 9{,}15° = 0{,}10\ m$$

Ausmittigkeit:

$$\sum M^g_{(D)} = 32{,}8\left(0{,}5 + \frac{2 \cdot 0{,}75}{3} - 0{,}40\right) + 65{,}6\left(0{,}5 + 0{,}75 + \frac{0{,}75}{2} - 0{,}50\right) +$$

$$+ 55{,}2\left(\frac{2{,}0}{2} - 0{,}10\right) + 22{,}6 \cdot 2{,}0 + 21{,}6 \cdot 0{,}4 - 56{,}7 \cdot 1{,}67 = 102{,}3\ kNm/m$$

$$\sum V^g = 176{,}2\ kN/m$$

$$\Rightarrow c^g = \frac{102{,}3}{176{,}2} = 0{,}58\ m$$

$$e^g = \frac{b}{2} - c = \frac{2{,}0}{2} - 0{,}58 = 0{,}42\ m$$

$$\sum M^{g+p}_{(D)} = 102{,}3 + 7{,}7 \cdot 2{,}0 - 19{,}4 \cdot 2{,}66 = 66{,}1\ kNm/m$$

$$\sum V^{g+p} = 183{,}9\ kN/m$$

$$c^{g+p} = \frac{66{,}1}{183{,}9} = 0{,}40\ m;\ e^{g+p} = 0{,}60\ m$$

Bruchlast

Belastungsfall: *Schräge und ausmittige Belastung;*

$${}_{\max} e = e^{g+p} = 0{,}60\ m$$

Berechnungsverfahren: Bezugsgröße Last

Einflußtiefe der Grundbruchscholle:

$$d_s = b' \cdot \sin \vartheta_2 \cdot e^{\alpha_1 \cdot \tan \varphi'}$$

mit $b' = 2{,}0 - 2 \cdot 0{,}60 = 0{,}80\ m$

$$\vartheta_1 = 45° - \frac{32{,}5°}{2} = 28{,}75°$$

$$a = \frac{1 - \tan^2 28{,}75°}{2 \cdot \frac{56{,}7 + 19{,}4 - 21{,}6}{183{,}9}} = 1{,}1794$$

$$\tan \alpha_2 = 1{,}1794 + \sqrt{1{,}1794^2 - \tan^2 28{,}75°} = 2{,}2234 \Rightarrow \alpha_2 = 65{,}78°$$

$$\vartheta_2 = 65{,}78° - 28{,}75° = 37{,}03 \mathrel{\hat{=}} \alpha_1$$

Damit wird

$d_s = 0{,}80 \cdot \sin 37{,}03° \cdot e^{0{,}6463 \cdot \tan 32{,}5°} = 0{,}73\ m$,

was bedeutet, daß das Grundwasser keinen Einfluß hat.

□ 7.18: Fortsetzung Beispiel: Sondernachweis bei überwiegend horizontaler Beanspruchung

Beiwerte:

$$N_d = 25;\ \nu_d' = 1{,}0$$
$$N_b = 15;\ \nu_b' = 1{,}0$$

Neigungsbeiwerte für den Fall
φ' ≠ 0; c' = 0
H parallel zur Seite b'
zu ermitteln:

$$\kappa_d = \left(1 - 0{,}7\frac{54{,}5}{183{,}9}\right)^3 = 0{,}498$$

$$\kappa_b = \left(1 - \frac{54{,}5}{183{,}9}\right)^3 = 0{,}348$$

Bruchlast:

$$V_b = 0{,}80\ \left(0 + 18{,}1 \cdot 1{,}2 \cdot 25 \cdot 1{,}0 \cdot 0{,}498 + 18{,}1 \cdot 0{,}80 \cdot 15 \cdot 1{,}0 \cdot 0{,}348\right) = 346\ \ kN/m$$

Sicherheit:

$$\eta_p = \frac{346}{183{,}9} = 1{,}88 > {}_{erf}\ \eta_p = 1{,}5\ \ (!)$$

7.4 Winkelstützwände

Form Bei der Regelausführung (□ 7.19) ist der lotrechte Wandteil in eine Sohlplatte eingespannt, die aus einem längeren rückseitigen und aus einem kurzen luftseitigen Sporn besteht.

□ 7.19: Regelausführung einer Winkelstützwand

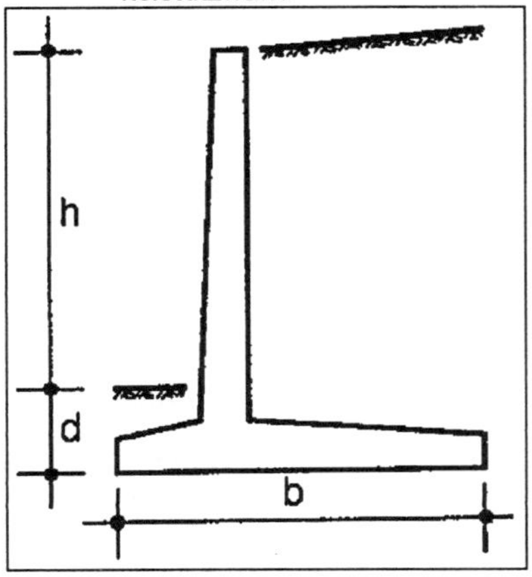

Stützwirkung Die Stützwirkung beruht im wesentlichen auf der Vergrößerung des Standmoments durch die Erdauflast auf dem rückseitigen Sporn. Der luftseitige Sporn erhöht die Sicherheit gegen Kippen und vermindert die Randspannungen aus der ausmittig angreifenden Resultierenden in der Sohlfuge.

Bemessung Wie bei Gewichtsstützwänden gibt es auch für Winkelstützwände keine einfachen Bemessungsformeln. Nach den im folgenden beschriebenen Anhaltspunkten werden die Abmessungen gewählt, die erforderlichen Standsicherheitsberechnungen (siehe Abschnitt 1) durchgeführt und gegebenenfalls die Abmessungen verbessert und erneut gerechnet (□ 7.25 bis □ 7.32).

Obere Breite: ≥ 0,3 m in Hinblick auf die Einbringung des Betons in die Schalung.

Neigung der Luftseite: Geringer als bei Gewichtsstützwänden: 20 : 1 bis 10 : 1.

Ausbildung der Rückseite: Meist lotrechte Wand mit Rücksicht auf Schalung und Entwässerung.

Sohlplatte: Ihre Breite ergibt sich aus der Standsicherheitsberechnung, wobei der luftseitige Sporn < b/3 sein sollte.

Die Dicke der Sohlplatte sollte am Rand ≥ 0,3 m betragen und kann auf die statisch erforderliche Dicke des lotrechten Wandteils anwachsen. Die hierdurch bedingte geringfügige Neigung der Oberfläche der Sohlplatte ist für die Entwässerung der Platte günstig. Wegen des Herstellungsaufwands wird heute jedoch meist darauf verzichtet.

Auch bei Winkelstützwänden kann die Sicherheit gegen Gleiten durch eine geneigte Sohle erhöht werden.

Berechnung Eine Winkelstützwand kann kinematisch einwandfrei nach dem Rutschkeilverfahren oder näherungsweise mit Hilfe einer fiktiven lotrechten Gleitfläche berechnet werden. Letztgenanntes Verfahren führt schneller zum Ziel und liefert nur unwesentlich abweichende Ergebnisse. In bestimmten Fällen ist mit Erdruhedruck zu rechnen.

Rutschkeilverfahren:

Bei der Berechnung der Regelausführung der Winkelstützwand wird von der bei Versuchen beobachteten Tatsache ausgegangen, daß bei einer geringfügigen Drehbewegung um den hinteren Eckpunkt C der Wand und kohäsionslosem Boden ein Rutschkeil entsteht (☐ 7.20).

☐ 7.20: Beispiel: Rutschkeil bei einer Winkelstützwand

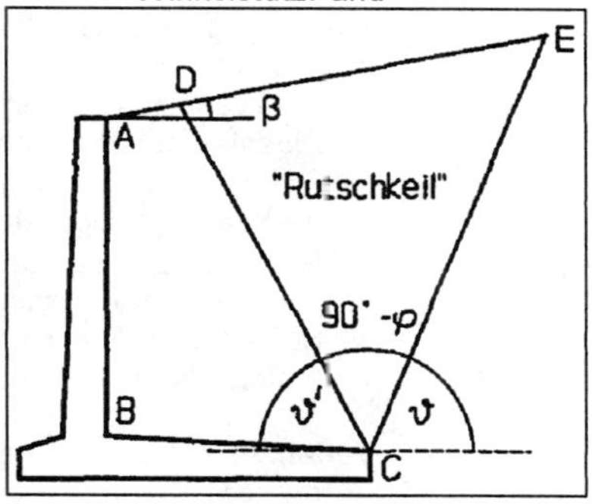

Da der Rutschkeil im Hinterfüllungsbereich liegt, in dem eine eventuell vorhandene Kohäsion aus Sicherheitsgründen nicht in Rechnung gestellt wird, ist die Annahme kohäsionslosen Bodens (siehe oben) berechtigt.

Der Öffnungswinkel des Rutschkeils hat - unabhängig von der Geländeneigung β - immer die Größe 90° - φ, wobei φ der innere Reibungswinkel des Bodens ist. Der Gleitflächenwinkel ϑ' wird aus ☐ 7.21 erhalten.

Schneidet die wandseitige Gleitfläche FC des Rutschkeils die Geländeoberfläche (☐ 7.22 a), so ergibt sich die Resultierende R_{E1} des Erddrucks auf die Wand aus der

- Eigenlast des Erdprismas ABCF und dem
- Erddruck E_{a1}, der unter dem Winkel φ gegen das Lot auf die Gleitfläche geneigt ist.

☐ 7.21: Gleitflächenwinkel ϑ'

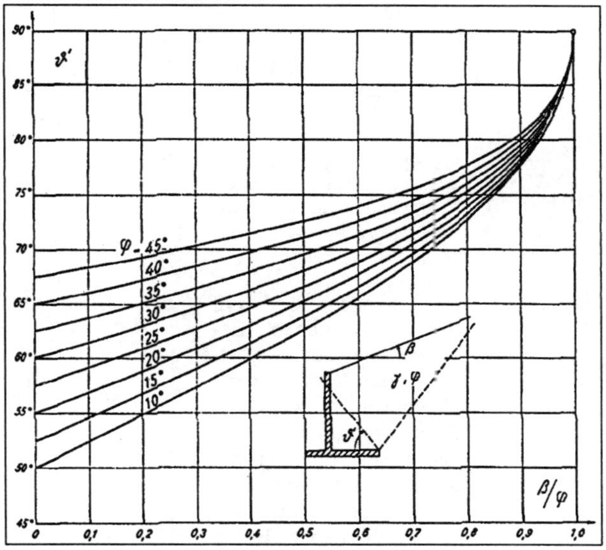

□ 7.22: Beispiele: Rutschkeilverfahren: Wandseitige Gleitfläche schneidet a) die Geländeoberfläche, b) den lotrechten Wandteil

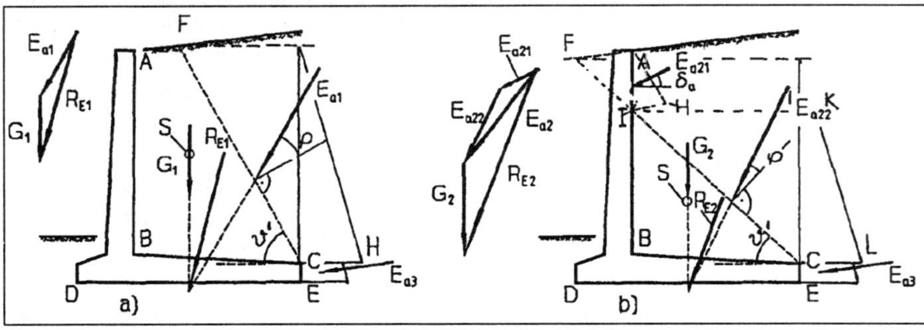

Trifft dagegen die Gleitfläche IC - wie bei kurzem rückseitigen Sporn oder hoher Wand möglich - den lotrechten Wandteil (□ 7.22 b), so setzt sich die Resultierende R_{E2} des Erddrucks auf die Wand zusammen aus der

- Eigenlast G_2 des Erdprismas IBC, dem
- Erddruck E_{a21} auf den Wandteil AI (unter dem Wandreibungswinkel δ_a gegen das Lot auf die Wand geneigt), der sich aus der dreieckförmigen Erddruckfigur AIH ergibt, und dem
- Erddruck E_{a22} auf den Gleitflächenabschnitt IC (unter dem Winkel φ gegen das Lot auf die Gleitfläche geneigt). Zur Bestimmung von E_{a22} wird die Gleitfläche IC bis zum Schnittpunkt F mit der Geländeoberfläche verlängert und das Erddruckdreieck FCL ermittelt. Hiervon wirkt nur der trapezförmige Anteil CLK, der den Erddruck E_{a22} ergibt.

Verfahren mit fiktiver, lotrechter Gleitfläche (Näherung):
Sie wird vom Punkt C des rückseitigen Sporns ausgehend angenommen (□ 7.23).
Die Resultierende R_{E3} wird aus der

- Eigenlast G_3 des Erdprismas ABCF und dem
- Erddruck E_{a3} bestimmt. Dieser ist nach Rankine unter dem Winkel $\delta = \beta$ gegen das Lot auf die fiktive, lotrechte Gleitfläche geneigt.

Anmerkung: Nach DIN 4085 soll das Näherungsverfahren in folgenden Fällen nicht angewendet werden:

- Hinterfüllung mit verschiedenen Bodenschichten,
- begrenzte Auflasten,
- gebrochenes Gelände.

□ 7.23: Beispiel: Winkelstützwand: Verfahren mit fiktiver, lotrechter Gleitfläche

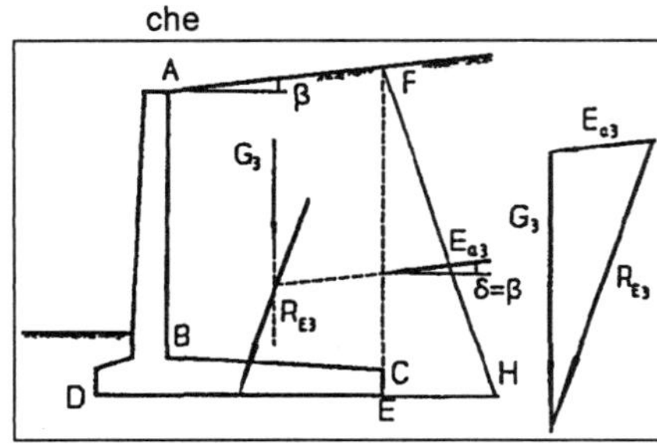

Schnittkräfte Einfachheitshalber wird für die folgende Beschreibung der Schnittkräfte das Verfahren mit fiktiver, lotrechter Gleitfläche zugrunde gelegt. Die Beanspruchung der Wand wird in drei Schnitten untersucht (□ 7.24), für die folgende Kräfte maßgebend sind:

□ 7.24: Beispiel: Winkelstützwand: Ermittlung von Schnittkräften und Standsicherheit

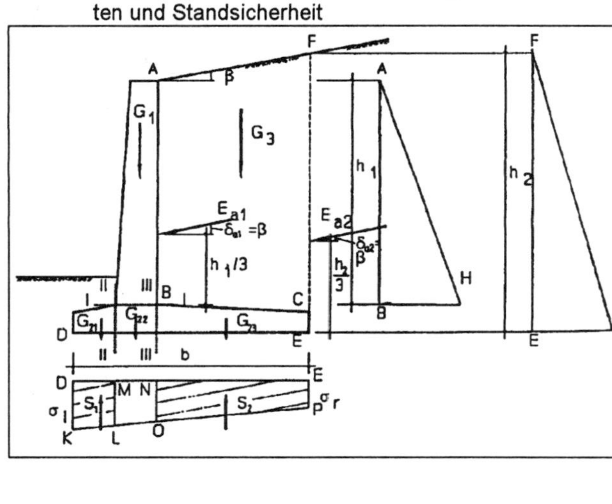

Schnitt I-I (am Fuß des lotrechten Wandteils):
Die Eigenlast G_1 des lotrechten Wandteils und der Erddruck E_{a1} aus der Erddruckfigur ABH. Dieser Erddruck ist unter dem Wandreibungswinkel $\delta_{a1} = \beta$ gegen das Lot auf die Wand geneigt. Er wird aus einer Erddruckfigur bestimmt, die nach DIN 4085, Abschnitt 5.9.2, zur Berücksichtigung möglicher Erddruckumlagerungen trapezförmig über die Wandhöhe verteilt angenommen wird. Dabei soll die untere Erddruckordinate doppelt so groß sein wie die obere.

Schnitt II-II (am Ansatz des luftseitigen Sporns):
Die Eigenlast G_{21} des luftseitigen Sporns und die Kraft S_1 aus dem Sohlspannungsanteil DKLM. Die Erdauflast über dem luftseitigen Sporn wird - wie der Erdwiderstand vor der Wand - meist vernachlässigt.

Schnitt III-III (am Ansatz des rückseitigen Sporns):
Die Eigenlast G_3 des Erdprismas ABCF, die Vertikalkomponente des Erddrucks E_{a2} aus der Erddruckfigur FEI (dieser ist nach Rankine unter dem Winkel $\delta_{a2} = \beta$ gegen das Lot auf die fiktive, lotrechte Gleitfläche CF geneigt), die Eigenlast G_{23} des rückseitigen Sporns und die Kraft S_2 aus dem Sohlspannungsanteil NOPE.

☐ 7.25: Beispiel: Bemessung einer Winkelstützwand

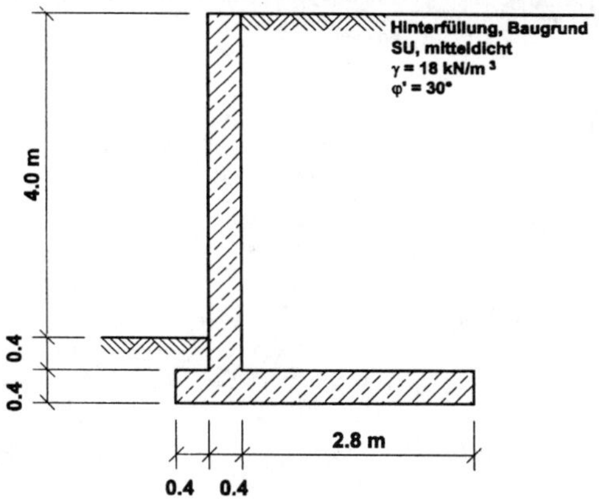

Geg.:

Winkelstützwand, Bodenverhältnisse

Ges.:

1. *Angriffspunkt und Größe der Resultierenden in der Gründungssohle nach dem*
   1.1. *Rutschkeilverfahren*
   1.2. *Näherungsverfahren*
2. *Bemessungsschnittgrößen*
3. *Standsicherheit für den Fall, daß hinter der Stützwand eine unbegrenzte Flächenlast p = 20 kN/m² wirkt.*

Lösung:

zu 1.1.:

Geometrie des Rutschkeils:

$$\varphi' = 30°$$

$$\frac{\beta}{\varphi'} = 0$$

$$\Rightarrow \vartheta' = 60°$$

$$a = \frac{4{,}40}{\tan 60°} = 2{,}55 \ m; \ a' = 0{,}25 \ m$$

Erddruck:

- *im Rutschkeilbereich*

$\alpha = -30°$; $\beta = 0$; $\varphi' = 30°$; $\delta_a = \varphi' = 30° \Rightarrow K^g_{a1} = 0{,}67$

$$e^g_{a1} = 18 \cdot 4{,}4 \cdot 0{,}67 = 53{,}1 \ kN/m^2$$

$$E^g_{a1} = \frac{1}{2} \cdot 53{,}1 \cdot 4{,}4 = 116{,}8 \ kN/m$$

$$\Rightarrow E^g_{a1H} = 58{,}4 \ kN/m; \ E^g_{a1V} = 101{,}2 \ kN/m$$

□ 7.26: Fortsetzung Beispiel: Bemessung einer Winkelstützwand

Hebelarme (bezogen auf D):

$$x_1^g = 3{,}60 - \frac{4{,}4}{3 \cdot \tan 60°} = 2{,}75 \ m$$

$$y_1^g = 0{,}40 + \frac{4{,}4}{3} = 1{,}87 \ m$$

- *hinter der Sohlplatte:*

$\alpha = 0;\ \beta = 0;\ \varphi' = 30°;\ \delta_a = \frac{2}{3}\varphi' \ \Rightarrow K_{a_2}^g = 0{,}30$

$$e_{a2}^{oben} = 18 \cdot 4{,}4 \cdot 0{,}30 = 23{,}8 \ kN/m^2$$

$$e_{a2}^{unten} = 18 \cdot 4{,}8 \cdot 0{,}30 = 25{,}9 \ kN/m^2$$

$$E_{a2}^g = \frac{1}{2}\ (23{,}8 + 25{,}9) \cdot 0{,}40 = 9{,}9 \ kN/m$$

$$\Rightarrow E_{a2H}^g = 9{,}3 \ kN/m;\ E_{a2V}^g = 3{,}4 \ kN/m$$

Hebelarme (bezogen auf D):

$$x_2^g = 3{,}60 \ m$$

$$y_2^g \approx \frac{0{,}40}{2} = 0{,}20 \ m$$

- *Erdwiderstand vor der Wand:*

$\alpha = 0;\ \beta = 0;\ \varphi' = 30°;\ \delta_p = 0 \ \Rightarrow K_p^g = K_{ph}^g = 3{,}00$

$$e_p^g = 18 \cdot 0{,}8 \cdot 3{,}00 = 43{,}2 \ kN/m^2$$

$$\Rightarrow {}_{red}E_p^g = 0{,}5 \ E_p^g = 0{,}5 \cdot \frac{1}{2} \cdot 43{,}2 \cdot 0{,}8 = 8{,}6 \ kN/m$$

$$y_s = \frac{0{,}8}{3} = 0{,}27 \ m$$

Eigenlast der Stützwand:

$$G_1 = 25 \cdot 0{,}4 \cdot 4{,}4 = 44{,}0 \ kN/m$$

$$G_2 = 25 \cdot 0{,}4 \cdot 3{,}6 = 36{,}0 \ kN/m$$

Hebelarme (bezogen auf D):

$$x_{G_1} = 0{,}4 + \frac{0{,}4}{2} = 0{,}60 \ m$$

$$x_{G_2} = \frac{3{,}60}{2} = 1{,}80 \ m$$

Erdauflast:

$$G_E = \frac{1}{2}\ (0{,}25 + 2{,}80) \cdot 4{,}4 \cdot 18 = 120{,}8 \ kN/m$$

$$x_{G_E} = 0{,}80 + \frac{0{,}25^2 + 0{,}25 \cdot 2{,}80 + 2{,}80^2}{3\ (0{,}25 + 2{,}80)} = 1{,}74 \ m$$

☐ 7.27: Fortsetzung Beispiel: Bemessung einer Winkelstützwand

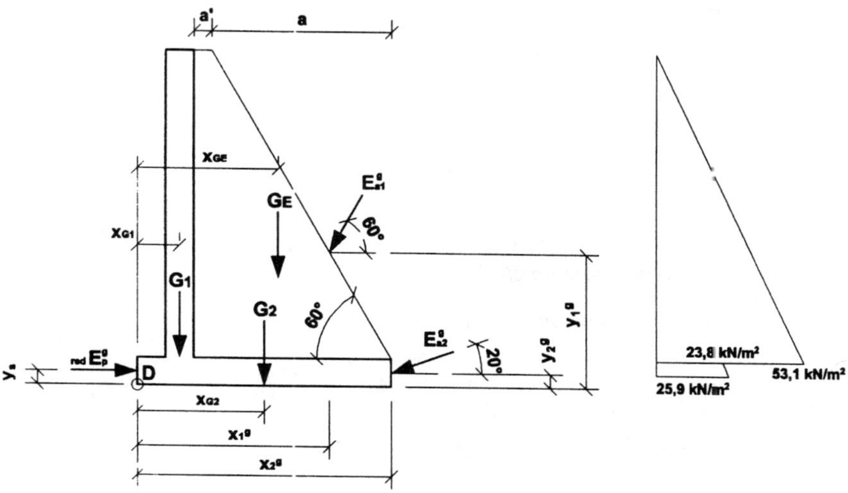

Angriffspunkt der Resultierenden in der Sohlfuge (bezogen auf D):

$$\sum M_{(D)} = 101{,}2 \cdot 2{,}75 + 3{,}4 \cdot 3{,}60 + 44{,}0 \cdot 0{,}6 + 36{,}0 \cdot 1{,}80 + 120{,}8 \cdot 1{,}74 +$$

$$+\ 8{,}6 \cdot 0{,}27 - 58{,}4 \cdot 1{,}87 - 9{,}3 \cdot 0{,}20 = 483{,}2\ \ kNm/m$$

$$\sum V = 101{,}2 + 3{,}4 + 44{,}0 + 36{,}0 + 120{,}8 = 305{,}4\ \ kN/m$$

$$\Rightarrow c = \frac{\sum M_{(D)}}{\sum V} = \frac{483{,}2}{305{,}4} = 1{,}58\ \ m$$

Größe und Neigung der Resultierenden:

$$\sum H = 58{,}4 + 9{,}3 - 8{,}6 = 59{,}1\ \ kN/m$$

$$\Rightarrow R = \sqrt{305{,}4^2 + 59{,}1^2} = 311{,}1\ \ kN/m$$

$$\tan\delta_s = \frac{\sum H}{\sum V} = \frac{59{,}1}{305{,}4} \quad \Rightarrow \delta_s = 11{,}0°$$

zu 1.2.: Geometrie der Stützwand:

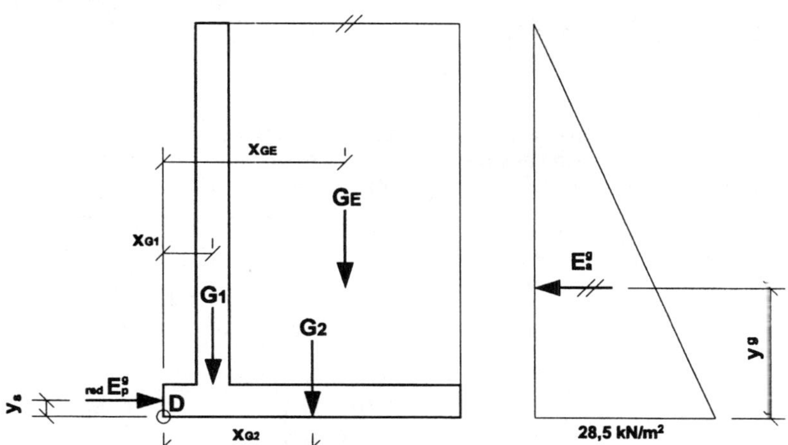

□ 7.28: Fortsetzung Beispiel: Bemessung einer Winkelstützwand

Erddruck:

$\alpha = 0;\ \beta = 0;\ \varphi' = 30°;\ \delta_a \hat{=} \beta = 0 \Rightarrow K_a^g = 0{,}33$

$e_a^g = 18 \cdot 4{,}8 \cdot 0{,}33 = 28{,}5\ kN/m^2$

$E_a^g \hat{=} E_{aH}^g = \frac{1}{2} \cdot 28{,}5 \cdot 4{,}8 = 68{,}4\ kN/m$

$E_{aV}^g = 0$

Hebelarm (bezogen auf D):

$y^g = \frac{4{,}8}{3} = 1{,}60\ m$

Erdwiderstand vor der Wand: s. 1.1.
Eigenlast der Stützwand:

$G_1 = 44{,}0\ kN/m;\ G_2 = 36{,}0\ kN/m$ *(s. 1.1.)*

Hebelarme (bezogen auf D):

$x_{G_1} = 0{,}60\ m;\ x_{G_2} = 1{,}80\ m$ *(s. 1.1.)*

Erdauflast:

$G_E = 4{,}4 \cdot 2{,}8 \cdot 18 = 221{,}8\ kN/m$

$x_{G_E} = 0{,}80 + \frac{2{,}80}{2} = 2{,}20\ m$

Angriffspunkt der Resultierenden:

$\sum M_{(D)} = 44{,}0 \cdot 0{,}60 + 36{,}0 \cdot 1{,}80 + 221{,}8 \cdot 2{,}20 + 8{,}6 \cdot 0{,}27 - 68{,}4 \cdot 1{,}60 = 472{,}0\ kNm/m$

$\sum V = 44{,}0 + 36{,}0 + 221{,}8 = 301{,}8\ kN/m$

$\Rightarrow c = \frac{472{,}0}{301{,}8} = 1{,}56\ m$

Größe und Neigung der Resultierenden:

$\sum H = 68{,}4 - 8{,}6 = 59{,}8\ kN/m$

$\Rightarrow R = \sqrt{301{,}8^2 + 59{,}8^2} = 307{,}7 kN/m$

$\tan\delta_s = \frac{59{,}8}{301{,}8} \Rightarrow \delta_s = 11{,}2°$

Vergleich:
Beide Berechnungsverfahren liefern nahezu identische Ergebnisse. Da die Einschränkungen für die Anwendung des Näherungsverfahrens (s. Text, Abschnitt 7) nicht vorliegen, werden der weiteren Berechnung die Ergebnisse dieses Verfahrens zugrunde gelegt.

☐ 7.29: Fortsetzung Beispiel: Bemessung einer Winkelstützwand

zu 2.:

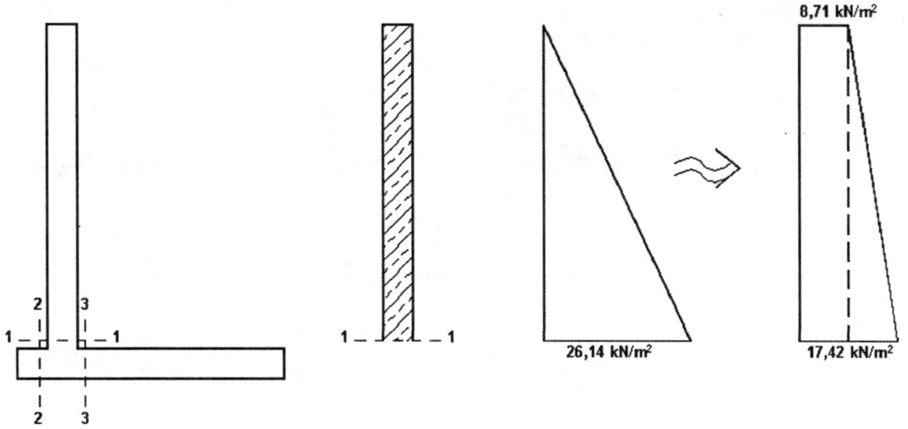

Schnitt 1-1

$\alpha = 0;\ \beta = 0;\ \varphi' = 30°;\ \delta_a \mathrel{\hat=} \beta = 0 \Rightarrow K_a^g = 0{,}33$

$$E_a^g \mathrel{\hat=} E_{aH}^g = 8{,}71 \cdot 4{,}4 + \frac{1}{2} \cdot 8{,}71 \cdot 4{,}4 = 38{,}3 + 19{,}2 = 57{,}5 \ \ kN/m$$

$$E_{aV}^g = 0$$

$$Q_1 \mathrel{\hat=} E_{aH}^g = 57{,}5 \ \ kN/m$$

$$M_1 = 38{,}3 \cdot \frac{4{,}4}{2} + 19{,}2 \cdot \frac{4{,}4}{3} = 112{,}4 \ \ kNm/m$$

Schnitt 2-2

Die Sohlnormalspannung wird vereinfachend als geradlinig verteilt angenommen (tatsächliche Verteilung s. Abschnitt 6).

$$e = \frac{b}{2} - c = \frac{3{,}60}{2} - 1{,}56 = 0{,}24 \ \ m < \frac{b}{6}$$

$$\sigma_{0_{1,2}} = \frac{301{,}8}{3{,}60} \pm \frac{301{,}8 \cdot 0{,}24 \cdot 6}{3{,}60^2} = \frac{117{,}4}{50{,}3} \ \ kN/m^2$$

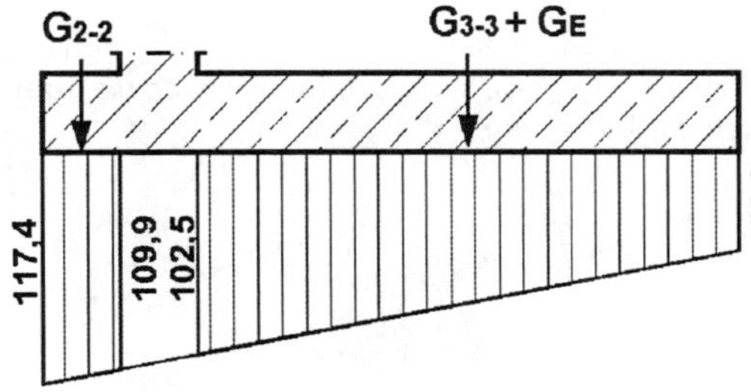

Die Erdauflast über dem Sporn wird vernachlässigt.

$$G_{2-2} = 0{,}4 \cdot 0{,}4 \cdot 25 = 4{,}0 \ \ kN/m$$

$$Q_2 = \frac{1}{2}(117{,}4 + 109{,}9) \cdot 0{,}4 - 4{,}0 = 41{,}5 \ \ kN/m$$

$$M_2 = 109{,}9 \cdot \frac{0{,}4^2}{2} + \frac{1}{2}(117{,}4 - 109{,}9) \cdot 0{,}4 \cdot \frac{2 \cdot 0{,}4}{3} - 4{,}0 \cdot \frac{0{,}4}{2} = 8{,}4 \ \ kNm/m$$

☐ 7.30: Fortsetzung Beispiel: Bemessung einer Winkelstützwand

Schnitt 3-3

$G_{3-3} = 2{,}8 \cdot 0{,}4 \cdot 25 = 28{,}0 \quad kN/m$

$Q_3 = 221{,}8 + 28{,}0 - \frac{1}{2}(102{,}5 + 50{,}3) \cdot 2{,}80 = 35{,}9 \quad kN/m$

$M_3 = 221{,}8 \cdot \frac{2{,}8}{2} + 28{,}0 \cdot \frac{2{,}8}{2} - 50{,}3 \cdot \frac{2{,}8^2}{2} - \frac{1}{2}(102{,}5 - 50{,}3) \cdot 2{,}8 \cdot \frac{2{,}8}{3} = 84{,}3 \quad kNm/m$

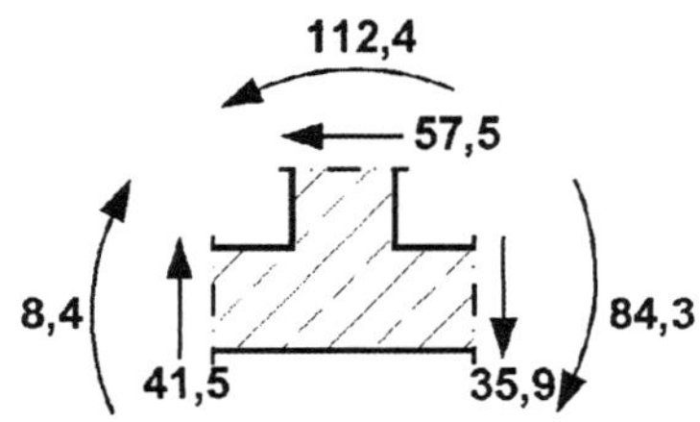

zu 3.:

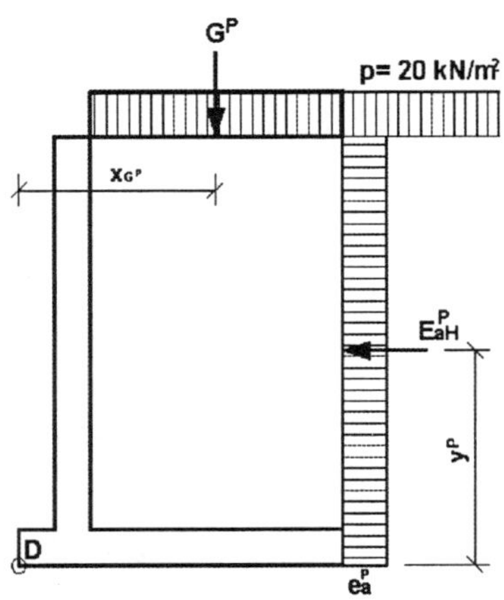

Durch die Verkehrslast kommen folgende Belastungen hinzu:

Auflast auf Sohlplatte

$G^p = 20 \cdot 2{,}8 = 56{,}0 \quad kN/m$

Erddruck

$e_a^p = 20 \cdot 0{,}33 = 6{,}6 \quad kN/m^2$

$E_a^p = 6{,}6 \cdot 4{,}8 = 31{,}7 \quad kN/m$

$E_{aH}^p \mathrel{\hat{=}} E_a^p = 31{,}7 \quad kN/m \,;\; E_{aV}^p = 0$

Hebelarme (bezogen auf D)

$x_G^p = 0{,}8 + \frac{2{,}8}{2} = 2{,}20 \quad m$

$y^p = \frac{4{,}80}{2} = 2{,}40 \quad m$

Vorbemerkungen:

Die Standsicherheit muß durch direkte Nachweise überprüft werden, da die Voraussetzungen des Regelfalls nach DIN 1054 an der Bedingung

$$_{vorh}d \geq 1{,}4 \; b \cdot \frac{H}{V}$$

scheitern.

Für jeden Standsicherheitsnachweis muß gesondert überprüft werden, welches der ungünstigste Lastansatz ist.

3.1. Sicherheit gegen Kippen

$e^g = 0{,}24 \quad m < \frac{b}{6}$ *(s. Abschnitte 1.2 und 2)*

☐ 7.31: Fortsetzung Beispiel: Bemessung einer Winkelstützwand

Für den Nachweis „Gesamtlast" ergibt sich der ungünstigste Zustand durch Vernachlässigung von G^p und

Ansatz von E_a^p:

$$c^{g+p} = \frac{472{,}0 - 31{,}7 \cdot 2{,}40}{301{,}8} = \frac{396{,}0}{301{,}8} = 1{,}31 \ m$$

$$\Rightarrow e^{g+p} = \frac{3{,}60}{2} - 1{,}31 = 0{,}49 \ m < \frac{b}{3}$$

3.2. Sicherheit gegen Gleiten

Ungünstigster Lastansatz: wie bei 3.1. „Gesamtlast"

$\mu = 0{,}50$ *(Beton/SU)*

$\tan\varphi' = \tan 30° = 0{,}58$

$$\eta_g = \frac{0{,}50 \cdot 301{,}8 + 8{,}6}{68{,}4 + 31{,}7} = 1{,}60 \ > \ {}_{erf}\eta_g = 1{,}5$$

3.3. Sicherheit gegen Grundbruch

Da einerseits

$$\eta_p = \frac{V_b}{{}_{vorh}V}$$

und andererseits

$$V_b = f_{(Ausmittigkeit)}$$

ist, müssen im Zweifelsfall zwei Lastzustände überprüft werden:

- *Zustand „$_{max}e$"*
- *Zustand „$_{max\ vorh}V$"*

3.3.1. Zustand „$_{max}e$"

Dieser Zustand ergibt sich aus dem Lastansatz „Gesamtlast" nach 3.1. $e^{g+p} = 0{,}49 \ m$

$\sum V = 301{,}8 \ kN/m$; $\sum H = 91{,}5 \ kN/m$

$b' = 3{,}60 - 2 \cdot 0{,}49 = 2{,}62 \ m$

Beiwerte:

$N_d = 18{,}0$; $\nu_d' = 1{,}0$

$N_b = 10{,}0$; $\nu_b' = 1{,}0$

Die Neigungsbeiwerte sind für den Fall
H parallel zur Seite b'
$\varphi' \neq 0$; $c' = 0$

zu ermitteln:

$$\kappa_d = \left(1 - 0{,}7 \frac{91{,}5}{301{,}8}\right)^3 = 0{,}489$$

$$\kappa_b = \left(1 - \frac{91{,}5}{301{,}8}\right)^3 = 0{,}338$$

Bruchlast:

$$V_b = 2{,}62 \ \left(0 + 18 \cdot 0{,}8 \cdot 18{,}0 \cdot 1{,}0 \cdot 0{,}489 + 18 \cdot 2{,}62 \cdot 10{,}0 \cdot 1{,}0 \cdot 0{,}338\right) = 750 \ kN/m$$

Sicherheit:

$$\eta_p = \frac{750}{301{,}8} = 2{,}48 \ > \ {}_{erf}\eta_p = 2{,}0$$

□ 7.32: Fortsetzung Beispiel: Bemessung einer Winkelstützwand

3.3.2. Zustand „$_{max\,vorh}$V"

Hier wird der Auflastanteil G^p berücksichtigt

$$c^{g+p} = \frac{396{,}0 + 56{,}0 \cdot 2{,}20}{301{,}8 + 56{,}0} = \frac{519{,}2}{357{,}8} = 1{,}45\ m$$

$$\Rightarrow e^{g+p} = \frac{3{,}60}{2} - 1{,}45 = 0{,}35\ m < \frac{b}{3}$$

$$\sum V = 301{,}8 + 56{,}0 = 357{,}8\ kN/m\ ;\ \sum H = 91{,}5 kN/m$$

$$b' = 3{,}60 - 2 \cdot 0{,}35 = 2{,}90\ m$$

Beiwerte:

$N_d = 18{,}0\ ;\ \nu_d' = 1{,}0$

$N_b = 10{,}0\ ;\ \nu_b' = 1{,}0$

Die Neigungsbeiwerte sind für den Fall
H parallel zur Seite b'
$\varphi' \neq 0$; $c' = 0$

zu ermitteln:

$$\kappa_d = \left(1 - 0{,}7 \frac{91{,}5}{357{,}8}\right)^3 = 0{,}553$$

$$\kappa_b = \left(1 - \frac{91{,}5}{357{,}8}\right)^3 = 0{,}412$$

Bruchlast:

$$V_b = 2{,}90\ \left(0 + 18 \cdot 0{,}8 \cdot 18{,}0 \cdot 1{,}0 \cdot 0{,}553 + 18 \cdot 2{,}90 \cdot 10{,}0 \cdot 1{,}0 \cdot 0{,}412\right) = 1039\ kN/m$$

Sicherheit:

$$\eta_p = \frac{1039}{357{,}8} = 2{,}90\ >\ {}_{erf}\eta_p = 2{,}0$$

Die Sicherheit ist für beide Lastzustände ausreichend.

Erdruhedruck

Ist eine geringfügige Drehung der Stützwand - z.B. auf hartem Untergrund (Fels) - nicht möglich, muß mit Erdruhedruck gerechnet werden.

Für die Bemessung der Winkelstützwand (Ermittlung der Baustoffestigkeit) wird auch bei normalem Baugrund in der Praxis manchmal verlangt, den Erdruhedruck zugrunde zu legen, weil dieser wirkt, bevor die Drehung eintreten kann. Bei der Berechnung der Standsicherheit wird aber der aktive Erddruck angenommen, wenn die Voraussetzungen dafür gegeben sind.

Standsicherheit

Bei den Standsicherheitsnachweisen (siehe Abschnitt 1) wird - wenn z.B. das Verfahren mit fiktiver, lotrechter Gleitfläche zugrunde gelegt wird - die Wand mit dem Erdprisma ABCF (□ 7.24) als ein zusammenhängender Block aufgefaßt, auf den der Erddruck E_{a2} aus der Erddruckfigur FEI wirkt, der nach Rankine unter dem Winkel $\delta_{a2} = \beta$ gegen das Lot auf die fiktive, lotrechte Gleitfläche geneigt ist.

Bewehrung

Die Winkelstützwand wird nach den Regeln des Stahlbetonbaus bewehrt (□ 7.33).

Anwendung

Zur Sicherung eines Geländesprungs, wenn keine Böschung möglich ist oder gewünscht wird. Als Widerlager von Balkenbrücken mit seitlichen Flügeln zur Fassung der anschließenden Dämme ("Flügelwand", □ 7.34).

☐ 7.33: Beispiel: Bewehrung einer Winkelstützwand

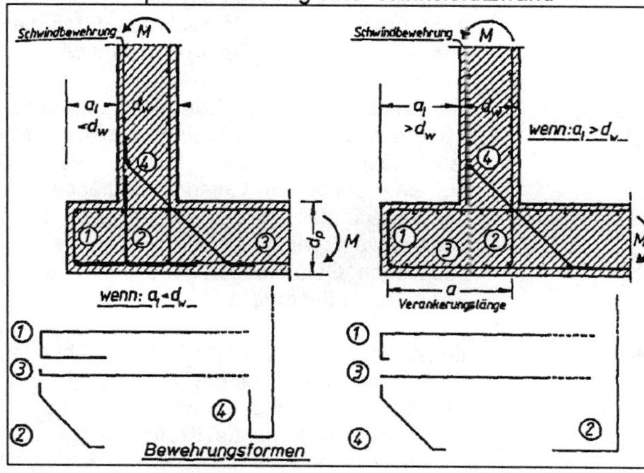

☐ 7.34: Beispiel: Winkelstützwand als Brückenwiderlager mit seitlichen Flügeln: a) Schnitt, b) Grundriß

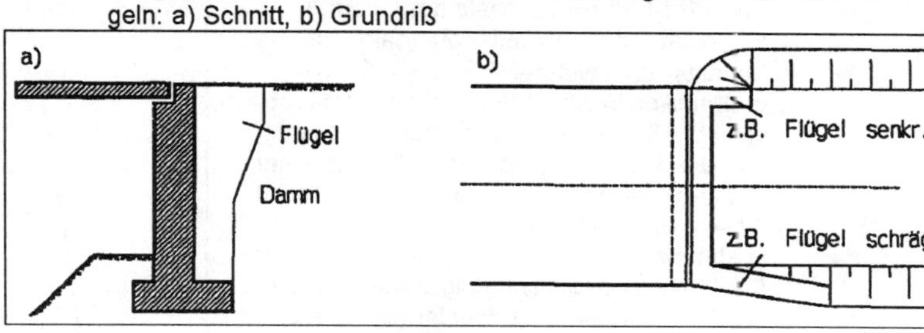

7.5 Sonderformen

7.5.1 Stützwand mit Entlastungssporn

Form

Eine erhebliche Materialersparnis kann durch Anbringen eines Entlastungssporns auf der Rückseite von Schwergewichts- oder Winkelstützwänden erreicht werden. Nachdem Daueranverankerungen von Wänden möglich geworden sind, ist diese Lösung zwar seltener gewählt worden. Sie ist aber weiterhin empfehlenswert, wenn eine Rückverankerung nicht möglich oder zu aufwendig ist.

☐ 7.35: Beispiel: Herstellen einer Stützwand mit Entlastungssporn a) im Abtrag, b) im Auftrag

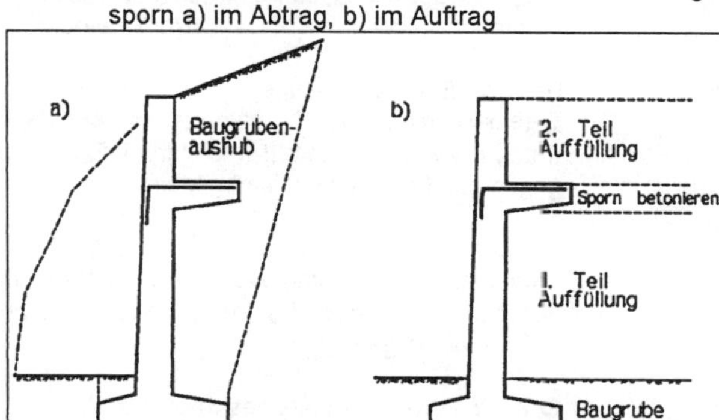

Der Entlastungssporn aus Stahlbeton ist biegesteif mit der Wand verbunden und meist 1,0...2,5 m lang. Bei hohen Wänden werden auch mehrere Sporne, z.T. von unterschiedlicher Länge, übereinander angeordnet. Ihre Höhenlage wird so gewählt, daß keine Zugspannungen in der Wand entstehen.

Der Erdaushub für diese Wandform ist geringer als für Winkelstützwände. Der Sporn wird im Auftragsquerschnitt auf Erdschalung betoniert (☐ 7.35).

Stützwirkung Die entlastende Wirkung beruht auf

- dem rückdrehenden Moment, das durch die Erdauflast oberhalb des Sporns erzeugt wird, vor allem aber auch auf
- der Abschirmung des Erddrucks unterhalb des Sporns. Sie wird wie bei einer einseitig begrenzten Flächenlast (Dörken / Dehne, Teil 1, 1993) auf einer gedachten Geländeoberfläche in Höhe der Unterkante des Sporns ermittelt. Die Flächenlast entspricht der Erdauflast bis zur tatsächlichen Geländeoberfläche und beginnt am Ende des Entlastungssporns (☐ 7.36).

☐ 7.36: Beispiel: Stützwand mit Entlastungssporn: Erddruckabschirmung

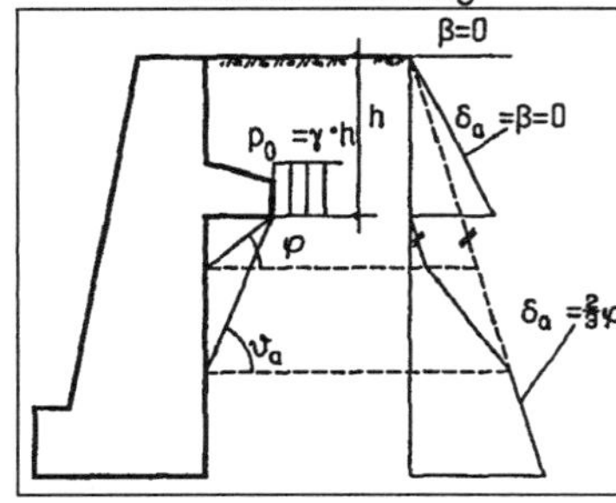

Berechnung Festigkeit und Standsicherheit (siehe Abschnitt 1) einer Stützwand mit einem Entlastungssporn werden in fünf Schnitten untersucht (☐ 7.37), für die folgende Kräfte maßgebend sind:

☐ 7.37: Beispiel: Stützwand mit Entlastungssporn: Schnittkräfte und Standsicherheit

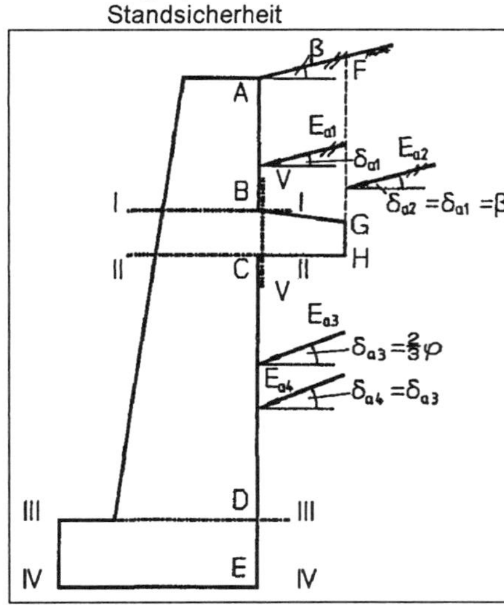

Schnitt I-I (direkt oberhalb des Sporns):
Eigenlast der Wand oberhalb dieses Schnitts (unbewehrter Beton: γ = 23 kN/m^3) und aktiver Erddruck E_{a1} auf den Wandabschnitt AB, der unter $\delta_{a1} = \beta$ gegen das Lot auf die Wand geneigt ist. Wie bei einer Winkelstützwand (siehe Abschnitt 7.4) wird dieser Erddruck aus einer Erddruckfigur bestimmt, die nach DIN 4085, Abschnitt 5.9.2, zur Berücksichtigung möglicher Erddruckumlagerungen trapezförmig über die Wandhöhe AB verteilt angenommen wird. Dabei soll die untere Erddruckordinate doppelt so groß sein wie die obere.

Schnitt II-II (direkt unterhalb des Sporns):
Eigenlast der Wand oberhalb dieses Schnitts, Eigenlast des Bodenprismas ABGF, Erddruck E_{a2} auf den gedachten lotrechten Bodenschnitt FH (nach Rankine parallel zur Geländeoberfläche).

Schnitt III-III (Arbeitsfuge):
Eigenlast der Wand oberhalb dieses Schnitts, Eigenlast des Bodenprismas ABGF und Erddruck E_{a2} wie in Schnitt II-II, Erddruck E_{a3} auf den Wandabschnitt CD, der unter $\delta_{a3} = 2/3 \cdot \varphi$ gegen das Lot auf die Wand geneigt ist.

Schnitt IV-IV (Sohlfuge):
Eigenlast der gesamten Wand, Eigenlast des Bodenprismas ABGF und Erddruck E_{a2} wie in Schnitt II-II, Erddruck E_{a4} auf den Wandabschnitt CE, der unter $\delta_{a3} = 2/3 \cdot \varphi$ gegen das Lot auf die Wand geneigt ist.

Schnitt V-V (am Ansatz des Sporns):
Eigenlast des Sporns, Eigenlast des Bodenprismas ABGF, Vertikalkomponente des Erddrucks E_{a2}.

Anwendung Zur Materialersparnis bei großen Wandhöhen.

7.5.2 Stützwand mit Schlepp-Platte

Form

Auch durch Anbringen einer Schlepp-Platte kann eine erhebliche Materialersparnis erreicht werden. Die Stahlbetonplatte wird auf eine Konsole an der Wand gelegt. Unter der Platte kann ein Hohlraum bleiben. Der anschließende Boden erhält eine Auflagerkraft aus der Konsole und muß standsicher abgeböscht werden (□ 7.38).

□ 7.38: Beispiel: Stützwand mit Schlepp-Platte

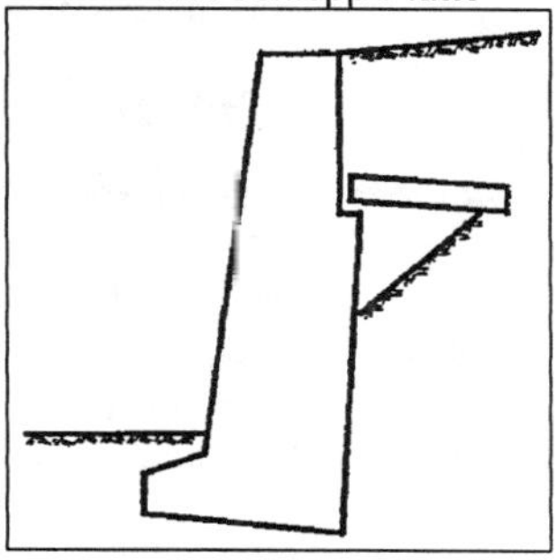

Die Schlepp-Platte kann länger ausgeführt werden als der Entlastungssporn (siehe Abschnitt 7.5.1). Sie hat außerdem den Vorteil, daß sie durch Aufgraben der Hinterfüllung noch nachträglich an Wänden angebracht werden kann, die infolge von eingetretenen Bewegungen oder Schäden entlastet werden müssen. Dies ist bei einem Entlastungssporn jedoch kaum möglich, weil dessen Bewehrung tief in der Mauer verankert werden muß. Das rückdrehende Moment und die Abschirmwirkung einer Schlepp-Platte sind allerdings geringer als beim Entlastungssporn.

Stützwirkung

Die Abschirmwirkung der Schlepp-Platte ist deshalb geringer als bei dem biegesteif angeschlossenen Entlastungssporn, weil die Platte auf der einen Seite auf dem Baugrund aufgelagert ist. Hierdurch wird ca. die Hälfte der abgefangenen Last des über der Platte lagernden Bodens nach unten weitergeleitet und bewirkt wieder Erddruck auf die Wand. Das rückdrehende Moment aus dem auflagernden Boden wird kleiner, weil nur die wandseitige Auflagerkraft, und zwar mit einem beträchtlich geringeren Hebelarm, wirksam ist.

□ 7.39: Beispiel: Gitterwand

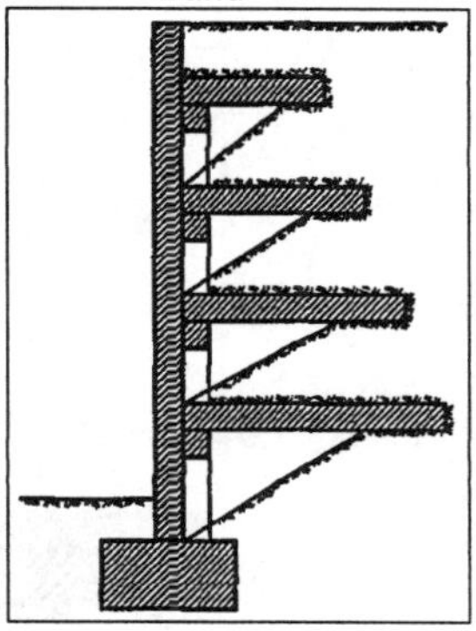

Statisch meist nicht erfaßt wird die Ankerwirkung der Schlepp-Platte infolge der Reibung zwischen Boden und Platte. Zwar wird die entsprechende Reaktionskraft im tieferliegenden Boden als zusätzlicher Erddruck wieder auf die Wand übertragen, der Hebelarm dieser Erddruckkraft ist aber geringer als der der Reibungskraft, so daß ein rückdrehendes Moment übrigbleibt.

Gitterwand

Durch Anordnung mehrerer Schleppplatten im richtigen Abstand übereinander und Hohlräumen unter den Platten (□ 7.39) kann der Erddruck völlig ausgeschaltet werden. Diese Gitterwand aus Stahlbeton braucht also nur Vertikalkräfte aufzunehmen und kann entsprechend schlank ausgebildet werden.

Anwendung

Zur Materialersparnis bei großen Wandhöhen. Zur Sanierung nicht standsicherer Wände.

7.5.3 Winkelstützwand mit Querschotten

Form

Bei dieser Stützwand werden zwischen lotrechtem Wandteil und rückseitigem Sporn lotrechte Stahlbetonrippen (Querschotten) in Abständen von 1,5...3 m angeordnet (□ 7.40).

□ 7.40: Beispiel: Winkelstützwand mit Querschotten

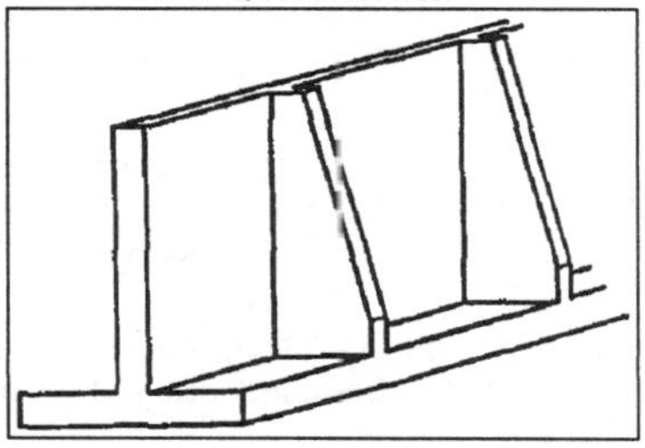

Stützwirkung

Wie bei der gewöhnlichen Winkelstützwand (siehe Abschnitt 7.4).

Berechnung

Während die gewöhnliche Winkelstützwand als Kragträger berechnet wird, ist der lotrechte Wandteil hier eine Durchlaufplatte über mehrere Stützen, den Querschotten. Letztere wirken als Auflager für die Zugkräfte aus dem Erddruck. Der lotrechte Wandteil kann auch als dreiseitig gelagerte Platte berechnet werden. Die Ermittlung der Schnittkräfte, die Festigkeitsuntersuchung und Bewehrung erfolgen nach den Regeln des

Stahlbetonbaus. Die äußere Standsicherheit wird wie bei einer gewöhnlichen Winkelstützwand berechnet (siehe Abschnitte 1 und 7.4).

Anwendung Zur Sicherung von Geländesprüngen. In geringer Höhe (bis ca. 1,5 m) als Fertigteile, z.B. zur Abstützung von Bahnsteigkanten.

7.5.4 Winkelstützwand mit einseitigem Sporn

Sporn vorn Eine Winkelstützwand mit einseitigem Sporn auf der Luftseite der Wand (☐ 7.41) wird wie eine Gewichtsstützwand berechnet (siehe Abschnitt 7.3). Die Bemessung erfolgt für das Eckmoment aus dem Erddruck.

Anwendung Wenn eine Grundstücksgrenze bei der Abschachtung eines Geländesprungs nicht überschritten werden darf, die Wand aber dicht an der Grenze stehen soll. Als platzsparende Konstruktion bei Abtragsproblemen an der Grundstücksgrenze oder an einem steileren Hang kann zunächst eine Spundwand gerammt werden, die im Boden bleibt und die Standsicherheit erhöht. Die Spundwand wird auf der Talseite abschnittsweise freigeschachtet und evtl. mit der vorgesetzten Stützwand verbunden.

Sporn hinten Eine Winkelstützwand mit einseitigem Sporn auf der Rückseite (☐ 7.42) wird wie eine Winkelstützwand berechnet (siehe Abschnitt 7.4).

☐ 7.41: Beispiel: Winkelstützwand mit einseitigem Sporn auf der Luftseite

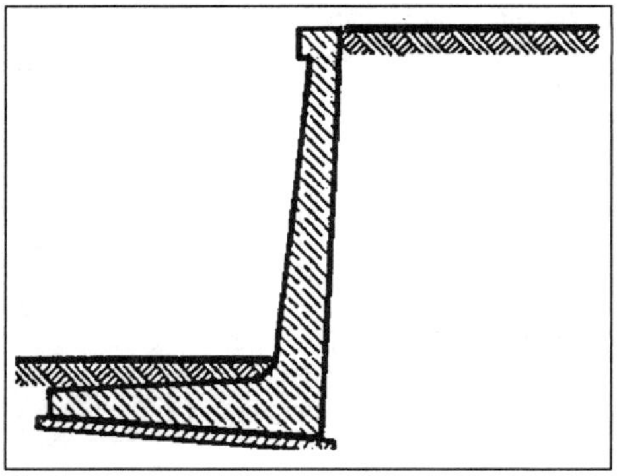

☐ 7.42: Beispiel: Winkelstützwand mit einseitigem Sporn auf der Rückseite

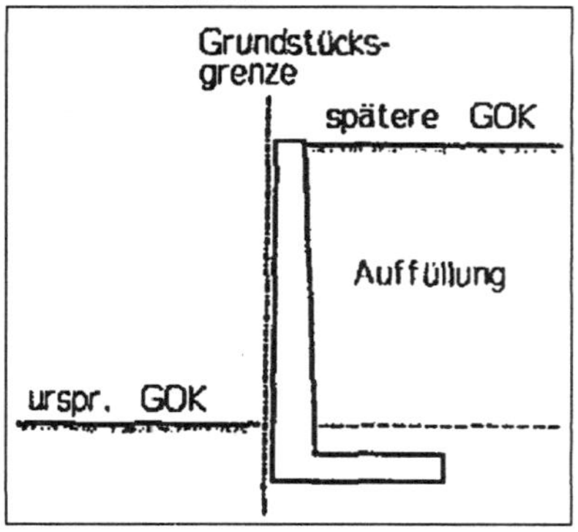

Anwendung Bei einer späteren Aufhöhung des Geländes an der Grundstücksgrenze. Sie werden bis zu bestimmten Höhen (aus Gewichtsgründen) auch vorgefertigt und im Garten- und Landschaftsbau eingesetzt (☐ 7.43). Vor dem Hinterfüllen werden die einbetonierten Ösen mit Längseisen verbunden, um unterschiedliche Bewegungen zu verhindern.

☐ 7.43: Beispiel: Stuttgarter Mauerscheibe DBGM

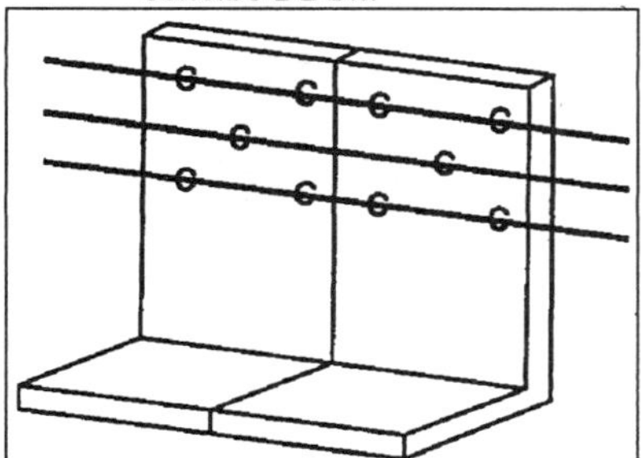

7.5.5 Raumgitterwände

Form Stützkonstruktionen, die aus nach dem Blockhausprinzip aufeinandergelegten Stahlbetonfertigteilen bestehen (☐ 7.44). Die kastenförmigen Zellen werden mit nichtbindigem Boden gefüllt. Wegen der hohen Stückkosten wird die Wand erst bei größeren Wandflächen wirtschaftlich interessant. Mit Mutterboden bedeckt, können die Nischen der Wandkonstruktion bepflanzt und auf diese Weise die Wände begrünt werden.

☐ 7.44: Beispiel: Raumgitterwände a) Krainer Wand, b) Evergreen-Wand (aus Rübener/Stiegler 1982)

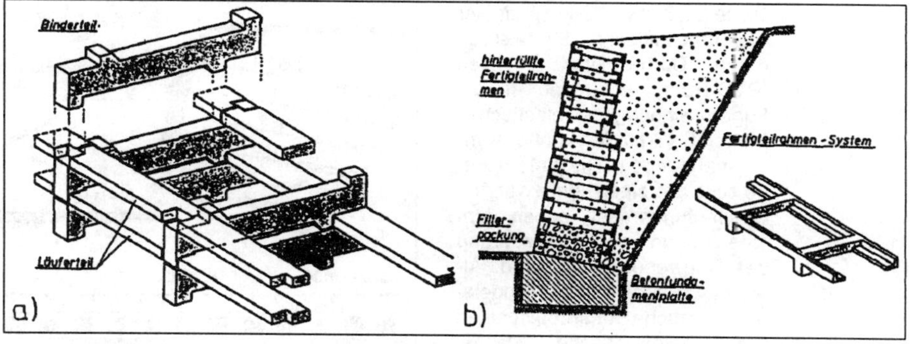

Vorteile Kurze Bauzeit, unabhängig von der Jahreszeit. Wiederverwendbarkeit: Die Konstruktion kann ohne weiteres abgebaut und an anderer Stelle wieder aufgebaut werden. Praktisch unempfindlich gegen Setzungen des Baugrunds. Problemlose Entwässerung durch die Wand selbst. Gute Einpassung in die Landschaft.

Anwendung Als Lärmschutzwände. Zur Abfangung von Geländesprüngen.

7.5.6 Verankerte Stützbauwerke

Massive Wände Bei hohen Geländesprüngen können Stützwände ein- oder mehrfach verankert werden. Hierdurch werden erhebliche Massen eingespart. Als Anker werden Daueranker für Lockergestein oder Fels angewendet (☐ 7.45).

Element - wände Stützwände, die aus einzelnen verankerten Platten (Fertigteilen) bestehen (☐ 7.46). Sie können mit dem Aushub fortlaufend von oben nach unten eingebracht werden und erfordern keine zusätzliche Baugrubensicherung.

Anwendung Zur Materialersparnis bei großen Wandhöhen. Zur Sanierung nicht standsicherer Wände.

☐ 7.45: Beispiel: Verankerte Stützwand, Hafen Huckingen (aus Rübener / Stiegler 1982)

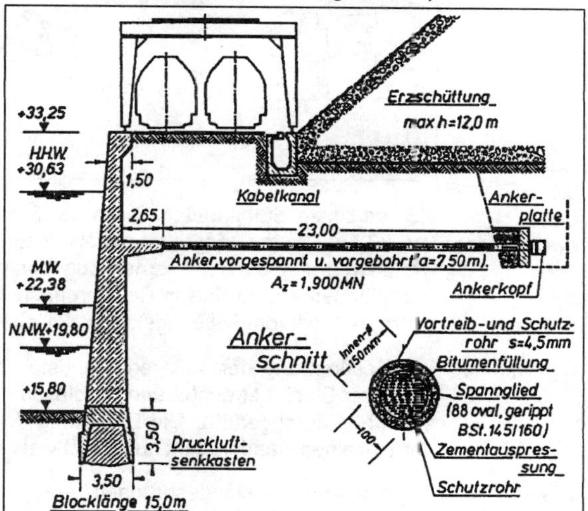

7.5.7 Bewehrte Erde

Form Schlaffe, setzungsunempfindliche Stützbauwerke aus einem Verbund von Boden und Bewehrungsbändern aus Stahl. Bewährt haben sich z.B. folgende Abmessungen (☐ 7.47 c): Breite des Stützkörpers: 0,6...0,7·H, Einbindetiefe 0,1 · H (im ebenen Gelände), 0,2 · H (im geneigten Gelände).

Aufbau Zwei Lagen von Wandelementen (Fertigteile aus Stahlbeton oder Stahl) werden aufeinandergesetzt und bis zur Anschlußhöhe des oberen Elements mit nichtbindigem Boden hinterfüllt (☐ 7.47 a, b). Der Boden wird verdichtet, die Bewehrungsbänder werden an die Wandelemente angeschlossen, die nächsten Elemente aufgesetzt und weiter verfüllt und verdichtet. Die Hinterfüllung erfolgt gleichzeitig mit dem Aufbau des Stützkörpers.

Elemente z.B. kreuzförmige Stahlbetonfertigteilplatten (1,5 m x 1,5 m, Dicke 18,2 bzw. 26 cm) mit vier Ankeranschlüssen. Sie werden durch Dorne und Buchsen (PVC-Rohr) verbunden. In die Fugen eingelegtes elastisches Material verhindert hohe Kantenspannungen. Die untere Lage ruht auf einem unbewehrten Streifenfundament, neben dem eine Dränung zur Entwässerung des Bauwerks verlegt wird. Alternativ werden als Wandelemente auch Stahlprofilschalen (z.B. halbelliptische Bleche, Höhe 33 cm, Dicke 3 mm, Länge bis 10 m) verwendet. In der Verbindungsebene schließen sich die Bewehrungsbänder an.

☐ 7.46: Beispiel: Elementwand (aus Rübener / Stiegler 1982)

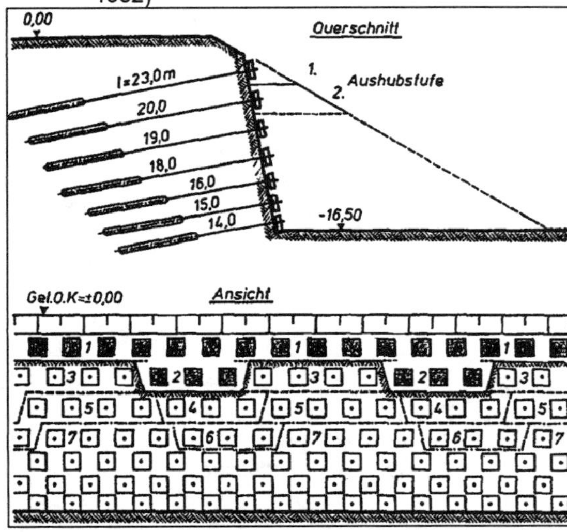

☐ 7.47: Beispiel: Stützbauwerk aus bewehrter Erde (nach Rübener / Stiegler 1982): Wandelemente a) aus Stahlbeton, b) aus Stahl, c) Querschnitt des Verbundbauwerks

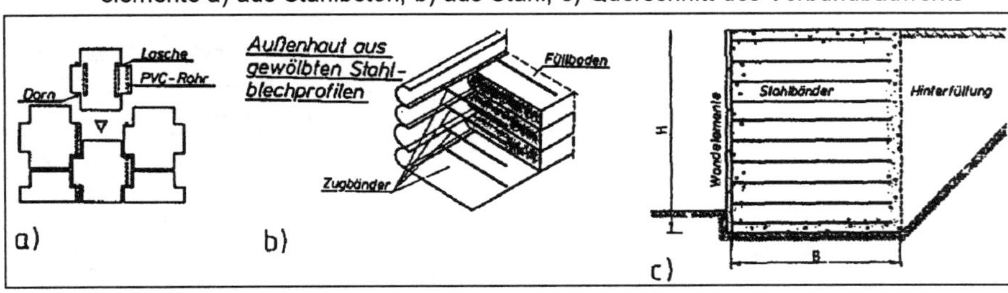

Bewehrungsbänder z.B. verzinkte Stahlbänder (Dicke ca. 3 mm, Breite 60...120 mm). Sie werden im Abstand von 30 bis 40 cm verlegt und mittels verzinkter Schrauben an den Wandelementen befestigt. Die Bewehrungsbänder nehmen Zugspannungen auf und geben diese über Reibung an den Verfüllboden ab, so daß in Bewehrungsrichtung - durch den Überlagerungsdruck - eine anisotrope Kohäsion (Reibungskräfte zwischen Band und Boden) erzeugt wird.

Berechnung Zur Bestimmung der äußeren Standsicherheit wird der Stützkörper bis zum Bandende als massiver Block betrachtet und für diesen die üblichen Standsicherheitsnachweise (siehe Abschnitt 1) durchgeführt. Die Ermittlung der Sicherheit gegen Bandbruch und Herausziehen der einzelnen Bänder dient zum Nachweis der inneren Sicherheit.

Anwendung Abfangung von Geländesprüngen, Anlage von Terrassen in geneigtem Gelände, Widerlager von Brücken, Ufereinfassungen.

7.5.8 Felssicherung

Futtermauern Relativ dünne Wände (bei frostschiebendem Boden ≥ 1 m) aus Beton oder Natursteinmauerwerk. Sie werden durch Dränschichten, Entwässerungsschlitze und -rohre entwässert (☐ 7.48).

Futtermauern werden im Abstand von 20...50 cm vor der natürlichen Böschung erstellt. Der Zwischenraum wird mit einer Dränschicht (siehe Dörken / Dehne, Teil 1, 1993) ausgefüllt und, wenn erforderlich, mit Dauerankern oder Bodennägeln verankert.

☐ 7.48: Beispiel: Futtermauer

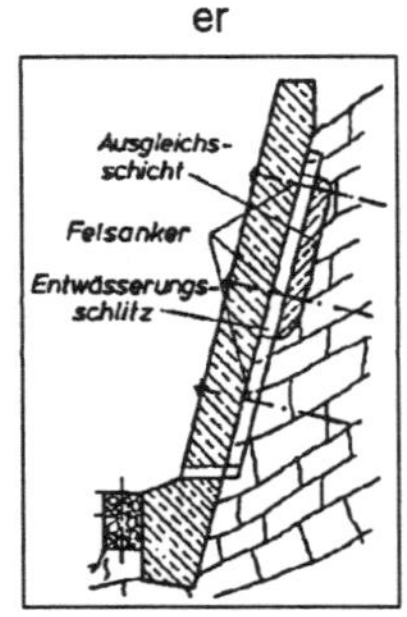

Spritzbeton Nach Entfernen lockerer Felsteile werden Baustahlgewebematten befestigt und eine mindestens 6 cm dicke Spritzbetonschicht aufgebracht (☐ 7.49). Die Schale wird durch Felsnägel oder Spreizdübel verankert und ausreichend entwässert.

Anwendung Zur dauerhaften Verkleidung von Fels, der unter steiler Neigung standfest ist. Felssicherungen haben also keine Stützfunktion, sondern sollen einen bestehenden Standsicherheitszustand gegen äußere Einflüsse (Sonnenbestrahlung, Frost, Regen, Sickerwasser) bewahren.

☐ 7.49: Beispiel: Spritzbetonverkleidung (Graßhoff, Siedeck, Floss, T.1, 1982)

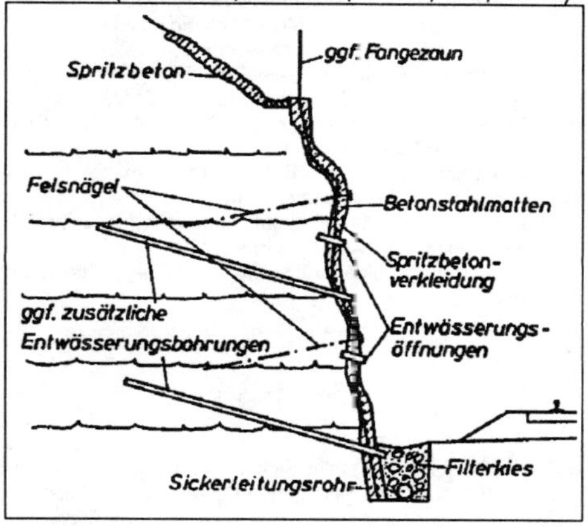

7.6 Kontrollfragen

- Zweck von Stützwänden? Beanspruchung? Standsicherheitsnachweise?
- Grundformen / Sonderformen von Stützwänden?
- Gesichtspunkte für die Wahl der Stützwandform?
- Kräfte, die auf eine Stützwand wirken können? Skizze!
- Wie werden Auftrieb und andere hydrostatische Wasserdruckkräfte angesetzt?
- Ansatz der Sohlspannungsverteilung?
- Voraussetzungen für den Ansatz des Erdwiderstands vor der Wand?
- Aus welchen Anteilen setzt sich die Tangentialspannung in der Sohlfuge zusammen? Welcher Anteil wird vernachlässigt? Warum?
- In welchen Querschnitten werden Festigkeit und Standsicherheit einer a) Gewichts-, b) Winkelstützwand untersucht?
- Welche Standsicherheitsuntersuchungen sind bei einer Stützwand zu führen a) im Regelfall, b) wenn kein Regelfall vorliegt?
- Warum wird die Sohlspannung einer Stützwand für Eigenlast und Gesamtlast getrennt ermittelt?
- Wie erhält man Lage, Durchstoßpunkt und Neigung der Resultierenden aller Kräfte in der Sohlfuge einer Stützwand?
- Wo steht die Resultierende in der Arbeitsfuge einer Gewichtsstützwand bei 1,5facher Sicherheit gegen Kippen?
- Nachweis der Sicherheit gegen Kippen in der Arbeitsfuge einer Gewichtsstützwand: Gehört die Vertikalkomponente des Erddrucks in das Standmoment / Kippmoment?
- Die Sicherheit gegen Gleiten einer Stützwand in der Sohlfuge reicht nicht aus und soll durch Neigung der Sohle erreicht werden: Wie wird die Sohlneigung berechnet / ausgeführt?
- Gesichtspunkte für die Auswahl des Betons bei einer Gewichtsstützwand?
- Arten von Fugen?
- Warum müssen bei Stützwänden Fugen ausgeführt werden?
- Arbeitsfuge? Dehnungs-/Setzungsfuge? Scheinfuge? Rißsicherungsmatte? Ebene Fuge? Steckeisen? Verzahnte Fuge? Arten der Verzahnung? Fugeneinlage? Fugenbänder? Sichtphase?
- Verbund in Arbeitsfugen?
- Abstand von Setzungs- / Dehnungsfugen? Gesichtspunkte?
- Wichtige Regeln für die Hinterfüllung von Bauwerken?
- Warum muß eine Stützwand ausreichend entwässert werden? Gegen welche Wasserarten?
- Möglichkeiten zur Entwässerung einer Stützwand gegen Sickerwasser?
- Mineralische Dränschicht? Mehrstufenfilter? Dränelement? Dränleitung? Vorflut? Ziehblech? Hinterfüllungsbereich? Entwässerungsbereich? Grobkörniger / gemischtkörniger / feinkörniger Boden? Filterschicht? Fanggraben?
- Warum kommt eine Steinpackung oder Kiesschüttung als Hinterfüllung einer Mauer nicht in Frage, wenn der Baugrund feinsandiger Schluff ist? Wie kann man die Dränschicht in diesem Fall ausbilden?
- Warum darf Oberflächenwasser nicht in die Dränschicht gelangen? Maßnahmen?
- Erläutern Sie die Festlegung eines Mehrschichtenfilters an einem Beispiel!
- Möglichkeiten für die Gestaltung der Luftseite einer Stützwand?
- Erläutern Sie anhand von Skizzen mögliche Formen von Gewichtsstützwänden, die sich aus den Grundrechtecken ableiten lassen!
- Stützwirkung einer Gewichtsstützwand? Stützlinienbedingung?
- Wie geht man bei der Bemessung einer Gewichtsstützwand vor?
- Gesichtspunkte für die Wahl von oberer Breite, Neigung der Luftseite, Ausbildung der Rückseite, Breite des Talsporns, unterer Breite, Einbindetiefe auf der Luftseite, Sohlneigung einer Gewichtsstützwand?
- Bemessungstafeln für Gewichtsstützwände?
- Anwendung von Gewichtsstützwänden?
- Bau einer Uferwand? Wo findet man ausführliche Hinweise ?
- Regelausführung einer Winkelstützwand? Stützwirkung?
- Wie geht man bei der Bemessung einer Winkelstützwand vor?
- Gesichtspunkte für die Wahl von oberer Breite, Neigung der Luftseite, Ausbildung der Rückseite, Breite der Sohlplatte, Aufteilung der Sohlplatte in vorderen und hinteren Sporn, Dicke der Sohlplatte und Neigung ihrer Oberfläche, Neigung der gesamten Sohlplatte einer Winkelstützwand?
- Beschreiben Sie die beiden Möglichkeiten der Berechnung einer Winkelstützwand! (Skizzen mit angreifenden Kräften.) Kinematische Gesichtspunkte? Vergleich der Ergebnisse?
- Wird eine Winkelstützwand für den aktiven Erddruck oder für den Erdruhedruck berechnet?
- Ansatz der Kohäsion?
- Wie wird die Erddruckresultierende einer Winkelstützwand bestimmt a) bei Annahme einer fiktiven, lotrechten Gleitfläche, b) wenn beim Rutschkeilverfahren die wandseitige Gleitfäche die Geländeoberfläche / den lotrechten Wandteil schneidet?
- Wie ist der Erddruck auf eine fiktive, lotrechte Wand im Boden gerichtet?

- Erläutern Sie die Bestimmung der Schnittkräfte einer Winkelstützwand in den verschiedenen Schnitten?
- Nachweis der Standsicherheit einer Winkelstützwand?
- Die Bewehrung einer Winkelstützwand ist zu skizzieren.
- Anwendung von Winkelstützwänden?
- Skizzieren Sie eine Winkelstützwand als Widerlager für eine Balkenbrücke mit anschließendem Erddamm!
- Stützwand mit Entlastungssporn(en): Form, Stützwirkung, Herstellung? Berechnung?
- Beschreiben Sie die Erddruckabschirmung bei einer Stützwand mit Entlastungssporn!
- Bestimmung der Schnittkräfte in den verschiedenen Schnitten bei einer Stützwand mit Entlastungssporn?
- Skizzieren Sie eine Stützwand mit Schlepp-Platte! Stützwirkung?
- Vor- und Nachteile einer Schlepp-Platte gegenüber einem anbetonierten Sporn?
- Gitterwand?
- Winkelstützwand mit Querschotten? Stützwirkung? Berechnung? Anwendung?
- Stützwand mit einseitigem Sporn vorn / hinten? Berechnung? Anwendung? Herstellung?
- Vorteile / Nachteile einer Raumgitterwand? Anwendung?
- Verankerte massive Stützwand? Elementwand? Stützwirkung? Herstellung?
- Bewehrte Erde? Erläutern Sie den Aufbau eines Stützbauwerks aus bewehrter Erde! Wandelemente? Bewehrungsbänder? Berechnung? Anwendung?
- Möglichkeiten der Felssicherung? Aufbau und Herstellung?

7.7 Aufgaben

7.7.1 Beim Nachweis der Sicherheit gegen Kippen einer Stützwand stellt man fest, daß in der Sohlfuge für Gesamtlast $b/3 > e > b/6$ ist. Welcher Nachweis gegen Kippen muß jetzt noch geführt werden?

7.7.2 Vor einer Stützwand kann ein reduzierter Erdwiderstand zur Aufnahme der Horizontalkraft angesetzt werden, wenn ...

7.7.3 Eine Gewichtsstützwand hat den in □ 7.01 a) dargestellten Querschnitt. Obere Breite/Höhe des Trapezquerschnitts = 0,4 m/4 m. Hinterfüllung mit horizontaler Oberfläche: Sand, γ = 18 kN/m³, φ' = 32,5°, c = 0, δ = 0. Ges.: Breite b des Trapezquerschnitts, so daß die Sicherheit gegen Kippen in der Arbeitsfuge gerade noch ausreicht.

7.7.4 Geg.: Gewichtsstützwand mit Rechteckquerschnitt, b = 2,8 m, Gesamthöhe 6 m (freie Standhöhe 5 m, Einbindetiefe auf der Luftseite im Baugrund 1 m), Hinterfüllung mit horizontaler Oberfläche: UL, w_L = 0,25, w_P = 0,2, w = 0,21, n = 0,35, γ_s = 26,7 kN/m³, φ' = 25°, c = 0, δ = 2/3 φ'. Ges.: Standicherheit nach dem Regelfall-Verfahren (Der Erdwiderstand vor der Wand darf hier nicht angesetzt werden, weil vor der Wand mit Aufgrabungen zu rechnen ist).

7.7.5 Geg.: Gewichtsstützwand in Form von Grundrechtecken (siehe □ 7.06, 1. Bild); Höhe / Breite des oberen rechteckförmigen Wandteils: 4,7 m / 2,0 m; Hinterfüllung mit horizontaler Oberfläche: γ = 17,5 kN/m³, c = 0, δ = 0. Ges.: a) Wie groß muß der Reibungswinkel des Hinterfüllungsmaterials sein, damit in der Arbeitsfuge gerade noch Druckspannungen herrschen (Lösungshilfe: für $\alpha = \beta = \delta = 0$ gilt $K_a = \tan^2(45° - \varphi'/2)$; b) Sicherheit gegen Gleiten und Kippen in der Arbeitsfuge für φ' = 30°, c = 0, δ = 2/3 φ'.

7.7.6 Geg.: 1,8 m hohe Winkelstützwand mit einseitigem Sporn auf der Rückseite (□ 7.42); Dicke des Winkelquerschnitts 0,25 m. Auflast auf der horizontalen Hinterfüllungsoberfläche 20 kN/m²; Hinterfüllung SE, γ = 17 kN/m³, φ' = 32,5°, c = 0, μ = 0,6. Ges.: Länge des einseitigen Sporns auf der Wandrückseite, damit die Sicherheit gegen Gleiten im Lastfall 1 gewährleistet ist. (Einbindetiefe vor der Wand vernachlässigen und mit fiktiver, lotrechter Gleitfläche rechnen.)

7.7.7 Geg.: 5 m hohe Ortbeton-Stützwand mit lotrechter Rückseite. Aus einer Kranbahn wirken auf der horizontalen Hinterfüllungsoberfläche im Abstand von 2,5 m die Linienlast P_1 = 80 kN/m und im Abstand von 4,5 m die Linienlast P_2 = 40 kN/m. Hinterfüllung: Sand mit γ = 18 kN/m³, φ' = 35°. Ges.: Zusätzliche V- und H-Belastung der Stützwand.

7.7.8 Welche Richtung hat der Erddruck auf eine fiktive, senkrechte Wand im Baugrund (nach Rankine)?

7.7.9 Winkelstützwand, Rutschkeilverfahren. Aus welchen beiden Gründen springt die Erddruckfigur hinter der Sohlplatte zurück?

7.7.10 Eine Futtermauer hat nicht die Aufgabe ... a). ..., sondern soll ... b) ...

7.7.11 Warum ist die erddruckentlastende Wirkung einer Schlepp-Platte geringer als die eines Entlastungssporns?

7.7.12 Geg.: Gewichtsstützwand mit Rechteckquerschnitt, freie Standhöhe 5 m, Einbindetiefe 1 m, Breite 2,8 m. Baugrund und Hinterfüllung UL bis in 8 m Tiefe unter Gründungssohle, darunter GE. Bodenkennzahlen UL: w_L = 0,25, w_P = 0,20, w = 0,21, n = 0,35, φ' = 25°, c' = 0, γ_s = 26,7 kN/m³, δ = 2/3 φ'. Ges.: Zulässige Sohlnormalspannung nach DIN 1054 (Regelfallbemessung).

7.7.13 Geg.: Winkelstützwand mit einseitigem Sporn auf der Luftseite (□ 7.41); Dicke/Höhe des lotrechten, rechteckförmigen Winkelquerschnitts 0,5 m / 3,3 m, Dicke des waagerechten, rechteckförmigen Winkelquerschnitts 0,6 m, untere Wandbreite 1,8 m, Einbindetiefe auf der Luftseite 0,6 m. Hinterfüllung SW, γ = 18 kN/m³, φ' = 32,5°, c = 0. Ges.: Wie groß darf die Verkehrslast p auf der Hinterfüllung maximal werden, damit noch ausreichende Sicherheit gegen Kippen und Gleiten gegeben ist. (Der Erdwiderstand kann in zulässiger Weise berücksichtigt werden).

7.7.14 Geg.: Stützwand mit Entlastungssporn, senkrechte Rückwand; waagerechte Geländeoberfläche; einseitig begrenzte Flächenlast von 20 kN/m² beginnt 1,5 m hinter der Wand; Unterkante des 0,8 m langen Entlastungssporns: 2,9 m unter Wandoberkante. Hinterfüllung: γ = 18 kN/m³, φ' = 32,5°, δ = 2/3 φ', c' = 0. Ges.: Größe der Erddrucks bis Unterkante Sporn.

7.8 Weitere Beispiele

☐ 7.50: Beispiel: Erforderliche Breite des erdseitigen Sporns

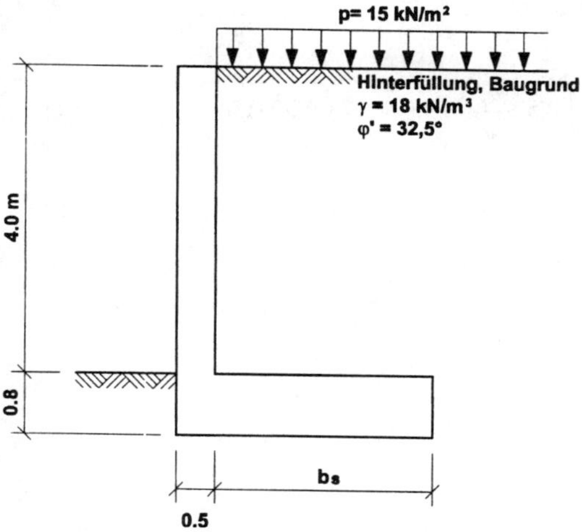

Ges.:

Wie groß muß die Breite b_s des erdseitigen Sporns der Winkelstützwand werden, damit ausreichende Standsicherheit gegeben ist?

Lösung:

Im vorliegenden Fall kann die Stützwand mit dem Näherungsverfahren nach Rankine berechnet werden.

Lastermittlung

Erddruck:

$\alpha = \beta = \delta_a = 0 \Rightarrow K_a \mathrel{\hat{=}} K_{ah} = 0{,}30$

$\alpha = \beta = \delta_p = 0 \Rightarrow K_p \mathrel{\hat{=}} K_{ph} = 3{,}32$

$$E_a^g = E_{ah}^g = \frac{1}{2} \cdot 18 \cdot 4{,}8^2 \cdot 0{,}30 = 62{,}2 \ kN/m$$

$$E_a^p = E_{ah}^p = 15 \cdot 0{,}30 \cdot 4{,}8 = 21{,}6 \ kN/m$$

$$_{red}E_{ph} = 0{,}5 \cdot \frac{1}{2} \cdot 18 \cdot 0{,}8^2 \cdot 3{,}32 = 9{,}6 \ kN/m$$

Wandeigenlast:

$$G_1 = 25 \cdot 0{,}5 \cdot 4{,}8 = 60{,}0 \ kN/m$$

$$G_2 = 25 \cdot 0{,}8 \cdot b_s = 20{,}0 \ b_s$$

$$G_E = 18 \cdot 4{,}0 \cdot b_s = 72{,}0 \ b_s$$

$$G^P = 15{,}0 \ b_s$$

Zusammenstellung:

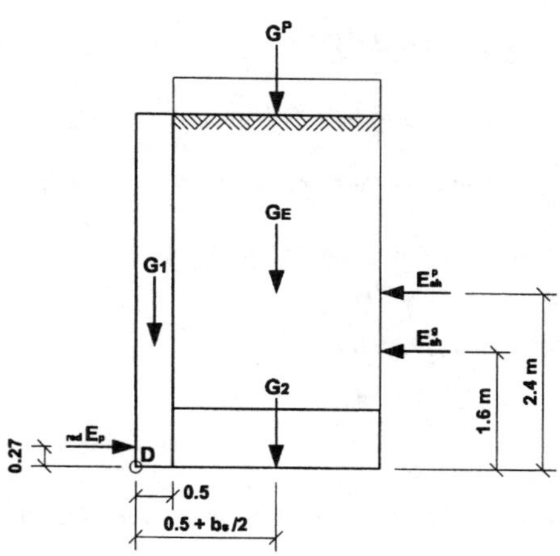

Standsicherheitsnachweise

Da bei Stützwänden erfahrungsgemäß die Sicherheit gegen Kippen ein entscheidendes Kriterium darstellt, soll die erforderliche Breite b_s aus dieser Untersuchung ermittelt und damit die weitere Überprüfung geführt werden.

☐ 7.51: Fortsetzung Beispiel: Erforderliche Breite des erdseitigen Sporns

Sicherheit gegen Kippen

Ständige Last:

$$e^g \le \frac{b}{6}$$

$$\sum M^g_{(D)} = 60{,}0 \cdot 0{,}25 + (20{,}0 + 72{,}0)\ b_s \left(0{,}5 + \frac{b_s}{2}\right) + 9{,}6 \cdot 0{,}27 - 62{,}2 \cdot 1{,}6$$

$$\sum V^g = 60{,}0 + 20{,}0\ b_s + 72{,}0\ b_s$$

Aus der Bedingung

$$c^g = \frac{\sum M^g_{(D)}}{\sum V^g} = \frac{0{,}5 + b_s}{3}$$

erhält man die Gleichung

$$46{,}0\ b_s^2 + 32{,}0\ b_s - 275{,}7 = 0$$

mit der brauchbaren Lösung b_s = 2,12 m.

Gesamtlast:

$$e^{g+p} \le \frac{b}{3}$$

$$\sum M^{g+p}_{(D)} = \sum M^g_{(D)} - 21{,}6 \cdot 2{,}4$$

$$\sum V^{g+p} = \sum V^g$$

Aus der Bedingung

$$c^{g+p} = \frac{\sum M^{g+p}_{(D)}}{\sum V^{g+p}} = \frac{0{,}5 + b_s}{6}$$

erhält man die Gleichung

$$184{,}0\ b_s^2 + 170{,}0\ b_s - 832{,}2 = 0$$

mit der brauchbaren Lösung b_s = 1,71 m.

Die weiteren Berechnungen werden mit b_s = 2,12 m geführt.

Die von dem Wert b_s abhängigen Größen ergeben sich zu

$$G_2 = 20{,}0 \cdot 2{,}12 = 42{,}4\ \ kN/m$$

$$G_E = 72{,}0 \cdot 2{,}12 = 152{,}6\ \ kN/m$$

$$G^p = 15{,}0 \cdot 2{,}12 = 31{,}8\ \ kN/m$$

Sicherheit gegen Gleiten

Die Last G^p wird - weil günstig wirkend - nicht berücksichtigt.

$\mu \approx 0{,}55$

$\tan\varphi' = \tan 32{,}5° = 0{,}64$

Damit wird die Sicherheit gegen Gleiten

$$\eta_g = \frac{\mu \cdot \sum V + {}_{red}E_{ph}}{\sum H} = \frac{0{,}55 \cdot 255{,}0 + 9{,}6}{62{,}2 + 21{,}6} = 1{,}79\ >\ {}_{erf}\eta_g = 1{,}5$$

□ 7.52: Fortsetzung Beispiel: Erforderliche Breite des erdseitigen Sporns

Sicherheit gegen Grundbruch

Da dieser Nachweis einerseits von der Ausmittigkeit e und andererseits von der vorhandenen Vertikallast $_{vorh}V$ entscheidend abhängt, werden zwei getrennte Untersuchungen geführt.

Lastzustand „$_{max}e$"
Dieser Zustand ergibt sich bei Vernachlässigung von G^p.

$$\sum M_{(D)}^{g+p} = 60{,}0 \cdot 0{,}25 + (42{,}4 + 152{,}6)\left(0{,}5 + \frac{2{,}12}{2}\right) +$$
$$+\ 9{,}6 \cdot 0{,}27 - 62{,}2 \cdot 1{,}6 - 21{,}6 \cdot 2{,}4 = 170{,}4 \quad kNm/m$$

$$\sum V^{g+p} = 60{,}0 + 42{,}4 + 152{,}6 = 255{,}0 \quad kN/m$$

$$c^{g+p} = \frac{170{,}4}{255{,}0} = 0{,}67 \quad m$$

$$\Rightarrow e^{g+p} = \frac{0{,}5 + 2{,}12}{2} - 0{,}67 = 0{,}64 \quad m$$

$$b' = 0{,}5 + 2{,}12 - 2 \cdot 0{,}64 = 1{,}34 \quad m$$

$$\sum H^{g+p} = 62{,}2 + 21{,}6 - 9{,}6 = 74{,}2 \quad kN/m$$

Beiwerte:

$$N_d = 25;\ \nu_d' = 1{,}0$$
$$N_b = 15;\ \nu_b' = 1{,}0$$

Neigungsbeiwerte für den Fall
$\varphi' \neq 0$; $c' = 0$
H parallel zur Seite b'

$$\kappa_d = \left(1 - 0{,}7\frac{74{,}2}{255{,}0}\right)^3 = 0{,}505$$

$$\kappa_b = \left(1 - \frac{74{,}2}{255{,}0}\right)^3 = 0{,}356$$

Bruchlast:

$$V_b = 1{,}34\ (0 + 18 \cdot 0{,}8 \cdot 25 \cdot 1{,}0 \cdot 0{,}505 + 18 \cdot 1{,}34 \cdot 15 \cdot 1{,}0 \cdot 0{,}356) = 416{,}2 \quad kN/m$$

Sicherheit:

$$\eta_p = \frac{416{,}2}{255{,}0} = 1{,}63 \quad < {}_{erf}\ \eta_p = 2{,}0 \ (!)$$

Lastzustand „$_{max}V$"
Hier wird der Auflastanteil G^p berücksichtigt.

$$c^{g+p} = \frac{170{,}4 + 31{,}8\left(0{,}5 + \frac{2{,}12}{2}\right)}{255{,}0 + 31{,}8} = 0{,}77 \quad m$$

$$\Rightarrow e^{g+p} = \frac{0{,}5 + 2{,}12}{2} - 0{,}77 = 0{,}54 \quad m$$

$$b' = 2{,}62 - 2 \cdot 0{,}54 = 1{,}54 \quad m$$

$$\sum V^{g+p} = 255{,}0 + 31{,}8 = 286{,}8 \quad kN/m$$

$$\sum H^{g+p} = 74{,}2 \quad kN/m$$

☐ 7.53: Fortsetzung Beispiel: Erforderliche Breite des erdseitigen Sporns

Beiwerte:

$N_d = 25\,;\; \nu_d' = 1{,}0$

$N_b = 15\,;\; \nu_b' = 1{,}0$

Neigungsbeiwerte für den Fall
$\varphi' \neq 0$; $c' = 0$
H parallel zur Seite b'

$$\kappa_d = \left(1 - 0{,}7\frac{74{,}2}{286{,}8}\right)^3 = 0{,}549$$

$$\kappa_b = \left(1 - \frac{74{,}2}{286{,}8}\right)^3 = 0{,}407$$

Bruchlast:

$$V_b = 1{,}54\ \left(0 + 18 \cdot 0{,}8 \cdot 25 \cdot 1{,}0 \cdot 0{,}549 + 18 \cdot 1{,}54 \cdot 15 \cdot 1{,}0 \cdot 0{,}407\right) = 565{,}0\ \ kN/m$$

Sicherheit:

$$\eta_p = \frac{565{,}0}{286{,}8} = 1{,}97 \ \approx\ {}_{erf}\,\eta_p = 2{,}0$$

Fazit: Als maßgebend für die Größe von b_s erweist sich die Sicherheit gegen Grundbruch für den Lastzustand „${}_{max}e$".

Mit einer neu gewählten Breite b_s = 2,3 m berechnet sich für diesen Lastzustand

$e^{g+p} = 0{,}61\ m$

$b' = 1{,}58\ m$

$\sum V^{g+p} = 271{,}6\ kN/m\,;\ \sum H^{g+p} = 74{,}2\ kN/m$

$V_b = 559{,}7\ kN/m$

$$\eta_p = \frac{559{,}7}{271{,}6} = 2{,}06\ >\ {}_{erf}\,\eta_p = 2{,}0$$

Da die übrigen Nachweise durch die Vergrößerung von b_s günstig beeinflußt werden, ist eine Neuberechnung nicht erforderlich.

Damit ist ${}_{erf}b_s$ = 2,30 m.

□ 7.54: Beispiel: Stützwand mit Schlepp-Platte

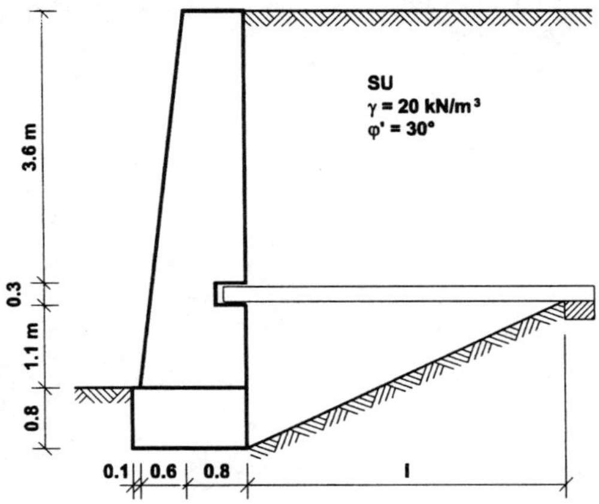

Die dargestellte Stützwand aus Beton ist zur Erhöhung der Standsicherheit zusätzlich mit einer sogenannten Schlepp-Platte versehen worden.

Ges.:
Überprüfung der Sicherheit gegen Kippen und Gleiten.

Lösung:
Lastermittlung

Eigenlast Wand

$$G_1 = 23 \cdot \frac{1}{2} \cdot 0{,}6 \cdot 0{,}5 = 34{,}5 \quad kN/m$$

$$G_2 = 23 \cdot 0{,}8 \cdot 5{,}0 = 92{,}0 \quad kN/m$$

$$G_3 = 23 \cdot 1{,}5 \cdot 0{,}8 = 27{,}6 \quad kN/m$$

Schlepp-Platte

Länge $l = \dfrac{0{,}8 + 1{,}1}{\tan 25°} \approx 4{,}0 \quad m$

Eigenlast: $g = 25 \cdot 0{,}3 = 7{,}5 \quad kN/m^2$

Erdauflast: $p = 20 \cdot 3{,}6 = 72{,}0 \quad kN/m^2$

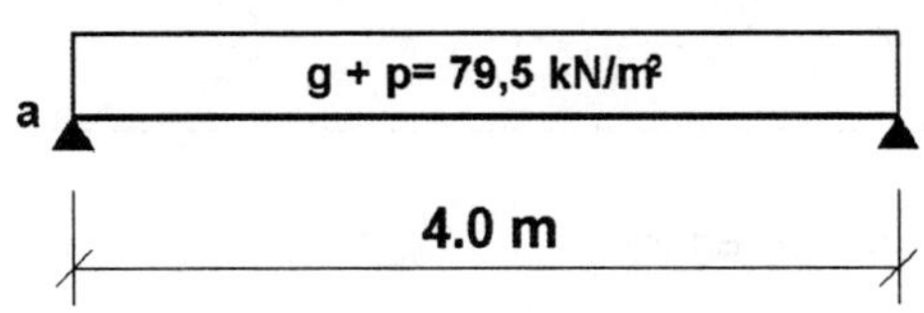

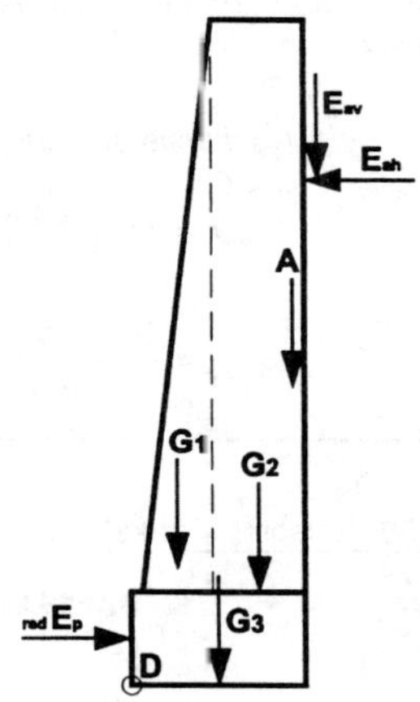

$$A = B = \frac{1}{2}(72{,}0 + 7{,}5) \cdot 4{,}0 = 159{,}0 \quad kN/m$$

Die Auflagerkraft wird in die Standsicherheitsnachweise einbezogen.

Erddruck

$$\alpha = 0;\ \beta = 0;\ \delta_a = \frac{2}{3}\varphi' \quad \Rightarrow K_a = 0{,}30$$

$$\alpha = 0;\ \beta = 0;\ \delta_p = 0 \Rightarrow K_p = 3{,}00$$

$$E_a = \frac{1}{2} \cdot 20 \cdot 3{,}6^2 \cdot 0{,}30 = 38{,}9 \quad kN/m$$

$$E_{ah} = 36{,}6 \quad kN/m\,;\ E_{av} = 13{,}3 \quad kN/m$$

$$_{red}E_{ph} = 0{,}5 \cdot \frac{1}{2} \cdot 20 \cdot 0{,}8^2 \cdot 3{,}00 = 9{,}6 \quad kN/m$$

Sicherheit gegen Kippen

$$\sum M_{(D)} = 34{,}5 \left(0{,}1 + \frac{2 \cdot 0{,}6}{3}\right) + 92{,}0 \left(0{,}1 + 0{,}6 + \frac{0{,}8}{2}\right) + 27{,}6 \cdot \frac{1{,}5}{2} + 9{,}6 \cdot \frac{0{,}8}{3} +$$

$$+\ 13{,}3 \cdot 1{,}5 + 159{,}0 \left(1{,}5 - \frac{0{,}4}{2}\right) - 36{,}6 \left(0{,}8 + 1{,}1 + 0{,}3 + \frac{3{,}6}{3}\right) = 243{,}9 \quad kNm/m$$

☐ 7.55: Fortsetzung Beispiel: Stützwand mit Schlepp-Platte

$$\sum V = 34{,}5 + 92{,}0 + 27{,}6 + 13{,}3 + 159{,}0 = 326{,}4 \quad kN/m$$

$$c = \frac{\sum M_{(D)}}{\sum V} = \frac{243{,}9}{326{,}4} = 0{,}74 \quad m$$

$$\Rightarrow e = \frac{1{,}5}{2} - 0{,}74 = 0{,}01 \quad m << \frac{b}{6}$$

Sicherheit gegen Gleiten
$\mu \approx 0{,}5$
$\tan\varphi' = \tan 30° = 0{,}58$

$$\Rightarrow \eta_g = \frac{0{,}5 \cdot 326{,}4 + 9{,}6}{36{,}6} = 4{,}7 >> {}_{erf}\eta_g = 1{,}5$$

Durch Anordnung einer Schlepp-Platte erhält die Stützwand ausreichende Sicherheit gegen Kippen und Gleiten.

Nachweis der Aufnahme der Horizontalkraft im rechten Auflager:
$\mu \approx 0{,}5$
$\tan\varphi' = \tan 30° = 0{,}58$

$$\Rightarrow \eta_g = \frac{0{,}5 \cdot 159{,}0 + 0}{36{,}6} = 2{,}17 \quad > {}_{erf}\eta_g = 1{,}5$$

☐ 7.56: Beispiel: Winkelstützwand als Widerlager einer Brücke

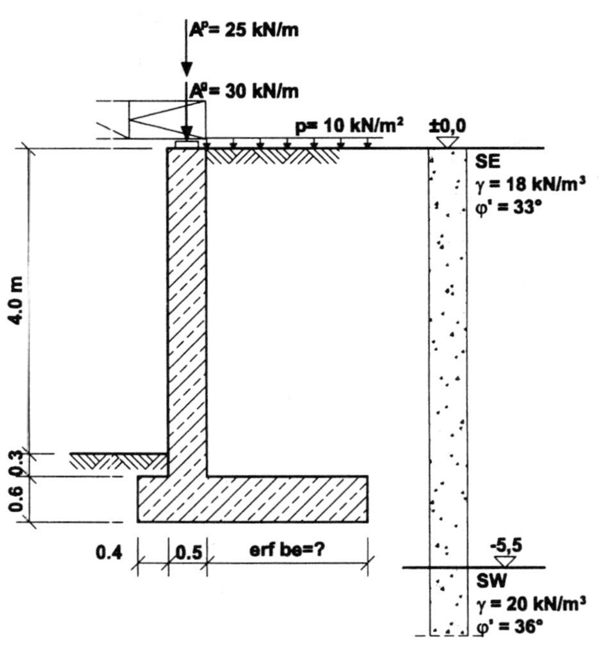

Für das als Winkelstützwand auszubildende Widerlager einer Brücke ist zu bearbeiten:

Durch direkte Standsicherheitsnachweise (Kippen, Gleiten, Grundbruch) ist unter Berücksichtigung der jeweils ungünstigsten Lastkombination die erforderliche Mindestbreite b_E des erdseitigen Sohlplattenteils zu ermitteln (Berechnungsverfahren: Näherungsverfahren nach Rankine). Aus der Berechnung muß ersichtlich sein, daß es sich tatsächlich um die ungünstigste Lastkombination handelt.

Auf einen Ansatz von Erdwiderstand soll aus Sicherheitsgründen verzichtet werden.

☐ 7.57: Fortsetzung Beispiel: Winkelstützwand als Widerlager einer Brücke

Lösung:

Berechnung nach Rankine - Verfahren

1. Zusammenstellung aller möglichen Lastkombinationen

Tabelle: Mögliche Lastkombinationen

Fall 1	*Fall 2*
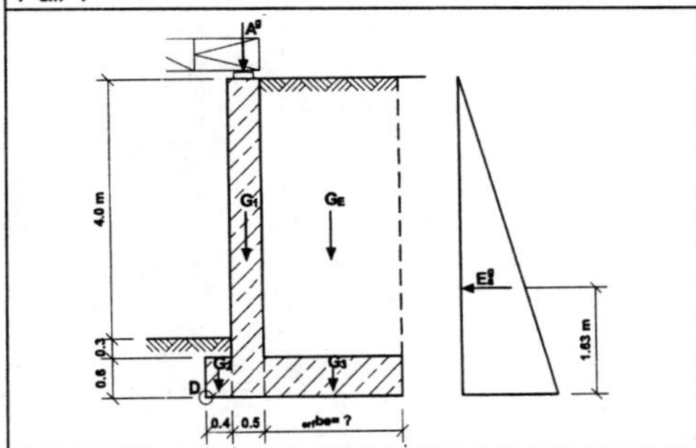	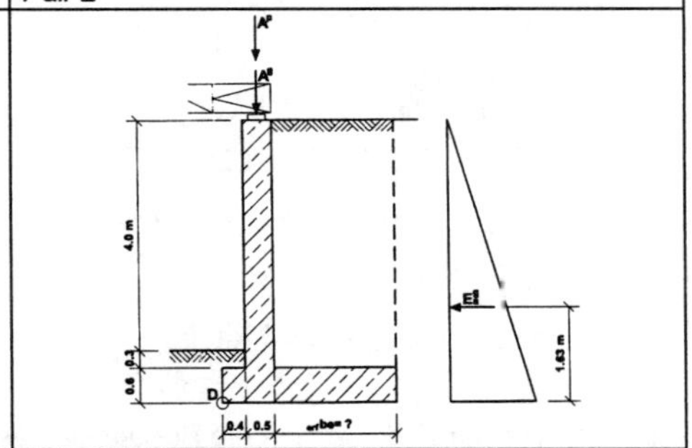
Fall 3	*Fall 4*
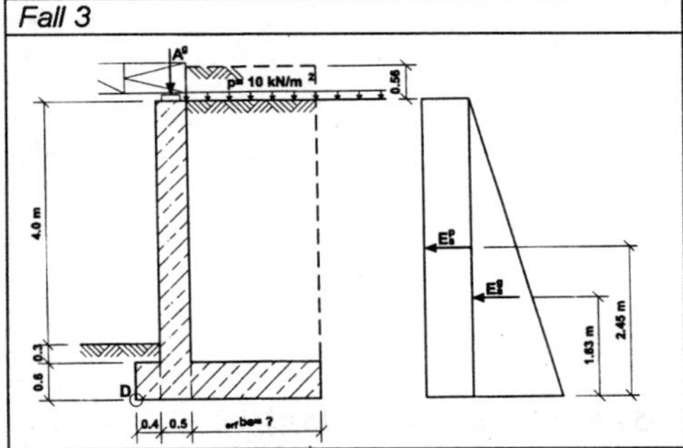	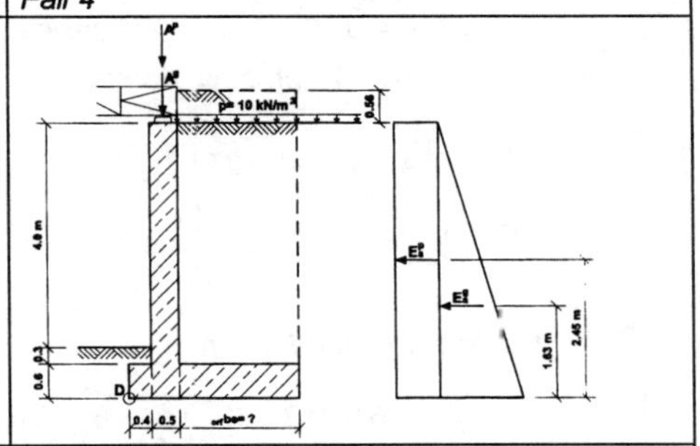
Fall 5	*Fall 6*
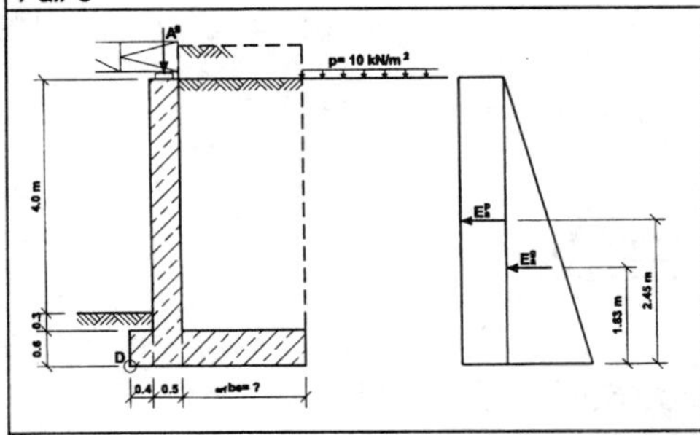	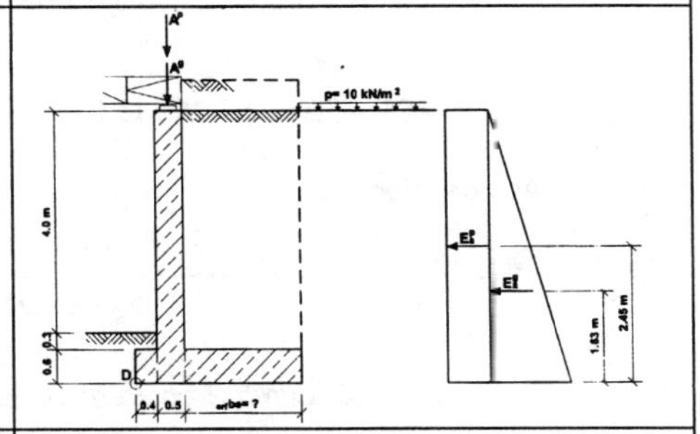
Fall 7	*Fall 8*
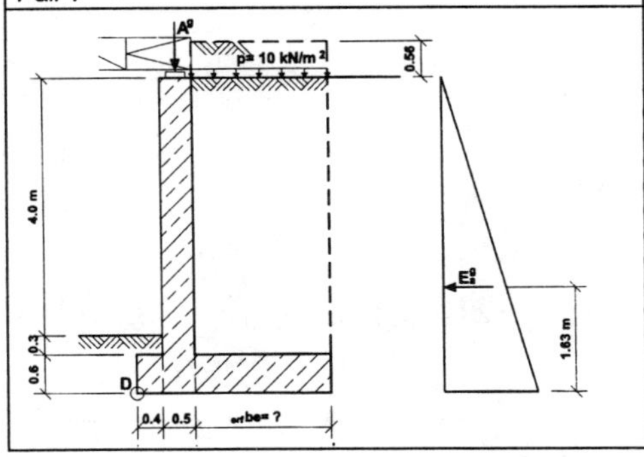	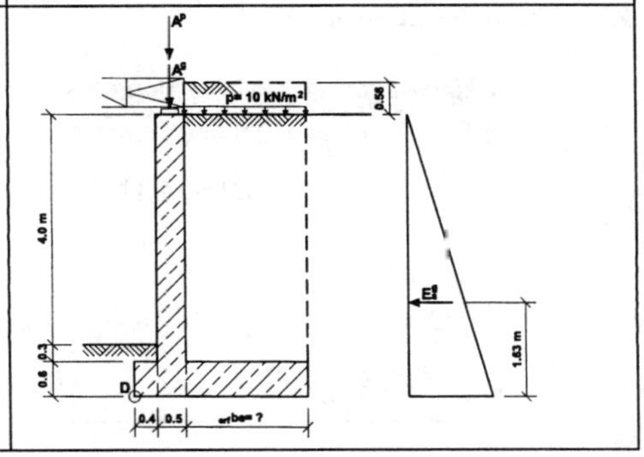

□ 7.58: Fortsetzung Beispiel: Winkelstützwand als Widerlager einer Brücke

2. Ermittlung von $_{erf}b_E$ nach dem Kriterium „Sicherheit gegen Kippen"

Aus der Zusammenstellung unter Punkt 1.1. ist zu erkennen, daß für

- *ständige Lasten (g) der Fall 1*
- *Gesamtlasten (g+p) der Fall 5*

als die ungünstigsten betrachtet werden müssen.

2.1. Nachweis „ständige Last"

Lastermittlung

Eigenlasten:

$$G_1 = 4{,}9 \cdot 0{,}5 \cdot 25 = 61{,}25 \quad kN/m$$

$$G_2 = 0{,}6 \cdot 0{,}4 \cdot 25 = 6{,}0 \quad kN/m$$

$$G_3 = 0{,}6 \cdot b_E \cdot 25 = 15{,}0 \ b_E$$

$$G_E = 4{,}3 \cdot b_E \cdot 18 = 77{,}4 \ b_E$$

Aktiver Erddruck infolge Bodeneigenlast:

φ = 33°; α = 0; β = 0; δ_a = 0 (Rankine'scher Sonderfall):

$\Rightarrow K_a^g = 0{,}294$ *(int. bzw. Formel)*

$$e_a^g = 18 \cdot 4{,}9 \cdot 0{,}294 = 25{,}93 \quad kN/m^2$$

$$E_a^g \mathrel{\hat=} E_{ah}^g = 25{,}93 \cdot 4{,}9 \cdot \frac{1}{2} = 63{,}53 \quad kN/m$$

Sicherheit gegen Kippen:

$$\sum M_{(D)}^g = 6{,}0 \cdot 0{,}2 + 30 \cdot 0{,}65 + 61{,}25 \cdot 0{,}65 - 63{,}53 \cdot 1{,}63 + (77{,}4 + 15{,}0) \ b_E \left(0{,}9 + \frac{b_E}{2}\right) =$$

$$= 46{,}2 \ b_E^2 + 83{,}16 \ b_E - 43{,}23$$

$$\sum V^g = 6{,}0 + 30{,}0 + 61{,}25 + 15{,}0 \ b_E + 77{,}4 \ b_E = 92{,}4 \ b_E + 97{,}25$$

Aus der Bedingung

$$c^g = \frac{\sum M_{(D)}^g}{\sum V^g} = \frac{46{,}2 \ b_E^2 + 83{,}16 \ b_E - 43{,}23}{92{,}4 \ b_E + 97{,}25} \overset{!}{=} \frac{(b_E + 0{,}9)}{3}$$

ergibt sich (z.B. durch Probieren) $_{erf}b_E$ = 1,55 m.

2.2. Nachweis „Gesamtlast"

Aktiver Erddruck infolge Verkehrslast:

$$e_a^p = 10 \cdot 0{,}294 = 2{,}94 \quad kN/m^2$$

$$E_a^p \mathrel{\hat=} E_{ah}^p = 2{,}94 \cdot 4{,}9 = 14{,}41 \quad kN/m$$

Sicherheit gegen Kippen:

$$\sum M_{(D)}^{g+p} = 46{,}2 \ b_E^2 + 83{,}16 \ b_E - 43{,}23 - 14{,}14 \cdot 2{,}45 = 46{,}2 \ b_E^2 + 83{,}16 b_E - 78{,}54$$

$$\sum V^{g+p} \mathrel{\hat=} \sum V^g$$

☐ 7.59: Fortsetzung Beispiel: Winkelstützwand als Widerlager einer Brücke

Aus der Bedingung

$$c^{g+p} = \frac{\sum M_{(D)}^{g+p}}{\sum V^{g+p}} = \frac{46{,}2\ b_E^2 + 83{,}16\ b_E - 78{,}54}{92{,}4\ b_E + 97{,}25} \overset{!}{=} \frac{(b_E + 0{,}9)}{6}$$

ergibt sich $_{erf}b_E = 1{,}08\ m$

Somit ist nach den Kriterien „Sicherheit gegen Kippen" eine Breite von $b_E = 1{,}55\ m$ erforderlich.

3. Sicherheit gegen Gleiten

Da bei der Überprüfung der Sicherheit gegen Gleiten die Lastkombination maßgebend ist, bei der die geringsten Vertikalkräfte den größtmöglichen Horizontalkräften gegenüberstehen, ist der Fall 5 als der maßgebende zu erkennen.
Es soll überprüft werden, ob mit dem bei Sandboden kleinsten Reibungsbeiwert $\mu = 0{,}50$ (Erfahrungswert) für die unter Punkt 2.1. ermittelte Breite $b_E = 1{,}55$ ausreichende Sicherheit gegen Gleiten gegeben ist.

Lastzusammenstellung

$$G_1 = 61{,}25\ kN/m$$

$$G_2 = 6{,}0\ kN/m$$

$$G_3 = 15{,}0\ b_E = 15{,}0 \cdot 1{,}55 = 23{,}25\ kN/m$$

$$G_E = 77{,}4\ b_E = 77{,}4 \cdot 1{,}55 = 119{,}97\ kN/m$$

$$A^g = 30{,}0\ kN/m$$

$$\sum V = 240{,}47\ kN/m$$

$$E_{ah}^g = 63{,}53\ kN/m$$

$$E_{ah}^p = 14{,}41\ kN/m$$

$$\sum H = 77{,}94\ kN/m$$

Sicherheit gegen Gleiten

$$\eta_g = \frac{0{,}50 \cdot 240{,}47 + 0}{77{,}94} = 1{,}54 > {}_{erf}\eta_g = 1{,}5$$

Mit der aus Punkt 2. ermittelten Mindestbreite $b_E = 1{,}55\ m$ ist ausreichende Sicherheit gegen Gleiten gegeben.

4. Sicherheit gegen Grundbruch

Die Überprüfung der Sicherheit gegen Grundbruch soll ebenfalls auf der Basis der unter Abschnitt 2.1. ermittelten Breite $b_E = 1{,}55\ m$ vorgenommen werden. Hierbei sind als ungünstig die Lastkombinationen „$_{max}e$" sowie „$_{max}V$" anzusetzen.

Aus der Zusammenstellung unter Punkt 1. ist zu erkennen:
„$_{max}e$" entsteht im Fall 5
„$_{max}V$" entsteht im Fall 4.

□ 7.60: Fortsetzung Beispiel: Winkelstützwand als Widerlager einer Brücke

4.1. Lastkombination „$_{max}$e"

Überprüfung der Ausmittigkeit

$e^g = \frac{b}{6} = \frac{0,4+0,5+1,55}{6} = 0,41$ *(mit diesem Ansatz wurde unter Abschnitt 2.1. die Breite b_E = 1,55 m ermittelt).*

Mit dem unter Abschnitt 2.2. entwickelten Ansatz wird

$$c^{g+p} = \frac{46,2 \cdot 1,55^2 + 83,16 \cdot 1,55 - 78,54}{92,4 \cdot 1,55 + 97,25} = \frac{161,35}{240,47} = 0,67 \ m$$

$$\Rightarrow e^{g+p} = \frac{0,4+0,5+1,55}{2} - 0,67 = 0,56 \ m$$

Berechnungswerte

$$b' = 2,45 - 2 \cdot 0,56 = 1,33 \ m$$

$$\sum V = 240,47 \ kN/m$$

$$\sum H = E_a^g + E_a^p = 63,53 + 14,41 = 77,94 \ kN/m$$

Da zu erkennen ist, daß auch die Schicht 2 von der Grundbruchscholle betroffen ist, müssen die maßgebenden Bodenkennwerte nach der „Methode des gewogenen Mittels" ermittelt werden.

Methode des gewogenen Mittels
Um dieses Iterationsverfahren abzukürzen, wird der Start mit einem Reibungswinkel φ' = 35° (nach Augenschein) begonnen:
Einflußtiefe d_{so} für φ_o = 35°:

$$\vartheta_1 = 45° - \frac{\varphi_o}{2} = 45° - \frac{35°}{2} = 27,5°$$

$$a = \frac{1 - \tan^2 \vartheta_1}{2 \cdot \tan \delta_s} = \frac{1 - \tan^2 27,5°}{2 \cdot \frac{77,94}{240,47}} = 1,125$$

$$\tan \alpha_2 = a + \sqrt{a^2 - \tan^2 \vartheta_1} = 1,125 + \sqrt{1,125^2 - 0,271} = 2,125 \Rightarrow \alpha_2 = 64,8°$$

$$\vartheta_2 = \alpha_2 - \vartheta_1 = 64,8° - 27,5° = 37,3° \mathrel{\hat{=}} \alpha_1$$

$$\Rightarrow d_{so} = b' \cdot \sin \vartheta_2 \cdot e^{\alpha_1 \cdot \tan 35°} = 1,33 \cdot \sin 37,3^2 \cdot e^{0,651 \cdot \tan 35°} = 1,27 \ m$$

gewogenes Mittel $\overline{\varphi_o}$ aller betroffenen Schichten:

$$\overline{\varphi_o} = \frac{0,6 \cdot 33° + 0,67 \cdot 36°}{1,27} = 34,6°$$

Fehlerabweichung:

$$\Delta_1 = \frac{\varphi_o - \overline{\varphi_o}}{\varphi_0} = \frac{35° - 34,6°}{35°} \cdot 100 = 1,1\% < 3\%$$

Die Iteration kann abgebrochen werden.:

Rechenwerte:
Der für die Grundbruchberechnung maßgebende Reibungswinkel beträgt

$$\varphi = \frac{35° + 34,6°}{2} \approx 35°$$

□ 7.61: Fortsetzung Beispiel: Winkelstützwand als Widerlager einer Brücke

Einflußtiefe der Grundbruchscholle:

$d_s \approx 1{,}27\ m$ *(s. vorhergehende Berechnung)*

Die Wichte des Bodens unterhalb der Fundamentsohle berechnet sich mit dieser Einflußtiefe zu

$$\gamma_2 = \frac{0{,}6 \cdot 18 + 0{,}67 \cdot 20}{1{,}27} = 19{,}1\ kN/m^3$$

Vorwerte zur Grundbruchberechnung:

$N_d = 33;\ \nu_d' = 1{,}0$

$N_b = 23;\ \nu_b' = 1{,}0$

Neigungsbeiwerte für den Fall
$\varphi' \neq 0$; $c' = 0$
H parallel zur Seite b'

$$\kappa_d = (1 - 07 \tan \delta_s)^3 = \left(1 - 0{,}7 \frac{77{,}94}{240{,}47}\right)^3 = 0{,}462$$

$$\kappa_b = (1 - \tan \delta_s)^3 = \left(1 - \frac{77{,}94}{240{,}47}\right)^3 = 0{,}309$$

Bruchlast:

$$V_b = 1{,}33\ \left(0 + 18 \cdot 0{,}9 \cdot 33 \cdot 1{,}0 \cdot 0{,}462 + 19{,}1 \cdot 1{,}33 \cdot 23 \cdot 1{,}0 \cdot 0{,}309\right) = 1{,}33 \cdot 427{,}54 = 569\ kN/m$$

Sicherheit gegen Grundbruch

$$\eta_p = \frac{V_b}{_{vorh}V} = \frac{569}{240{,}47} = 2{,}36 > {}_{erf}\eta_p = 2{,}0$$

4.2. Lastkombination „$_{max}V$"

Die Lastkombination „$_{max}V$" entsteht im Fall 4 (s. Bemerkungen zu Abschnitt 1.4).

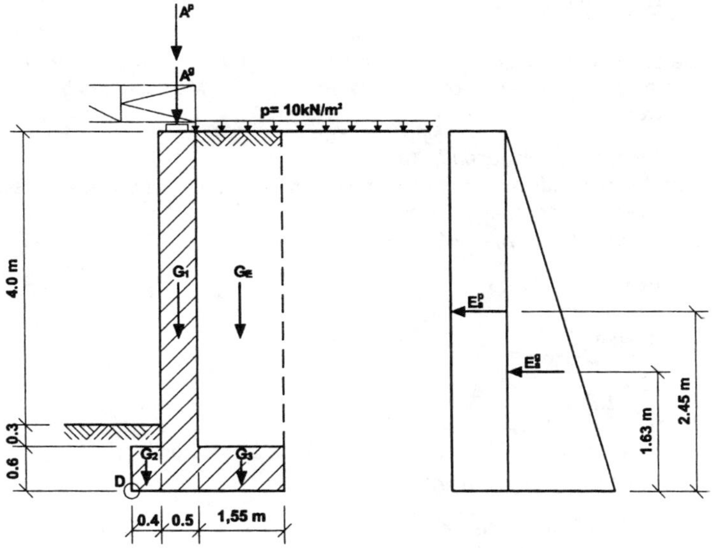

☐ 7.62: Fortsetzung Beispiel: Winkelstützwand als Widerlager einer Brücke

Lastzusammenstellung

$G_1 = 61{,}25\ kN/m$

$G_2 = 6{,}0\ kN/m$

$G_3 = 23{,}25\ kN/m$

$G_E^{g+p} = 119{,}97 + 10 \cdot 1{,}55 = 135{,}47\ kN/m$

$A^g = 30{,}0\ kN/m$

$A^p = 25{,}0\ kN/m$

$\sum V = 280{,}97\ kN/m$

$E_{ah}^g = 63{,}53\ kN/m$

$E_{ah}^p = 14{,}41\ kN/m$

$\sum H = 77{,}94\ kN/m$

Ermittlung der Ausmittigkeit

$$\sum M_{(D)}^{g+p} = 61{,}25\left(0{,}4 + \frac{0{,}5}{2}\right) + 6{,}0 \cdot 0{,}2 + (23{,}25 + 135{,}47)\left(0{,}9 + \frac{1{,}55}{2}\right) +$$

$$+ (30{,}0 + 25{,}0)\left(0{,}4 + \frac{0{,}5}{2}\right) - 63{,}53 \cdot 1{,}63 - 14{,}41 \cdot 2{,}45 = 203{,}76\ kNm/m$$

$\sum V^{g+p} = 280{,}97\ kN/m$

$$\Rightarrow c^{g+p} = \frac{203{,}76}{280{,}97} = 0{,}725\ m$$

$$e^{g+p} = \frac{b}{2} - c^{g+p} = \frac{2{,}45}{2} - 0{,}725 = 0{,}50\ m$$

Berechnungswerte

$b' = 2{,}45 - 2 \cdot 0{,}50 = 1{,}45\ m$

$\sum V = 280{,}97\ kN/m$

$\sum H = 77{,}94\ kN/m$

Da zu erkennen ist, daß auch die Schicht 2 von der Grundbruchscholle betroffen ist, müssen die maßgebenden Bodenkennwerte nach der „Methode des gewogenen Mittels" ermittelt werden.

Methode des gewogenen Mittels
Um dieses Iterationsverfahren abzukürzen, wird der Start mit einem Reibungswinkel φ' = 35° (nach Augenschein) begonnen:
Einflußtiefe d_{so} für φ_o = 35°:

$$\vartheta_1 = 45° - \frac{35°}{2} = 27{,}5°$$

$$a = \frac{1 - \tan^2 27{,}5°}{2 \cdot \dfrac{77{,}94}{280{,}977}} = 1{,}314$$

$\tan \alpha_2 = 1{,}314 + \sqrt{1{,}314^2 - 0{,}271} = 2{,}520 \Rightarrow \alpha_2 = 68{,}36°$

$\vartheta_2 = 68{,}36° - 27{,}5° = 40{,}86° \mathrel{\hat=} \alpha_1$

$\Rightarrow d_{so} = 1{,}45 \cdot \sin 40{,}86^2 \cdot e^{0{,}713 \cdot \tan 35°} = 1{,}56\ m$

☐ 7.63: Fortsetzung Beispiel: Winkelstützwand als Widerlager einer Brücke

gewogenes Mittel $\overline{\varphi_o}$ aller betroffenen Schichten:

$$\overline{\varphi_o} = \frac{0,6 \cdot 33° + 0,96 \cdot 36°}{1,56} = 34,8°$$

Fehlerabweichung:

$$\Delta_1 = \frac{35° - 34,8°}{35°} \cdot 100 = 0,5\% < 3\%$$

Die Iteration kann abgebrochen werden.

Rechenwerte:
Der für die Grundbruchberechnung maßgebende Reibungswinkel beträgt

$$\varphi = \frac{35° + 37,8°}{2} \approx 35°$$

Einflußtiefe der Grundbruchscholle $d_s \approx 1,56$ m (s. vorhergehende Berechnung).

Wichte des Bodens unterhalb der Fundamentsohle:

$$\gamma_2 = \frac{0,6 \cdot 18 + 0,96 \cdot 20}{1,56} = 19,2 \quad kN/m^3$$

Vorwerte zur Grundbruchberechnung

$$N_d = 33;\ \nu_d' = 1,0$$

$$N_b = 23;\ \nu_b' = 1,0$$

Neigungsbeiwerte für den Fall
$\varphi' \neq 0$; $c' = 0$
H parallel zur Seite b'

$$\kappa_d = \left(1 - 0,7\frac{77,94}{280,97}\right)^3 = 0,523$$

$$\kappa_b = \left(1 - \frac{77,94}{280,97}\right)^3 = 0,377$$

Bruchlast:

$$V_b = 1,45\ \left(0 + 18 \cdot 0,9 \cdot 33 \cdot 1,0 \cdot 0,523 + 19,2 \cdot 1,45 \cdot 23 \cdot 1,0 \cdot 0,377\right) = 1,45 \cdot 521,0 = 755 \quad kN/m$$

Sicherheit gegen Grundbruch

$$\eta_p = \frac{755}{280,97} = 2,69 \ > \ {}_{erf}\eta_p = 2,0$$

5. *Zusammenfassung*

Die erforderliche Mindestbreite beträgt $b_E = 1,55$ m.

☐ 7.64: Beispiel: Ausmittige Stütze

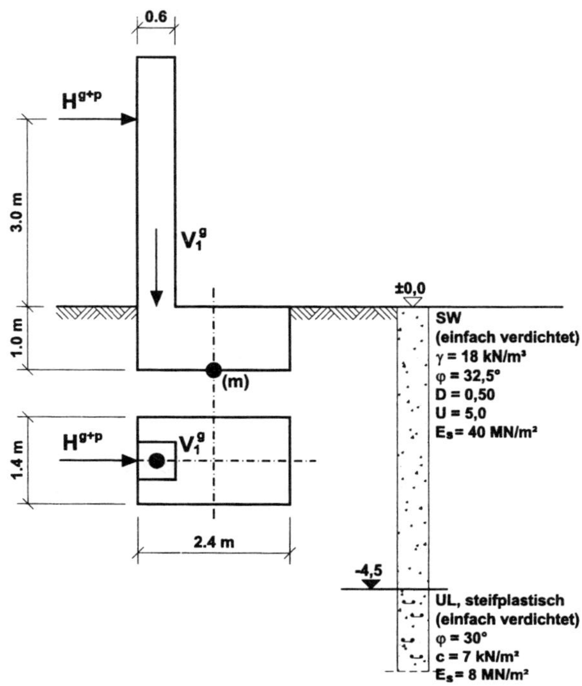

Belastung:

ständige Lasten:

Stützenlast $V_1^g = 500\ kN$

Fundamentlast V_2^g

$H^g = 60\ kN$

Verkehrslasten: $H^p = 20\ kN$

Für den dargestellten Gründungskörper unter einem setzungsempfindlichen Bauwerk ist die Standsicherheit zu überprüfen:

1. *Regelfall-Verfahren nach DIN 1054*
2. *Direkte Standsicherheitsnachweise*
   - *2.1 Kippen*
   - *2.2 Gleiten*
   - *2.3 Grundbruch*
3. *Unter Vernachlässigung des Verkehrslastanteils ist die Setzung/Schiefstellung zu ermitteln.*

Anmerkung: Erddruck und Erdwiderstand sind vernachlässigbar.

Lösung:
1. Regelfall-Verfahren

Fundamenteigenlast:

$$G_F = 25 \cdot 1{,}4 \cdot 2{,}4 \cdot 1{,}0 = 84{,}0\ kN$$

Voraussetzungen für den Regelfall

Belastung:
a) überwiegend statisch

b) $$e^g = \frac{\sum M_{(m)}}{\sum V} = \frac{500\left(\frac{2{,}4-0{,}6}{2}\right) - 60 \cdot 4{,}0}{500+84} = \frac{210}{584} = 0{,}36\ m < \frac{a}{6} = \frac{2{,}4}{6} = 0{,}40\ m$$

$$e^{g+p} = \frac{210 - 20 \cdot 4{,}0}{584} = \frac{130}{584} = 0{,}22\ m < \frac{2{,}4}{3} = 0{,}80\ m$$

Lastzustand „ständige Last" ist ungünstiger und wird somit weiterverfolgt.

Fundament:

d) $_{vorh}d = 1{,}0\ m > {}_{erf}d = 0{,}8\ m$

e) zutreffend

☐ 7.65: Fortsetzung Beispiel: Ausmittige Stütze

Baugrund:

f) *zutreffend (SW ⇒ nbB; UL ⇒ bB)*

g) *bauseits sicherzustellen*

h) $_{vorh}z = 3{,}5 \ m > 2 \ b = 2{,}8 \ m$

i) $_{vorh}D = 0{,}50 \ > \ _{erf}D = 0{,}45$ *(U > 3)*

j) *Grundwasser unterhalb Fundamentsohle*

k) $_{vorh}d = 1{,}0 \ m > 1{,}4 \cdot 1{,}4 \frac{60}{584} = 0{,}20 \ m$

Somit liegt ein Regelfall vor.

Zulässige Sohlnormalspannug (nbB)

a) *setzungsunempfindlich ⇒ Tabelle 2*

reduzierte Fläche:

$2{,}40 - 2 \cdot 0{,}36 = 1{,}68 \ m \mathrel{\hat{=}} a'$

$1{,}40 - 0 = 1{,}40 \ m \mathrel{\hat{=}} b'$

b'=1,40 m
d=1,00 m
$\Rightarrow \sigma_0 = 450 \ kN/m^2$

⇒ *„Tabellenwert"* $\sigma_0 = 450 \ kN/m^2$

d) $\frac{a}{b} = \frac{2{,}4}{1{,}4} < 2$

$_{vorh}d = 1{,}0 \ m > 0{,}6 \cdot b' = 0{,}6 \cdot 1{,}40 = 0{,}84 \ m$

⇒ *20% Erhöhung*

g) $\left(1 - \frac{H}{V}\right)^2 = \left(1 - \frac{60}{584}\right)^2 = 0{,}805$

Damit wird:

$_{zul}\sigma_0 = 450 \ (1 + 0{,}20 + 0 - 0) \cdot 0{,}805 = 435 \ kN/m^2$

Spannungsnachweis:

$_{zul}\sigma_0 = 435 \ kN/m^2 \ > _{vorh}\sigma_0 = \frac{584}{1{,}68 \cdot 1{,}40} = 248 \ kN/m^2$

Es ist ausreichende Standsicherheit gegeben.

☐ 7.66: Fortsetzung Beispiel: Ausmittige Stütze

2.1. Sicherheit gegen Kippen

$$e^g = 0{,}36 < \frac{a}{6}$$

$$e^{g+p} = 0{,}22 < \frac{a}{6}$$

Es ist ausreichende Sicherheit gegeben.

2.2. Sicherheit gegen Gleiten

μ = 0,55 (Sand, mitteldicht)
tan32,5° = 0,64
$\Rightarrow$ tan δ_{sf} = 0,55

Damit wird die Sicherheit gegen Gleiten:

$$\eta_g = \frac{0{,}55 \cdot 584 + 0}{60 + 20} = 4{,}0 >> {}_{erf}\eta_g = 1{,}5 \quad (LF1).$$

Es ist ausreichende Sicherheit gegeben.

2.3. Sicherheit gegen Grundbruch

Aus der Berechnung zu Pkt. 1 hat sich ergeben, daß der Lastzustand „ständige Lasten" der ungünstigste ist:

$$\sum V = 584 \ kN$$

$$\sum H = 60 \ kN$$

a' = 1,68 m; b' = 1,40 m
H parallel zur größeren Seite a'
Es muß zunächst überprüft werden, ob die Grundbruchscholle bis in die Schicht UL reicht:

$$\vartheta_1 = 45° - \frac{32{,}5°}{2} = 28{,}75°$$

$$a = \frac{1 - \tan^2 28{,}75°}{2\frac{60}{584}} = \frac{0{,}6990}{0{,}2055} = 3{,}4015$$

$$\tan\alpha_2 = 3{,}4015 + \sqrt{3{,}4015^2 - \tan^2 28{,}75°} = 6{,}7585 \qquad \Rightarrow \alpha_2 = 81{,}58°$$

$$\vartheta_2 = 81{,}58° - 28{,}75° = 52{,}83° \mathrel{\hat{=}} \alpha_1$$

Damit wird die Tiefe der Grundbruchscholle

$$d_s = 1{,}40 \cdot \sin 52{,}83° \cdot e^{0{,}9221 \cdot \tan 32{,}5°} = 2{,}01 \ m$$

$\Rightarrow$ Grundbruchscholle innerhalb der Schicht SW.

☐ 7.67: Fortsetzung Beispiel: Ausmittige Stütze

Berechnung nach Bezugsgröße „Last“:

Vorwerte:

$$N_d = 25\,;\; \nu_d' = 1 + \frac{1{,}40}{1{,}68} \cdot \sin 32{,}5° = 1{,}45$$

$$N_b = 15\,;\; \nu_b' = 1 - 0{,}3\,\frac{1{,}40}{1{,}68} = 0{,}75$$

Neigungsbeiwerte für den Fall
$\varphi' \neq 0$; $c' = 0$
H parallel zur Seite a'

Seitenverhältnis: $\frac{a'}{b'} = \frac{1{,}68}{1{,}40} = 1{,}20$

Geradlinige Interpolation zwischen
$\frac{a'}{b'} = 1$ *und* $\frac{a'}{b'} = 2$:

$$\frac{a'}{b'} = 1: \quad \kappa_d = \left(1 - 0{,}7\,\frac{60}{584}\right)^3 = 0{,}799$$

$$\frac{a'}{b'} = 2: \quad \kappa_d = 1 - \frac{60}{584} = 0{,}897$$

$$\frac{a'}{b'} = 1{,}20: \kappa_d = 0{,}799 + \frac{0{,}897 - 0{,}799}{2-1} \cdot 0{,}2 = 0{,}819$$

$$\frac{a'}{b'} = 1: \quad \kappa_b = \left(1 - \frac{60}{584}\right)^3 = 0{,}722$$

$$\frac{a'}{b'} = 2: \quad \kappa_b = \kappa_d = 0{,}897$$

$$\frac{a'}{b'} = 1{,}20: \kappa_b = 0{,}722 + \frac{0{,}897 - 0{,}722}{2-1} \cdot 0{,}2 = 0{,}757$$

Bruchlast:

$$V_b = 1{,}68 \cdot 1{,}40\,\left(0 + 18 \cdot 1{,}0 \cdot 25 \cdot 1{,}45 \cdot 0{,}819 + 18 \cdot 1{,}40 \cdot 15 \cdot 0{,}75 \cdot 0{,}757\right) = 1762\ kN$$

Das ergibt eine Sicherheit von

$$\eta_p = \frac{1762}{584} = 3{,}02 \;>\; {}_{erf}\eta_P = 2{,}0$$

□ 7.68: Fortsetzung Beispiel: Ausmittige Stütze

3. Setzung/Schiefstellung

Ausgangswerte: $\sum V = 584\ kN$

$e = 0{,}36\ m$

Baugrundspannungen:

$$\sigma_0 = \frac{584}{1{,}4 \cdot 2{,}4} = 173{,}8\ kN/m^2$$

$$\sigma_a = 18 \cdot 1{,}0 = 18{,}0\ kN/m^2$$

$$\sigma_1 = 173{,}8 - 18{,}0 = 155{,}8\ kN/m^2$$

Grenztiefe:

$$\frac{a}{b} = \frac{2{,}4}{1{,}4} \approx 1{,}7$$

Kote	z	d+z	$\sigma_{ü}$	$0{,}2\sigma_{ü}$	z/b	i	$i \cdot \sigma_1$
m	m	m	kN/m²	kN/m²	1	1	kN/m²
-4,5	3,5	4,5	81,0	16,2	2,5	0,1046	16,3

Die Grenztief kann bei $d_s \approx 3{,}5$ m angenommen werden.

Gleichmäßiger Setzungsanteil:

$$\frac{z}{b} = \frac{d_s}{b} = \frac{3{,}5}{1{,}4} = 2{,}5$$

$$\frac{a}{b} = 1{,}7 \qquad \Rightarrow f = 0{,}7989$$

$$\Rightarrow s_m = \frac{155{,}8 \cdot 1{,}4 \cdot 0{,}7989 \cdot 2}{40000 \cdot 3} = 0{,}003\ m \mathrel{\hat{=}} 0{,}3\ cm$$

Schiefstellung infolge $M = V \cdot e$:

Die Ausmittigkeit e_x erzeugt ein Moment M_y (mit αy und f_x).

Tabellenwert:

$$n = \frac{a}{b} = \frac{2{,}4}{1{,}4} = 1{,}7 \Rightarrow f_x \approx 3{,}0$$

$$b_E = \frac{2}{\sqrt{\pi}} \cdot 1{,}4 = 1{,}53\ m$$

Verdrehungswinkel:

$$\tan \alpha_y = \frac{584 \cdot 0{,}36 \cdot 2}{1{,}53^3 \cdot 40000 \cdot 3} \cdot 3{,}0 = 0{,}0029$$

Damit ergeben sich die Randsetzungen

$$_{\max} s = 0{,}3 + \frac{240}{2} \cdot 0{,}0029 = 0{,}65\ cm$$

$$_{\min} s = 0{,}3 - \frac{240}{2} \cdot 0{,}0029 = -0{,}05\ cm$$

□ 7.69: Beispiel: Schwergewichtsstützwand mit erdseitigem Knick

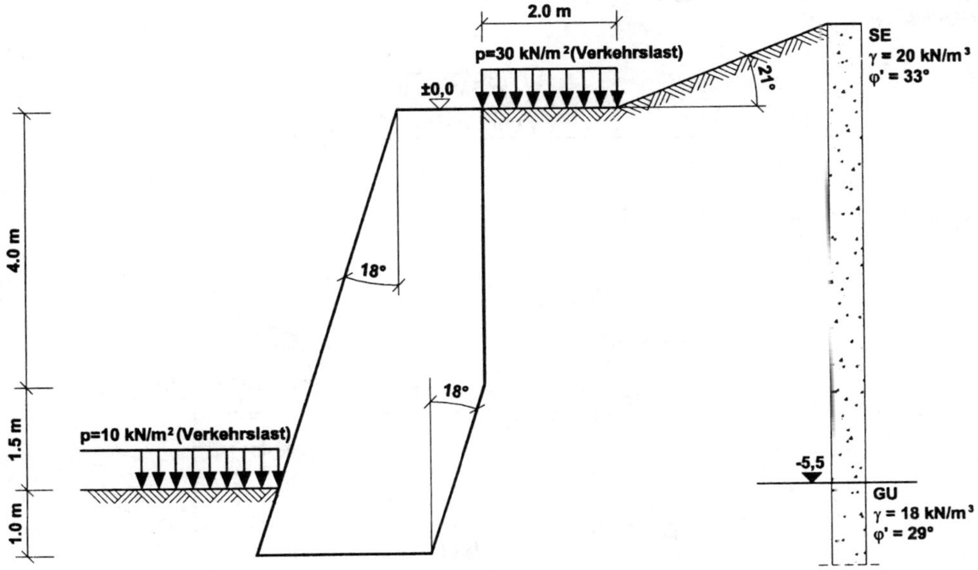

Ges.: Die für die zu bemessende Stützwand anzusetzenden Erddrucklasten sind zu ermitteln.

Anmerkung: Erdwiderstand kann im zulässigen Maß angesetzt werden.

Lösung:

Anmerkungen

- *Bei der Auflast hinter der Stützwand handelt es sich um eine „einseitig begrenzte Flächenlast". Sie hat – wie die nachfolgende Berechnung und Skizze zeigen – nur auf den oberen Boden SE im Bereich der senkrechten Wandrückseite Einfluß*
- *Die unbegrenzte Flächenlast vor der Stützwand darf als günstig wirkende Verkehrslast nicht berücksichtigt werden.*

1. Aktiver Erddruck

Erddruckbeiwerte (interpoliert oder mit Formel):

Boden SE $\left(\varphi' = 33°; \delta_a = \frac{2}{3}\varphi'\right)$

$\alpha = 0$: $\beta = 0 \Rightarrow K_a^g \approx 0{,}26$

$\beta = 21° \Rightarrow K_a^g \approx 0{,}36$

$\alpha = 18°$: $\beta = 0 \Rightarrow K_a^g \approx 0{,}15$

$\beta = 21° \Rightarrow K_a^g \approx 0{,}20$

Boden GU $\left(\varphi' = 29°; \delta_a = \frac{2}{3}\varphi'\right)$

$\alpha = 18°$: $\beta = 0 \Rightarrow K_a^g \approx 0{,}20$

$\beta = 21° \Rightarrow K_a^g \approx 0{,}28$

□ 7.70: Fortsetzung Beispiel: Schwergewichtsstützwand mit erdseitigem Knick

Größe und Verteilung der einseitig begrenzten Streifenlast:
Gleitflächenwinkel:

$$\tan\vartheta_a = \frac{\sin\varphi + \sqrt{\dfrac{\tan\varphi - \tan\beta}{\tan\varphi + \tan\delta_a}}}{\cos\varphi} = \frac{\sin 33° + \sqrt{\dfrac{\tan 33° - \tan 0°}{\tan 33° + \tan 22°}}}{\cos 33°} = 1{,}586 \Rightarrow \vartheta_a = 57{,}76°$$

$$e_a^p = p \cdot K_a^g = 30 \cdot 0{,}26 = 7{,}8 \ kN/m^2$$

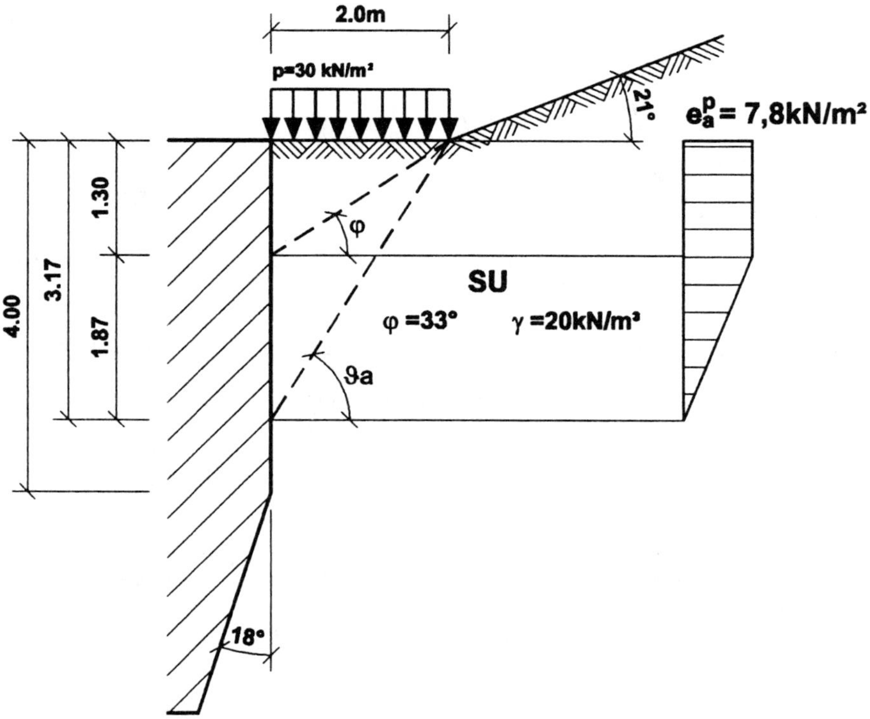

$$y_1 = \tan 33° \cdot 2{,}00 = 1{,}30 \ m$$

$$y_2 = \tan 57{,}76° \cdot 2{,}00 = 3{,}17 \ m$$

Da y_2 =3,17 m < 4,00 m ist, war die zuvor getroffene Annahme richtig.

Erddruck infolge Bodeneigenlast g

Für die Berücksichtigung des unregelmäßigen Geländes sowie der unterschiedlich geneigten Wandrückseite werden die in Teil 1, Abschnitt 6 dargestellten Verfahren angewendet.
Dazu wird die Berechnung in 2 Fälle (β = 0°; β = 21°) aufgeteilt und deren Ergebnisse anschließend überlagert.

☐ 7.71: Fortsetzung Beispiel: Schwergewichtsstützwand mit erdseitigem Knick

Fall 1: $\beta = 0$

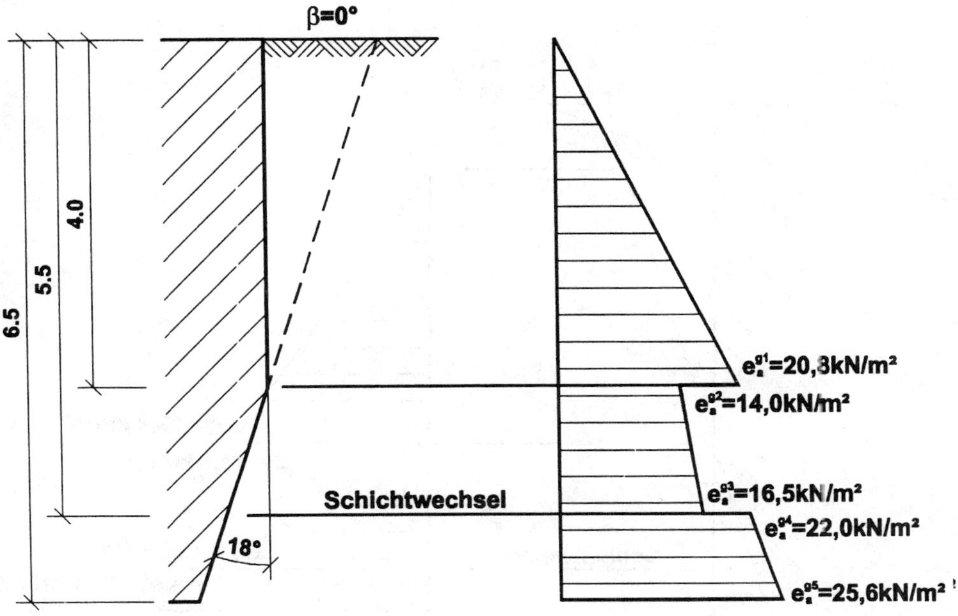

Erddruckordinaten für Boden SE:
$\alpha = 0;\ \beta = 0$

$$e_a^{g1} = K_a^g \cdot \gamma \cdot h = 0{,}26 \cdot 20 \cdot 4{,}00 = 20{,}8\ \ kN/m^2$$

$\alpha = +18°;\ \beta = 0$

$$e_a^{g2} = 0{,}15 \cdot 20 \cdot 4{,}00 = 12{,}0\ \ kN/m^2$$
$$e_a^{g3} = 0{,}15 \cdot 20 \cdot 5{,}50 = 16{,}5\ \ kN/m^2$$

Erddruckordinaten für Boden GU:
$\alpha = +18°;\ \beta = 0$

$$e_a^{g4} = 0{,}20 \cdot 20 \cdot 5{,}50 = 22{,}0\ \ kN/m^2$$
$$e_a^{g5} = 0{,}20\ \ (20 \cdot 5{,}50 + 18 \cdot 1{,}00) = 25{,}6\ \ kN/m^2$$

☐ 7.72: Fortsetzung Beispiel: Schwergewichtsstützwand mit erdseitigem Knick

Fall 2: β = 21°

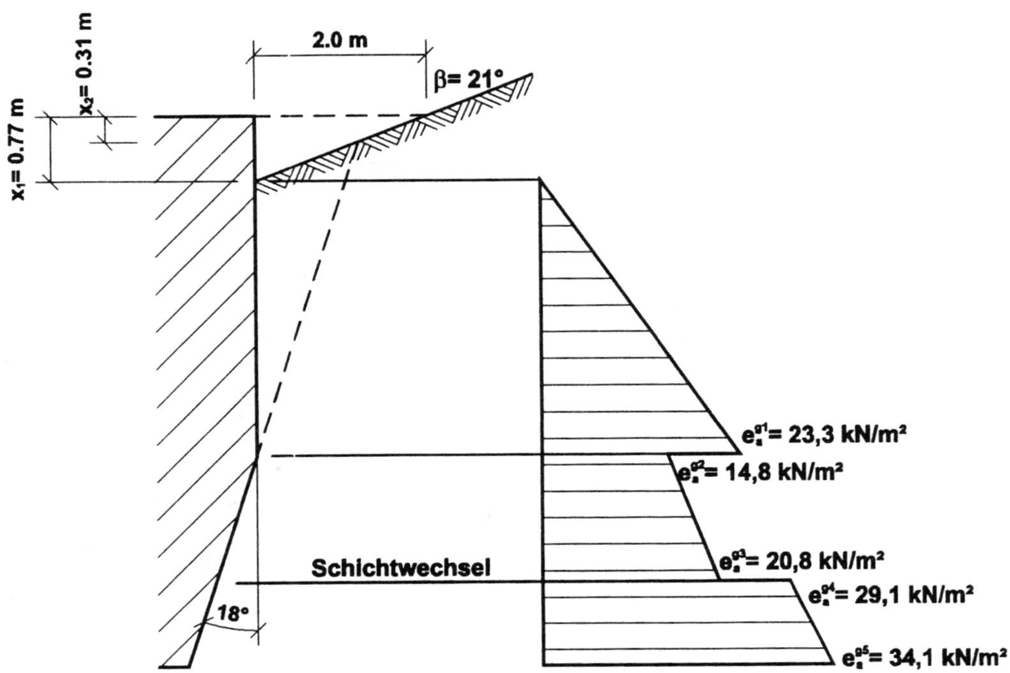

Erddruckordinaten für Boden SE:
$\alpha = 0;\ \beta = 21°$

$$e_a^{g1} = 0{,}36 \cdot 20 \cdot (4{,}00 - 0{,}77) = 23{,}3\ kN/m^2$$

$\alpha = +18°;\ \beta = 21°$

$$e_a^{g2} = 0{,}20 \cdot 20 \cdot (4{,}00 - 0{,}31) = 14{,}8\ kN/m^2$$
$$e_a^{g3} = 0{,}20 \cdot 20 \cdot (5{,}50 - 0{,}31) = 20{,}8 kN/m^2$$

Erddruckordinaten für Boden GU:
$\alpha = +18°;\ \beta = 21°$

$$e_a^{g4} = 0{,}28 \cdot 20 \cdot (5{,}50 - 0{,}31) = 29{,}1\ kN/m^2$$
$$e_a^{g5} = 0{,}28\ \lfloor 20\ (5{,}50 - 0{,}31) + 18 \cdot 1{,}00 \rfloor = 34{,}1\ kN/m^2$$

□ 7.73: Fortsetzung Beispiel: Schwergewichtsstützwand mit erdseitigem Knick

Überlagerung beider Verteilungen

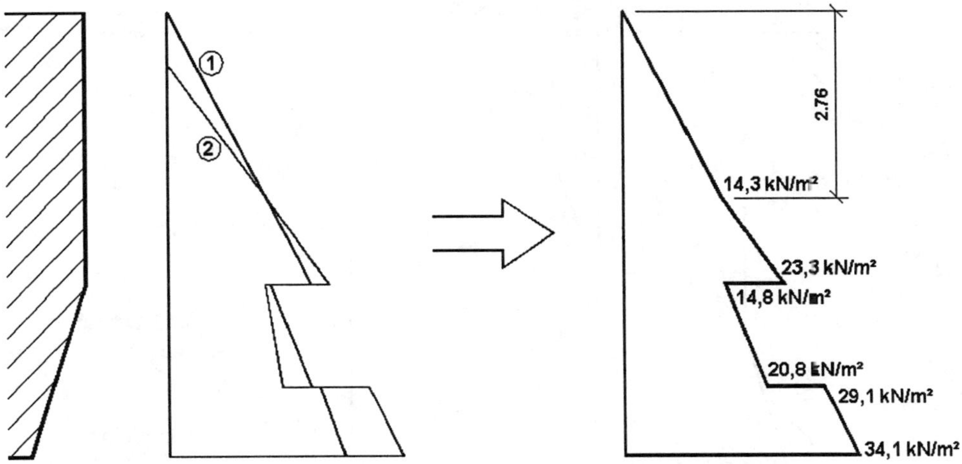

Der Schnittpunkt des Übergangs von Fall 1 zu Fall 2 kann aus einer maßstäblichen Zeichnung ausreichend genau abgelesen oder mathematisch als Schnittpunkt zweier Geraden ermittelt werden:

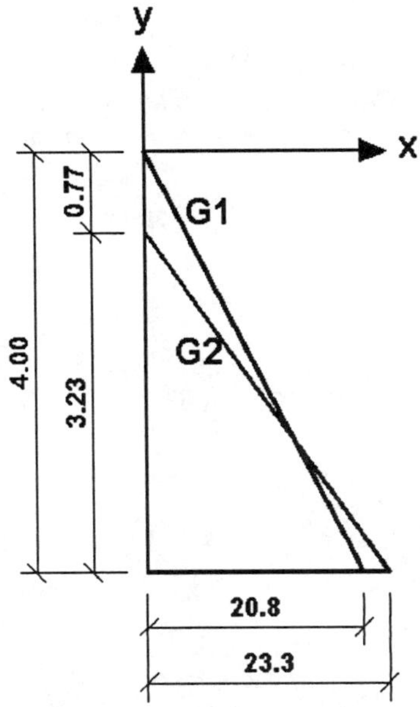

Aufstellen der Geradengleichungen:

G1: $$y = -x \cdot \frac{4{,}00}{20{,}8} + 0$$

G2: $$y = -x \cdot \frac{3{,}23}{23{,}3} - 0{,}77$$

Gleichsetzen:

$$-x \cdot \frac{4{,}00}{20{,}8} + 0 = -x \cdot \frac{3{,}23}{23{,}3} - 0{,}77$$

$$\Rightarrow x = 14{,}3 \quad kN/m^2$$

$$\Rightarrow y = -2{,}76 \quad m$$

☐ 7.74: Fortsetzung Beispiel: Schwergewichtsstützwand mit erdseitigem Knick

Zusammenstellung der Erddruckverteilungen:

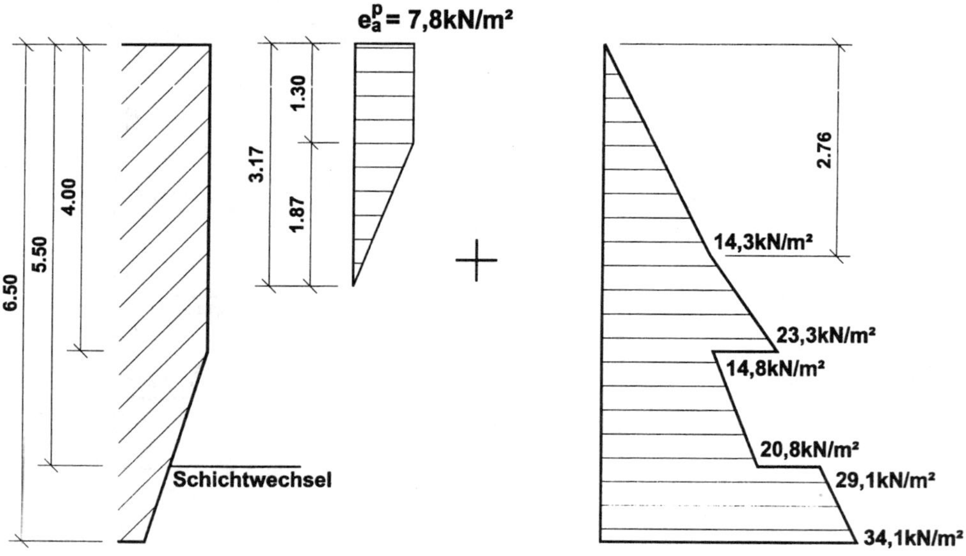

2. Erdwiderstand vor der Stützwand

Anmerkung: Der Wandreibungswinkel wird ungünstig mit δ_p = 0° angenommen. Da somit der kleinstmögliche Erdwiderstandsbeiwert angesetzt wird, ist in der Gleichung

$${}_{red}E_p \leq 0{,}5 \cdot E_p$$

der Abminderungsfaktor 0,5 zulässig. Obwohl in der Praxis aus Gründen der Vereinfachung für den vorliegenden Fall näherungsweise α = 0 angesetzt wird, soll hier aus Demonstrationsgründen mit der tatsächlichen Wandneigung gerechnet werden.

Erdwiderstandsbeiwert für den Boden GU:

α = -18°; β = 0°; φ' = 29°; δ_p = 0 $\Rightarrow$ $K_p^g = 2{,}25$

Erdwiderstand infolge Bodeneigenlast g:

$$e_p^g = 18 \cdot 1{,}00 \cdot 2{,}25 = 40{,}5 \quad kN/m^2 \qquad E_p^g = \frac{1}{2} \cdot 40{,}5 \cdot 1{,}00 = 20{,}3 \quad kN/m$$

$$\Rightarrow {}_{red}E_p^g = 0{,}5 \cdot 20{,}3 = 10{,}1 \quad kN/m$$

$${}_{red}E_{ph}^g = 10{,}1 \cdot \cos 18° = 9{,}6 \quad kN/m$$

$${}_{red}E_{pv}^g = 10{,}1 \cdot \sin 18° = 3{,}1 \quad kN/m$$

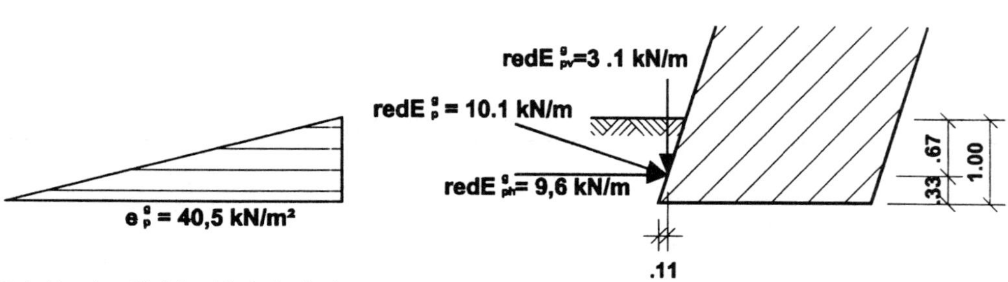

Erdwiderstand infolge Verkehrslast p:
Dieser Erdwiderstand darf – da günstig wirkend – nicht angesetzt werden.

8 Neues Sicherheitskonzept

8.0 Vorbemerkungen

Bei der Verwirklichung des Europäischen Binnenmarktes müssen die Deutschen Geotechnik-Normen in nächster Zeit an europäische Normen angepaßt werden. Diese schreiben verbindlich vor, daß die bisherige Berechnung mit globalen Sicherheiten bei baulichen Anlagen durch ein probabilistisches Sicherheitskonzept ersetzt wird. In Deutschland wurde dieses neue Konzept zuerst bei den "Grundlagen zur Festlegung von Sicherheitsanforderungen für bauliche Anlagen" (GruSiBau 1981) angewendet.

Die Umstellung ist in vollem Gange. Im Januar 1994 wurde die Europäische Vornorm ENV 1997-1 „Bemessung im Grundbau" (bisherige Bezeichnung: Eurocode 7, EC 7) endgültig verabschiedet.

Im April 1996 erschien die deutsche Fassung der ENV 1997-1 „Entwurf, Berechnung und Bemessung in der Geotechnik; Teil 1: Allgemeine Regeln". Diese von einer europäischen Expertengruppe ausgearbeitete Vornorm entspricht in zahlreichen Punkten kaum den deutschen Bemühungen nach Einfachheit und Eindeutigkeit. Auch dem Anspruch auf Wahrung des derzeitigen, in Jahrzehnten bewährten Sicherheitsstandards kann sie nicht gerecht werden.

NAD

Die grundsätzlich abweichenden Vorstellungen fanden deshalb Eingang im sogenannten Nationalen Anwendungsdokument (NAD) und in der Vornorm DIN V 1054-100 „Sicherheitsnachweis im Erd- und Grundbau". In der noch dringend benötigten Testphase sollen beide Ausarbeitungen nebeneinander gelten.

Zwischenzeitlich wurde zu ENV 1997-1 eine Stellungnahme erarbeitet, welche die in beiden Vornormen enthaltenen Schwachpunkte umgeht (Weißenbach et al. 1999). Als zentraler Aspekt gilt dabei, daß bei der Ermittlung von Schnittgrößen zur Bemessung von Konstruktionsteilen die Teilsicherheitsbeiwerte nicht mehr in zwei getrennten Berechnungsschritten – einerseits auf die Einwirkungen und andererseits auf die Scherparameter – angesetzt werden, sondern in *einem* Rechengang auf die Einwirkungen *und* Widerstände.

Damit entspricht dieser Vorschlag der Vorgehensweise im gesamten konstruktiven Ingenieurbau. Um eventuell noch vorhandene Schwachstellen bis zur endgültigen Einführung der „neuen Normengeneration" aufzudecken und entsprechende Änderungen herbeiführen zu können, müssen in nächster Zeit von allen Betroffenen in Bauindustrie, Hochschulen und Behörden zahlreiche Vergleichsberechnungen nach bisherigen und künftigen Berechnungsansätzen durchgeführt werden. Daher werden auf der Grundlage des aktuellen Vorschlags (Weißenbach et al. 1999) – zum direkten Vergleich – ausgewählte Beispiele nach dem neuen Sicherheitskonzept durchgerechnet.

Es deutet sich an, daß damit nun der entscheidende Schritt in die richtige Richtung angezeigt wird.

Innerhalb des „Normenpakets NAD" nimmt die DIN V 1054-100 insofern eine Sonderstellung ein, als sie – ausgelöst durch zahlreiche Kritiken und Irritationen – vom Konzept der ENV 1997-1 dadurch entscheidend abweicht, als die Teilsicherheitsbeiwerte nicht auf die charakteristische Scherfestigkeit bezogen werden, sondern auf die mit der charakteristischen Scherfestigkeit ermittelten Kräfte.

Neuer Vorschlag

Für den – beispielhaft angenommenen - Fall einer Spundwandkonstruktion ergeben sich nunmehr folgende Bemessungsschritte:

- An dem gewählten Stützwandsystem greifen der mit γ_G beziehungsweise γ_Q vergrößerte charakteristische Erddruck und der mit γ_{Ep} abgeminderte charakteristische Erdwiderstand an.
- Hiermit wird die erforderliche Einbindetiefe für das beabsichtigte statische System (Einspannung oder Auflagerung im Boden) bestimmt.
- Mit dieser erforderlichen Einbindetiefe werden die Bemessungsschnittgrößen (Auflagerkräfte, Querkräfte, Biegemomente) ermittelt, jeweils getrennt nach den unterschiedlichen Einwirkungen.

8.1 Grundlagen

Geotechnische Kategorien

Zur Festlegung von Mindestanforderungen an Baugrunduntersuchungen, rechnerische Nachweise und Überwachung der Ausführung werden die geotechnischen Aufgaben in drei geotechnische Kategorien (GK) eingeteilt (Smoltczyk 1994 a, siehe auch DIN 4020):

Kategorie 1:
Trivialfälle, bei denen die Planung und Ausführung nach Erfahrungsregeln erfolgen und wo keine schädlichen Rückwirkungen auf die Umgebung eintreten können. Im *Zweifelsfall* Sachverständigen hinzuziehen.

Kategorie 2:
Fälle, die nicht in Kategorie 1 einzuordnen sind, weil Grenzzustände 1 und 2 quantitativ nachgewiesen werden müssen. Behandlung durch qualifizierte Bauingenieure ohne geotechnische Spezialkenntnisse, da nur normale Baugrundrisiken zu erwarten sind, jedoch unter Berücksichtigung der Wechselwirkung mit Nachbarbauwerken und der Umgebung. Baugrundgutachten erforderlich. Im *Regelfall* Sachverständigen hinzuziehen.

Kategorie 3:
Alle übrigen Fälle. Geologisches und Baugrundgutachten sowie Baustellenüberwachung durch einen Baugrundsachverständigen erforderlich. In *jedem Fall* Sachverständigen hinzuziehen.

Entwurfssituationen

Zusammenstellungen physikalischer Bedingungen für ein bestimmtes Zeitintervall, für das nachgewiesen ist, daß in dessen Verlauf die einschlägigen Grenzzustände nicht überschritten werden (ENV 1991-1). Sie entsprechen in etwa den Lastfällen nach DIN 1054 (1976).

Lastfälle

Der neue deutsche Vorschlag sieht vor, die bislang im Grundbau üblichen Lastfälle beizubehalten, wobei durch ausführlichere Formulierungen Unklarheiten ausgeschlossen werden sollen:

a) Lastfall LF 1: Auf Dauer angelegte Bauwerke unter Berücksichtigung von ständigen und regelmäßig auftretenden veränderlichen Lasten.
b) Lastfall LF 2: Auf Dauer angelegte Bauwerke unter Berücksichtigung von ständigen und regelmäßig auftretenden veränderlichen Lasten sowie von seltenen oder einmaligen Einwirkungen; Bauzustände in Verbindung mit ständigen und regelmäßig auftretenden veränderlichen Lasten, zum Beispiel Bauzustände bei der Herstellung oder Reparatur eines Bauwerks und Bauzustände durch Baumaßnahmen neben einem Bauwerk; Baugrubenkonstruktionen beziehungsweise andere Bauwerke für vorübergehende Zwecke.
c) Lastfall LF 3: Auf Dauer angelegte Bauwerke und Bauzustände bei der Herstellung oder Reparatur des Bauwerks unter Berücksichtigung von ständigen und von gleichzeitig möglichen außergewöhnlichen Einwirkungen; Bauzustände durch Baumaßnahmen an oder neben einem Bauwerk und Baugrubenkonstruktionen beziehungsweise andere Bauwerke für vorübergehende Zwecke in Verbindung mit ständigen und seltenen oder einmaligen Einwirkungen.

Sicherheit

Anstelle der bisher üblichen "globalen" Sicherheiten gegen das Versagen eines Bauwerks oder Bauteils (deterministisches Sicherheitskonzept) sehen die europäischen Normen und die "Neue deutsche Normengeneration" ein Teilsicherheitskonzept vor, in dem versucht wird, die systematischen und zufallsbedingten Streuungen und Fehler der maßgebenden Einflußgrößen rechnerisch oder experimentell zu erfassen (probabilistisches Sicherheitskonzept). Hierzu wurden Bedingungen für Grenzzustände festgelegt (Grusibau 81).

Grenzzustände

Grenzzustände (GZ) beschränken den Beanspruchungsbereich, in dem ein Bauwerk oder Bauteil noch seinen Anforderungen genügt. Man unterscheidet

a) Grenzzustand der Tragfähigkeit (GZ 1): Das Bauwerk/Bauteil und/oder der Baugrund versagt, wobei unbeschränkt zunehmende bleibende Verformungen auftreten und die Sicherheit von Menschen gefährdet wird.
   Um einen Konsens zwischen konstruktivem Ingenieurbau und Geotechnik zu erreichen, wird der Grenzzustand wie folgt unterteilt:
   - GZ 1A: Sicherheit gegen Auftrieb und hydraulischen Grundbruch
   - GZ 1B: Tragfähigkeit der Konstruktionsteile
   - GZ 1C: Sicherheit gegen Geländebruch und Böschungsbruch.
b) Grenzzustand der Gebrauchstauglichkeit (GZ 2): Dieser ist erreicht, wenn Einwirkungen das Bauwerk unbrauchbar werden lassen, ohne daß seine Tragfähigkeit verlorengeht; z.B. bei Flächengründungen mit unzulässig großen Setzungsunterschieden; bei Pfählen mit zu großer Kopfverschiebung oder bei Straßendämmen mit zu großen Verformungen.

Einwirkungen, Widerstände

Durch einen Zuverlässigkeitsnachweis (Bemessung) muß gewährleistet werden, daß diese Grenzzustände mit hinreichender Wahrscheinlichkeit nicht erreicht werden. Dies ist im Grenzzustand 1 der Fall, wenn die Grenzzustandsgleichung $R \geq S$ erfüllt ist. Daraus ergibt sich die Bemessungsgleichung

$$R - S \geq 0 \quad (8.01).$$

Hierin ist:
S = Einwirkungen (Belastungen eines Bauteils); teilweise auch mit E bezeichnet
R = Resultierende Widerstände (Einflußgrößen, die den Einwirkungen entgegenstehen).

R und Z sind Zufallsvariablen, deren Relationen im Bauwerk/Bauteil sich durch statistische Verteilungen $f_{(S)}$ und $f_{(R)}$ beschreiben lassen (□ 8.01). Das Bauwerk/Bauteil versagt, wenn $Z = R - S < 0$ ist. Als Maß für die Sicherheit wird die Versagenswahrscheinlichkeit p_f eingeführt.

□ 8.01: Beispiel: a) Einwirkungen und Widerstände b) Versagenswahrscheinlichkeit (Franke 1990)

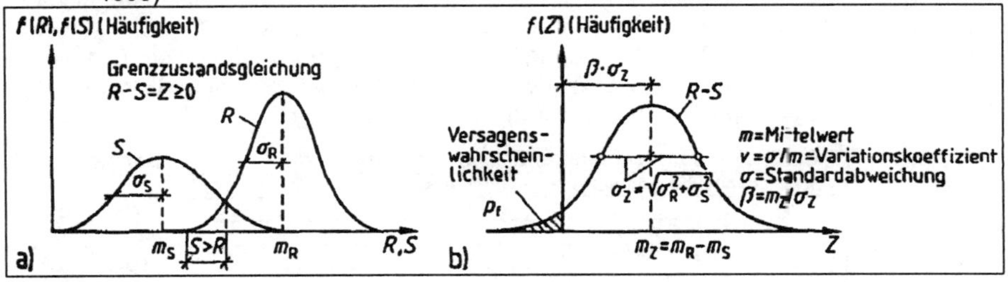

Die ENV 1991-1 strebt langfristig an, im Sinne des probabilistischen Sicherheitskonzepts eine Versagenswahrscheinlichkeit von 10^{-6} für den Bezugszeitraum von einem Jahr zu erreichen (1 Schadensfall bezogen auf 1 Million gleichartiger Bauwerke). Dem entspricht ein Sicherheitsindex von $\beta = 4{,}75$.

Zwar ist dieses Ziel noch nicht aus dem Auge verloren, jedoch erlaubten es die vorliegenden statistischen Unterlagen nicht, die Teilsicherheitsbeiwerte für Einwirkungen und Widerstände bereits jetzt darauf abzustimmen. Die zur Zeit in den ENV-Vornormen ausgegebenen Teilsicherheitsbeiwerte beruhen vielmehr auf den bisherigen deterministischen Globalsicherheiten, also auf pragmatischen, sich auf Erfahrungen stützenden Festlegungen.

Einwirkungen können auftreten
- direkt in Form von Lasten, die am Bauwerk oder Boden angreifen,
- indirekt, z.B. als Verformung infolge Temperaturänderung.

Sie werden klassifiziert als
- ständige Einwirkungen (G),
- veränderliche Einwirkungen (Q),
- Unfall-Einwirkungen (A).

Die Klassifizierung einer veränderlichen Einwirkung als ständig oder als kurzfristig veränderlich hängt davon ab, ob durch sie Verschiebungen im Korngerüst des Baugrunds verursacht werden. Auch kurzfristig veränderliche Einwirkungen können bei größeren Lastwechsel-Zahlen zu bleibenden Verschiebungen im Boden führen (Smoltczyk 1994 a).

Charakteristische Werte

Nach der Sicherheitstheorie müssen die Mittelwerte m_S und m_R (□ 8.01) so weit auseinandergerückt werden, daß noch ein Sicherheitsabstand zwischen den 5%-Fraktilen verbleibt. Diese Fraktilen heißen "charakteristische Werte" (Index "K"). Da hierfür aber in der Regel die Grundgesamtheit der Bodenkennwerte nicht ausreicht, führt man die erforderlichen Nachweise mit konstanten Teilsicherheitsbeiwerten γ. Hilfsweise können auch Rechenwerte (z.B. die Rechenwerte der DIN 1055,T. 2, Tabellen 1 und 2) verwendet oder die Bemessungswerte als Nennwerte angegeben werden.

Der charakteristische Wert einer Einwirkung (G_K, Q_K) ist der repräsentative Wert der Haupt-Einwirkung. Er wird ermittelt, um in Verbindung mit einem Teilsicherheitsbeiwert (oder einem additiven Sicherheitselement) den Bemessungswert zu erhalten.

Der charakteristische Wert einer ständigen Einwirkung G_K wird wie folgt festgelegt (Smoltczyk 1994 a):
- G variiert wenig: für G_K kann ein einziger (Mittel-)Wert angenommen werden,
- G variiert stark: ein rechnerischer Unterwert $G_{K\,inf}$ (5%-Fraktile) und ein Oberwert $G_{K\,sup}$ (95%-Fraktile) werden angenommen.

Der charakteristische Wert einer veränderlichen Einwirkung Q_K entspricht entweder
- einem Oberwert, der innerhalb eines Bezugszeitraums nach planmäßiger Wahrscheinlichkeit (98% im Jahr) nicht überschritten wird, oder einem
- Nennwert (Smoltczyk 1994 a).

Nennwert Bemessungswert, der nicht über Teilsicherheitsbeiwerte (oder additive Sicherheitselemente), sondern direkt festgelegt wird.

Teilsicherheitsbeiwerte Auch Partialsicherheitsbeiwerte oder Partialbeiwerte genannt. Faktoren zur Umwandlung eines charakteristischen Werts in einem Bemessungswert (☐ 8.02), wobei in der Regel die Einwirkungen erhöht und die Widerstände abgemindert werden. Der Grenzzustand 2 wird mit charakteristischen Werten nachgewiesen, d.h., für alle ständigen und veränderlichen Einwirkungen wird $\gamma = 1$ gesetzt.

☐ 8.02: Neu vorgeschlagene Teilsicherheitsbeiwerte. (nach Weißenbach et al. 1999)

Teil A: Sicherheit gegen Auftrieb und hydraulischen Grundbruch				
Lastfall		LF 1	LF 2	LF 3
Günstige ständige Einwirkungen	$\gamma_{G,inf}$	0,95	0,95	0,95
Ungünstige ständige Einwirkungen	$\gamma_{G,sup}$	1,05	1,00	1,00
Strömungskraft bei günstigem Untergrund	γ_S	1,35	1,30	1,20
Strömungskraft bei ungünstigem Untergrund	γ_S	1,80	1,60	1,35
Ungünstige veränderliche Einwirkungen*	γ_Q	1,50	1,30	1,00
Teil B: Tragfähigkeit der Konstruktionsteile				
Lastfall		LF 1	LF 2	LF 3
Einwirkungen				
Ständige Einwirkungen	γ_G	1,35	1,20	1,00
Ungünstige veränderliche Einwirkungen	γ_Q	1,50	1,30	1,00
Erdruhedruck aus ständigen Lasten	γ_{E0}	1,20	1,10	1,00
Bodenwiderstände				
Erdwiderstand und Grundbruchwiderstand	γ_{Ep}, γ_{Gr}	1,40	1,30	1,20
Gleitwiderstand aus Reibung oder Kohäsion	γ_{Gl}	1,10	1,10	1,20
Pfahlwiderstände				
Pfahlwiderstand auf Druck bei Pfahlprobebelastungen	γ_{Pc}	1,30	1,30	1,30
Pfahlwiderstand auf Zug bei Pfahlprobebelastungen	γ_{Pt}	1,40	1,40	1,40
Pfahlwiderstand auf Druck und Zug bei Ansatz von Erfahrungswerten	γ_P	1,40	1,40	1,40
Zugwiderstände von Verpreßankern				
Stahlzugglied bei aktivem Erddruck und Auftrieb	γ_M	1,35	1,35	1,35
Stahlzugglied bei Ansatz von Erdruhedruck	γ_M	1,20	1,20	1,20
Verpreßkörperwiderstand	γ_A	1,20	1,15	1,10
Zugwiderstände von Bodennägeln und flexiblen Bewehrungselementen				
Widerstand von Bodennägeln	γ_N	1,20	1,10	1,05
Widerstand flexibler Bewehrungselemente	γ_B	1,40	1,30	1,20
Teil C: Sicherheit gegen Geländebruch und Böschungsbruch				
Lastfall		LF 1	LF 2	LF 3
Einwirkungen				
Ständige Einwirkungen	γ_G	1,00	1,00	1,00
Ungünstige veränderliche Einwirkungen	γ_Q	1,30	1,20	1,00
Bodenwiderstände				
Scherfestigkeit	γ_γ, γ_c	1,30	1,20	1,00

* Kommt in der Praxis kaum vor.

8.2 Bemessung der Konstruktionsteile

8.2.1 Vorgehensweise

Wie bereits in Abschnitt 8.0 erwähnt, liegt der wichtigste Unterschied im deutschen Vorschlag (Weißenbach et al. 1999) gegenüber dem Konzept der ENV 1997-1 in den Festlegungen zur Bemessung der Konstruktionsteile. Grundlegender Punkt ist, daß die Teilsicherheitsbeiwerte nicht zur Ermittlung einer charakteristischen Scherfestigkeit herangezogen werden, sondern zur Bestimmung der mit dieser Scherfestigkeit ermittelten Schnittgrößen, Beanspruchungen und Bodenwiderstände.

Neues Konzept

Es werden somit nicht die charakteristischen Lasten vergrößert, sondern die charakteristischen Schnittgrößen oder Beanspruchungen, um diese dann den Bemessungswiderständen gegenüberzustellen. Der Ablauf einer falltypischen Berechnung und Bemessung einer Stützwandkonstruktion läßt sich demnach wie folgt darstellen:

1. Entwurf des Bauwerks/Bauteils, Wahl der Grundabmessungen, Festlegung des statischen Systems/mechanischen Modells.
2. Ermittlung der charakteristischen Größen der Lasten (Eigenlast, aktiver Erddruck, Erdruhedruck, Wasserdruck...).
3. Ermittlung der charakteristischen Schnittgrößen $S_{k,i}$ an dem vorgegebenen statischen System (Auflagerkräfte, Querkräfte, Biegemomente und Spannungen) in allen für die Bemessung maßgebenden Schnitten oder Berührungsflächen zwischen Konstruktion und Boden/Baugrund.
4. Ermittlung der charakteristischen Widerstände $R_{k,i}$, getrennt nach den
   - Widerständen der Konstruktionsteile (Druck-, Zug-, Schubkräfte, Biegemomente...)
   - Widerständen des Bodens/Baugrunds (Erdwiderstand, Grundbruchwiderstand, Pfahlwiderstand...).
5. Ermittlung der für die Bemessung maßgebenden Einwirkungen und Widerstände in allen für die Bemssung maßgebenden Schnitten oder Berührungsflächen zwischen Konstruktion und Boden/Baugrund in Form von
   - Bemessungsschnittgrößen beziehungsweise Beanspruchungen

     $$E_{d,i} = E_{Gi,k} + E_{Qi,k} \cdot \gamma_Q \qquad (8.02)$$

     durch Multiplikation der charakteristischen Schnittgrößen beziehungsweise Beanspruchungen $E_{k,i}$ mit den Teilsicherheitsbeiwerten γ_G beziehungsweise γ_Q,
   - Bemessungswiderständen

     $$R_{d,i} = \frac{R_{k,i}}{\gamma_R} \qquad (8.03)$$

     durch Division der charakteristischen Widerstände $R_{k,i}$ mit den Teilsicherheitsbeiwerten γ_R für den jeweiligen Baustoff (Stahl, Stahlbeton, Holz, Boden...).
6. Nachweis des Einhaltens der Grenzzustandbedingung

   $$\sum E_{d,i} \leq \sum R_{d,i} \qquad (8.04)$$

   mit den ermittelten Bemessungsschnittgrößen und -widerständen für jeden maßgebenden Schnitt.
7. Falls die Grenzzustandsbedingung nicht erfüllt ist oder ein vorhandener Sicherheitsüberschuß verringert werden soll, ist eine Iteration durchzuführen.
8. Mit den auf der Basis der charakteristischen Schnittgrößen ermittelten Verformungen kann schließlich der Nachweis der Gebrauchstauglichkeit (GZ 2) geführt werden.

8.2.2 Standsicherheitsnachweise für Flächengründungen

8.2.2.1 Kippen

Im neuen Sicherheitskonzept ist für den Grenzzustand 1 kein direkter Nachweis gegen Kippen vorgesehen (☐ 8.03). Für den Nachweis der Sicherheit gegen Grundbruch (GZ 1) sowie generell im Grenzzustand 2 muß jedoch die Ausmittigkeit der Resultierenden wie folgt begrenzt werden:

- infolge ständiger Einwirkungen darf (zur Vermeidung sich entwickelnder Schiefstellung durch Plastifizierung des Baugrunds) keine klaffende Fuge auftreten (Resultierende im 1. Kern):

$$e^{g} \leq \frac{b}{6} \left(bzw. \ \frac{a}{6} \right).$$

- infolge Gesamtlast muß die Gründungssohle des Fundaments mindestens bis zu ihrem Schwerpunkt durch Druck belastet sein (Resultierende im 2. Kern):

$$e^{g+p} \leq \frac{b}{3} \left(bzw. \ \frac{a}{3} \right).$$

☐ 8.03: Beispiel: Nachweis der Sicherheit gegen Kippen (Neues Sicherheitskonzept)

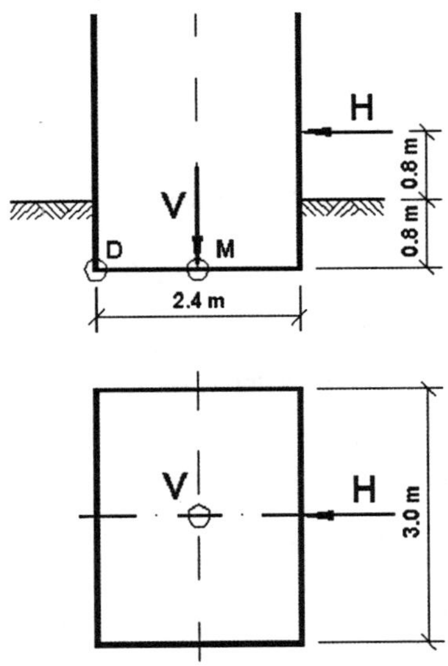

Für den dargestellten Gründungskörper ist die Sicherheit gegen Kippen bei folgenden Belastungen zu überprüfen:

Fall a): *ständige Lasten:* $V^g = 2{,}0$ MN, $H^g = 0{,}2$ MN
Verkehrslasten: $V^p = 0{,}4$ MN, $H^p = 0{,}2$ MN

Fall b): *ständige Lasten:* $V^g = 2{,}0$ MN, $H^g = 0{,}4$ MN
Verkehrslasten: $V^p = 0{,}4$ MN, $H^p = 1{,}0$ MN

Hinweis: Aktiver Erddruck und Erwiderstand sollen unberücksichtigt bleiben.

Anmerkung:
Der bislang geforderte „Nachweis der Sicherheit gegen Kippen" durch Begrenzung der Ausmittigkeit entfällt in dieser Form. Beim Nachweis der Sicherheit gegen Grundbruch (GZ 1) sowie generell im Grenzzustand 2 ist jedoch eine Begrenzung der Lage der Resultierenden in der Sohlfuge zu beachten.

Lösung:
Die angegebenen Belastungen sind als charakteristische Lasten zu betrachten.

Die maßgebende ungünstige Ausmittigkeit ist mit den charakteristischen Lasten zu bestimmen. Somit entspricht die Berechnung der des Beispiels ☐ 1.03 in Abschnitt 1.

8.2.2.2 Grundbruch

Die Sicherheit gegen Grundbruch ist entsprechend der im Abschnitt 8.2.1. dargestellten Vorgehensweise zu ermitteln. Insbesondere ist dabei folgendes zu beachten:

Lastkombinationen

- Alle möglichen Kombinationen von ständigen und veränderlichen Lasten sind auf den ungünstigsten Zustand hin zu untersuchen; das sind beim Grundbruch die Situationen „$_{max}e$" und „$_{max}V$". Die jeweilige Neigung der Resultierenden ist mit charakteristischen Lasten zu ermitteln, wobei auch der mobilisierte Erdwiderstand als einwirkende charakteristische Kraft behandelt wird. Diese Neigung ist dann auch für den Nachweis der zulässigen Ausmittigkeit maßgebend.

maßgebende Neigung

Bemessungswerte

Erst beim Nachweis, daß in der Gründungssohle die Grenzzustandsbedingung $V_d \leq R_d$ einzuhalten ist, werden die Vertikalkomponenten der mitwirkenden charakteristischen Kräfte mit den in Tabelle ☐ 8.02, Teil B, angegeben Teilsicherheitsbeiwerten in Bemessungseinwirkungen beziehungsweise Bemessungsschnittgrößen umgerechnet.

Erdwiderstand - Ein eventuell wirksamer Erdwiderstand darf mit der Größe

$$E_{p,f} = \frac{E_{p,k}}{\gamma_{E_p}}$$

angesetzt werden. Dies entspricht dem Ansatz beim Nachweis der Sicherheit gegen Gleiten und erleichtert den logischen Übergang zu diesem Bruchmodell.

Bemessungswerte - Der Ermittlung der Bemessungswerte des Grundbruchwiderstands sind die in Tabelle □ 8.02, Teil B, vorgeschlagenen Teilsicherheitsbeiwerte zugrunde zu legen.

Ausmittigkeit - Die Ausmittigkeit der Resultierenden in der Sohlfuge darf die in Abschnitt 8.2.2.1. genannten Grenzen nicht überschreiten.

□ 8.04: Beispiel: Nachweis der Sicherheit gegen Grundbruch (Neues Sicherheitskonzept)

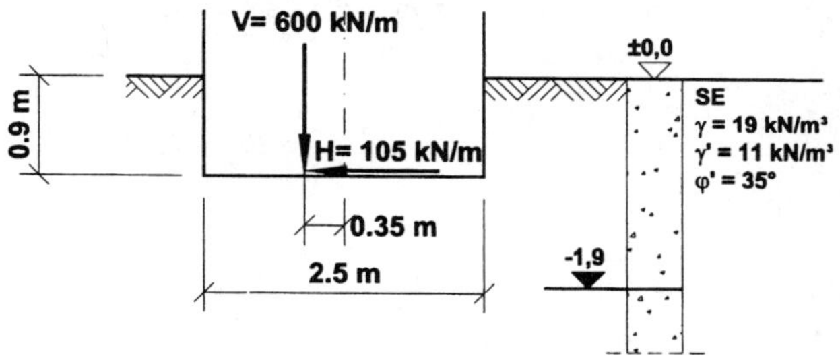

Für das dargestellte Fundament einer Stützwand ist die Sicherheit gegen Grundbruch zu überprüfen.

Anmerkung: *Eine Überprüfung der Verkantung (Schiefstellung) soll bei den gegebenen Verhältnissen als nicht erforderlich erachtet werden.*

Vorbemerkungen:
Es sollen zwei Fälle untersucht werden:

Fall 1: $V = V^g = 600 \;\; kN/m$; $H = H^g = 105 \;\; kN/m$

Fall 2: $V = V^g + V^p = 500 + 100 \;\; kN/m$; $H = H^g + H^p = 80 + 25 \;\; kN/m$

(V^p und H^p entstehen aus der gleichen Ursache)

Lösung:

Fall 1:

Bodenkenngrößen:

$\varphi_k' = 35°$; $\gamma_k = 19 \;\; kN/m^3$; $\gamma_k' = 11 \;\; kN/m^3$

Ständige Lasten:

$F_{v,k} = 600 \;\; kN/m$; $F_{h,k} = 105 \;\; kN/m$

Veränderliche Lasten: entfallen

Ausmittigkeit der Resultierenden:

$${}_{vorh}e^g = 0{,}35 \;\; m < \frac{b}{6} = \frac{2{,}50}{6} = 0{,}42 \;\; m$$

Reduzierte Breite:

$b' = 2{,}50 - 2 \cdot 0{,}35 = 1{,}80 \;\; m$

Beiwerte:

$N_d = 33$; $\nu_d' = 1{,}0$

$N_b = 23$; $\nu_b' = 1{,}0$

Die Neigungsbeiwerte sind für

- *H parallel b'*
- *$\varphi_k' \neq 0$; $c_k' = 0$*

zu ermitteln:

☐ 8.05: Fortsetzung Beispiel: Nachweis der Sicherheit gegen Grundbruch (Neues Sicherheitskonzept)

$$V = F_{v,k} = 600 \;\; kN/m$$

$$H = F_{h,k} = 105 \;\; kN/m$$

$$\Rightarrow \tan\delta_s = \frac{H}{V} = \frac{105}{600} = 0{,}175$$

$$\kappa_d = (1 - 0{,}7 \cdot \tan\delta_s)^3 = (1 - 0{,}7 \cdot 0{,}175)^3 = 0{,}676$$

$$\kappa_b = (1 - \tan\delta_s)^3 = (1 - 0{,}175)^3 = 0{,}562$$

Um den eventuellen Einfluß des Grundwassers zu überprüfen, muß die Tiefe der Grundbruchscholle berechnet werden:

$$\vartheta_1 = 45° - \frac{\varphi}{2} = 45° - \frac{35°}{2} = 27{,}5°$$

$$a = \frac{1 - \tan^2\vartheta_1}{2 \cdot \tan\delta_s} = \frac{1 - \tan^2 27{,}5°}{2 \cdot 0{,}175} = 2{,}083$$

$$\tan\alpha_2 = a + \sqrt{a^2 - \tan^2\vartheta_1} = 2{,}083 + \sqrt{2{,}083^2 - \tan^2 27{,}5°} = 4{,}10 \;\Rightarrow\; \alpha_2 = 76{,}3°$$

$$\vartheta_2 = \alpha_2 - \vartheta_1 = 76{,}3° - 27{,}5° = 48{,}8° \;\hat{=}\; \alpha_1$$

Damit wird

$$d_s' = b' \cdot \sin\vartheta_2 \cdot e^{0{,}852 \cdot \tan 35°} = 2{,}46 \;\; m$$

und

$$\gamma_{2m} = \frac{1{,}0 \cdot 19 + 1{,}46 \cdot 11}{2{,}46} = 14{,}25 \;\; kN/m^3$$

Grundbruchwiderstand:

$$R_k = 1{,}8 \;\; (0 + 19 \cdot 0{,}9 \cdot 33 \cdot 1{,}0 \cdot 0{,}676 + 14{,}25 \cdot 18 \cdot 23 \cdot 1{,}0 \cdot 0{,}562) = 1283 \;\; kN/m$$

Nachweis der Grundbruchsicherheit:

$$V_d = \gamma_G \cdot F_{v,k} + \gamma_Q \cdot Q_{v,k} = 1{,}35 \cdot 600 + 0 = 810 \;\; kN/m$$

$$R_d = \frac{R_k}{\gamma_{Gr}} = \frac{1283}{1{,}40} = 916{,}4 \;\; kN/m$$

Damit wird

$$V_d = 810 \;\; kN/m < R_d = 916{,}4 \;\; kN/m$$

Ausnutzungsgrad:

$$f_{Gr} = \frac{V_d}{R_d} = \frac{810{,}0}{916{,}4} = 0{,}88 \;\hat{=}\; 88\%$$

Fall 2:

Ständige Lasten:

$$F_{v,k} = 500 \;\; kN/m\,; \;\; F_{h,k} = 80 \;\; kN/m$$

Veränderliche Lasten:

$$Q_{v,k} = 100 \;\; kN/m\,; \;\; Q_{h,k} = 25 \;\; kN/m$$

Die aus der gleichen Ursache herrührenden veränderlichen Lasten wirken insgesamt ungünstig, so daß keine besonderen Untersuchungen erforderlich sind.

□ 8.06: Fortsetzung Beispiel: Nachweis der Sicherheit gegen Grundbruch (Neues Sicherheitskonzept)

Ausmittigkeit der Resultierenden:

$${}_{vorh}e^{g+p} = 0{,}35\ m < \frac{b}{3} = \frac{2{,}50}{3} = 0{,}83\ m\ .$$

Reduzierte Breite:

$$b' = 2{,}50 - 2 \cdot 0{,}35 = 1{,}80\ m$$

Beiwerte:

$$N_d = 33;\ \nu_d' = 1{,}0$$

$$N_b = 23;\ \nu_b' = 1{,}0$$

Die Neigungsbeiwerte sind für
- *H parallel b'*
- *$\varphi_k' \neq 0$; $c_k' = 0$*

zu ermitteln:

$$V = F_{v,k} + Q_{v,k} = 500 + 100 = 600\ kN/m$$

$$H = F_{h,k} + Q_{h,k} = 80 + 25 = 105\ kN/m$$

$$\Rightarrow \tan\delta_s = \frac{105}{600} = 0{,}175$$

$$\kappa_d = (1 - 0{,}7 \cdot 0{,}175)^3 = 0{,}676$$

$$\kappa_b = (1 - 0{,}175)^3 = 0{,}562$$

Tiefe der Grundbruchscholle:
d_s = 2,46 m (s. Fall 1)

Damit wird:

$\gamma_{2m} = 14{,}25\ kN/m^3$ *(s. Fall 1)*

Grundbruchwiderstand:

$R_k = 1283\ kN/m$ *(s. Fall 1)*

Nachweis der Grundbruchsicherheit:

$$V_d = \gamma_G \cdot F_{v,k} + \gamma_Q \cdot Q_{v,k} = 1{,}35 \cdot 500 + 1{,}50 \cdot 100 = 825{,}0\ kN/m$$

$$R_d = \frac{1283}{1{,}40} = 916{,}4\ kN/m$$

Damit wird

$$V_d = 825{,}0\ kN/m < R_d = 916{,}4\ kN/m$$

Ausnutzungsgrad:

$$f_{Gr} = \frac{825{,}0}{916{,}4} = 0{,}90 \mathrel{\hat{=}} 90\%$$

8.2.2.3 Gleiten

Die Sicherheit gegen Gleiten ist entsprechend der in Abschnitt 8.2.1. dargestellten Vorgehensweise zu ermitteln. Insbesondere ist dabei folgendes zu beachten:

Lastkombinationen
- Alle möglichen Kombinationen von ständigen und veränderlichen Lasten sind auf den ungünstigsten Zustand hin zu untersuchen. Die jeweilige Neigung der Resultierenden ist mit der charakteristischen Last zu ermitteln.

Bemessungswerte
- Erst beim Nachweis, daß in der Gleitfuge die Grenzzustandsbedingung $E_d \leq R_d$ einzuhalten ist, werden die parallel zur Gleitfläche gerichteten Komponenten der mitwirkenden charakteristischen Kräfte mit den in Tabelle □ 8.02, Teil B, angegebenen Teilsicherheitsbeiwerten für Einwirkungen und Widerstände in Bemessungseinwirkungen und Bemessungswiderstände umgerechnet.

$_{max}\delta_s$
- Bei Ortbetonfundamenten sollte der anzusetzende Sohlreibungswinkel bei hochwertigem Baugrund auf $\delta_s \leq 35°$ begrenzt werden.

Erdwiderstand
- Bei einem eventuell wirksamen Erdwiderstand ist der charakteristische Wert mit dem Teilsicherheitsbeiwert γ_{Ep} nach Tabelle □ 8.02, Teil B, in den Bemessungserdwiderstand abzumindern.

□ 8.07: Beispiel: Nachweis der Sicherheit gegen Gleiten (Neues Sicherheitskonzept)

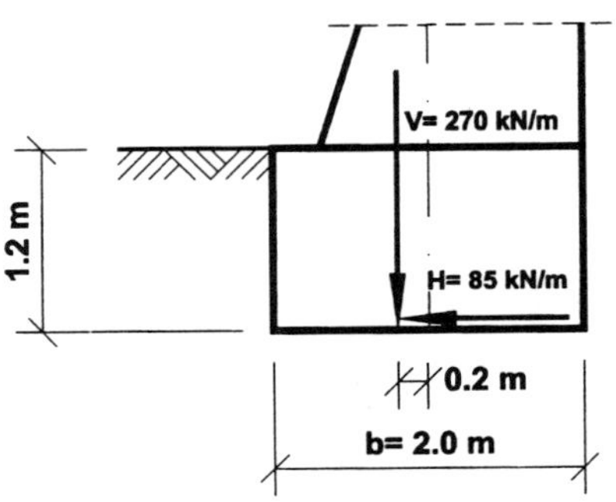

UM, steifplastisch

$\varphi_k' = 25°;\ c_k' = 3\ kN/m^2;\ \gamma_k = 19{,}5\ kN/m^3$

Für die dargestellte Stützwand ist die Sicherheit gegen Gleiten zu überprüfen (Lastfall 1).

Hinweis: Der Erdwiderstand wird hier aus Sicherheitsgründen nicht angesetzt.

Vorbemerkungen:
Es sollen hier zwei Fälle untersucht werden:

Fall 1: $V = V^g = 270\ kN/m$

$H = H^g = 85\ kN/m$

Fall 2: $V = V^g + V^p = 250 + 20\ kN/m$

$H = H^g + H^p = 55 + 30\ kN/m$

(V^p und H^p entstehen aus der gleichen Ursache).

Lösung:

Fall 1: *Ständige Lasten:*

$F_{v,k} = 270\ kN/m;\ F_{h,k} = 85\ kN/m$

Veränderliche Lasten: entfallen

Nachweis der Sicherheit gegen Gleiten (Sohlschubwiderstand):

$$E_d = \gamma_G \cdot F_{h,k} + \gamma_Q \cdot Q_{h,k} = 1{,}35 \cdot 85 + 0 = 114{,}8\ kN/m$$

$$R_k = N_k \cdot \tan\varphi_k = F_{v,k} \cdot \tan\delta_k = 270 \cdot \tan 25° = 125{,}9\ kN/m$$

$$R_d = \frac{R_k}{\gamma_{Gl}} + \frac{E_{pgh,k}}{\gamma_{Ep}} = \frac{125{,}9}{1{,}10} + 0 = 114{,}5\ kN/m$$

Nachweis:

$$E_d = 114{,}8 kN/m \approx R_d = 114{,}5 kN/m$$

Die Sicherheit ist gerade noch gegeben.

Ausnutzungsgrad:

$$f_{Gl} = \frac{E_d}{R_d} = \frac{114{,}8}{114{,}5} \approx 100\%$$

□ 8.08: Fortsetzung Beispiel: Nachweis der Sicherheit gegen Gleiten (Neues Sicherheitskonzept)

Fall 2:

Ständige Lasten:

$F_{v,k} = 250 \ kN/m \, ; \ F_{h,k} = 55 \ kN/m$

Veränderliche Lasten:

$Q_{v,k} = 20 \ kN/m \, ; \ Q_{h,k} = 30 \ kN/m$

Die aus der gleichen Ursache herrührenden veränderlichen Lasten wirken insgesamt ungünstig, so daß keine besonderen Untersuchungen erforderlich sind.

Nachweis der Sicherheit gegen Gleiten (Sohlschubwiderstand):

$$E_d = \gamma_G \cdot F_{h,k} + \gamma_Q \cdot Q_{h,k} = 1{,}35 \cdot 55 + 1{,}50 \cdot 30 = 119{,}3 \ kN/m$$

$$R_k = N \cdot \tan\varphi_k = (F_{v,k} + Q_{v,k}) \cdot \tan\delta_k = (250 + 20) \cdot \tan 25° = 125{,}9 \ kN/m$$

$$R_d = \frac{125{,}9}{1{,}10} = 114{,}5 \ kN/m$$

Nachweis:

$$E_d = 119{,}3 \ kN/m > R_d = 114{,}5 \ kN/m$$

Es ist keine ausreichende Sicherheit gegeben.

8.2.3 Standsicherheitsnachweise für Gewichtsstützwände

Neben der in Abschnitt 8.2.1. dargestellten Vorgehensweise ist folgendes zu beachten:

Gewichtsstützwände
- Als Gewichtsstützwände werden hier alle Stützbauwerke bezeichnet, bei denen die Standsicherheit durch ihr Eigengewicht selbst oder durch das Eigengewicht eines Bodenkörpers sichergestellt wird, wobei letzterer durch konstruktive Maßnahmen zur stabilisierenden Mitwirkung gezwungen wird. Hierzu zählen beispielsweise traditionelle Gewichtsstützwände (Schwergewichtswände), nach dem neuen Vorschlag jedoch auch Winkelstützwände, Raumgitterkonstruktionen, Stützwände „Bewehrte Erde" und „Bodenvernagelung".

charakteristische Lasten
- Zunächst sind an dem gewählten Stützwandsystem die charakteristischen Lasten anzubringen, getrennt nach ständigen Lasten (Eigenlast der Konstruktion, Erddruck aus Bodeneigenlast und ständigen Auflasten) und veränderlichen Lasten (Erddruck aus Verkehrs- und Nutzlasten) sowie anderen ständigen oder veränderlichen Lasten (Wasserdruck...). Als Ergebnis erhält man charakteristische Lasten und Schnittgrößen.

charakteristische Einwirkungen
- Für jeden maßgebenden Schnitt durch die Stützwandkonstruktion sowie zwischen der Stützwandkonstruktion und dem Baugrund sind alle möglichen maßgebenden Kombinationen von ständigen und veränderlichen charakteristischen Einwirkungen im Hinblick auf die äußere und innere Tragfähigkeit zu untersuchen.

Bemessungswerte
- Erst beim Nachweis, daß die Bedingung $E_d \leq R_d$ einzuhalten ist, werden die maßgebenden Schnittgrößen mit den Teilsicherheitsbeiwerten für Einwirkungen in die Bemessungswerte der Einwirkungen umgerechnet.

Bemessungswiderstand
- Der Bemessungswiderstand des Baugrunds ergibt sich letztlich aus dem charakteristischen Grundbruchwiderstand oder dem charakteristischen Sohlschubwiderstand nach Abschnitt 8.2.2.2. oder Abschnitt 8.2.2.3., dividiert durch den entsprechenden Teilsicherheitsbeiwert.

☐ 8.09: Beispiel: Berechnung einer Gewichtsstützwand (Neues Sicherheitskonzept)

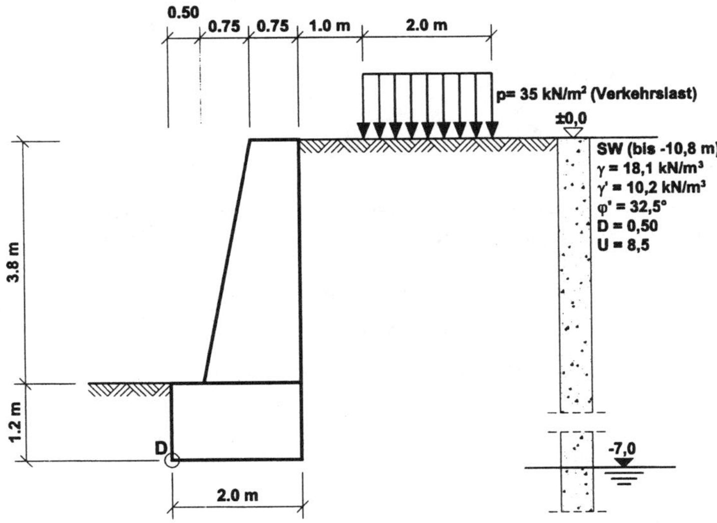

Für die dargestellten Gegebenheiten sind die direkten Standsicherheitsnachweise der Gewichtsstützwand zu führen.

Lösung:

Vorbemerkungen:

- *Die sich aus den vorliegenden Werten ergebenden Belastungen sind als charakteristische Lasten aufzufassen.*
- *In Anlehnung an die konventionelle Regelung, einen eventuell vorhandenen Erdwiderstand in diesen Fällen nur in reduzierter Größe anzusetzen ($_{red}E_p$), wird der Erdwiderstand mit der Größe*

$$E_{p,d} = \frac{E_{p,k}}{\gamma_{Ep}}$$

angesetzt.

1. Lastermittlung

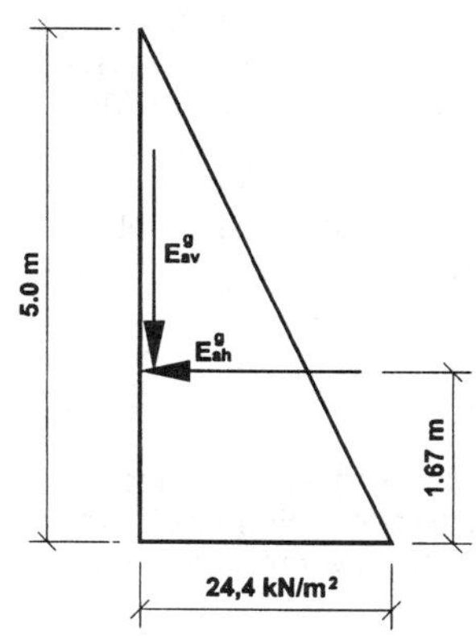

Erddruckermittlung

$$\alpha = 0;\ \beta = 0;\ \varphi_k' = 32{,}5°;\ \delta_a = \frac{2}{3}\varphi' \Rightarrow K_a^g = 0{,}27$$

Erddruck infolge Bodeneigenlast g

$$e_a^g = 18{,}1 \cdot 5{,}0 = 0{,}27 = 24{,}4 \ \ kN/m^2$$

$$E_a^g = 0{,}5 \cdot 24{,}4 \cdot 5{,}0 = 61{,}0 \ \ kN/m$$

$$E_{ah}^g = 61{,}0 \cdot \cos\frac{2}{3} \cdot 32{,}5° = 56{,}7 \ \ kN/m$$

$$E_{av}^g = 61{,}0 \cdot \sin\frac{2}{3} \cdot 32{,}5° = 22{,}6 \ \ kN/m$$

Erddruck infolge Streifenlast p'
Es muß zunächst festgestellt werden, ob die Streifenlast „schmal" oder „breit" ist. ⇒ Dörken/Dehne, T. 1 (1993)

☐ 8.10: Fortsetzung Beispiel: Berechnung einer Gewichtsstützwand (Neues Sicherheitskonzept)

Gleitflächenwinkel $_{\tan}\vartheta_a = 1{,}57$

Damit ergeben sich folgende Schnittpunkte mit der Wandrückseite:

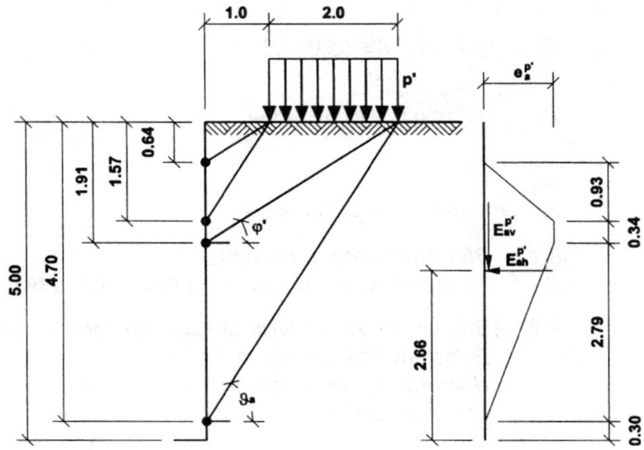

Da $y_3 > y_2$, ist die Streifenlast „breit".

$$e_a^{p'} = p' \cdot K_a^g = 35 \cdot 0{,}27 = 9{,}5 \quad kN/m^2$$

$$E_a^{p'} = 0{,}5 \cdot 9{,}5 \cdot 0{,}93 + 9{,}5 \cdot 0{,}34 + 0{,}5 \cdot 9{,}5 \cdot 2{,}79 = 4{,}4 + 3{,}2 + 13{,}3 = 20{,}9 \quad kN/m$$

$$E_{ah}^{p'} = 19{,}4 \quad kN/m\,; \; E_{av}^{p'} = 7{,}7 \quad kN/m$$

Angriffspunkt von $E_{ah}^{p'}$ (bezogen auf die Fundamentsohle):

$$y_s^{p'} = 0{,}30 + \frac{4{,}4\left(2{,}79 + 0{,}34 + \frac{0{,}93}{3}\right) + 3{,}2\left(2{,}79 + \frac{0{,}34}{2}\right) + 13{,}3 \cdot \frac{2 \cdot 2{,}79}{3}}{20{,}9} = 2{,}66 \quad m$$

Erdwiderstand vor der Stützwand
„Der Erdwiderstand darf nur dann als Reaktionskraft ... herangezogen werden, wenn das Fundament ohne Gefahr eine Verschiebung erfahren kann, die hinreicht, den erforderlichen Erdwiderstand wachzurufen. Der Boden ... muß mindestens mittlere Lagerungsdichte oder steife Konsistenz haben. Der Boden darf weder vorübergehend noch dauernd entfernt werden..." (DIN 1054, Abschnitt 4.1.2.).

Es wird im vorliegenden Fall davon ausgegangen, daß Erdwiderstand im zulässigen Maß angesetzt werden kann. Mit dem Ansatz $\delta_p = 0$ wird eine auf der sicheren Seite liegende Annahme getroffen.

$$\alpha = 0;\ \beta = 0;\ \varphi_k' = 32{,}5°;\ \delta_p = 0 \Rightarrow K_p^g \left(\hat{=}\, K_{ph}^g\right) = 3{,}32$$

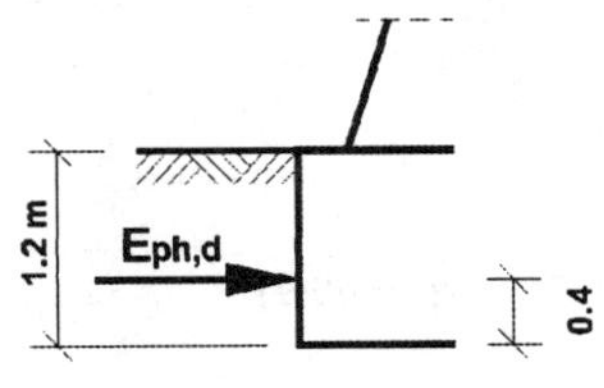

$$e_{ph}^g = 18{,}1 \cdot 1{,}2 \cdot 3{,}32 = 72{,}1 \quad kN/m^2$$

$$E_{ph}^g = \frac{1}{2} \cdot 72{,}1 \cdot 1{,}2 = 43{,}3 \quad kN/m$$

$$\Rightarrow E_{p,d} = \frac{43{,}3}{1{,}40} = 30{,}9 \quad kN/m$$

□ 8.11 Fortsetzung Beispiel: Berechnung einer Gewichtsstützwand (Neues Sicherheitskonzept)

Eigenlasten der Stützwand

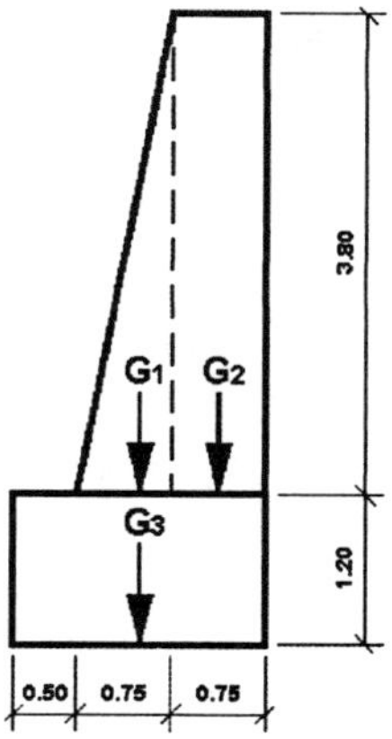

$$G_1 = 23 \cdot 0{,}5 \cdot 0{,}75 \cdot 3{,}8 = 32{,}8 \quad kN/m$$

$$G_2 = 23 \cdot 0{,}75 \cdot 3{,}8 = 65{,}6 \quad kN/m$$

$$G_3 = 23 \cdot 1{,}2 \cdot 2{,}0 = 55{,}2 \quad kN/m$$

2. Standsicherheitsnachweise

2.1. Sicherheit gegen Kippen
Nachweis wird in dieser Form nicht mehr geführt.

2.2. Sicherheit gegen Grundbruch (Grundbruchwiderstand)
Belastungsfall: schräg, ausmittig
Überprüfung der Ausmittigkeit:
Ständige Lasten:

$$\sum M_{(D)}^{g} = 32{,}8\left(0{,}5+\frac{2\cdot 0{,}75}{3}\right)+65{,}6\left(0{,}5+0{,}75+\frac{0{,}75}{2}\right)+$$
$$+55{,}2\cdot\frac{2{,}0}{2}+22{,}6\cdot 2{,}0+30{,}9\cdot 0{,}4-56{,}7\cdot 1{,}67=157{,}5 \quad kNm/m$$

$$\sum V^{g} = 32{,}8+65{,}6+55{,}2+22{,}6 = 176{,}2 \quad kN/m$$

$$\Rightarrow c^{g} = \frac{157{,}5}{176{,}2} = 0{,}89 \quad m$$

$$e^{g} = \frac{b}{2} - c^{g} = \frac{2{,}00}{2} - 0{,}89 = 0{,}11 \quad m < \frac{b}{6}$$

Gesamtlasten:

$$\sum M_{(D)}^{g+p} = 157{,}5+7{,}7\cdot 2{,}0-19{,}4\cdot 2{,}66 = 121{,}3 \quad kNm/m$$

$$\sum V^{g+p} = 176{,}2+7{,}7 = 183{,}9 \quad kN/m$$

$$\Rightarrow c^{g+p} = \frac{121{,}3}{183{,}9} = 0{,}66 \quad m$$

$$e^{g+p} = \frac{2{,}00}{2} - 0{,}66 = 0{,}34 \quad m < \frac{b}{3}$$

Reduzierte Breite:

$$b' = 2{,}00 - 2\cdot 0{,}34 = 1{,}32 \quad m$$

Einflußtiefe der Grundbruchscholle:

$$\vartheta_1 = 45° - \frac{32{,}5°}{2} = 28{,}75°$$

$$a = \frac{1-\tan^2 28{,}75°}{2\cdot\frac{56{,}7+19{,}4-30{,}9}{183{,}9}} = 1{,}4219$$

$$\tan\alpha_2 = 1{,}4219+\sqrt{1{,}4219^2-\tan^2 28{,}75°} = 2{,}7337 \Rightarrow \alpha_2 = 69{,}91°$$

$$\vartheta_2 = 69{,}91° - 28{,}75° = 41{,}16° \mathrel{\hat{=}} \alpha_1$$

□ 8.12: Fortsetzung Beispiel: Berechnung einer Gewichtsstützwand (Neues Sicherheitskonzept)

Damit wird

$$d_s = 1{,}32 \cdot \sin 41{,}16° \cdot e^{0{,}7184 \cdot \tan 32{,}5°} = 1{,}37 \ m,$$

was bedeutet, daß das Grundwasser keinen Einfluß hat.

Ermittlung des Grundbruchwiderstands:
Beiwerte:

$$N_d = 25; \ \nu_d' = 1{,}0$$

$$N_b = 15; \ \nu_b' = 1{,}0$$

Die Neigungsbeiwerte sind für

- *H parallel b'*
- $\varphi_k' \neq 0$; $c_k' = 0$

zu ermitteln:

$$\sum H_k = 56{,}7 + 19{,}4 - 30{,}9 = 45{,}2 \ kN/m$$

$$\sum V_k = 183{,}9 \ kN/m$$

$$\kappa_d = \left(1 - 0{,}7 \cdot \frac{45{,}2}{183{,}9}\right)^3 = 0{,}567$$

$$\kappa_b = \left(1 - \frac{45{,}2}{183{,}9}\right)^3 = 0{,}429$$

Grundbruchwiderstand:

$$R_k = 1{,}32 \ \left(0 + 18{,}1 \cdot 1{,}2 \cdot 25 \cdot 1{,}0 \cdot 0{,}567 + 18{,}1 \cdot 1{,}32 \cdot 15 \cdot 1{,}0 \cdot 0{,}429\right) = 609 \ kN/m$$

Nachweis der Grundbruchsicherheit:

$$V_d = \gamma_G \cdot F_{v,k} + \gamma_Q \cdot Q_{v,k} = 1{,}35 \cdot 176{,}2 + 1{,}50 \cdot 7{,}7 = 249 \ kN/m$$

$$R_d = \frac{R_k}{\gamma_{Gr}} = \frac{609}{1{,}40} = 435 \ kN/m$$

Damit wird

$$V_d = 249 \ kN/m < R_d = 435 \ kN/m$$

Die Sicherheit ist gegeben.

Ausnutzungsgrad:

$$f_{Gr} = \frac{V_d}{R_d} = \frac{249}{435} = 0{,}57 \mathrel{\hat{=}} 57\%$$

□ 8.13: Fortsetzung Beispiel: Berechnung einer Gewichtsstützwand (Neues Sicherheitskonzept)

2.3. Nachweis der Sicherheit gegen Gleiten (Sohlschubwiderstand):
Der Einfluß der Verkehrslast ist insgesamt „ungünstig" und somit einzubeziehen.

$$E_d = \gamma_G \cdot F_{h,k} + \gamma_Q \cdot Q_{h,k} = 1{,}35 \cdot 56{,}7 + 1{,}50 \cdot 19{,}4 = 105{,}6 \ kN/m$$

$$R_k = N_k \cdot \tan\varphi_k = \left(F_{v,k} + Q_{v,k}\right) \cdot \tan\delta_k = (176{,}2 + 7{,}7) \cdot \tan 32{,}5° = 117{,}2 \ kN/m$$

$$R_d = \frac{R_k}{\gamma_{Gl}} + \frac{E^g_{ph,k}}{\gamma_{Ep}} = \frac{117{,}2}{1{,}10} + 30{,}9 = 137{,}4 \ kN/m$$

Nachweis:

$$E_d = 105{,}6 \ kN/m < R_d = 137{,}4 \ kN/m$$

Die Sicherheit ist gegeben.

Ausnutzungsgrad:

$$f_{Gl} = \frac{E_d}{R_d} = \frac{105{,}6}{137{,}4} = 0{,}77 \mathrel{\hat{=}} 77\%$$

8.3 Sicherheit gegen Auftrieb

Die in ENV 1997-1 aufgeführten Regelungen zum Nachweis der Sicherheit gegen Auftrieb sind in mehreren Punkten unbefriedigend und mit der konventionellen deutschen Berechnungspraxis nicht in Einklang zu bringen. ⇒ Weißenbach et al. (1999).

Nach dem neuen Vorschlag werden in Anlehnung an die bisherige Praxis folgende Regelungen eingeführt:

Nachweis

- Wirken beim Nachweis der Sicherheit gegen Auftrieb nur die Eigenlast G des Bauwerks/Bauteils, die Auftriebskraft A und ungünstige veränderliche Einwirkungen Q mit, dann ist nachzuweisen, daß die Bemessungswerte dieser Einwirkungen die Grenzzustandsbedingung

  $$A_k \cdot \gamma_{G,\sup} + Q_k \cdot \gamma_Q \le G_k \cdot \gamma_{G,\inf} \qquad (8.05)$$

  erfüllen.
  Die zugehörigen Teilsicherheitsbeiwerte der charakteristischen Einwirkungen sind in Tabelle □ 8.02, Teil A, aufgeführt.

Wasserdruck

- Der charakteristische Wasserdruck ist für den höchsten vorzusehenden Wasserstand anzusetzen, z.B. für den Wasserstand, bei dem das Wasser überlaufen könnte, oder für den in einem bestimmten Zeitraum zu erwartenden höchsten Wasserstand.

Vertikalkräfte

- Bei eventuell auch günstig wirkenden Scherkräften, wie der Vertikalkomponente des aktiven Erddrucks an der Bauwerkswand nach □ 8.14 a oder Scherkräften in einer gedachten senkrechten Bruchfuge über der Rückseite eines Sporns nach □ 8.14 b, sind die mit charakteristischen Bodenkenngrößen ermittelten Vertikalkräfte $E_{a_{v,k}}$ oder $E_{a_{h,k}} \cdot \tan\varphi_k$ mit dem Anpassungsfaktor η = 0,80 abzumindern und mit den in Tabelle □ 8.02, Teil A, für die Bauwerklast angegebenen Teilsicherheitsbeiwerten in Bemessungswerte umzurechnen. Die Grenzzustandsbedingung (8.05) ist in diesem Fall um den Anteil $F_k \cdot \gamma_{G,\inf} = 0{,}80 \cdot E_{a_{v,k}} \cdot \gamma_{G,\inf}$ zu ergänzen.

☐ 8.14: Auftriebsnachweis mit a) Vertikalkomponente E_{av}, b) Reibungskraft $E_{ah} \cdot \tan\varphi$

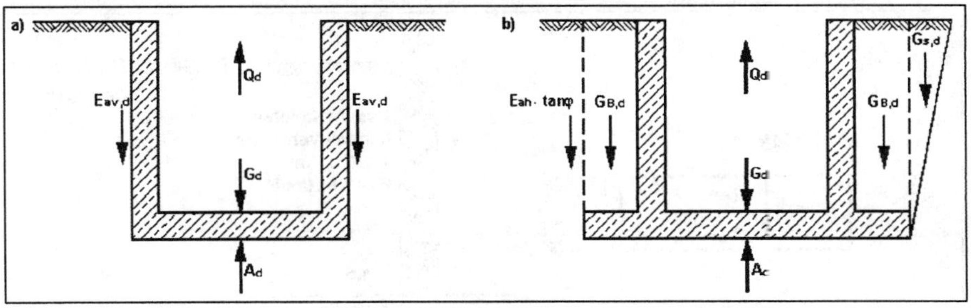

8.4 Setzungen

Als Verformungsproblem sind Setzungsberechnungen dem Grenzzustand 2 zuzuordnen. Da in diesen Fällen zu beachten ist, daß nicht alle möglichen veränderlichen Einwirkungen gleichzeitig und in maximaler Größe auftreten können, wird ein „repräsentativer Wert“, das Produkt $\psi \cdot Q_k$, bestimmt, wobei veränderliche Einwirkungen als Haupteinflußgröße gewählt und die übrigen durch ψ-Faktoren abgemindert werden (☐ 8.15)

☐ 8.15: ψ-Faktoren für Bauwerke (nach Smoltczyk 1994 a)

Einwirkung		ψ_0	ψ_1	ψ_2
Eingeprägte Lasten :				
Gruppe	A: Wohngebäude	0,7	0,5	0,3
	B: Bürogebäude	0,7	0,5	0,3
	C: Versammlungsräume	0,7	0,7	0,6
	D: Einkaufsläden	0,7	0,7	0,6
	E: Lager	1,0	0,9	0,8
Verkehrslast in Gebäuden				
	F:	0,7	0,7	0,6
	G:	0,7	0,5	0,3
Schneelast		0,6	0,2	0
Windlast		0,6	0,5	0
Temperatur-Einwirkung (ohne Brandfall)		0,6	0,5	0

Hierin ist:

ψ_0 = Kombinationswert, berücksichtigt die unwahrscheinliche Gleichzeitigkeit veränderlicher Einwirkungen

ψ_1 = häufiger Wert, berücksichtigt Einwirkungen, die 20% des Bezugszeitraums oder 300mal pro Jahr vorhanden sind

ψ_2 = quasi-ständiger Wert

Da die neuen Vorschläge (Weißenbach et al., 1999) auf die Problematik des Grenzzustands 2 nicht definitiv eingehen, wird der bislang aktuelle Modus der Berechnung beibehalten.

Man erhält den Steife- und Verformungsmodul durch Division (unterer Wert = E_{inf}) oder Multiplikation (oberer Wert E_{sup}) mit dem Faktor 1,5 als Variationsbreite zur größeren wie zur kleineren Steifigkeit (☐ 8.16, ☐ 8.17).

⇒ Smoltczyk (1994 a und b)

□ 8.16: Beispiel: Setzung und Schiefstellung eines einfach ausmittig belasteten Fundaments (Neues Sicherheitskonzept)

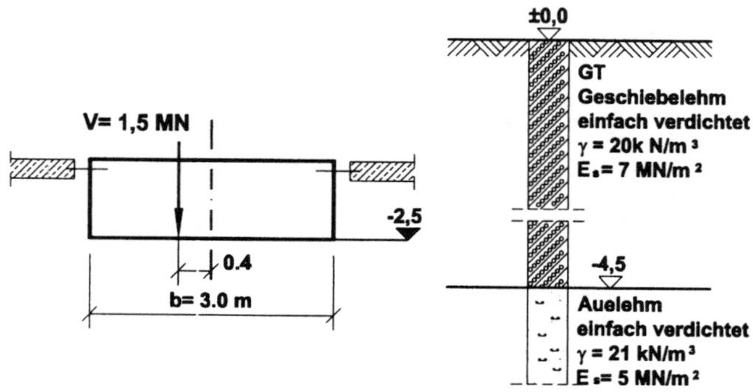

Ges.: *Setzung und Schiefstellung des Quadratfundaments*

Vorbemerkungen:

Die für die Setzungsberechnung maßgebende Belastung beträgt

$$V_k = F_{v,k} + \psi \cdot Q_{v,k} = V^g + 0{,}3\ V^p = 1500 + 0 = 1500\ kN\ .$$

Da das vorliegende Problem dem GZ 2 zuzuordnen ist, muß zunächst die Ausmittigkeit überprüft werden:

$$_{vorh}e^{g+0{,}3p} = 0{,}40\ m < \frac{b}{6} = \frac{3{,}00}{6} = 0{,}50\ m$$

Die vorhandene Ausmittigkeit liegt im 1. Kern. Es wird hier vorausgesetzt, daß

$$_{vorh}e^{g+p} \le \frac{b}{3}\ \text{ist.}$$

Man erhält den Bemessungswert der Steifemoduln durch Division oder Multiplikation mit dem Faktor 1,5 als Variationsbreite zur größeren wie zur kleineren Seite:

Geschiebelehm:

$$E_{s,\inf} = \frac{7}{1{,}5} = 4{,}7\ MN/m^2\ ;\ E_{s,\sup} = 1{,}5 \cdot 7 = 10{,}5\ MN/m^2$$

Auelehm:

$$E_{s,\inf} = \frac{5}{1{,}5} = 3{,}3\ MN/m^2\ ;\ E_{s,\sup} = 1{,}5 \cdot 5 = 7{,}5\ MN/m^2$$

Zur Erinnerung: Im GZ 2 wird mit einem Teilsicherheitsbeiwert γ = 1 gerechnet.

Lösung:

Baugrundspannungen:

Sohlnormalspannung $\sigma_0 = \frac{1500}{3{,}0^2} = 166{,}7\ kN/m^2$

Aushubentlastung $\sigma_a = 20 \cdot 2{,}5 = 50{,}0\ kN/m^2$

Setzungserzeugende Spannung $\sigma_1 = 166{,}7 - 50{,}0 = 116{,}7\ kN/m^2$

Grenztiefe: $\frac{a}{b} = 1{,}0$

Kote	z	d+z	$\sigma_ü$	$0{,}2\sigma_ü$	z/b	i	$i \cdot \sigma_1$
m	m	m	kN/m²	kN/m²	1	1	kN/m²
-6,0	3,5	6,0	121,5	24,3	1,17	0,2035	23,7

Die Grenztiefe kann bei $d_s \approx 3{,}5$ m angenommen werden. Sie reicht somit bis in die zweite Schicht.

☐ 8.17: Fortsetzung Beispiel: Setzung und Schiefstellung eines einfach ausmittig belasteten Fundaments (Neues Sicherheitskonzept)

Gleichmäßiger Setzungsanteil

Schicht „Geschiebelehm"

$$\frac{z_1}{b} = \frac{4{,}5-2{,}5}{3{,}0} = 0{,}67$$

$$\frac{a}{b} = 1{,}0$$

$$\Rightarrow f_1 = 0{,}3939$$

Schicht „Auelehm"

$$\frac{z_2}{b} = \frac{3{,}5}{3{,}0} = 1{,}17$$

$$\frac{a}{b} = 1{,}0$$

$$\Rightarrow f_2 = 0{,}5192$$

Damit wird

$$s_{m,\inf} = \frac{116{,}7\cdot 3{,}0\cdot 0{,}3939\cdot 2}{4700\cdot 3} + \frac{116{,}7\cdot 3{,}0\cdot (0{,}5192-0{,}3939)\cdot 2}{3300\cdot 3} =$$

$$= 0{,}0196 + 0{,}0089 = 0{,}0285\ m \mathrel{\hat{=}} 2{,}9\ cm$$

$$(68{,}9\%) + (31{,}1\%) = (100\%)$$

$$s_{m,\sup} = \frac{116{,}7\cdot 3{,}0\cdot 0{,}3939\cdot 2}{10500\cdot 3} + \frac{116{,}7\cdot 3{,}0\cdot (0{,}5192-0{,}3939)\cdot 2}{7500\cdot 3} =$$

$$= 0{,}0088 + 0{,}0039 = 0{,}0127\ m \mathrel{\hat{=}} 1{,}3\ cm$$

$$(69{,}3\%) + (30{,}7\%) = (100\%)$$

Schiefstellung infolge $M = V \cdot e$

Ersatzradius

$$r_E = 0{,}564\cdot 3{,}0 = 1{,}70\ m$$

$$_{vorh}e = 0{,}40\ m < \frac{r_E}{3} = \frac{1{,}70}{3} = 0{,}56\ m$$

Steifemodul (gewichtetes Mittel)

Entsprechend den oben berechneten prozentualen Setzungsanteilen wird

$$E_{s,\inf} = 0{,}689\cdot 4700 + 0{,}311\cdot 3300 \approx 4265\ kN/m^2$$

$$E_{s,\sup} = 0{,}693\cdot 10500 + 0{,}307\cdot 7500 \approx 9560\ kN/m^2$$

Schiefstellung:

$$\tan\alpha_{\inf} = \frac{9\cdot 1500\cdot 0{,}40\cdot 2}{16\cdot 1{,}70^3\cdot 4265\cdot 3} = 0{,}0107$$

$$\tan\alpha_{\sup} = \frac{9\cdot 1500\cdot 0{,}40\cdot 2}{16\cdot 1{,}70^3\cdot 9560\cdot 3} = 0{,}0048$$

Setzungen an den Fundamentkanten:

$$s_{\inf} = 2{,}9 \pm \frac{300}{2}\cdot 0{,}0107 = 2{,}9 \pm 1{,}6 \Rightarrow$$ $_{max}s$ *= 4,5 cm*

$_{min}s$ *= 1,3 cm*

$$s_{\sup} = 1{,}3 \pm \frac{300}{2}\cdot 0{,}0048 = 1{,}36 \pm 0{,}7 \Rightarrow$$ $_{max}s$ *= 2,0 cm*

$_{min}s$ *= 0,6 cm*

8.5 Kontrollfragen

- Globales (deterministisches) / probabilistisches Sicherheitskonzept?
- Geotechnische Kategorien? Einteilung?
- Grenzzustand? Welche Grenzzustände werden unterschieden?
- Unterteilung des Grenzzustands 1 in A, B, C?
- Lastfälle?
- Einwirkungen? Widerstände?
- Grenzzustandsgleichung? Bemessungsgleichung?
- Zeichnen Sie die Verteilungsfunktionen von S und R.
- Charakteristische Werte? Nennwerte? Teilsicherheitsbeiwerte?
- Grundzüge des neuen Konzept?
- Kippen im neuen Sicherheitskonzept?
- Lastkombinationen beim Grundbruchnachweis?
- Ansatz des Erdwiderstands?
- Lastkombinationen beim Gleitnachweis?
- Charakteristische Lasten für die Berechnung einer Gewichtsstützwand?
- Verschiedene Möglichkeiten des Auftriebsnachweises?
- Welchem Grenzzustand ist eine Setzungsberechnung zuzuordnen?

8.6 Weitere Beispiele

☐ 8.18: Beispiel: Nachweis der Sicherheit gegen Auftrieb (Neues Sicherheitskonzept)

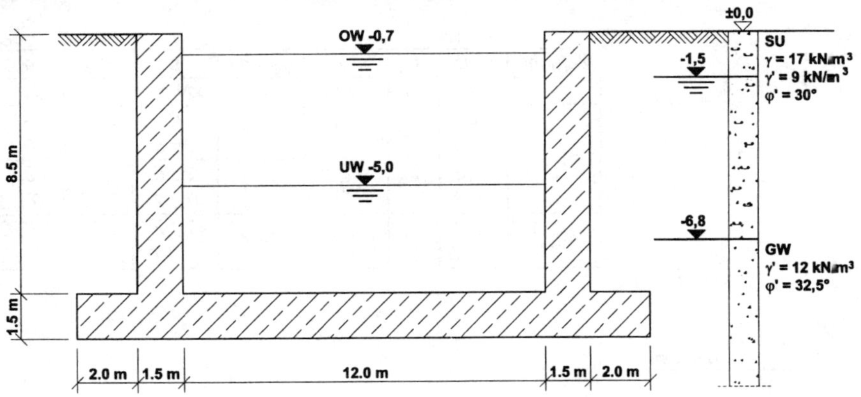

Für den dargestellten Querschnitt einer Schiffsschleuse aus Stahlbeton ist die Sicherheit gegen Auftrieb für die Fälle

a) Betriebszustand

b) Reparaturzustand (Schleuse leer)

zu überprüfen.

Lösung:

Vorbemerkung:

Bei Auftriebsberechnungen ist die Wichte von Stahlbeton sicherheitshalber mit γ = 24 kN/m³ anzusetzen, wenn nicht der tatsächliche Wert ermittelt wird.

Lastermittlung:

Eigenlast des Bauwerks

$$G_B = (1{,}5 \cdot 8{,}5 \cdot 2 + 1{,}5 \cdot 19{,}0) \cdot 24 = 1296{,}0 \quad kN/m$$

Bodenauflast

Da die Mitwirkung der Bodeneigenlast nicht mit gleicher Zuverlässigkeit sichergestellt werden kann, wie das Vorhandensein der Bauwerkseigenlast, ist ein Anpassungsfaktor η = 0,8 erforderlich.

$$G_E = 2 \cdot 0{,}8 \cdot 2{,}0 \quad (1{,}5 \cdot 17{,}0 + 5{,}3 \cdot 0{,}9 + 1{,}7 \cdot 12{,}0) = 299{,}5 \quad kN/m$$

Wasserauflast (außen)

Da der maßgebende Berechnungswasserstand die (ungünstig wirkende) Auftriebskraft bedingt, wird die Wasserauflast (als günstig wirkend) angesetzt.

$$G_W = 2 \cdot 2{,}0 \cdot 7{,}0 \cdot 10{,}0 = 280{,}0 \quad kN/m$$

Wasserauflast (innen) für a)

Der ungünstigste Wasserstand ist bei UW = -5,0 m:

$$G_W = 12{,}0 \cdot 3{,}5 \cdot 10{,}0 = 420{,}0 \quad kN/m$$

Günstig wirkende Scherkräfte G_s

Die Scherkraft G_s in der gedachten Scherfuge über den Außenkanten der Sohlplatte resultiert ebenfalls aus der Bodeneigenlast und muß mit dem Anpassungsfaktor η = 0,8 belegt werden.

☐ 8.19: Fortsetzung Beispiel: Nachweis der Sicherheit gegen Auftrieb (Neues Sicherheitskonzept)

Erddruck an der fiktiven lotrechten Gleitfläche nach Rankine mit
$\alpha = \beta = \delta_a = 0$:

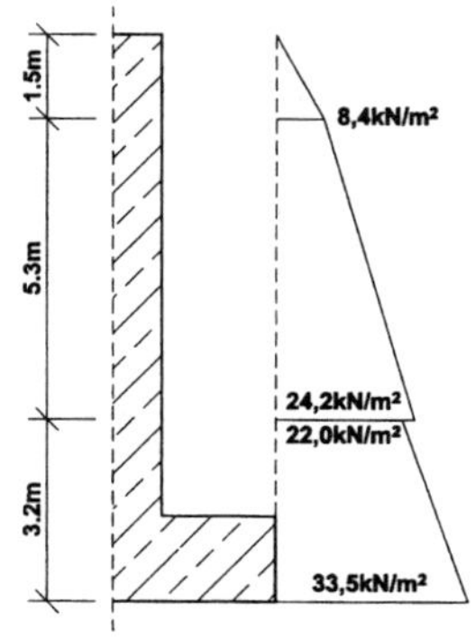

Schicht	Kote	h	γ	$\gamma \cdot h$	p	K_{ah}	e_{ah}
-	m	m	kN/m³	kN/m²	kN/m²	-	kN/m²
SU	0 -1,5	1,5	17	25,5	0 25,5	0,33	0 8,4
	-1,5 -6,8	5,3	9	47,7	25,5 73,2	0,33	8,4 24,2
GW	-6,8 -10,0	3,2	12	38,4	73,2 111,6	0,30	22,0 33,5

Die Schwerkraft in der fiktiven Fuge erhält man aus der Gleichung

$$G_s = \sum E_{ah,k_i} \cdot \tan\varphi_i'$$

$$G_s = \frac{1}{2} \cdot 8{,}4 \cdot 1{,}5 \cdot \tan 30° + \frac{1}{2}(8{,}4 + 24{,}2) \cdot 5{,}3 \cdot \tan 30° + \frac{1}{2}(22{,}0 + 33{,}5) \cdot 3{,}2 \cdot \tan 32{,}5° =$$

$$= 3{,}6 + 50{,}0 + 56{,}6 = 110{,}2 \quad kN/m$$

Damit beträgt die ansetzbare Scherkraft

$$G_s = 2 \cdot 110{,}2 \cdot 0{,}8 = 176{,}3 \quad kN/m$$

Auftriebskraft A_k

$$A_k = 19{,}0 \cdot 8{,}5 \cdot 10{,}0 = 1615{,}0 \quad kN/m$$

Grenzzustandsbedingung im Fall a)
Die Grenzzustandsbedingung für den Auftrieb lautet

$$A_k \cdot \gamma_{G,\sup} + Q_k \cdot \gamma_Q \le G_k \cdot \gamma_{G,\inf}$$

Ungünstig wirkende veränderliche Einwirkungen Q kommen im vorliegenden Fall nicht vor. G_k setzt sich aus den zuvor berechneten Anteilen G_B, G_E, G_W und G_S zusammen:
Somit wird:

$$1615{,}0 \cdot 1{,}05 + 0 \le (1296{,}0 + 299{,}5 + 280{,}0 + 420{,}0) \cdot 0{,}95$$

$$1698 < 2181 \quad kN/m$$

Grenzzustandsbedingung im Fall b)
Mit Ausnahme der Eigenlast des Wassers in der Schleuse gelten die gleichen Einwirkungen und Widerstände. Jedoch ist zu beachten, daß die Teilsicherheitsbeiwerte des Lastfalls 2 maßgebend sind.

Damit wird:

$$1615{,}0 \cdot 1{,}0 + 0 \le (1296{,}0 + 299{,}5 + 280{,}0) \cdot 0{,}95$$

$$1615 < 1782 \quad kN/m$$

9 Risse im Bauwerk

Dieser Abschnitt wurde in wesentlichem Umfang auf Grund von Unterlagen und Zeichnungen von Herrn Dipl.-Ing. Wolf Ackermann erstellt (siehe Ackermann 1995 und 1999).

9.0 Vorbemerkung

Die folgenden Ausführungen und Beispiele können dabei helfen zu entscheiden, ob Rißschäden an Bauwerken durch die Wechselwirkung von Bauwerk und Baugrund oder durch andere Ursachen bedingt sind.

Eine Einführung in die Problematik der Rißentstehung und Beispiele aus der Praxis sollen die Beantwortung dieser Frage erleichtern.

9.1 Grundlagen

Rißentstehung

Spannungen in Bauwerken (Bauteilen) haben Formänderungen zur Folge. Risse entstehen, wenn die Spannungen (Verformungen) so groß werden, daß die Festigkeit (Bruchdehnung) des Baustoffs erreicht wird.

Statisches System

In Bauteilen, die sich ohne Behinderung verformen können, treten keine Spannungen infolge dieser Formänderungen auf. Beispiel: statisch bestimmt gelagertes Tragwerk. Dieser Fall ist in der Praxis allerdings selten, denn jedes Bauteil ist auf irgendeine Weise mit anderen Bauteilen verbunden, und die Systeme sind geplant oder unbeabsichtigt (□ 9.01) statisch unbestimmt.

□ 9.01: Beispiele: Unbeabsichtigte statische Unbestimmtheit von Tragwerken

- In einer Richtung gespannte Geschoßdecken tragen ihre Last auch quer zur angenommenen Spannrichtung ab.
- Mauerwerks-Wandscheiben als gebäudeaussteifende Elemente verhindern auch die Dehnungen der mit ihnen verbundenen Deckenplatten.
- An den Auflagern von Massivdecken auf Mauerwerk entstehen Einspannmomente.

Zwang

Bei behinderter Verformung oder Bewegung eines Bauteils durch äußere Kräfte ("Zwang") entstehen (Zwangs-)Spannungen. Dies ist z.B. bei miteinander verbundenen Bauteilen, die sich unterschiedlich verformen, der Fall.

Eigenspannung

In einem Bauteil können aber auch ohne die Einwirkung von äußeren Kräften Spannungen und damit lastunabhängige Verformungen entstehen, z.B. durch Temperaturänderung, Schwinden/Quellen und Kriechen. Diese Spannungen werden als Eigenspannungen bezeichnet.

Relaxation

Zeitabhängiger Abbau der Spannungen durch Dehnung. Eine durch Temperaturdehnung hervorgerufene Anfangsspannung verringert sich z.B. im Laufe der Zeit infolge Relaxation auf einen wesentlich kleineren Endwert. Die Relaxation ist vor allem bei langzeitigen Formänderungen, z.B. bei Schwinden und Kriechen, zu beachten.

Spannungsarten

Von den verschiedenen Spannungsarten erzeugen vor allem Zug- und Scher- (Schub-) spannungen Risse, weil die Zug- und Scher- (Schub-)festigkeit der Baustoffe - im Vergleich zu ihrer Druckfestigkeit - meist gering ist.

Ein klaffender Riß ist in der Regel auf Zugspannungen senkrecht zur Rißfuge zurückzuführen. Scherspannungen erzeugen Scherbrüche. Dabei wird ein Bauteil in Wirkungsrichtung der Scherkräfte durchtrennt. Zusätzlich können sich die Rißufer gegeneinander verschieben. Der Schubbruch, der bei Biegung mit Querkraft auftritt, wird ebenfalls durch Zugspannungen bewirkt (□ 9.02).

Rißstellen

In einem homogenen Baustoff müßte sich eigentlich ein Riß dort bilden, wo die größte Spannung auftritt. Infolge von Inhomogenitäten treten aber auch Risse an Stellen mit geringerer Spannung auf.

□ 9.02: Beispiele: Spannungsarten und Rißbildungen

- Zugrisse klaffen häufig, weil die Zugspannung senkrecht zur Querschnittsfläche wirkt.
- Scher- (Schub-)risse entstehen an vorgegebenen Bauteilübergängen oder an materialbedingten Schwachstellen (z.B. Mauerwerksfugen). Sie können aber auch durch räumlich dicht wirkende Scherspannungen in einem homogenen Baustoff ohne vorgegebene Schwachstellen auftreten.

Risse entstehen bevorzugt an Querschnittsänderungen ("Schwachstellen") des Bauteils selbst oder an Übergängen zu anderen Bauteilen. Wenn sich nämlich in einem Bauteil die Querschnittsfläche nicht ändert, bleibt z.B. die Größe der Zugkraft als Produkt aus Zugspannung und Bauteilquerschnittsfläche unverändert. Im Bereich von Querschnittsverengungen (an "Schwachstellen") des Bauteils steigt aber die Zugspannung sprunghaft an, weil die gleichbleibende Zugkraft auf eine kleinere Querschnittsfläche wirkt als zuvor, so daß die Zugfestigkeit des Baustoffs erreicht werden kann.

□ 9.03: Beispiel: Rißbildung an einer Fensteröffnung (Ackermann 1995)

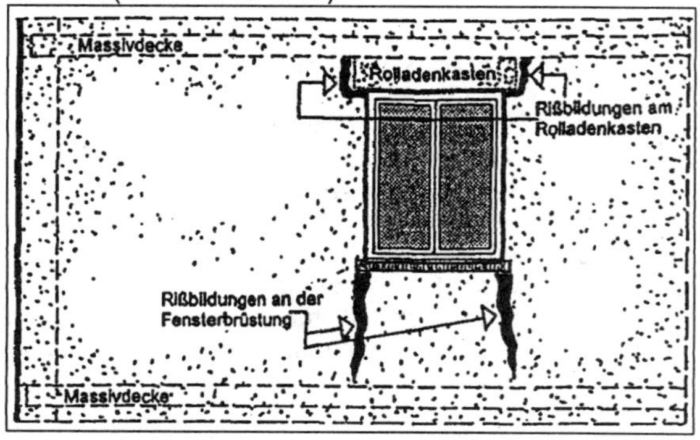

Häufig sind Rißbildungen an Fenster- und Türöffnungen zu beobachten. Zu der Verengung der Wand in Längsrichtung im Bereich der Öffnung kommt oft noch eine Querschnittsreduzierung durch Nischenausbildung im Bereich der Fen-Fensterbrüstung hinzu (□ 9.03).

Ursachen Da unterschiedliche Ursachen an einer Rißbildung beteiligt sein können, ist es häufig unmöglich, die Einzelursachen anteilmäßig zu ermitteln.

Grenzwerte Mit bloßem Auge sichtbare Risse erwecken bei einem Nichtfachmann immer den Eindruck eines "Schadens" im Sinne einer Schädigung oder einer Schwäche des Bauteils oder sogar des ganzen Bauwerks. Aber nicht alle Risse sind als Schäden (Mängel) zu bewerten. In Hinblick auf die Nutzung des Bauwerks und auf Umwelteinflüsse kann erst ab folgenden Rißweiten von Schäden gesprochen werden:
- in trockenen Innenräumen: > 0,3 mm
- im Freien: > 0,2 mm.

Maßnahmen Im Stahlbetonbau besteht die Möglichkeit, die Zugspannungen aus lastunabhängigen Spannungen durch einen größeren Stahlquerschnitt aufzunehmen. Dabei ist aber zu beachten, daß die Spannungen als Eigenspannung im Bauteil wirken und an den Übergängen zu anderen Bauteilen ein Riß entsteht.

Da die Aufnahme von Zwangskräften im Bauteil oder Bauwerk selbst immer mit der Entstehung eines kaum kontrollierbaren Eigenspannungszustands, und daher mit einem Schadensrisiko, verbunden ist, empfiehlt sich die Anordnung von Fugen als bessere konstruktive Maßnahme.

Bewegungsmöglichkeiten in Form von Fugen sind dort anzuordnen, wo sich sonst Risse bilden würden. Eine Fuge ist also ein geplanter Riß.

Bei der Planung von Fugen muß das Verformungsverhalten der zu planenden Konstruktion ermittelt und die Verformungsverträglichkeit überprüft werden. Dabei sind alle Verformungsmöglichkeiten einzubeziehen, die auftreten können: aus äußeren Kräften, aus Temperatur, Schwinden/Quellen und Kriechen.

⇒ Simons (1988)

9.2 Verformungen

9.2.1 Lastabhängig

Verformungen unter den das Bauwerk (das Bauteil) beanspruchenden Spannungen (□ 9.04) können im elastischen oder plastischen Bereich liegen.

□ 9.04: Beispiele: Beanspruchungen und Verformungen

Beanspruchung	Verformung
Zugspannung	Dehnung (Längung)
Druckspannung	Stauchung (Verkürzung)
Biegespannung	Durchbiegung
Schubspannung	Verschiebung
Torsionsspannung	Verdrehung

Elastisch Im Beanspruchungsbereich der Gebrauchslasten kann angenommen werden, daß Spannungen und Verformungen linear voneinander abhängen (Hooke'sches Gesetz): Je größer die Spannung, desto größer die Verformung.

Plastisch Plastische (bleibende) Verformungen von Tragwerken bilden sich im Gegensatz zu den elastischen nicht mehr zurück, wenn die Beanspruchung nachläßt oder aufhört. Sie können durch Plastifizierung des Baustoffs (□ 9.05) oder in Form von Rissen entstehen.

□ 9.05: Beispiele: Plastifizierung von Baustoffen

- Fließen von Stahl beim Erreichen der Fließgrenze.
- Kriechen von Beton unter Langzeit-Druckbelastung (z. B. bei Spannbeton).

Anmerkung: Durch plastische Verformungen ändert sich das statische System des Tragwerks, die ursprünglichen Planungs- und Bemessungsgrundlagen treffen nicht mehr zu. Dieser Zusammenhang bildet die Grundlage des Traglastverfahrens: Durch die Überlastung elastisch hochbeanspruchter Bereiche verlagert sich die Last auf andere, bisher weniger beanspruchte Bereiche. Auf diese Weise wird die Traglast des gesamten Tragsystems erhöht.

Verformungsunverträglichkeit Risse infolge lastabhängiger Verformungen von Einzelbauteilen sind auf Grund der Vorschriften über eine ausreichende Sicherheit gegen Versagen des Baustoffs relativ selten. Häufiger treten dagegen Risse infolge der Verformungsunverträglichkeit benachbarter Bauteile auf, wenn die aneinander angrenzenden Bauteile sich infolge ihrer lastabhängigen Verformung gegenseitig beeinträchtigen. Hierbei sind insbesondere folgende Fälle möglich:

- Die Verformung aus der Biegebeanspruchung ist oft um ein Vielfaches größer als aus anderen Beanspruchungsarten.
- Bei biegebeanspruchten Bauteilen mit unterschiedlichen Steifigkeiten ist die elastische Verformung ebenfalls unterschiedlich groß.

Beispiel Ein in die Massivdecke integrierter Plattenbalken soll eine Wand abfangen (□ 9.06 a). Der Plattenbalken biegt sich stark durch. Die Wand wirkt als Scheibe und kann der Balkenbiegung nicht folgen.

Die Überprüfung der Steifigkeiten von Balken und Scheibe zeigt, daß die Scheibe ca. 240mal steifer ist als der Balken (□ 9.06 b).

Wenn die Wand in der Lage ist, sich selbst als Scheibe abzutragen und der Plattenbalken sich zusammen mit der Massivdecke unter Eigengewicht und Gebrauchslast durchbiegt, entsteht zwischen Wand und Massivdecke ein Spalt (□ 9.06 c).

Im anderen Fall folgt die Wand der Deckendurchbiegung und setzt sich auf der Massivdecke ab. Entsprechend dem Verlauf der Hauptspannungen (siehe Abschnitt 9.3.2) bilden sich Risse (□ 9.06 d).

Der Rißverlauf (siehe Abschnitt 9.3) wird weitgehend durch den Wandbaustoff bestimmt. Bei Mauerwerk aus Steinen geringer Festigkeit (z. B. Bimssteine) verlaufen die Risse nicht nur in den Fugen, sondern gehen auch durch die Steine. Bei Mauerwerk aus festen Steinen folgt die Rißbildung vorwiegend dem Fugenverlauf.

Eine weitere Verformungsunverträglichkeit liegt häufig zwischen Bauwerk und Baugrund vor, wenn die Nachgiebigkeit des Baugrunds wesentlich größer ist als die schadensfreie Biegeverformung der Gründung bzw. des Bauwerks insgesamt.

Beispielsweise hat sich bei dem mehrgeschossigen Gebäude auf wenig tragfähigem Baugrund (☐ 9.07) das stärker belastete und breitere Mittelwandfundament stärker als die Außenwandfundamente gesetzt. Hierdurch ist eine Setzungsmulde entstanden (siehe Abschnitt 3), die zu Rissen in den Geschoßwänden geführt hat.

☐ 9.07: Beispiel: Setzungsrisse in einem mehrgeschossigen Gebäude (Ackermann 1995)

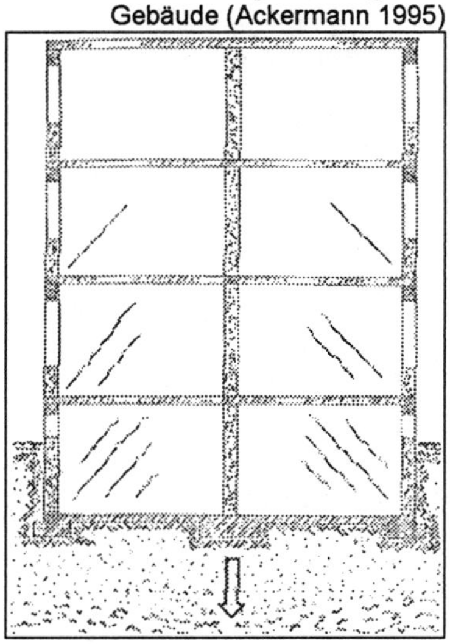

☐ 9.06: Beispiel: Unterschiedliche Steifigkeiten von Balken und Wandscheibe (Ackermann 1995)

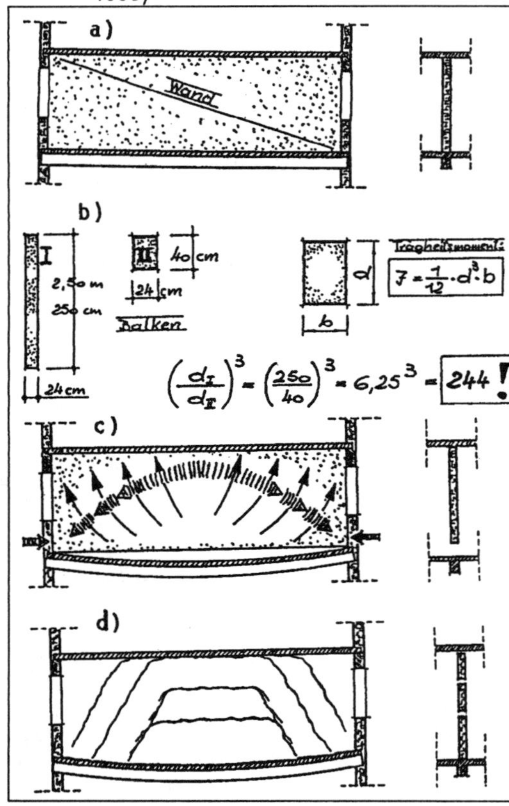

9.2.2 Lastunabhängig

Arten

Am häufigsten entstehen Risse an Bauwerken infolge von nachträglich aufgezwungenen Verformungen, die lastunabhängig sind: infolge von Temperaturänderungen, von Schwinden/Quellen und von Kriechen. Bei einer Behinderung dieser Verformungen entstehen Spannungen, welche häufig die (Bruch-)Festigkeit der Baustoffe erreichen.

Beispiele

Ausdehnungen oder Verkürzungen von Dachdecken, die ohne entsprechende Gleitmöglichkeit auf Wänden aufliegen, führen zu Rissen in den Auflagerwänden (☐ 9.08), (☐ 9.09).

□ 9.08: Beispiel 1: Risse infolge behinderter Temperaturdehnung einer Dachdecke (Pfefferkorn 1980 und 1994)

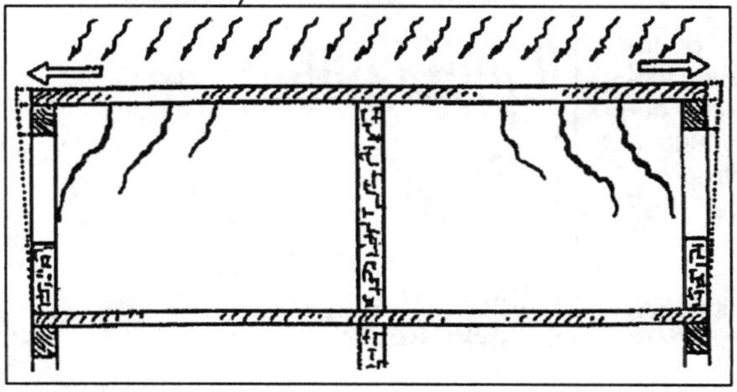

□ 9.09: Beispiel 2: Risse infolge behinderter Temperaturdehnung einer Dachdecke (Pfefferkorn 1980 und 1994)

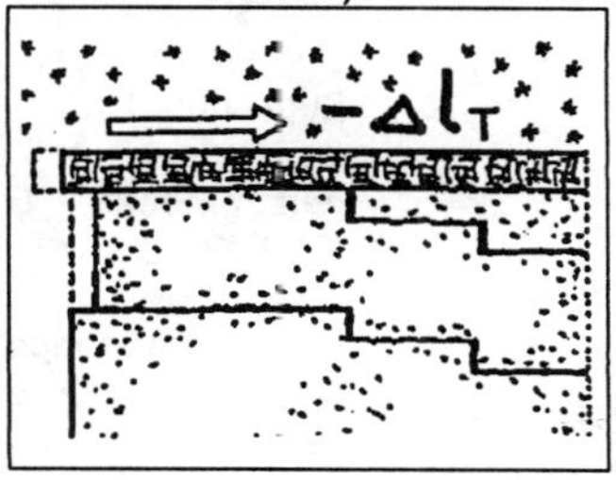

Fensteröffnungen sind Schwachstellen in Wänden. Hier zeigen sich in Außenwänden häufig Schwindrisse (□ 9.10).

⇒ Cordes (1994), Rybicki (1979)

□ 9.10: Beispiel: Schwindrisse an Fensteröffnungen in einer Außenwand (Ackermann 1995)

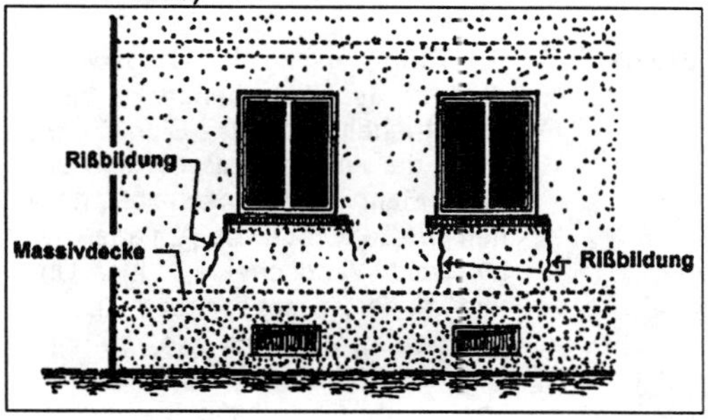

9.3 Rißverlauf

9.3.1 Orthogonale Risse

Zug

Wenn in einem Bauteil nur eine Zugkraft wirkt, bildet sich bei Erreichen der Zugfestigkeit ein Riß senkrecht (orthogonal) zur Richtung der Zugspannung (□ 9.11).

□ 9.11: Beispiel: Orthogonaler Rißverlauf infolge einer Zugspannung (Ackermann 1995)

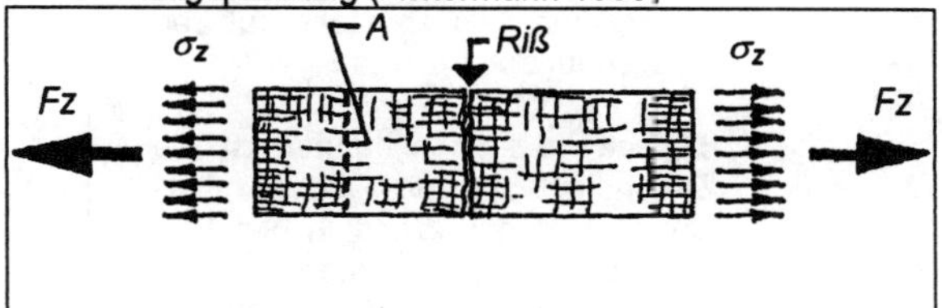

F_z = Zugkraft, die die Rißbildung auslöst. $F_z = \sigma_z \cdot A$

σ_z = Bruch-Zugspannung des Baustoffes, wirkt senkrecht zur Querschnittsfläche.

A = Querschnittsfläche des Bauteiles.

Schwinden

Auch die horizontale Schwindverkürzung in einer gemauerten Wand hat beim Erreichen der Zugfestigkeit des Wandbaustoffs orthogonale (im vorliegenden Fall senkrechte) Risse in der Wand zur Folge. Die Festigkeitsunterschiede des Baustoffs können den Rißverlauf etwas aus der Senkrechten auslenken.

9.3.2 Schrägrisse

Wandscheiben

Zum Verständnis des Rißverlaufs in Wandscheiben dient die Scheibentheorie. Nach ihr werden Tragwerke berechnet, die im Vergleich zur Stützweite relativ hoch sind. Hiernach wird die Beanspruchung durch die Hauptspannungen bestimmt, die in jedem Punkt des Tragwerks unter einem bestimmten, veränderlichen Winkel ihren Maximalwert erreichen (□ 9.12).

Bei jedem Tragwerk lassen sich die Hauptspannungen in Abhängigkeit von den Bauteilabmessungen und den Lasteinwirkungen als Spannungstrajektorien darstellen. Diese zeigen den Verlauf der Zug- und Druckspannungen im homogen und isotrop angenommenen Bauteil an (□ 9.13, □ 9.14).

□ 9.12: Beispiel: Spannungsverlauf nach der Scheibentheorie (Ackermann 1995)

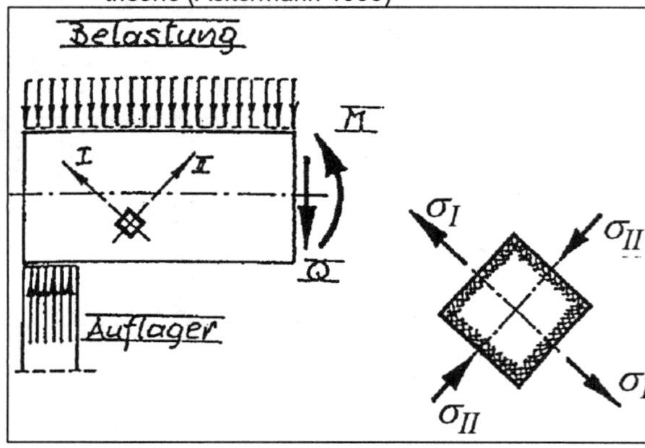

Die Spannungstrajektorien sind der Schlüssel zur Prognose und Analyse von Rißbildungen: Risse treten senkrecht zu den Zugtrajektorien auf, und zwar dort, wo die Zugfestigkeit des Baustoffs erreicht wird.

Beispiel

Die Rißbildung in der Längswand, die auf der Zwischendecke einer Industriehalle steht (□ 9.15 a), weist darauf hin, daß es sich um eine Mehrfeld-Wandscheibe handelt. Bezieht man die Auflager der Mehrfeld-Wandscheibe - hier Unterzüge der Zwischendecke - in die Betrachtung mit ein, so läßt sich der Rißverlauf deutlich sichtbar den Hauptspannungstrajektorien zuordnen (□ 9.15 b). Die Gewölbeausbildung wird durch die Türöffnung gestört. Von den Türecken aus verlaufen die Risse nach oben. Die Fugen zwischen dem Mauerwerk und den Sturzbalken wirken sich ebenfalls auf den Rißverlauf aus.

□ 9.13: Beispiel: Hauptspannungsverlauf in einer a) Einfeld-, b) Mehrfeld-Wandscheibe (Ackermann 1995)

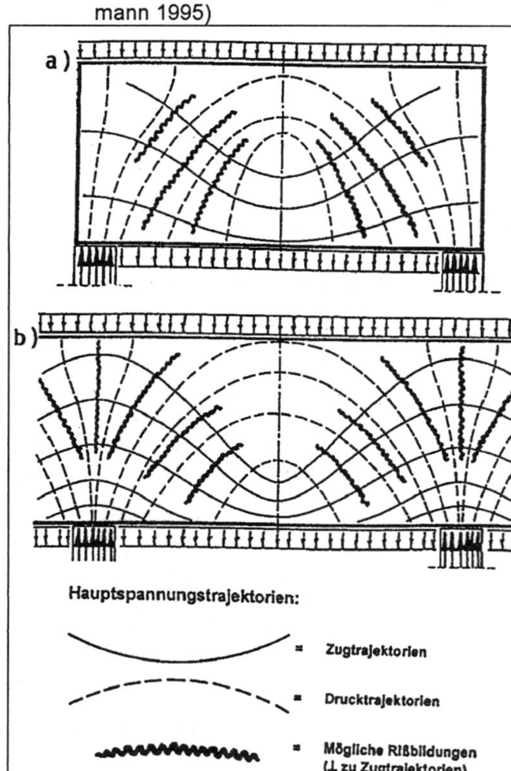

Ursache der Rißbildungen ist die Durchbiegung der Decke. Hierdurch wird der Wand in den Feldern das Auflager genommen, so daß sie "versucht", sich durch Gewölbebildung selbst zu tragen. An den Stellen der Wand, an denen die Zugfestigkeit des Wandbaustoffs erreicht ist, kommt es zu Rissen.

Ursachen der Deckendurchbiegung sind Schwindverformungen des Ortbetons. Die Deckenplatte besteht nämlich aus vorgefertigten Elementen mit nachträglich aufgebrachtem Ortbeton (□ 9.15 c). Der Ortbeton verkürzt sich durch Schwinden und Kriechen, so daß sich der Deckenquerschnitt insgesamt verkrümmt (□ 9.15 d).

□ 9.14: Beispiel: Hauptspannungsverlauf in einer auskragenden Wandscheibe (Ackermann 1995)

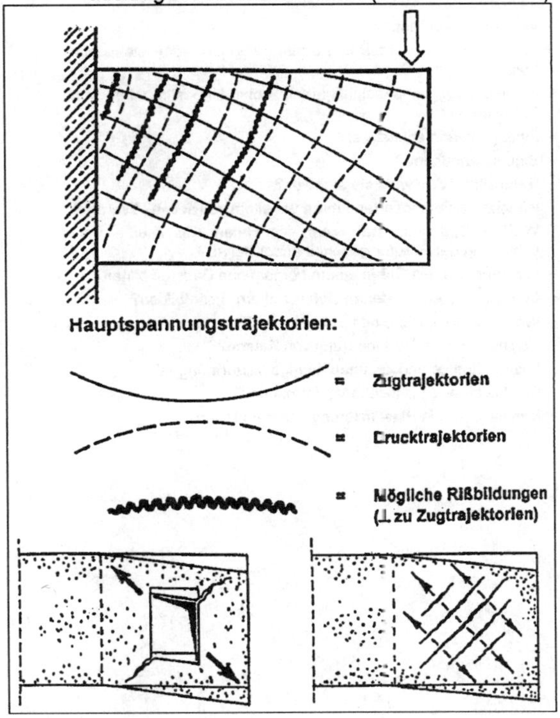

□ 9.15: Beispiel: a) Rißbildung in der Mehrfeldwandscheibe einer Industriehalle, b) Hauptspannungstrajektorien, c) Aufbau und d) Verkrümmung der Decke (Ackermann 1995)

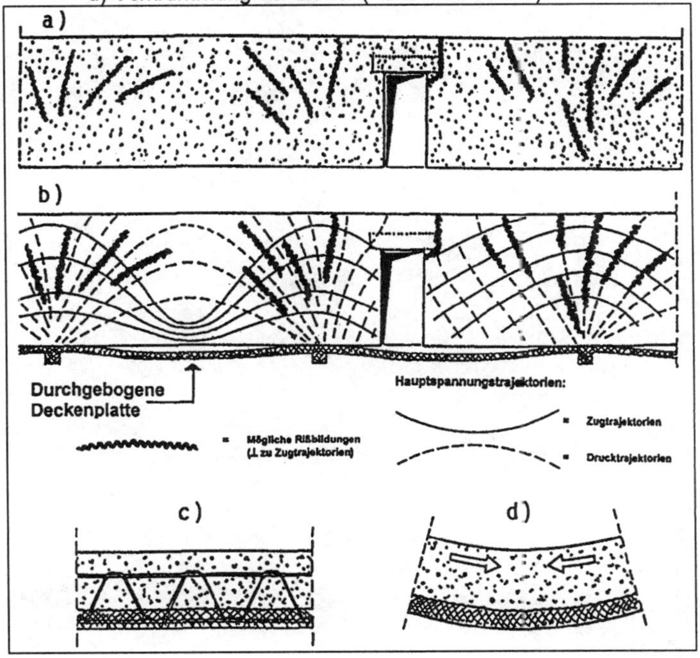

9.4 Kontrollfragen

- Wie entstehen Risse?
- Abhängigkeit behinderter Formänderungen vom statischen System?
- Beispiele für unbeabsichtigte statische Unbestimmtheit von Tragwerken?
- Zwang? Wann entsteht er?
- Eigenspannungen?
- Relaxation? Wie wirkt sie sich aus?
- Welche Spannungsarten führen vor allem zu Rissen? Warum?
- Welche Spannung ruft einen klaffenden Riß / eine Verschiebung der Rißufer gegeneinander hervor?
- Wo kann sich ein Riß in einem homogenen Baustoff bilden?
- Schwachstellen, an denen sich vor allem Risse bilden?
- Wann stellt ein Riß einen Schaden dar?
- Maßnahmen zur Verhinderung von Rissen?
- Lastabhängige und lastunabhängige Verformungen?
- Elastische und plastische Verformungen?
- Beispiele für die Plastifizierung von Baustoffen?
- Grundlage des Traglastverfahrens?
- Verformungsunverträglichkeiten? Beispiele?
- Verformungsunverträglichkeit zwischen Bauwerk und Baugrund?
- Nennen Sie lastunabhängige Verformungen!
- Worauf können Rißbildungen im Bereich von Flachdächern beruhen?
- Rißbildungen im Bereich von Fensteröffnungen? (Skizze, Ursache?)
- Nennen Sie zwei mögliche Ursachen für einen Orthogonalriß!
- Spannungsverlauf nach der Scheibentheorie?
- Erläutern Sie die Erklärung von Schrägrissen mit Hilfe der Scheibentheorie!
- Hauptspannungen? Spannungstrajektorien?
- Hauptspannungsverlauf in einer Einfeld-/Mehrfeldwandscheibe in einer auskragenden Wandscheibe?
- Zeichnen Sie mögliche Rißbildungen in einer Wand, die auf einer sich durchbiegenden Decke steht!

9.5 Weitere Beispiele

Beispiel 1

Der Rißverlauf in den Wänden eines mehrgeschossigen Gebäudes ist - bis auf die Lage der Risse in unterschiedlichen Geschossen - ganz ähnlich wie in □ 9.07 (Abschnitt 9.2.1). Daher könnte man vermuten, daß sich auch das Mittelwandfundament stärker gesetzt hat als die Außenwandfundamente, daß es sich also um Setzungsrisse handelt. Das Gebäude steht aber auf sehr tragfähigem Baugrund. Rißursache sind hier beträchtliche Verkürzungen der Mittelwand durch Schwinden des KS-Mauerwerks. Hierdurch werden die Geschoßdecken und Wände in Gebäudemitte "heruntergezogen" (□ 9.16).

□ 9.16: Beispiel: Risse in einem mehrgeschossigen Gebäude durch Schwinden der Mittelwand (Ackermann 1995)

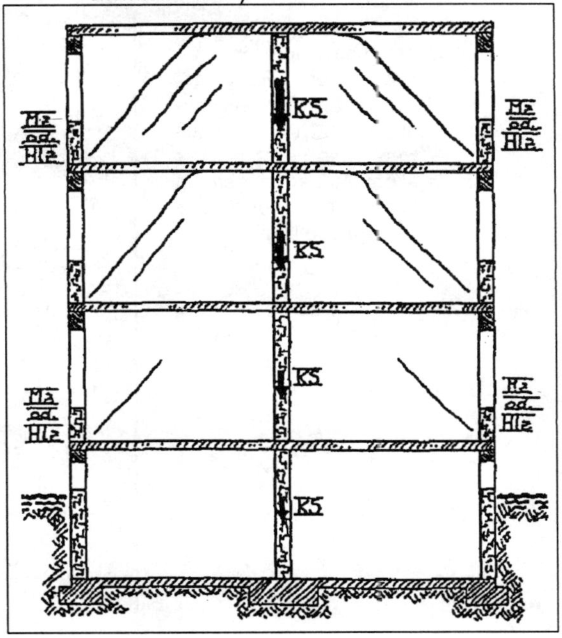

Beispiel 2

Bei einem mehrgeschossigen Gebäude zeigt der Rißverlauf, daß sich die Geschoßdecken durchgebogen haben (□ 9.17). Infolge mangelnder Festigkeit und Verbundwirkung haben sich die Wände nicht als Scheiben abgetragen, sondern sind der Deckendurchbiegung gefolgt.

□ 9.17: Beispiel: Risse in einem mehrgeschossigen Gebäude infolge von Deckendurchbiegungen (Ackermann 1995)

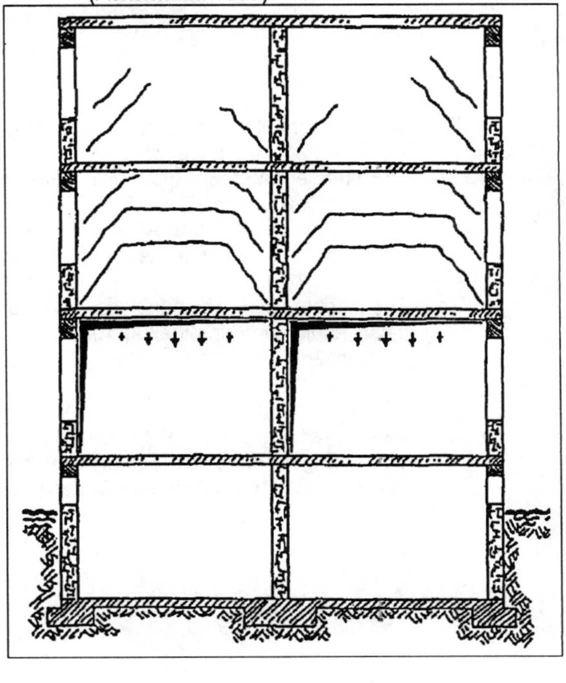

Beispiel 3

Lange Kelleraußenwände ohne Aussteifung durch Zwischenwände können durch den Erddruck nach innen verschoben werden. Die Verschiebung erfolgt in der Lagerfuge, in welcher der Reibungswiderstand im Wandquerschnitt überschritten wird. Dies geschieht vor allem in Lagerfugen, in denen die horizontale Sperrpappe liegt.

□ 9.18: Beispiel: Horizontalrisse in einer durch Erddruck belasteten Kellerwand (Ackermann 1995)

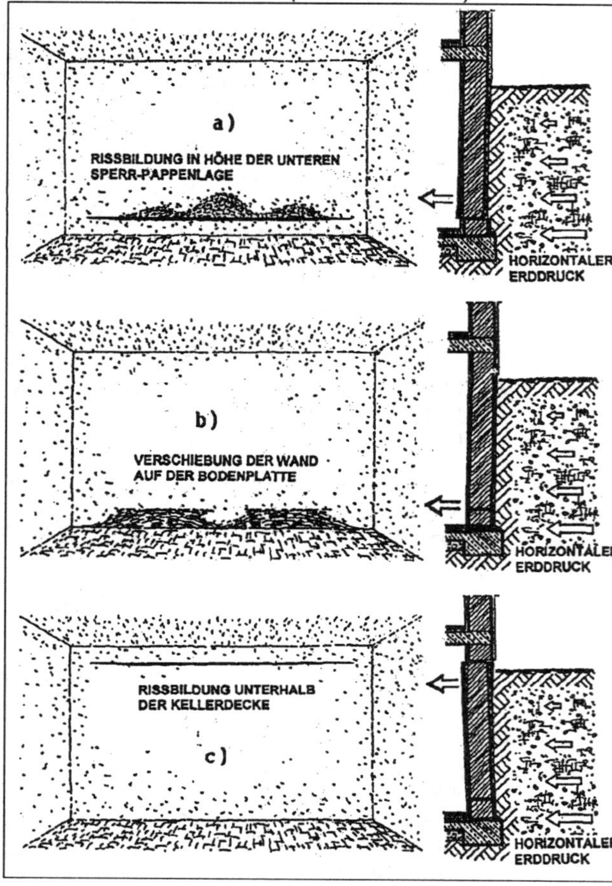

Dabei können folgende Schäden auftreten:

- In Höhe der unteren Pappenlage, also oberhalb der ersten Steinschicht, kann sich ein horizontaler Riß bilden (□ 9.18 a). Zusätzlich kann es oberhalb der Pappenlage zu Wanddurchfeuchtungen kommen. Durch die Horizontalverschiebung der Wand wird die Außenwandabdichtung abgeschert. Aus dem angrenzenden Boden kann Wasser eindringen.
- Die Horizontalverschiebung kann auch unter der ersten Steinschicht, also auf der horizontalen Abdichtung unmittelbar auf der Bodenplatte, erfolgen. Auch hierbei können Feuchtigkeitsschäden auftreten, weil die Wandabdichtung (Hohlkehle) beschädigt ist (□ 9.18 b).
- Als dritte Möglichkeit kann sich ein Horizontalriß unterhalb der Kellerdecke zeigen, und zwar zwischen der vorletzten und der letzten Steinschicht. Denn beim Betonieren der Kellerdecke geht die obere Steinschicht mit dem Deckenbeton einen guten Haftverbund ein. Die Schwachstelle ist die nächst tiefere Lagerfuge (□ 9.18 c).

Beispiel 4 Auch in Kelleraußenwänden stellen Fensteröffnungen immer eine Schwächung des Wandquerschnitts dar. An den Sturzbalken und Fensterecken bilden sich Risse, wenn die Bruchfestigkeit des Wandbaustoffs durch die Erddruckbelastung erreicht wird (□ 9.19). Der Brüstungsbereich des Kellerfensters ist besonders gefährdet, weil in diesem Wandabschnitt keine Auflast vorhanden ist.

□ 9.19: Beispiel: Rißbildungen im Bereich eines Kellerfensters (Ackermann 1995)

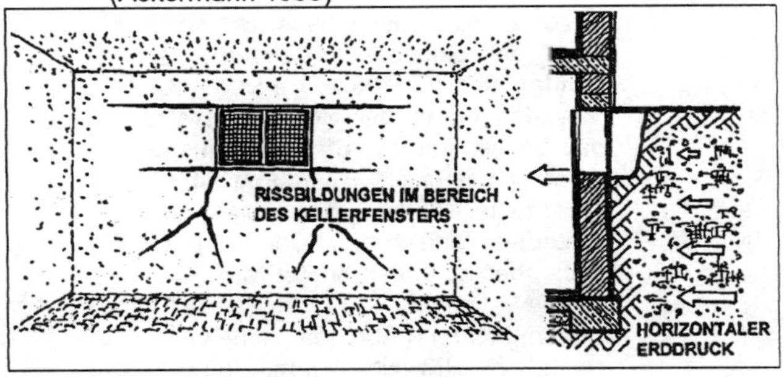

Beispiel 5 Durch die Last des Neubaus drückt sich die setzungsempfindliche Schicht im Baugrund zusammen. Eine Setzungsmulde entsteht, die bis unter den Altbau reicht (siehe Abschnitt 3). Durch die ungleichmäßigen Setzungen bilden sich Risse in den in der Nähe des Neubaus gelegenen Wandscheiben. Der Rißverlauf zeigt (□ 9.20), daß eine Kragwirkung vorliegt (Scheibentheorie, siehe Abschnitt 9.3.2).

Beispiel 6 Ein ähnliches Rißbild wie in Beispiel 5 kann durch eine unsachgemäße Unterfangung der Grenzwand hervorgerufen werden. Die Rißschäden beschränken sich weitgehend auf den Gebäudebereich neben der Grenzwand. Neben Abrissen an den anschließenden Querwänden treten typische Schrägrisse auf (□ 9.21), die durch die Hauptspannungstrajektorien bei auskragenden Wandscheiben bestimmt werden (siehe Abschnitt 9.3.2).

□ 9.20: Beispiel: Rißbildungen in einem Altbau durch einen angrenzenden Neubau (Ackermann 1995)

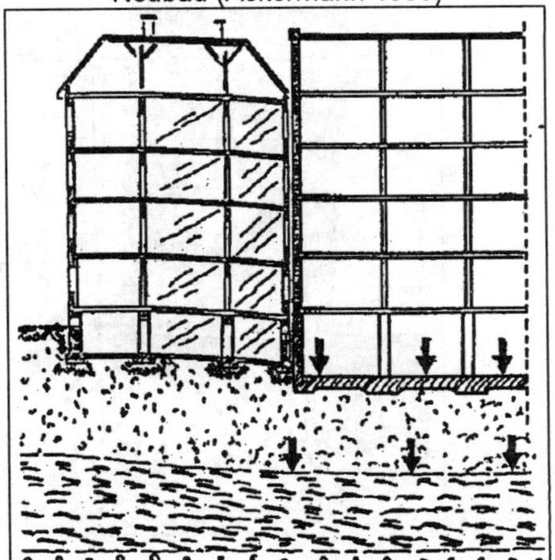

□ 9.21: Beispiel: Rißbildungen in einem Altbau durch unsachgemäße Unterfangung (Ackermann 1995)

Beispiel 7

Ein Altbaukomplex besteht aus zwei gut ausgesteiften Fachwerkhäusern, die durch ein Treppenhaus (Schwachstelle der Gebäudeaussteifung!) verbunden sind (□ 9.22 a, b). Durch Kanalverlegung in der Straße hat sich das Vorderhaus zur Straße hin insgesamt schiefgestellt. Hierdurch ist ein senkrechter Riß zwischen Vorder- und Hinterhaus entstanden (□ 9.22 c), der nach oben zu immer breiter wird.

Die ermittelten Rißbreiten (Höhe bei I: ca. 2,5 m: Rißweite 4 mm, Höhe bei II: ca. 5,0 m: Rißweite 8 mm, Höhe bei III: ca. 9,0 m: Rißweite 15 mm) erlauben eine überschlägliche Abschätzung der Setzung der straßenseitigen Außenwand (□ 9.22 c).

□ 9.22: Beispiel: Schäden an einem Fachwerkhaus infolge von Kanalbauarbeiten: a) Schnitt A-B, b) Grundriß 1.OG, c) Abriß und Schiefstellung (Ackermann 1995)

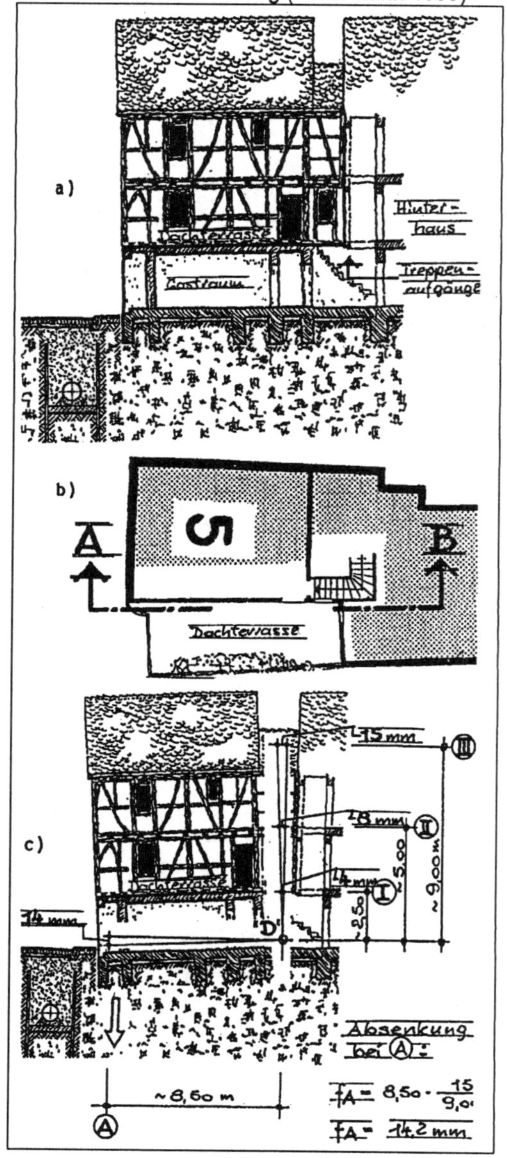

Beispiel 8 Der Aushub einer Baugrube für eine Tiefgarage neben einem Bahnhofsgebäude führte zur Entspannung des Bodens vor den Grundmauern des Treppenhauserkers, weil der Baugrubenverbau nicht steif genug war. Dies bewirkte eine Schiefstellung des Treppenhauserkers, wobei am Anschluß zum Hauptgebäude ein von unten nach oben immer breiter werdender Riß entstand (□ 9.23).

In ca. 5,7 m Höhe im 1. Obergeschoß wurde eine Rißweite von 3 cm gemessen. Nach dem Strahlensatz konnte hieraus näherungsweise die Setzung der Grundmauervorderkante zu 1,7 cm ermittelt werden (□ 9.23).

□ 9.23: Abriß und Schiefstellung eines Treppenhauserkers infolge nicht ausreichend steifer Baugrubenumschließung (Ackermann 1995)

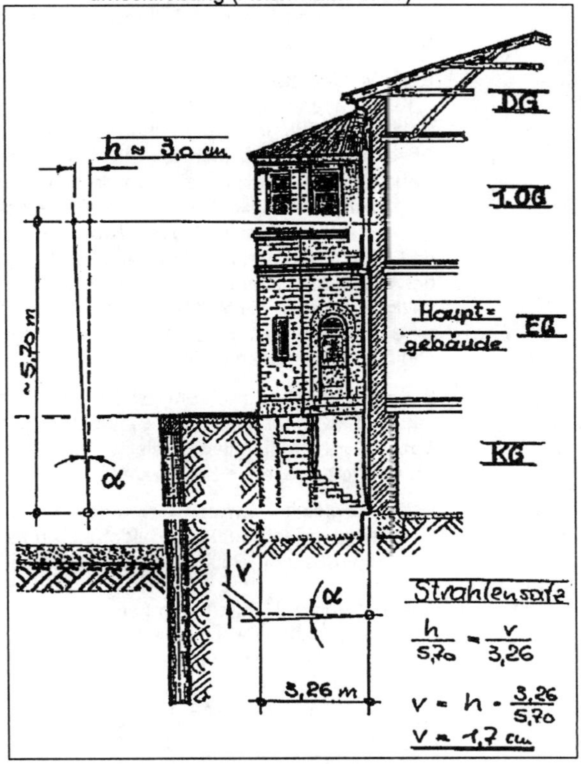

Beispiel 9 Ein nicht unterkellerter Teil eines Altbaus mit einer Hofdurchfahrt hat sich infolge einer Fundamentunterfangung für einen angrenzenden Neubau schief gestellt (□ 9.24). Schon vor Beginn der Arbeiten am Neubau war zwischen dem Hauptgebäude und dem nichtunterkellerten Teil des Altbaus ein Riß vorhanden. Dieser hat sich nach Fertigstellung des Neubaus vergrößert. Im Obergeschoß wurde eine Rißweite von ca. 4 cm gemessen. Daraus läßt sich die Setzung an der Grenze zum Neubau auf ca. 3 cm berechnen. Hierin ist allerdings auch die vor Beginn der Neubauarbeiten vorhandene Setzung an dieser Stelle enthalten (□ 9.24).

□ 9.24: Beispiel: Abriß und Schiefstellung eines nicht unterkellerten Altbauteils infolge Unterfangung für einen angrenzenden Neubau (Ackermann 1995)

Beispiel 10 Bei der Beurteilung von Bauwerksrissen wird häufig von „Muldenlage" oder „Sattellage" eines Bauwerks oder von Bauwerksteilen gesprochen. Man erkennt sie an der Rißbildung. Denn die oberen Rißenden weisen stets zu dem Bauteil hin, das sich gesetzt hat.

Eine Muldenlage oder „innere Freilage" des Bauwerks (☐ 9.25 a und b) entsteht durch die Ausbildung einer Setzungsmulde infolge Spannungsüberlagerung (siehe Abschnitt 3). Wenn sich der Baugrund unter den Bauwerksrändern stärker setzt als in den mittleren Bauwerksbereichen, bildet sich eine Sattellage des Bauwerks („äußere Freilage" oder „Kraglage") dadurch aus, daß durch die unterschiedlichen Setzungen innerhalb der Gründungsfläche Teile des Bauwerks ein- oder beidseitig auskragen (☐ 9.26 a und b). Die Achsen der Mulde oder des Sattels müssen nicht mit den Gebäudeachsen zusammenfallen (☐ 9.27).

Bei gleichzeitiger Errichtung eines schweren Baukörpers mit angrenzenden leichteren Baukörpern gerät das hohe Bauwerk in Muldenlage, die umgebenden niedrigen Bauwerke dagegen in Sattellage (☐ 9.28).

☐ 9.25: Beispiel: Rißbildung bei Muldenlage a) Übersicht, b) Ausschnitte linke Ecke unten (nach Rybicki 1974)

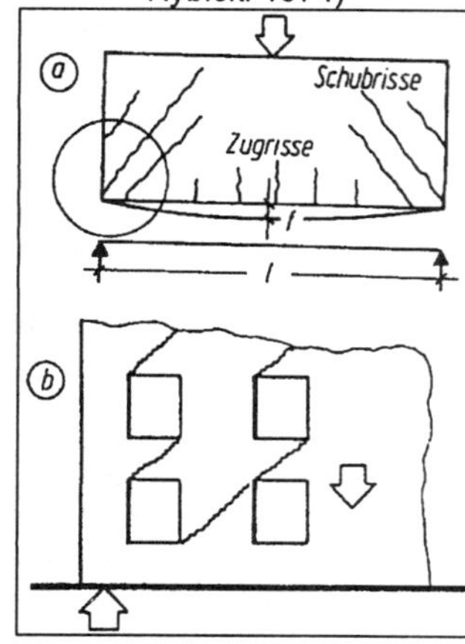

Bei etwa gleich schweren Gebäuden, die aber zu unterschiedlichen Zeiten errichtet werden (Schließen einer Baulücke), bildet sich unter dem neuen Bauwerk eine Setzungsmulde, bei den angrenzenden Gebäuden bildet sich eine Sattellage aus (☐ 9.29).

☐ 9.26: Beispiel: Rißbildung bei Sattellage a) Übersicht, b) Ausschnitte linke Ecke unten (nach Rybicki 1974)

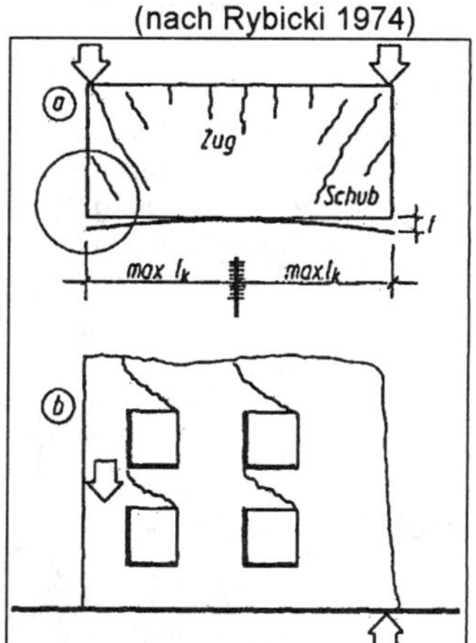

☐ 9.27: Beispiel: Rißbildung bei Setzung der vorderen Hausecke, Sattelachse nicht parallel zur Gebäudeachse (nach Rybicki 1974)

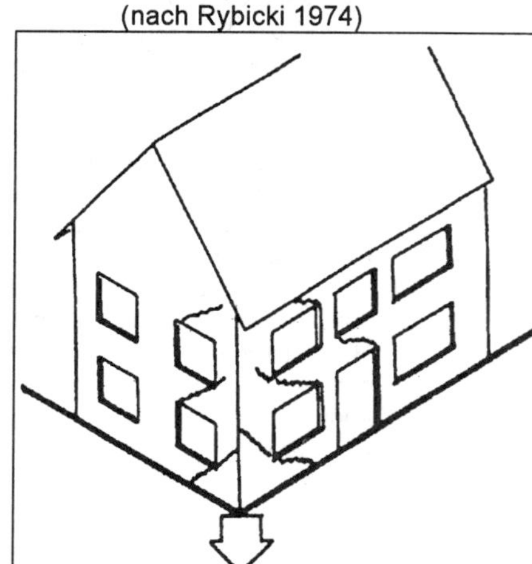

☐ 9.28: Beispiel: Gleichzeitige Errichtung unterschiedlich schwerer Gebäudeteile (nach Rybicki 1974)

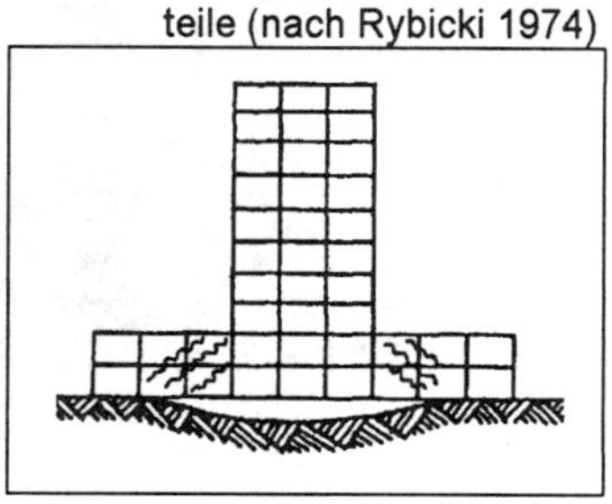

☐ 9.29: Beispiel: Errichtung etwa gleich schwerer Gebäudeteile zu unterschiedlichen Zeiten (nach Rybicki 1974)

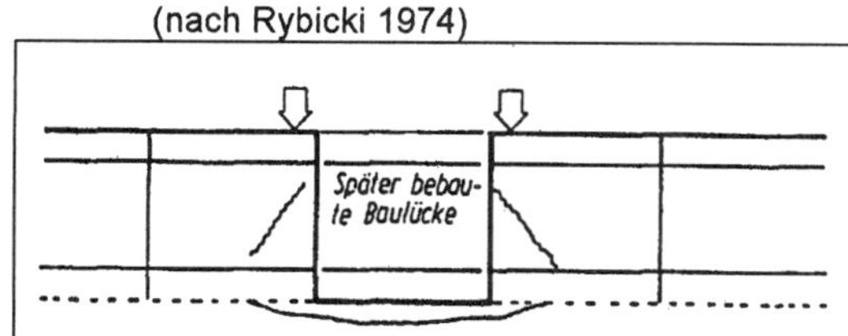

Beispiel 11 Bei einem zweigeschossigen Bürogebäude traten, ca. 20 Jahre nach seiner Errichtung, erhebliche Setzungen und Risse auf, die immer größer wurden. Setzungsmessungen ergaben, daß sich das Gebäude z. B. am Meßpunkt 1 um ca. 10 cm stärker gesetzt hatte als am Meßpunkt 4 (□ 9.30).

Weil das Gebäude jahrzehntelang schadensfrei war, keine Umbauten mit zusätzlichen Lasten vorgenommen worden waren und auch keine anderen äußeren Einwirkungen in Frage kamen, mußten die üblichen Ursachen für unterschiedliche Setzungen (siehe Abschnitt 3) ausgeschlossen werden. Daher kamen als Ursache nur Bodenschrumpfungen durch Wasserentzug, und zwar durch die im Bereich der östlichen Giebelwand stehenden Pappeln (□ 9.30), die inzwischen doppelt so hoch waren als das Gebäude, in Betracht. Für die Bäume als Schadensursache konnten folgende Argumente angeführt werden:

- die örtliche Begrenzung der Schäden auf den Einflußbereich der Bäume,
- die stetige Zunahme der Schäden in den letzten Jahren mit dem Wachstum der Bäume,
- die starke Zunahme der Schäden in den vergangenen, sehr trockenen Sommern.

Den endgültigen Beweis brachten:

- Bodenuntersuchungen an Proben aus Schürfgruben, die an der östlichen Giebelwand niedergebracht wurden. Bei dem stark durchwurzelten und staubtrockenen Boden handelte es sich um einen schluffigen Ton mit Mergeleinschlüssen, der sehr schrumpfempfindlich war. Sein Wassergehalt lag in der Nähe der Schrumpfgrenze (siehe Teil 1, Abschnitt 4),
- Setzungsbeobachtungen über eine längere Zeit (□ 9.31). Sie zeigten einen zyklischen Verlauf von Setzungen und Hebungen: Zunahme der Setzungen in der Wachstumsperiode von Mai bis Oktober, Hebungen vor allem in den Monaten September bis Februar.

□ 9.30: Beispiel: Setzungen/Risse durch den Einfluß von Bäumen (nach Dörken 1980)

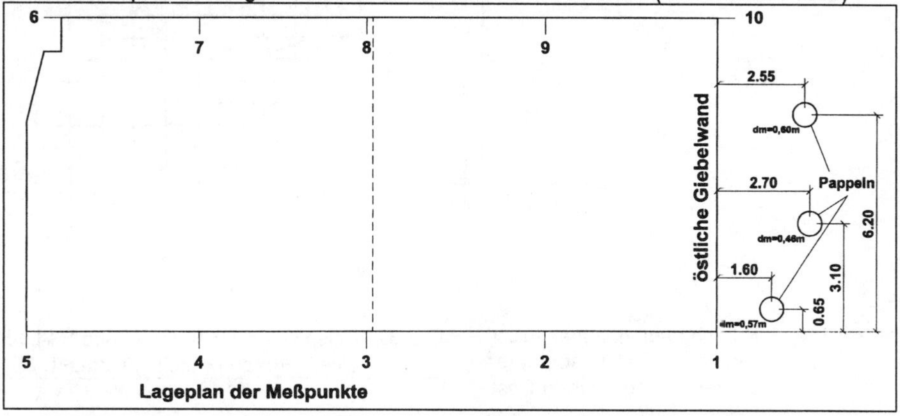

☐ 9.31: Beispiel: Setzungen und Hebungen der Meßpunkte am Gebäude im Laufe des Jahres (nach Dörken 1980)

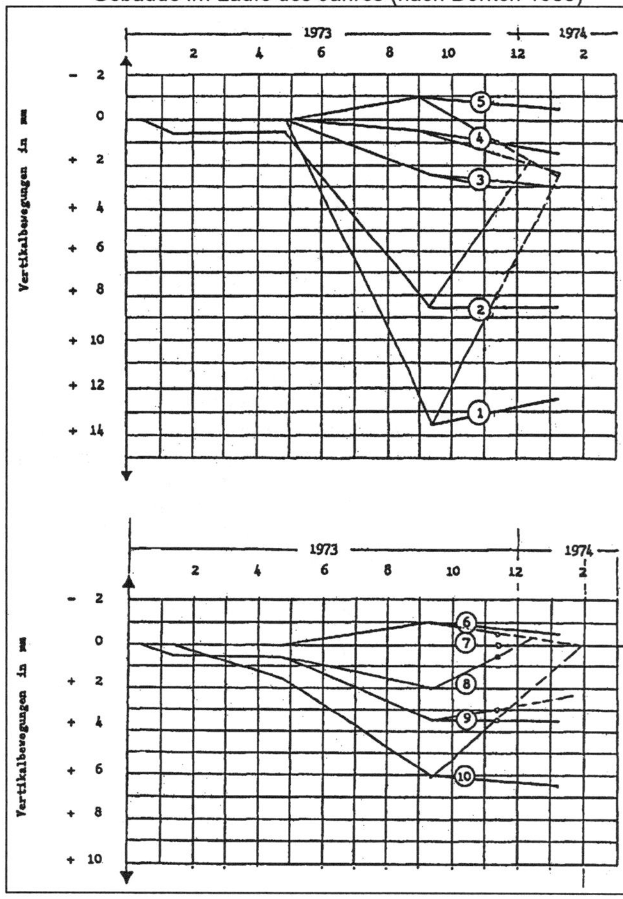

Beispiel 12 Rißschäden infolge Frostwirkungen treten auf, wenn die Gründung nicht in frostfreier Tiefe (siehe Abschnitt 5) vorgenommen wurde oder wenn Rohbauten im Winter nicht ausreichend vor Frosteinflüssen geschützt sind. Da die im Gebäudeinneren liegenden Fundamente nämlich im späteren Gebrauchszustand praktisch nie von Frosteinwirkungen betroffen sind, werden sie häufig nicht in frostfreier Tiefe gegründet.

☐ 9.32: Beispiel: Frosthebungen und Rißbildungen bei einem Rohbau (nach Rübener 1985)

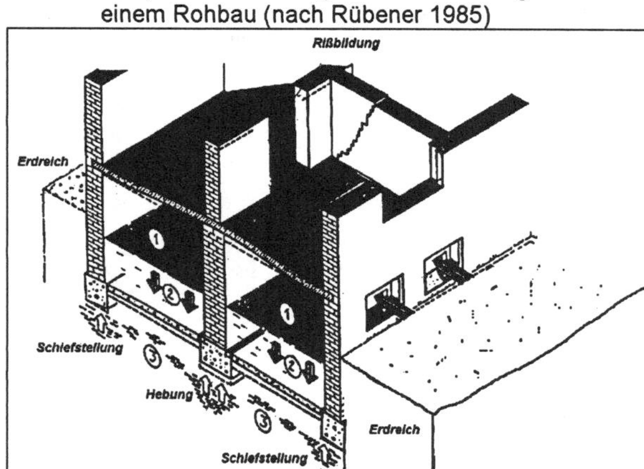

Bei einem nicht ausreichend geschützten Rohbau (☐ 9.32) kann aber die Kaltluft während einer längeren Frostperiode durch die offenen Kellerfenster und die Kellerräume (1) in den Baugrund (2) eindringen. Bei frostempfindlichem Boden können sich dann unter den Fundamenten Eislinsen bilden und die Fundamente - auch ungleichmäßig - anheben. Dies kann zu erheblichen Rißbildungen führen.

Beispiel 13 Bei einem überwinternden Rohbau (☐ 9.33) hatten die "aufgefrorenen" Schalungsstützen die Decke so weit angehoben, daß das obere Auflager der bereits hinterfüllten Außenwand unwirksam wurde. Durch die Erddruckbelastung bildeten sich daraufhin nicht nur Risse in der Wand, sondern diese stürzte sogar ein.

☐ 9.33: Beispiel: Rißbildung und Einsturz einer Außenwand durch Frosteinwirkung (nach Rybicki 1974)

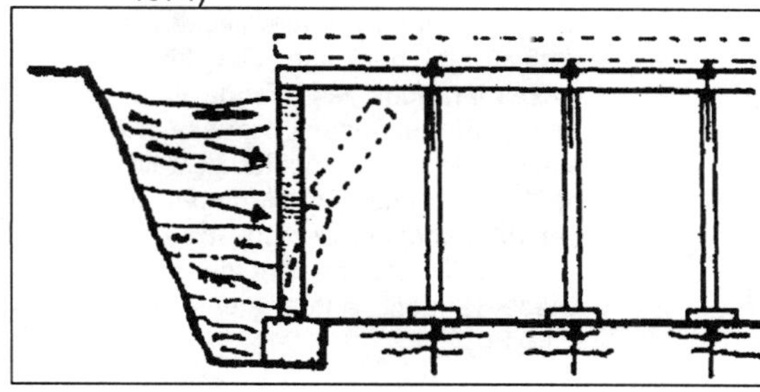

Beispiel 14 Bei der Unterfangung der Grenzwand eines mehrgeschossigen Wohnhauses wurden die Regeln der DIN 4123 ("Gebäudesicherung im Bereich von Ausschachtungen, Gründungen und Unterfangungen") nur unzureichend beachtet. Wegen mangelhafter Sicherung rutschte der anstehende Kiesboden bis unter die Bodenplatte nach, so daß der Unterfangungsbeton nicht nur, wie üblich, von außen, sondern auch vom Gebäudeinneren her eingefüllt werden mußte (☐ 9.34). Hierbei sind in der Grenzwand und in den Wänden, welche in diese Grenzwand einbinden, erhebliche Verformungen und Rißbildungen aufgetreten (☐ 9.35 a). Der Rißverlauf in der Grenzwand läßt sich mit Hilfe der Spannungstrajektorien für eine Mehrfeldwandscheibe (☐ 9.13 b), der Rißverlauf in den einbindenden Wänden mit Hilfe der Spannungstrajektorien für eine auskragende Wandscheibe (☐ 9.14) erklären (☐ 9.35 b).

☐ 9.34: Beispiel: Unterfangung durch Einfüllen von Beton innen und außen (Ackermann 1999)

☐ 9.35: Beispiel: a) Rißverlauf in der Grenzwand (oben) und den einbindenden Wänden (unten) infolge von Fehlern bei der Unterfangung der Grenzwand, b) Spannungstrajektorien (Ackermann 1999)

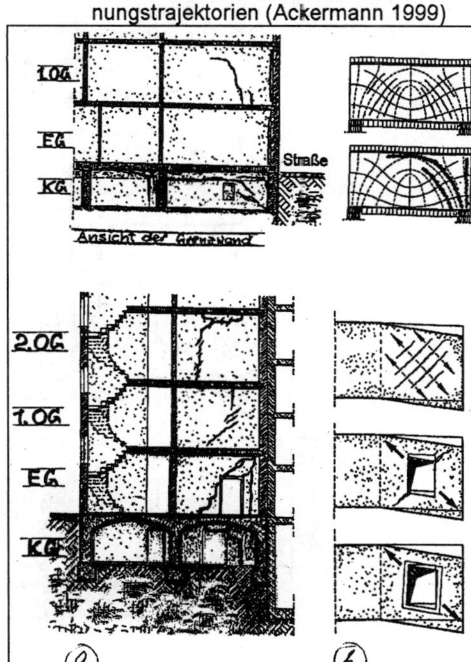

Beispiel 15 Durch mangelhafte Bauausführung eines 3,6 m tiefen Kanalgrabens, der im Abstand von ca. 80 cm an einem Einfamilienhaus vorbeiführt, hat sich das längs dieses Grabens verlaufende Streifenfundament dieses Hauses so stark gesetzt und schief gestellt, daß erhebliche Rißbildungen in der aufstehenden Wand und den in diese Traufwand einbindenden Giebelwänden aufgetreten sind (☐ 9.36).

☐ 9.36: Beispiel: Rißbildungen in einem Einfamilienhaus infolge mangelhafter Bauausführung eines in geringem Abstand verlaufenden Kanalgrabens (Ackermann 1999)

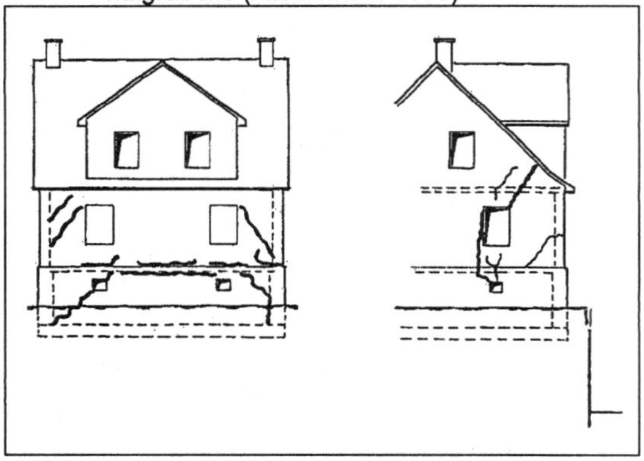

Beispiel 16 Durch horizontale Zwangszugspannungen aus Schwind- und / oder Temperaturverkürzungen entstehen vertikale Risse in Außenwänden, z. B. im Bereich von Fensteröffnungen (☐ 9.10), in breiteren, geschlossenen Wandabschnitten (☐ 9.37), an Aussteifungsstützen (☐ 9.38) und im Mauerverband von Wandecken (☐ 9.39).

☐ 9.37: Beispiel: Vertikaler Riß in einer breiten Außenwand infolge von Schwind-/ Temperaturverkürzung (Ackermann 1999)

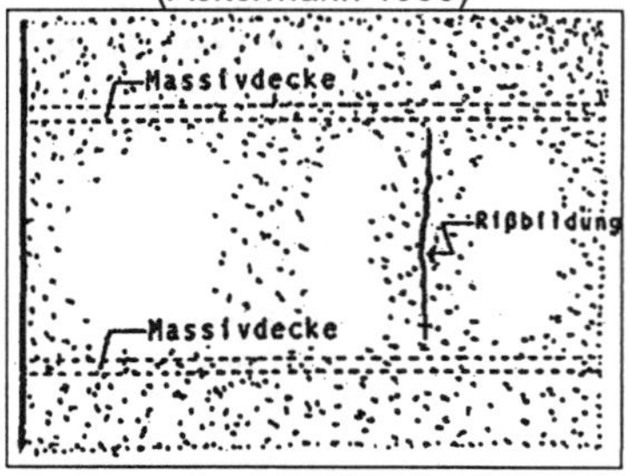

☐ 9.38: Beispiel: Vertikaler Riß in einer Außenwand an einer Aussteifungsstütze infolge von Schwind-/ Temperaturverkürzungen (Ackermann 1999)

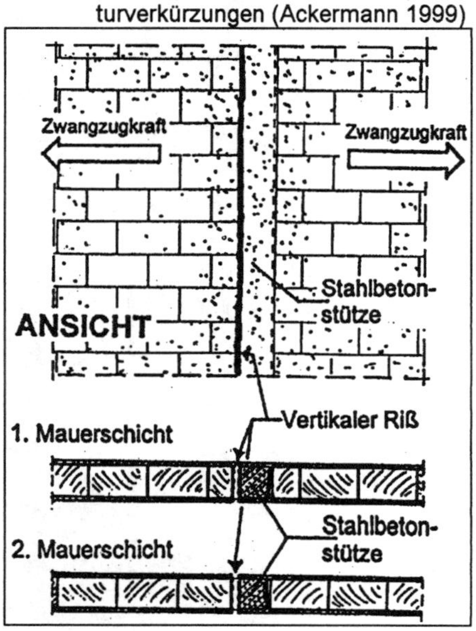

☐ 9.39: Beispiel: Vertikaler Riß in einer Außenwand im Mauerverband einer Wandecke infolge von Schwind-/ Temperaturverkürzungen (Ackermann 1999)

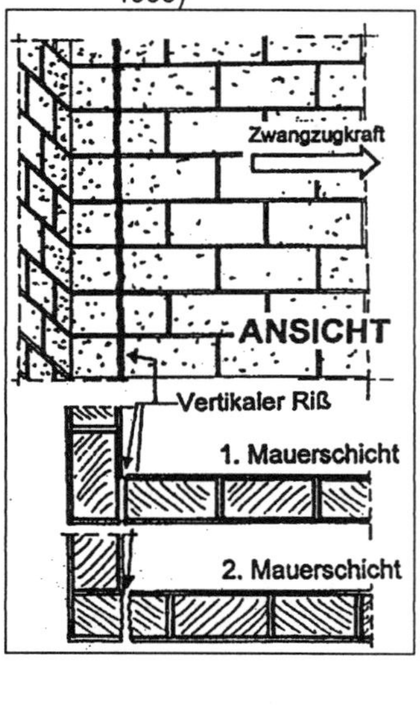

Beispiel 17 Horizontale Zwangszugspannungen aus Schwind- und / oder Temperaturverkürzungen können auch schräge und horizontale Risse hervorrufen. Derartige Risse können vor allem dann leicht für Setzungsrisse gehalten werden, wenn in der Nähe des Gebäudes Baumaßnahmen durchgeführt wurden, die Satzungen am Gebäude hervorrufen können.
So traten in einem Gebäude schräge und horizontale Risse auf, die zunächst auf Setzungen der Wände infolge einer naheliegenden Kanalbaumaßnahme zurückgeführt worden waren. Es stellte sich aber heraus, daß die Risse vor allem durch horizontale Zwangszugspannungen, u. a. durch Reibungsbehinderung in der Aufstandsfläche der Wände verursacht wurden. Vorwiegend horizontale Verformungen konnten durch die größeren Rißbreiten in den Stoßfugen und dadurch identifiziert werden, daß horizontale Schubrisse, die dem Verlauf einer Lagerfuge folgen, schuppenartige, kurze Risse im Putz zeigten, die aus dem horizontalen Verschiebungsversatz entstehen. Die Verkürzung des auf den Wänden liegenden Ringbalkens führte zu einer Anhebung der Ringbalkenenden im Bereich der Außenwandecken. Hierdurch bildeten sich in den Lagerfugen des Mauerwerks Horizontalrisse (☐ 9.40 und ☐ 9.41).

☐ 9.40: Beispiel: Schräge und horizontale Risse infolge von horizontalen Zwangsspannungen aus Schwinden (Ackermann 1999)

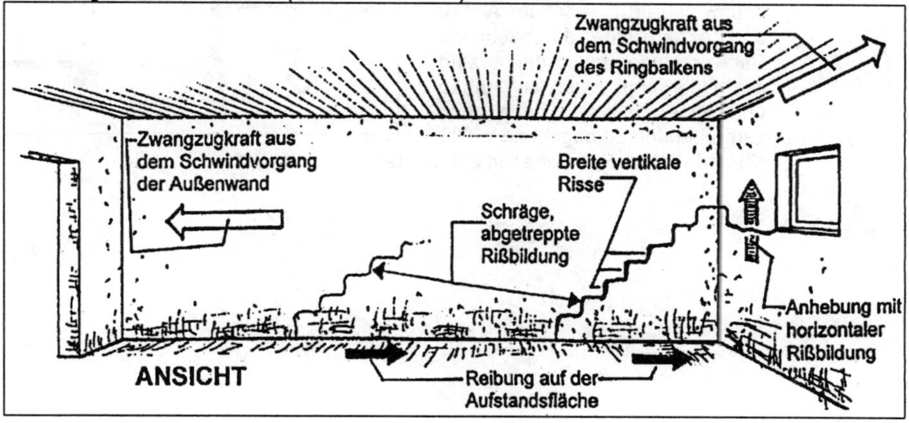

☐ 9.41: Beispiel: Schräge und horizontale Risse infolge von horizontalen Zwangsspannungen aus Schwinden (Ackermann 1999)

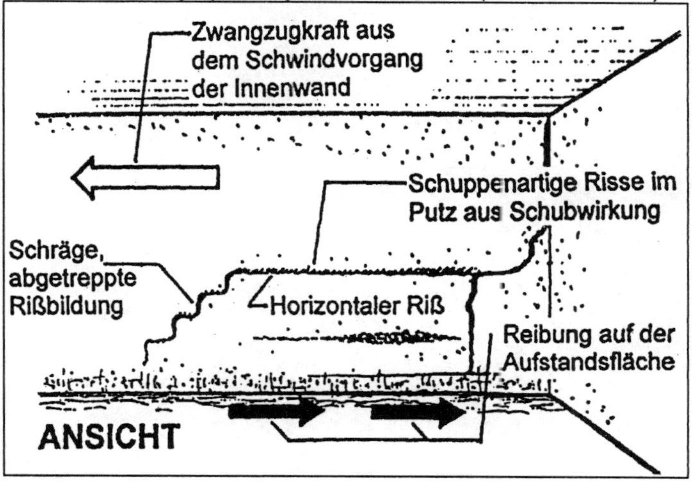

Beispiel 18 Bei der Errichtung von Anbauten an vorhandene Gebäude ist immer mit unterschiedlichen Setzungen zu rechnen. Diese können bei setzungsempfindlichem Baugrund erhebliche Schäden verursachen.

Das flach gegründete Fundament (1) eines nachträglichen Anbaus an ein Wohnhaus (☐ 9.42) hat sich stark gesetzt, während die Setzungen der in tieferen und damit tragfähigeren Schichten gegründeten Fundamente des Altbaus längst abgeschlossen waren. Hierdurch hat sich der Anbau schief gestellt (2). Da versäumt wurde, zwischen Anbau und Altbau eine durchgehende Bauwerksfuge anzuordnen, sind am Übergang zwischen Anbau und Altbau ein sich nach oben verbreitender durchgehender Riß (3) und weitere Riß-Schäden entstanden.

☐ 9.42: Beispiel: Nachträglicher, flachgegründeter Anbau: Schiefstellung und Rißbildung im Übergangsbereich (Ackermann 1999)

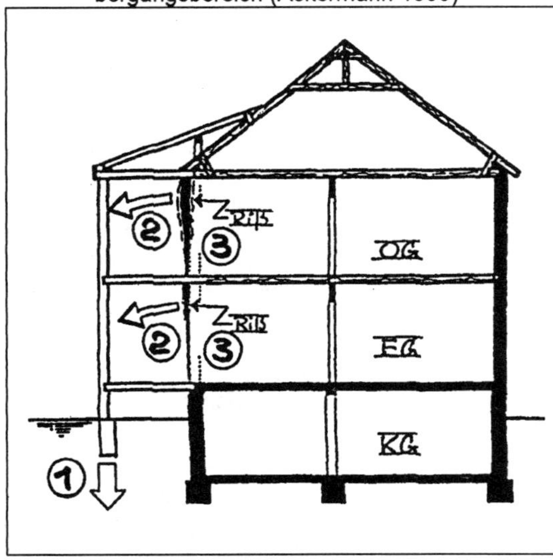

Anhang A: Abkürzungsverzeichnis

(Begriffe, Formeln, Zeichen nach DIN 1080, Teil 6)

Formelzeichen und Nebenzeichen	Benennung	Einheit (Beispiele)
C	Krümmungszahl	*)
D	Lagerungsdichte	*)
D_{Pr}	Verdichtungsgrad	*)
E_s	Steifemodul	MN/m²
E_v	Verformungsmodul	MN/m²
I_C	Konsistenzzahl	*)
I_P	Plastizitätszahl	*)
S_r	Sättigungszahl	*)
U	Ungleichförmigkeitszahl	*)
c_u	Kohäsion des undränierten (nicht entwässerten) Bodens	kN/m²
d'	Korngröße	mm
e	Porenzahl	*)
$_{min}e$	Porenzahl bei dichtester Lagerung	*)
$_{max}e$	Porenzahl bei lockerster Lagerung	*)
f_s	spezifische Strömungskraft	kN/m²
h	hydraulische Druckhöhe	m
h_k	kapillare Steighöhe	m
i	hydraulisches Gefälle	*)
k	Durchlässigkeitsbeiwert	m/s
n	Porenanteil	*)
$_{min}n$	Porenanteil bei dichtester Lagerung	*)
$_{max}n$	Porenanteil bei lockerster Lagerung	*)
q	Durchfluß, flächenbezogen	$\frac{m^3}{(s \cdot m^2)}$
u	Porenwasserdruck	kN/m²

*) Verhältnisgröße [1]

Formelzeichen und Nebenzeichen	Benennung	Einheit (Beispiele)
Δu	Porenwasserüberdruck, Porenwasserunterdruck	kN/m²
v	Filtergeschwindigkeit	m/s
w	Wassergehalt	*)
w_L	Wassergehalt an der Fließgrenze	*)
w_P	Wassergehalt an der Ausrollgrenze	*)
w_s	Wassergehalt an der Schrumpfgrenze	*)
w_{Pr}	optimaler Wassergehalt	*)
γ	Wichte des feuchten Bodens	kN/m³
γ'	Wichte des Bodens unter Auftrieb	kN/m³
γ_d	Trockenwichte des Bodens	kN/m³
γ_r	Wichte des wassergesättigten Bodens	kN/m³
γ_s	Kornwichte	kN/m³
γ_w	Wichte des Wassers	kN/m³
ρ	Dichte des feuchten Bodens	t/m³
ρ_d	Trockendichte des Bodens	t/m³
ρ_{Pr}	Proctordichte	t/m³
ρ_r	Dichte des wassergesättigten Bodens	t/m³
ρ_s	Korndichte	t/m³
ρ_w	Dichte des Wassers	t/m³
σ	Totale Spannung	kN/m²
σ'	effektive Spannung, wirksame Spannung	kN/m²
τ_f	Scherfestigkeit	kN/m²
φ'	innerer Reibungswinkel des dränierten (entwässerten) Bodens	°
φ_u	innerer Reibungswinkel des undränierten (nicht entwässerten) Bodens	°
E_0	Erdruhedruckkraft, -last	kN; kN/m

*) Verhältnisgröße [1]

Formelzeichen und Nebenzeichen	Benennung	Einheit (Beispiele)
E_a	aktive Erddruckkraft, -last	kN; kN/m
E_p	passive Erddruckkraft, -last	kN; kN/m
K_0	Beiwert des Erdruhedrucks	*)
K_a	Beiwert des aktiven Erddrucks	*)
K_p	Beiwert des passiven Erddrucks	*)
Q	Pfahllast	kN
Q_g	Pfahlgrenzlast	kN
Q_s	Pfahlfußkraft	kN
Q_r	Pfahlmantelkraft	kN
e_0	Erdruhedruck	kN/m^2
e_a	aktiver Erddruck	kN/m^2
e_p	passiver Erddruck	kN/m^2
k_s	Bettungsmodul	MN/m^3
l	Pfahllänge	m
l_0	Krafteinleitungslänge	m
q_s [1)]	Mantelreibung	kN/m^2
s	Setzung	mm, cm
s_{el}	elastische Pfahlsetzung	mm, cm
s_{pl}	plastische Pfahlsetzung	mm, cm
δ_a	Wandreibungswinkel für aktiven Erddruck	°
δ_p	Wandreibungswinkel für passiven Erddruck	°
δ_s	Sohlreibungswinkel	°
ϑ	Gleitflächenwinkel	°
ϑ_a	Gleitflächenwinkel für aktiven Erddruck	°

[1)] nach DIN 4014:	Sohlpfahlwiderstand bei Drucksonden	q_s [kN/m^2]
	Pfahlspitzenwiderstand	σ_s [kN/m^2]
	Mantelreibung	τ_{mf} [kN/m^2]
nach DIN 4094:	Pfahlspitzenwiderstand	σ_s [kN/m^2]
	Mantelreibung	τ_{mf} [kN/m^2]

*) Verhältnisgröße [1]

Formelzeichen und Nebenzeichen	Benennung	Einheit (Beispiele)
ϑ_p	Gleitflächenwinkel für passiven Erddruck	°
σ_0	Sohlnormalspannung	kN/m²
σ_{0f}	Grundbruchspannung	kN/m²
σ_v	geologische Vorbelastung	kN/m²
τ_0	Sohlscherspannung	kN/m²
n_{10}	Anzahl der Rammschläge für 10 cm Eindringung bei Rammsonden	*)
n_{30}	Anzahl der Rammschläge für 30 cm Eindringung beim Standard Penetration Test (SPT)	*)
q_c	Spitzenwiderstand bei Drucksonden	MN/m²
β	Neigungswinkel einer Böschung zur Horizontalen	°
ν	Formbeiwert bei Tragfähigkeitsuntersuchungen	*)
κ	Neigungsbeiwert bei Tragfähigkeitsuntersuchungen	*)
c	Nebenzeichen für Kohäsion, Konsolidation	-
s	Nebenzeichen für Setzung, Feststoff	-
u	Nebenzeichen für ungestört, undräniert, Porenwasserdruck	-
w	Nebenzeichen für Wasser	-
γ	Nebenzeichen für Wichte des Bodens	-
0	Nebenzeichen für Anfang-..., Sohl-..., Ruhe-(Druck)	-

*) Verhältnisgröße [1]

Anhang B: Literaturverzeichnis

Ackermann, W.	1995 1999	Risse im Bauwerk (Manuskriptvorlage und Zeichnungen)
Anastasiadis, K., u.a.	1986	Entwurf und Berechnung von Rechteckfundamenten unter biaxialer Biegung. Die Bautechnik, Heft 11
Arz, P., u.a.	1994	Grundbau. Betonkalender, Teil II
Bauernfeind, P., Hilmer, K.	1974	Neue Erkenntnisse aus Sohldruck- und Erddruckmessungen bei der U-Bahn Nürnberg. Die Bautechnik, Heft 8
Betonkalender	versch. Jahrg.	Band II. Verlag W. Ernst & Sohn, Berlin und München
Bobe, R., Göbel, C.	1974	Grundbaustatik in Lehrprogrammen und Beispielen. Verlagsgesellschaft R. Müller, Köln-Braunsfeld
Borowicka, H.	1943	Über ausmittig belastete, starre Platten auf elastisch-isotropem Untergrund. Österr. Ing. Archiv 14, Heft 1
Bossenmayer, H.	1993	Inhalt und Wirkung der neuen Eurocodes für den Ingenieurbau. Der Prüfingenieur, Heft 4
Bötzl, J., Martin, H.-D.	1961	Baustatik in Beispielen, Teil 3. Schroedel-Verlag, Berlin, Hannover, Darmstadt
Boussinesq, J.	1885	Application des potentiels à l'étude de l'équilibre et du mouvement des solides élastiques. Gauthier - Villars, Paris
Brinch Hansen, J., Lundgren, H.	1960	Hauptprobleme der Bodenmechanik. Springer-Verlag, Berlin, Göttingen, Heidelberg
Caquot, A., Kérisel, J.	1967	Grundlagen der Bodenmechanik. Springer-Verlag, Berlin, Göttingen, Heidelberg
Christow, C.	1969	Anwendung der Methode "spezifische Setzung" zur Ermittlung der Setzungen infolge einer Grundwasserabsenkung. Die Bautechnik, Heft 10
Cordes, R., u.a.	1994	Kalksandstein: Planung, Konstruktion, Ausführung. 3. Auflage. Beton-Verlag, Düsseldorf
Dannemann, E.	1990	Konische Gründungselemente aus Ortbeton. Der Bauingenieur, Heft 11
De Beer, E., Graßhoff, M., Kany, M.	1966	Die Berechnung elastischer Gründungsbalken auf nachgiebigem Untergrund. Westdeutscher Verlag, Opladen
DEGEBO	versch. Jahrg.	Mitteilungen der Deutschen Forschungsgesellschaft für Bodenmechanik (DEGEBO). Berlin
Dehne, E.	1982	Flächengründungen. Bauverlag, Wiesbaden

Deutsche Gesellschaft für Geotechnik	1990	Normenentwurf DIN 1054. Diskussionsvorlage. Sicherheitsnachweise im Erd- und Grundbau. Baugrundtagung 1990 in Karlsruhe. Spezialsitzung Normung.
Dieterle, H.	1987	Zur Bemessung quadratischer Stützenfundamente aus Stahlbeton unter zentrischer Belastung mit Hilfe von Bemessungsdiagrammen. Deutscher Ausschuß für Stahlbeton. Heft 387. Beuth Verlag, Berlin
Dieterle, H., Rostásy, F.S.	1987	Tragverhalten quadratischer Einzelfundamente aus Stahlbeton. Deutscher Ausschuß für Stahlbeton. Heft 387. Beuth Verlag, Berlin
DIN e.V.	1981	Grundlagen zur Festlegung von Sicherheitsanforderungen für bauliche Anlagen (GruSiBau 1981). Beuth Verlag, Berlin
Dörken, W.	1969	Der Einfluß der Außermittigkeit auf die Grundbruchlast lotrecht beanspruchter Oberflächengründungen auf nichtbindigen Böden. Mitteilungen aus dem Institut für Verkehrswasserbau, Grundbau und Bodenmechanik (VGB 44) der Technischen Hochschule Aachen
Dörken, W., Dehne, E.	1993	Grundbau in Beispielen. Teil 1. Werner Verlag, Düsseldorf
Duddeck, H.	1963	Praktische Berechnung der Pilzdecke ohne Stützenkopfverstärkung. Beton- und Stahlbetonbau, Heft 3
El-Kadi	1967	Die statische Berechnung von Gründungsbalken und Gründungsplatten. Mitteilungen aus dem Institut für Verkehrswasserbau, Grundbau und Bodenmechanik (VGB 42) der Technischen Hochschule Aachen
FNABau	1959	Flächengründungen und Fundamentsetzungen. Erläuterungen und Berechnungsbeispiele für die Anwendung der Normen DIN 4018 und DIN 4019 Blatt 1. Beuth Verlag und Verlag W. Ernst & Sohn, Köln und Berlin
Foik, G.	1986	Zur Bruchlast von horizontal belasteten Fundamenten auf Sand. Geotechnik, Heft 3
Franke, E.	1980	Überlegungen zu Bewertungskriterien für zulässige Setzungsdifferenzen. Geotechnik, Heft 2
Franke, E.	1990	Neue Regelung der Sicherheitsnachweise im Zuge der Europäischen Bau-Normung. Von der deterministischen zur probabilistischen Sicherheit auch im Grundbau? Die Bautechnik, Heft 7
Freihart, G.	1962	Die Ermittlung der maximalen Bodenpressung unter Grenzmauerfundamenten. Die Bautechnik, Heft 11
Frisch, H., Simon, A.B.	1974	Beitrag zur Ermittlung der vertikalen und horizontalen Bettungsziffer. Die Bautechnik, Heft 8
Fröhlich, O.K.	1934	Druckverteilung im Baugrunde. Springer-Verlag, Wien
Fuchs, E.	1971	Baugrund und Bodenmechanik. Verlag für Bauwesen, Berlin
Genske, D.D., Walz, B.	1987	Anwendung der probabilistischen Sicherheitstheorie auf Grundbruchberechnungen nach DIN 4017. Geotechnik, Heft 2

Girnau, G., Klawa, N.	1973	Empfehlungen zur Fugengestaltung im unterirdischen Bauen. Die Bautechnik, Heft 10
Grasser, E., Thielen, G.	1991	Hilfsmittel zur Berechnung der Schnittgrößen und Formänderungen von Stahlbetontragwerken nach DIN 1045, Ausgabe Juli 1988. 3. Auflage. Deutscher Ausschuß für Stahlbeton. Heft 240, Beuth Verlag, Berlin
Graßhoff, H.	1955	Die Berechnung einachsig ausgesteifter Gründungsplatten. Die Bautechnik, Heft 12
Graßhoff, H.	1960	Die Berechnung von Gründungsbalken und -platten. Der Bauingenieur, Heft 5
Graßhoff, H.	1966	Das steife Bauwerk auf nachgiebigem Untergrund. Verlag W. Ernst & Sohn, Berlin und München
Graßhoff, H.	1978	Einflußlinien für Flächengründungen. Verlag W. Ernst & Sohn, Berlin und München
Graßhoff, H.	1978	Einflußlinien für Flächengründungen. Verlag W. Ernst & Sohn, Berlin
Graßhoff, H., Siedek, P., Floss, R.	1979	Handbuch Erd- und Grundbau, Teil 2. 1. Auflage. Werner Verlag, Düsseldorf
Graßhoff, H., Siedek, P., Floss, R.	1982	Handbuch Erd- und Grundbau, Teil 1. 1. Auflage. Werner Verlag, Düsseldorf
Gudehus, G.	1984	Vereinfachte Ermittlung der Dicke von Flachfundamenten. Der Bauingenieur, Heft 9
Gudehus, G.	1987	Sicherheitsnachweise für Grundbauwerke. Geotechnik, Heft 1
Hahn, J.	1985	Durchlaufträger, Rahmen, Platten und Balken auf elastischer Bettung. Werner Verlag, Düsseldorf
Herzog, M.	1980	Tragfähigkeit und Setzung von Flachgründungen unter senkrechten Lasten. Die Bautechnik, Heft 11
Herzog, M.	1983	Tragfähigkeit und Bemessung von Fundamentbalken und -platten. Die Bautechnik, Heft 3
Herzog, M.	1983	Die Tragfähigkeit von Platten auf nachgiebiger Unterlage. Die Bautechnik, Heft 11
Herzog, M.	1987	Traglast des Balkens auf elastischer Unterlage. Die Bautechnik, Heft 9
Herzog, M.	1990	Zur Tragfähigkeit von Zugfundamenten und -pfählen. Der Bauingenieur, Heft 3
Hettler, A.	1985	Setzungen von Einzelfundamenten auf Sand. Die Bautechnik, Heft 6
Hülsdünker, A.	1964	Maximale Bodenpressung unter rechteckigen Fundamenten bei Belastung mit Momenten in beiden Achsrichtungen. Die Bautechnik, Heft 8

Jänke, S.	1986	Verbesserte Setzungsanalyse für Streifenfundamente. Geotechnik, Heft 4
Jänke, S.	1990	Einfluß der Gründungstiefe auf das Setzungsverhalten einer Flächengründung auf Sand. Die Bautechnik, Heft 11
Kany, M.	1974	Berechnung von Flächengründungen. Band 1 und Band 2. Verlag W. Ernst & Sohn, Berlin und München
Kanya, J.	1969	Berechnung ausmittig belasteter Streifenfundamente mit Zentrierung durch eine Stahlbeton-Fußbodenplatte. Die Bautechnik, Heft 5
Kelemen, P.	1984	Vermeidung von unerwünschter Bodenpressung unter Bodenplatten. Die Bautechnik, Heft 2
Kintrup, H.	1994	Beton- und Stahlbetonbau nach DIN 1045. Wendehorst, 26. Auflage. Teubner-Verlag, Stuttgart
Klöckner, W., Engelhardt, K., Schmidt, H.G.	1982	Gründungen. Sonderdruck aus dem Betonkalender 1982. Verlag W. Ernst & Sohn, Berlin und München
König, G.	1982	Sicherheitsanforderungen für die Bemessung von baulichen Anlagen nach den Empfehlungen des NABau - eine Erläuterung. Der Bauingenieur, Heft 2
König, G., Hosser, D.	1982	Praktische Beispiele und Hinweise zur Festlegung von Sicherheitsanforderungen für bauliche Anlagen nach den Empfehlungen des NABau. Der Bauingenieur, Heft 12
König, G., Liphardt, S.	1990	Hochhäuser aus Stahlbeton. Betonkalender 1990. Verlag W. Ernst & Sohn, Berlin und München
König, G., Sherif, G.	1969	Berechnung von Setzungen mit Hilfe von dreiachsialen Druckversuchen. Der Bauingenieur, Heft 7
König, G., Sherif, G.	1975	Erfassung der wirklichen Verhältnisse bei der Berechnung von Gründungsplatten. Der Bauingenieur, Heft 9
Krause, D.	1988	Tragfähigkeit von Gründungen. Die Bautechnik, Heft 6
Lackner, E. (Hrsg.)	1971	Empfehlungen des Arbeitsausschusses "Ufereinfassungen". Verlag W. Ernst & Sohn, Berlin und München
Leonhardt, F.	1956	Der Stuttgarter Fernsehturm. Beton- und Stahlbetonbau, Hefte 4 und 5
Leonhardt, F.	1979	Das Bewehren von Stahlbetontragwerken. Betonkalender, Teil 2. Verlag W. Ernst & Sohn, Berlin und München
Lohmeyer, G.	1980	Stahlbetonbau. Teubner-Verlag, Stuttgart
Lohmeyer, G.	1989	Beton-Technik. Handbuch für Planer und Konstrukteure. Beton-Verlag, Düsseldorf
Metzke, W.	1966	Zur Ermittlung der Setzungen einer beliebig belasteten Fundamentgruppe gemäß DIN 4019, Blatt 1. Die Bautechnik, Heft 6

Meyerhof, G.G.	1981	Tragfähigkeit von Gründungen in geschichtetem Boden. Geotechnik, Heft 4
Mitzel, A., Stachurski, W., Suwalski, J.	1981	Schäden und Mängel an Mauerwerkskonstruktionen, Verlagsgemeinschaft Rudolf Müller, Köln-Braunsfeld
Mosonyi, E.	1987	Ursachen des Versagens - Ingenieurphilosophische Gedanken. Die Wasserwirtschaft, Heft 2
Müllersdorf, W.	1963	Einflußlinien für Balken auf elastischer Bettung. Die Bautechnik, Heft 2
Neuber, H.	1961	Setzungen von Bauwerken und ihre Vorhersage. Berichte aus der Bauforschung, Heft 19
Newmark, N.M.	1947	Influence Charts for Computation of Vertical Displacements in Elastic Foundations. Univ. Illinois Eng. Exper. Stat. Bulletin 367
Ohde, J.	1942	Die Berechnung der Sohldruckverteilung unter Gründungskörpern. Der Bauingenieur
Pfefferkorn, W.	1980	Dachdecken und Mauerwerk. Verlagsgemeinschaft Rudolf Müller, Köln-Braunsfeld
Pfefferkorn, W.	1994	Risseschäden an Mauerwerk. Schadensfreies Bauen. Band 7. IRB Verlag, Stuttgart
Plagemann, W., Langner, W.	1973	Die Gründung von Bauwerken, Teil 2. Teubner-Verlag, Leipzig
Pregl, O.	1984	Ermittlung von Tragfähigkeitsbeiwerten. Geotechnik, Heft 1
Quade, J.	1991	Zur Berechnung von im Grundriß geknickten Streifenfundamenten. Der Bauingenieur, Heft 12
Rübener, R.	1985	Grundbautechnik für Architekten, 1. Auflage. Werner Verlag, Düsseldorf
Rübener, R.	1992	Einführung in Theorie und Praxis der Grundbautechnik, Teil 1. 2. Auflage. Werner Verlag, Düsseldorf
Rübener, R., Stiegler, W.	1982	Einführung in Theorie und Praxis der Grundbautechnik, Teil 3. 1. Auflage. Werner Verlag, Düsseldorf
Rybicki, R.	1974	Schäden und Mängel an Baukonstruktionen. Werner Verlag, Düsseldorf
Rybicki, R.	1979	Bauschäden an Tragwerken, Teil 1 und Teil 2. Werner Verlag, Düsseldorf
Scechy, K.	1963	Der Grundbau, 1. Band. Springer-Verlag, Wien, New York
Scechy, K.	1965	Der Grundbau, 2. Band. Springer-Verlag, Wien, New York
Schlaich, J., Schäfer, K.	1989	Konstruieren im Stahlbetonbau. Betonkalender, Teil 2. Verlag W. Ernst & Sohn, Berlin und München

Schneider, K.J.	1994	Bautabellen für Ingenieure. 11. Auflage. Werner Verlag, Düsseldorf
Schroeter	1942	Praktische Ausführung von Gitterwand-Brückenwiderlagern. Der Bauingenieur
Schultze, E.	1955	Vorlesung Grundbauwerke. Lehrstuhl für Verkehrswasserbau, Grundbau und Bodenmechanik. Technische Hochschule Aachen
Schultze, E.	1957	Die Ermittlung der Größe von Bettungsziffern. Der Bauingenieur, Heft 8
Schultze, E.	1967	Vorlesung Bodenmechanik, 5. Ausgabe. Lehrstuhl für Verkehrswasserbau, Grundbau und Bodenmechanik. Technische Hochschule Aachen
Schultze, E.	1970	Die Kombination von Bettungszahl- und Steifezahlverfahren. Mitteilungen aus dem Institut für Verkehrswasserbau, Grundbau und Bodenmechanik (VGB 48) der Technischen Hochschule Aachen
Sherif, G., König, G.	1975	Platten und Balken auf nachgiebigem Untergrund. Springer-Verlag, Berlin
Siemonsen, F.	1942	Die Lastaufnahmekräfte im Baugrund und die dadurch hervorgerufenen Spannungen in einem Grundkörper. Die Bautechnik
Simmer, K.	1992	Grundbau, Teil 2. 17. Auflage. Teubner-Verlag, Stuttgart
Simmer, K.	1994	Grundbau, Teil 1. 19. Auflage. Teubner-Verlag, Stuttgart
Simons, H.J.	1988	Dehnungsfugenabstand bei Mauerwerkswänden mit Stahlbetondecken. Die Bautechnik, Heft 1
Smoltczyk, U.	1976	Sonderfragen beim Standsicherheitsnachweis von Flachfundamenten. Mitteilungen der Deutschen Forschungsgesellschaft für Bodenmechanik (DEGEBO), Heft 32. Berlin
Smoltczyk, U.	1987	Einfluß der Einbindetiefe auf den rechnerischen Nachweis der Tragfähigkeit von Einzelfundamenten. Geotechnik, Heft 3
Smoltczyk, U.	1993	Studienunterlagen Bodenmechanik und Grundbau. Verlag Paul Daxer GmbH, Stuttgart
Smoltczyk, U.	1994a	Nachweis der Grenzzustände in der Geotechnik: Einführung in die Eurocodes ENV 1991-1 und 1997-1. Lehrgang 17992/84.143 der Technischen Akademie Esslingen
Smoltczyk, U.	1994b	Nachweis der Grenzzustände in der Geotechnik: Flachgründungen. Lehrgang 17992/84.143 der Technischen Akademie Esslingen
Smoltczyk, U.	1994c	Abstimmung der ENV 1991-1 und 1997-1. Geotechnik, Heft 1
Smoltczyk, U. (Hrsg.)	1990	Grundbautaschenbuch, Teil 1. 4. Auflage. Verlag W. Ernst & Sohn, Berlin und München
Smoltczyk, U. (Hrsg.)	1991	Grundbautaschenbuch, Teil 2. 4. Auflage. Verlag W. Ernst & Sohn, Berlin und München

Smoltczyk, U. (Hrsg.)	1987	Grundbautaschenbuch, Teil 3. 3. Auflage. Verlag W. Ernst & Sohn, Berlin und München
Sommer, H.	1976	Setzungen von Hochhäusern und benachbarten Anbauten nach Theorie und Messungen. Vorträge der Baugrundtagung 1976 in Nürnberg
Sommer, H.	1978	Neuere Erkenntnisse über zulässige Setzungsunterschiede von Bauwerken, Schadenskriterien. Vorträge der Baugrundtagung 1978 in Berlin
Sommer, H.	1991	Entwicklung der Hochhausgründungen in Frankfurt/Main. Festkolloquium 20 Jahre Grundbauinstitut. Herausgeber: Grundbauinstitut Prof. Dr.-Ing. H. Sommer und Partner GmbH, Darmstadt
Sommer, H., Hoffmann, H.	1991	Last-Verformungsverhalten der Gründung des Messeturms Frankfurt/Main. Festkolloquium 20 Jahre Grundbauinstitut. Herausgeber: Grundbauinstitut Prof. Dr.-Ing. H. Sommer und Partner GmbH, Darmstadt
Steinbrenner, W.	1934	Tafeln zur Setzungsberechnung. Die Straße, Heft 1
Stiegler, W.	1979	Baugrundlehre für Ingenieure. 5. Auflage. Werner Verlag, Düsseldorf
Stiegler, W., Rübener, R.	1981	Einführung in Theorie und Praxis der Grundbautechnik, Teil 2. 1. Auflage. Werner Verlag, Düsseldorf
Stiegler, W., Rübener, R.	1992	Einführung in Theorie und Praxis der Grundbautechnik, Teil 3. 2. Auflage. Werner Verlag, Düsseldorf
Stocker, M.	1994	Vorstellung der ersten europäischen Grundbaunormen. Bemessungsnorm, Schlitzwände, Anker und Bohrpfähle. Vorträge der Baugrundtagung 1994 in Köln. Deutsche Gesellschaft für Geotechnik e.V.
Terzaghi, K., Jelinek, R.	1954	Theoretische Bodenmechanik. Springer-Verlag, Berlin
Terzaghi, K., Peck, R.	1961	Die Bodenmechanik in der Baupraxis. Springer-Verlag, Berlin
Türke, H.	1990	Statik im Erdbau. 2. Auflage. Verlag W. Ernst & Sohn, Berlin und München
Vereinigung Schweizerischer Straßenfachmänner	1966	Stützmauern. Bauverlag, Wiesbaden
Vollenweider, U.	1984	Zur Traglastberechnung von Flachgründungen. Geotechnik, Heft 4
Voth, B.	1977	Tiefbaupraxis, Band 1 bis Band 3. Bauverlag, Wiesbaden
Walthelm, U.	1988	Risse in bestehenden Bauwerken (I). Das Bauzentrum, Heft 6
Watermann, G.	1967	Zur Berechnung ausmittig belasteter Streifenfundamente. Die Bautechnik, Heft 2
Weißenbach, A.	1991	Diskussionsbeitrag zur Einführung des probabilistischen Sicherheitskonzepts im Erd- und Grundbau. Die Bautechnik, Heft 3

Weißenbach, A., Gudehus, G., Schuppener, B.	1999	Vorschläge zur Anwendung des Teilsicherheitskonzepts in der Geotechnik. Geotechnik, Sonderheft 1999
Wetzel, W.	1968	Der Hamburger Fernmeldeturm. Beton- und Stahlbetonbau
Wittke, W.	1999	Editorial Geotechnik, Sonderheft 1999
Wölfer, K.-H.	1978	Elastisch gebettete Balken und Platten. Zylinderschalen. Bauverlag, Wiesbaden
Wyrobek, M.	1991	Das neue Sicherheitskonzept im Bauwesen. Grundlagen, Hinweise, Erläuterungen. Tiefbau - Ingenieurbau - Straßenbau, Heft 10

Anhang C: Normenverzeichnis

(E = Entwurf, V = Vornorm)

1054		11.76	Baugrund; Zulässige Belastung des Baugrunds
1054		11.76	Beiblatt; Baugrund; Zulässige Belastung des Baugrunds; Erläuterungen
1054 Teil 100			Diskussionsvorlage. Geotechnik. Arbeitsheft Standsicherheitsnachweise im Erd- und Grundbau
1055	T 1	7.78	Lastannahmen für Bauten; Lagerstoffe, Baustoffe und Bauteile; Eigenlasten und Reibungswinkel
1055	T 2	2.76	Lastannahmen für Bauten; Bodenkenngrößen, Wichte, Reibungswinkel, Kohäsion, Wandreibungswinke
1055	T 3	6.71	Lastannahmen für Bauten; Verkehrslasten
1055	T 4	8.86	Lastannahmen für Bauten; Verkehrslasten; Windlasten bei nicht schwingungsanfälligen Bauwerken
1055	T 4A	6.87	Lastannahmen für Bauten; Verkehrslasten; Windlasten bei nicht schwingungsanfälligen Bauwerken; Änderungen 1; Berichtigungen
1055	T 5	6.75	Lastannahmen für Bauten; Verkehrslasten, Schneelast und Eislast
1055	T 6	5.87	Lastannahmen für Bauten; Lasten in Silozellen
1072		12.85	Straßen- und Wegbrücken; Lastannahmen
1072		5.88	Beiblatt; Straßen- und Wegbrücken; Lastannahmen; Erläuterungen
1080	T 1	6.76	Begriffe, Formelzeichen und Einheiten im Bauingenieurwesen; Grundlagen
1080	T 2	3.80	Begriffe, Formelzeichen und Einheiten im Bauingenieurwesen; Statik
1080	T 3	3.80	Begriffe, Formelzeichen und Einheiten im Bauingenieurwesen; Beton und Stahlbetonbau, Mauerwerksbau
1080	T 4	3.80	Begriffe, Formelzeichen und Einheiten im Bauingenieurwesen; Stahlbau, Stahlverbundbau und Stahlträger in Beton
1080	T 5	3.80	Begriffe, Formelzeichen und Einheiten im Bauingenieurwesen; Holzbau
1080	T 6	3.80	Begriffe, Formelzeichen und Einheiten im Bauingenieurwesen; Bodenmechanik und Grundbau
1080	T 7	3.79	Begriffe, Formelzeichen und Einheiten im Bauingenieurwesen; Wasserbau

1080	T 8	2.81	Begriffe, Formelzeichen und Einheiten im Bauingenieurwesen; Bahnbau
4017	T 1	8.79	Baugrund; Grundbruchberechnungen von lotrecht mittig belasteten Flachgründungen
4017	T 1	8.79	Beiblatt 1; Baugrund; Grundbruchberechnungen von lotrecht mittig belasteten Flachgründungen; Erläuterungen und Berechnungsbeispiele
4017	T 2	8.79	Baugrund; Grundbruchberechnungen von schräg und außermittig belasteten Flachgründungen
4017	T 2	8.79	Beiblatt 1; Baugrund; Grundbruchberechnungen von schräg und außermittig belasteten Flachgründungen; Erläuterungen und Berechnungsbeispiele
4017 E		12.88	Berechnung des Grundbruchwiderstands von Flachgründungen
4018		9.74	Baugrund; Berechnung der Sohldruckverteilung unter Flächengründungen
4018		5.81	Beiblatt 1; Baugrund; Berechnung der Sohldruckverteilung unter Flächengründungen; Erläuterungen und Berechnungsbeispiele
4019	T 1	4.79	Baugrund; Setzungsberechnungen bei lotrechter mittiger Belastung
4019	T 1	4.79	Beiblatt 1; Baugrund; Setzungsberechnungen bei lotrechter mittiger Belastung; Erläuterungen und Berechnungsbeispiele
4019	T 2	2.81	Baugrund; Setzungsberechnungen bei schräg und außermittig wirkender Belastung
4019	T 2	2.81	Beiblatt 1; Baugrund; Setzungsberechnungen bei schräg und außermittig wirkender Belastung; Erläuterungen und Berechnungsbeispiele
4107		1.78	Baugrund; Setzungsbeobachtungen an stehenden und fertigen Bauwerken
ENV 1991-1			(frühere Bezeichnung: EC1 Teil 1)
ENV 1997-1			(frühere Bezeichnung: EC 7 Teil 1) Bemessung im Grundbau, Kap. 1-6, 9 und 10 (Entwurf 1990). Geotechnik (1990), Heft 1, Kap. 7 und 8 (Entwurf 1992). Geotechnik (1992), Heft 1 und Heft 2

Anmerkungen:

1. Die in diesem Buch angegebenen Normen entsprechen dem Entwicklungsstand bei Abschluß der Manuskriptbearbeitung dieses Buchs. Maßgebend sind die jeweils neuesten Ausgaben der Normblätter des Deutschen Instituts für Normung e.V. (DIN). Dies gilt sinngemäß für alle in diesem Buch zitierten Empfehlungen, Vorschriften und Merkblätter.

2. Weitere Normen: siehe Dörken/Dehne, Grundbau in Beispielen, Teil 1

Anhang D: Empfehlungen, Vorschriften, Richtlinien, Merkblätter

- Empfehlungen des Arbeitskreises "Baugruben" - EB, 2. Auflage 1988. Ernst & Sohn, Berlin

- Empfehlungen des Arbeitsausschusses "Ufereinfassungen" - EAU, 8. Auflage 1990. Ernst & Sohn, Berlin

- Zusätzliche Technische Vorschriften und Richtlinien für Erdarbeiten im Straßenbau - ZTVE-StB 94, 1994. Forschungsgesellschaft für das Straßenwesen, Köln

- Merkblatt für die Hinterfüllung von Bauwerken, 1977. Forschungsgesellschaft für das Straßenwesen, Köln

- Vorschrift für Eisenbahnbrücken und sonstige Ingenieurbauwerke (VEI) - DS 804 (1983)

Anhang E: Lösungen

1. Kippen, Gleiten

1.5.1	Der Nachweis der Sichherheit gegen Kippen bei ständiger Last. Dabei muß $e \leq b/6$ sein.
1.5.2	a) Bleibt unberücksichtigt, b) Herabsetzungen des Reibungswinkels auf 2/3 φ'.
1.5.3	Ständige Last: zul e = b/6, k = 0. Gesamtlast: zul e = b/3, k = b/2.
1.5.4	Weil beim Nachweis der Sicherheit gegen Kippen für Gesamtlast $e \leq b/3$, für ständige Last $e \leq b/6$ sein muß.
1.5.5	a) mit dem Tangens des Reibungswinkels φ' und dem Reibungsbeiwert μ, der kleinere Wert ist maßgebend, b) nur mit dem Reibungsbeiwert μ.
1.5.6	x = 0,4 m.
1.5.7	a) Standmoment durch Kippmoment, b) Begrenzung der Ausmittigkeit.
1.5.8	b = 1,80 m.
1.5.9	a) keine, b) keine, c) Zunahme, d) Zunahme.

2. Grundbruch

2.6.1	$\Delta V \approx 220$ kN/m.
2.6.2	$d_s = 3{,}3$ m < $d_w = 3{,}4$ m. Keine Änderung der Sicherheit.
2.6.3	≈ 1,45 m tief.
2.6.4	Logisch: Beide Fundamente haben gleiche Fläche und Einbindetiefe: Das gedrungene Fundament trägt mehr. Rechnerisch: $V_{bQ} \approx 2{,}95$ MN > $V_{bR} \approx 2{,}12$ MN.
2.6.5	Bis auf Kote ≈ - 3,5 m.
2.6.6	Bei einfach verdichteten Böden: Anfangsfestigkeit, bei vorbelasteten Böden: Endfestigkeit.
2.6.7	Das Quadratfundament.
2.6.8	1,9 m.
2.6.9	a ≈ 3,2 m, b ≈ 2,1 m.
2.6.10	250 kN/m.
2.6.11	e = 0,28 m.
2.6.12	Zul V = 532 kN/m > 518 kN/m.
2.6.13	a) 337 kN/m; b) 398 kN/m; c) 1108 kN/m.
2.6.14	a) 387,5 kN > 300 kN, b) 450 kN > 300 kN.

3. Setzungen

3.8.1	$E_m \approx 5{,}6$ MN/m².
3.8.2	Verringerung um ≈ 9 cm.
3.8.3	≈ 10 Jahre.
3.8.4	Nach ca. 25 Jahren.
3.8.5	$s_2 > 2\, s_1$ (siehe Last-Setzungs-Linie).
3.8.6	Die Setzungskurve fällt bei beiden Böden während der Bauzeit ab, bei b) aber viel stärker als bei a). Am Ende der Bauzeit kommt die Setzung bei a) praktisch zum Stillstand, während sie bei b) noch Monate/Jahre weiter abfällt.
3.8.7	$V_2 \approx 4350$ kN.
3.8.8	... die Sohlnormalspannung unter dem größeren Fundament kleiner sein als unter dem kleineren. Überschlägliche Berechnung der Sohlnormalspannungen nach dem Modellgesetz Abschnitt 3.1.
3.8.9	Anordnung von Fugen.
3.8.10	a) aus dem Kompressionsversuch, b) aus Setzungsmessungen.
3.8.11	$\Delta s \approx 1{,}6$ cm.
3.8.12	Wenn die Setzung infolge zul V größer ist als die zulässige Setzung des Fundaments.
3.8.13	30,8 kN/m².
3.8.14	a) 24 kN/m², b) 38 kN/m², c) 37,3 kN/m², c) 14,4 kN/m².
3.8.15	≈ 24 kN/m².
3.8.16	a) $b_1 = 1{,}6$ m, $b_2 = 1{,}96$ m; b) $b_2 = 2{,}41$ m.
3.8.17	≈ 1,3 cm.
3.8.18	a) ≈ 1,5 cm, b) Setzungsdifferenz der Fundamentränder: ≈ 1,9 - 1,1 = ≈ 0,8 cm.
3.8.19	a) ≈ 0,8 cm, b) 5,3 cm.

4. Sohlspannungen

4.6.1 1 = Sohlspannung, 2 = Gleichgewichtsbedingungen, 3 = Gleichgewichtsbedingungen, 4 = Biegesteifigkeit, 5 = Art der Belastung,
6 = Größe der Belastung, 7 = Form des Fundaments, 8 = Baugrundeigenschaften, 9 = Schnittgrößen des Fundaments, 10 = Standsicherheit

4.6.2 zu a) K = 0,054, biegsam, zu b) d = 0,62 m

4.6.3

Platte d [m]	Sand	Bezeichnung	Ton	Bezeichnung
0,2	0,00025	schlaff	0,025	biegsam
0,5	0,0039	biegsam	0,39	starr
2,0	0,25	starr	25	starr

4.6.4 a) schlaff, b) biegsam, c) starr

4.6.5 b' = 3 c; V = Inhalt der Sohlspannungsfigur.

4.6.6 Dreieck a) über ganze, b) über halbe Sohlfläche.

4.6.7 a) $\sigma = V/A \pm M/W$ b) Weil keine Zugsapnnungen im klaffenden Teil der Sohle übertragen werden können.

4.6.8 Bei der Regelfallbemessung und bei Standsicherheitsnachweisen.

5. Streifen- und Einzelfundamente

5.7.1 a) 204 kN/m², b) 570 kN/m².

5.7.2 518 kN/m².

5.7.3 415,3 kN/m²

5.7.4 $H : V \leq 1 : 4$.

5.7.5 Im Schwerpunkt.

5.7.6 a) (a), b) (a), c) (e), d) (u), e) (u).

5.7.7 ja.

5.7.8 a) Wenn $a/b \leq 2$ und D besonders groß, b) überhaupt nicht.

5.7.9 Statische Unbestimmtheit.

5.7.10 Zul $V \approx 6{,}05$ MN.

5.7.11 Erf d = 1,2 m.

5.7.12 Zul $V \approx 3{,}92$ MN.

5.7.13 Max H = 450 kN.

5.7.14 1935 kN.

5.7.15 Gleichung (2.05): In dem im Wasser liegenden Teil der Grundbruchscholle wird $\gamma_2 = \gamma'$.

5.7.16 Weil die Grundbruchsicherheit mit der Einbindetiefe ansteigt.

5.7.17 Von der Konsistenzzahl.

5.7.18 a) mit Hilfe der Grenztiefe und b) durch Verwendung von Korrekturbeiwerten κ.

5.7.19 e = 0,54 m.

5.7.20 Tabelle 1 gilt für setzungsempfindliche Bauwerke. Weil die Grundbruchsicherheit mit der Breite zunimmt, kann die Sohlnormalspannung zunächst ebenfalls zunehmen. Mit zunehmender Breite wachsen aber auch die Setzungen an, so daß die Sohlnormalspannungen verringert werden müssen.

5.7.21 a) $\approx 1{,}2$ m, b) $\approx 0{,}62$ m.

5.7.22 Bei bindigen Böden werden die Tabellenwerte nicht - wie bei nichtbindigen Böden - abgemindert, wenn eine H-Kraft wirkt, weil das Verhältnis H : V bei diesen Böden von vornherein begrenzt ist.

5.7.23 a) $b' \leq 2{,}0$ m: u; $b' > 2{,}0$ m: h; b) h; c) e; d) e; e) u; f) u.

5.7.24 Kein Regelfall, weil vorh e = 0,5 m > zul e = 0,4 m.

5.7.25 a) $b \approx 1{,}15$ m, b) ≈ 3 cm.

5.7.26 Kein Regelfall, weil Lagerungsdichte mit D = 0,3 nicht ausreichend.

6. Gründungsbalken und Gründungsplatten

6.8.1 Kleines k_s: großes L; großes L: kleines λ. Kleines k_s: weicher Boden: Fall a) weniger biegsam.

6.8.2 k_s steht unter der 4. Wurzel im Nenner.

6.8.3 $k_s = 10$ MN/m³. Denn: kleines k_s: weicher Boden und weniger biegsame Gründung: max M.

6.8.4 Fehler + 10,7%.

6.8.5 $k_s \approx 9{,}3$ MN/m³.

6.8.6 a) Gründungskörper und Bauwerk, b) Gründungskörper allein.

6.8.7 a) ≈ 160 MN/m³, b) quasi starr.

6.8.8 $\lambda = 10{,}35$.

6.8.9 $M \approx 250$ kNm/m.

6.8.10 a) 7 kN/m², b) ≈ 335 kNm/m.

7. Stützwände

7.7.1	Der Nachweis, daß e für ständige Last ≤ b/6 ist.
7.7.2	Siehe Abschnitt 1.3.
7.7.3	b = 1,51 m.
7.7.4	Der Regelfall ist nicht gegeben, weil H/V > 0,25 ist.
7.7.5	a) φ' = 37,5°; b) $\eta_G \approx 3{,}3$; $\eta_k \approx 4{,}7$.
7.7.6	Länge des einseitigen Sporns: 1,12 m.
7.7.7	V ≈ 17 kN/m; H ≈ 40 kN/m.
7.7.8	Er ist parallel zur Geländeoberfläche.
7.7.9	Der Erddruckbeiwert wird kleiner, weil a) die Wand in diesem Bereich lotrecht ist, b) der Wandreibungswinkel nur noch 2/3φ statt φ ist.
7.7.10	a) eine Stützwirkung zu erzeugen, b) die Felswand vor Verwitterung schützen.
7.7.11	Die Schlepp-Platte gibt die Hälfte ihrer Eigenlast und Auflast an den Hinterfüllungsboden ab und erhöht damit den Erddruck auf den unteren Teil der Stützwand.
7.7.12	Der Regelfall ist nicht gegeben, weil H/V = 0,31 > 0,25.
7.7.13	≈ 2,5 kN/m².
7.7.14	≈ 35 kN/m.

Anhang F: Register